"十四五"职业教育国家规划教材
"十三五"职业教育国家规划教材
中等职业教育农业农村部"十三五"规划教材

韩世栋 ◎ 主编

第三版

蔬菜生产技术

北方本

中国农业出版社
北京

内容简介

本教材由学校教师和企业专家共同开发编写,为中等农业职业学校园艺类相关专业蔬菜生产技术课程的专用教材。本教材按照"工学交替、任务驱动、项目导向"的教学模式要求,将教材内容划分为蔬菜的种类与识别、蔬菜栽培设施的结构类型与应用管理、蔬菜栽培制度、无公害蔬菜生产规范、蔬菜育苗技术、果菜类生产技术、叶菜类生产技术、根茎菜类生产技术以及其他蔬菜生产技术 9 个单元,下设 43 个项目、152 个任务,为项目教学专用教材。各项目后设有"练习与作业",以巩固知识和技能。各单元后设有"单元自测""生产实践""资料收集与整理""资料链接"等栏目,有利于培养学生自我学习的自觉性,丰富学生的课外知识;"能力评价"栏目从知识、能力和素质 3 个方面对学生的综合能力进行多元化评价,有利于学生综合能力的培养。为使学生能详细地了解我国蔬菜产业中的典型单位、典型生产经验等,在 7 个单元后面还增设了 20 个典型案例,供学生参考学习。教材配有 153 幅黑白插图和 30 幅彩图,图文并茂,易教易学,适合我国北方地区中等职业院校蔬菜生产技术课程项目教学使用。为方便教学和学生自学,本教材还配有数字化教学资源(彩图 466 张、视频 20 个、动画 2 个、教学课件 1 套),可以通过手机微信扫描对应部位的二维码进行观看学习。

第三版编审人员名单

主　编　韩世栋
副主编　连进华
编　者（以姓氏笔画为序）
　　　　　弓林生　王世栋　李桂华　连进华
　　　　　张瑞华　高晓蓉　韩世栋　魏家鹏
审　稿　于贤昌　王广印

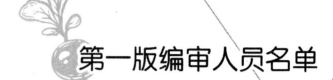

第一版编审人员名单

主　　编　韩世栋

副 主 编　董绍辉　陈国元

参　　编（按姓名笔画排序）
　　　　　　孙新政　单玉文　徐小方

审　　稿　沈玉英　徐贵平

责任主审　邹冬生

审　　稿　蔡雁平　艾　辛

第二版编审人员名单

主　编　韩世栋

副主编　连进华　高晓蓉

参　编　（按姓名笔画排序）

　　　　弓林生　王立杰　李桂华　武俊俊

审　稿　王广印

中等职业教育国家规划教材出版说明

为了贯彻《中共中央国务院关于深化教育改革全面推进素质教育的决定》精神，落实《面向21世纪教育振兴行动计划》中提出的职业教育课程改革和教材建设规划，根据教育部关于《中等职业教育国家规划教材申报、立项及管理意见》（教职成〔2001〕1号）的精神，我们组织力量对实现中等职业教育培养目标和保证基本教学规格起保障作用的德育课程、文化基础课程、专业技术基础课程和80个重点建设专业主干课程的教材进行了规划和编写，从2001年秋季开学起，国家规划教材将陆续提供给各类中等职业学校选用。

国家规划教材是根据教育部最新颁布的德育课程、文化基础课程、专业技术基础课程和80个重点建设专业主干课程的教学大纲（课程教学基本要求）编写，并经全国中等职业教育教材审定委员会审定。新教材全面贯彻素质教育思想，从社会发展对高素质劳动者和中初级专门人才需要的实际出发，注重对学生的创新精神和实践能力的培养。新教材在理论体系、组织结构和阐述方法等方面均作了一些新的尝试。新教材实行一纲多本，努力为教材选用提供比较和选择，满足不同学制、不同专业和不同办学条件的教学需要。

希望各地、各部门积极推广和选用国家规划教材，并在使用过程中，注意总结经验，及时提出修改意见和建议，使之不断完善和提高。

教育部职业教育与成人教育司
2001年10月

第三版前言

本教材是根据教育部16号文件《教育部关于全面提高高等职业教育教学质量的若干意见》和全国农业职业院校教学工作指导委员会制定的《全国农业职业教育园艺专业教学指导方案》要求，结合我国北方蔬菜生产特点，由学校教师和企业专家共同开发编写而成，供我国北方中等农业职业学校园艺类相关专业教学使用。

本教材按照"工学交替、任务驱动、项目导向"的教学模式要求，将教材内容划分为9个单元、43个项目、152个任务，将必需的指导理论以相关知识的方式依附于技能教学，突出了技能的学习和培养。另外，每个项目后设置了（技能）"练习与作业"，每个单元后面设置了"单元小结""生产实践""单元自测""资料收集与整理"等栏目，有利于培养学生自我学习和深入生产一线的自觉性；"资料链接"栏目为学生提供了必要的专业网络学习资源，有利于丰富学生的课外知识；"能力评价"栏目从知识、能力和素质3个方面对学生的综合能力进行多元化评价，有利于学生综合能力的培养。为便于师生对蔬菜生产上的先进技术和先进典型的了解，7个单元后面还增设了"典型案例"栏目，列举了20个典型案例，供师生学习。另外，为适应数字化教学发展的要求，编写组还制作了相应的数字化教学资源，包括彩图466张、视频20个、动画2个、教学课件1套，可通过手机微信扫描对应部位的二维码进行观看学习。

为满足我国北方不同地区的教学需要，在主要蔬菜的教学内容安排上，突出了典型蔬菜和通用技术教学，同时将一些发展前景较好的蔬菜相关内容也编入教材中，以便于各学校选择教学和方便学生自学。

教材编写力求语言通俗易懂，全教材共配黑白插图153幅、彩色插图30幅，图文并茂，在编写风格上力求科普读物化，充分贴近生产实际。教材后的附件列出了《实验实训考核项目与标准》和中华人民共和国国家标准《瓜菜作物种子质量标准》等，方便师生查阅；还列出了必要的参考文献供学生学习参考。编写组提供的教学电子课件以及多媒体教学资源可供各学校参考选用。

本教材的计划教学时数110学时，要求安排在秋、春两个季节里完成，以确保教学与生产的同步进行，方便实践教学。考虑不同学校专业设置和教学侧重点的不同，各学校在使用该教材时，可以根据当地蔬菜发展情况选择教学，并适当增加或削减教学时数。

本教材编写人员均具有10年以上的教学和生产实践经验，教材内容实用性和针对性较强。教材的绪论、单元二、单元三、单元七由韩世栋编写；单元一、单元八中的项目一、项目二以及单元九中的项目一由弓林生编写；单元六中的项目二至项目八由连进华编写；单元五以及单元六中的项目一、项目二由高晓蓉编写；单元四、单元八中的项目三至项目七以及单元九中的项目六由张瑞华编写；单元九中的项目二至项目五由李桂华编写。企业专家王世栋高级工程师（山东潍坊绿色富硒果蔬研究所）和魏家鹏高级农艺师（寿光新世纪种苗有限公司）分别参加了单元二、单元五、单元六和单元七的部分内容编写，并参加了整稿的审核工作。整本教材由韩世栋统一修改，并对部分插图适当补充和替换，彩图全部由韩世栋拍摄，数字化教学资源也主要由韩世栋制作。

中国农业科学院蔬菜花卉研究所于贤昌教授与河南科技学院王广印教授对本教材进行审稿，并提出了许多宝贵的意见，在此表示感谢。由于编写时间仓促和编者能力有限，书中不妥之处在所难免，恳请读者提出批评和修改意见。

编　者

2019年6月

第一版前言

本教材是根据教育部2000年制定的《中等职业学校三年制种植专业教学计划》和中等农业职业学校三年制种植专业《蔬菜生产技术教学大纲》的要求，结合各地的教学需要编写的中等职业教育国家规划教材。

该教材以培养能直接从事蔬菜生产、适应岗位要求的中等职业技术人才为目标，以现代蔬菜生产的发展要求为指导，以基本生产理论和技能为重点，突出了基础知识的教学，同时对一些生产上推广应用的新模式、新技术、新品种等也作了适当的介绍，并扩大了设施蔬菜生产的教学内容，以适应我国设施蔬菜生产的发展要求。对诸如绿色蔬菜生产技术、商品蔬菜采收与产后处理、蔬菜病虫害防治等内容也编入了教材中，以便系统学习和掌握蔬菜生产技术。

为满足我国南北方不同地区的教学需要，在教学内容安排上，以常规蔬菜和通用技术教学为主，对一些带有明显区域性的内容作有专门的说明。另外，主要单元还安排有一定的区域性教学内容，以便于各学校选择教学。

本教材的总教学时数85学时，其中含有10学时的选择教学内容，各学校可根据教学需要进行适当增减。教材由昌潍农业学校、玉溪农业学校、河南省农业学校、苏州农业学校、万县农业学校、海安农业工程学校合作编写。绪论及第1、2、3单元由韩世栋编写；第4单元由陈国元编写；第5、8单元由孙新政编写；第6单元由董绍辉编写；第7单元由徐小方编写；第9单元由单玉文编写。教材由嘉兴农业职业技术学院沈玉英主审，山东省昌潍农业学校徐贵平参审。

教材编写过程中，坚持拓宽知识面、突出重点以及增强适应性的原则，注重理论联系实际，生产技术和管理操作力求规范，力争编出符合种植专业应用的中职教材。

由于编者水平所限，编写时间仓促，书中不妥之处在所难免，恳请各学校师生提出批评和修改意见。

编 者

2001 年 3 月

第二版前言

本教材是根据全国农业职业院校教学工作指导委员会制定的《全国农业职业教育园艺专业教学指导方案》编写的，供我国北方农业中等学校蔬菜、园艺、园林、农学等专业教学使用。

教材以培养能直接从事蔬菜技术推广、生产和管理的高级应用型技术人才为指导，以现代蔬菜生产发展要求为依据，在保证基本理论和基本技术教学的前提下，突出了新技术、新模式与设施栽培教学，并根据蔬菜生产发展的需要，增加了蔬菜的栽培方式、蔬菜采后处理与营销基础、观赏蔬菜生产技术等新知识，使教材内容能够更好地适应现代蔬菜发展的需要。为强化实践教学，注重能力培养，教材中还设计了18个实验实训项目、10个综合实训项目和5个实验实训考核项目与标准。

为满足我国北方不同地区的教学需要，在主要蔬菜的教学内容安排上，以典型蔬菜和通用技术教学为主，并较以往教材加大了设施栽培的内容，以适应我国现代设施蔬菜发展的需要。同时将一些发展前景较好的蔬菜也编入教材中，以便于各学校选择教学和方便学生自学。

本教材共配黑白插图五十余幅、彩色插图三十余幅，图文并茂，在编写风格上力求语言通俗易懂，内容充分贴近生产实际。

本教材计划教学110学时，要求安排在秋、春两个季节里完成，以确保教学与生产的同步进行，方便实践教学。考虑不同学校专业设置和教学侧重点的不同，各学校在使用该教材时，可以根据当地蔬菜发展情况安排教学，适当增加或削减教学时数。

本教材编写人员均具有10年以上的教学和生产实践经验，教材内容实用性和针对性较强。教材的绪论、基础二、基础三、基础四、基础五中的五至八部分、基础七、基础八由韩世栋编写；基础一、基础五中的一至四部分由王立杰编写；基础六、技术四和技术一中的菜豆、豇豆部分由武俊俊编写；技术一中的黄瓜、西葫芦、番茄、茄子、辣椒和技术二中的大白菜、结球甘蓝由连进华编写；技术二中菠菜、芹菜、莴苣、大葱、韭菜、蕹菜和技术一中的西瓜、甜瓜由高晓蓉编写；技术三由弓林生编写；技术五、技术六由李桂华编写。整本教材由韩世栋统一修改，并对部分插图进行适当补充和替换，彩图由韩世栋提供。

教材由河南科技学院王广印教授审稿，并提出了许多宝贵的意见，在此表示感谢。由于编写时间仓促和能力有限，书中不妥之处在所难免，恳请读者提出批评和修改意见。

编 者

2009 年 6 月

目　录

第三版前言
第一版前言
第二版前言

绪论 ·· 1

单元一　蔬菜的种类与识别 ·· 7

项目一　蔬菜的分类 ··· 8
　　任务1　食用器官分类法 ·· 8
　　任务2　植物学分类法 ··· 9
　　任务3　生态分类法 ·· 10
　　任务4　农业生物学分类法 ··· 12

项目二　蔬菜的识别 ··· 14
　　任务1　果菜的形态识别 ·· 14
　　任务2　叶菜的形态识别 ·· 15
　　任务3　根茎菜的形态识别 ··· 15

单元二　蔬菜栽培设施的结构类型与应用管理 ··· 19

项目一　主要设施覆盖材料选择与应用 ·· 20
　　任务1　塑料棚膜的选择与应用 ··· 20
　　任务2　地膜的选择与应用 ··· 24
　　任务3　遮阳网的选择与应用 ·· 27
　　任务4　防虫网的选择与应用 ·· 31
　　任务5　保温被的选择与应用 ·· 33

项目二　蔬菜栽培设施的类型与应用 ·· 35
　　任务1　风障畦的类型与应用 ·· 35

任务2　阳畦的类型与应用 ·· 37
　　任务3　电热温床的结构与应用 ·· 39
　　任务4　塑料小拱棚的类型与应用 ···································· 42
　　任务5　塑料大棚的主要类型与应用 ································ 44
　　任务6　温室的主要类型与应用 ·· 50
项目三　蔬菜栽培设施的环境调控 ··· 56
　　任务1　光照调控 ·· 56
　　任务2　温度调控 ·· 58
　　任务3　湿度调控 ·· 59
　　任务4　土壤调控 ·· 60
　　任务5　气体调控 ·· 62
项目四　蔬菜栽培设施的机械化管理 ··· 66
　　任务1　微耕机的应用 ·· 66
　　任务2　卷帘机的应用 ·· 68
项目五　设施蔬菜配套栽培技术 ··· 70
　　任务1　立体栽培技术 ·· 70
　　任务2　无土栽培技术 ·· 72
　　任务3　滴灌技术 ·· 78
　　任务4　设施蔬菜病虫害综合防治技术 ···························· 80

单元三　蔬菜栽培制度 90

项目一　蔬菜茬口安排 ··· 90
　　任务1　露地蔬菜的茬口安排 ·· 91
　　任务2　设施蔬菜茬口 ·· 92
项目二　蔬菜合理配置 ··· 94
　　任务1　蔬菜的间作和套作 ·· 94
　　任务2　蔬菜轮作和连作 ·· 96

单元四　无公害蔬菜生产规范 102

项目一　无公害蔬菜生产技术 ··· 103
　　任务1　无公害蔬菜产地选择 ·· 103
　　任务2　无公害蔬菜生产措施 ·· 105
　　任务3　无公害蔬菜生产施肥技术 ···································· 105
　　任务4　无公害蔬菜生产病虫害防治技术 ······················ 106
项目二　无公害蔬菜产品包装、标签标志、运输与贮存技术 ······ 108
　　任务1　无公害蔬菜产品包装技术 ···································· 108
　　任务2　无公害蔬菜标签标志、运输与贮存技术 ·········· 108

单元五 蔬菜育苗技术 ……………………………………………………………… 116

项目一 种子处理技术 …………………………………………………………… 117
　　任务1　选种、晒种 ………………………………………………………… 117
　　任务2　浸种、催芽 ………………………………………………………… 120
　　任务3　种子消毒 …………………………………………………………… 122

项目二 营养土方育苗技术 ……………………………………………………… 123
　　任务1　营养土方的制作 …………………………………………………… 123
　　任务2　播种与苗床管理 …………………………………………………… 124

项目三 育苗钵育苗技术 ………………………………………………………… 125
　　任务1　育苗钵选择与消毒 ………………………………………………… 125
　　任务2　育苗土配制与装钵 ………………………………………………… 125
　　任务3　播种与苗床管理 …………………………………………………… 126

项目四 穴盘无土育苗技术 ……………………………………………………… 127
　　任务1　穴盘的选择与消毒 ………………………………………………… 127
　　任务2　育苗基质配制与装盘 ……………………………………………… 129
　　任务3　播种与苗床管理 …………………………………………………… 130
　　任务4　出苗与运输 ………………………………………………………… 132

项目五 嫁接育苗技术 …………………………………………………………… 134
　　任务1　嫁接准备 …………………………………………………………… 134
　　任务2　蔬菜嫁接 …………………………………………………………… 137
　　任务3　苗床管理 …………………………………………………………… 138

单元六 果菜类生产技术 …………………………………………………………… 145

项目一 黄瓜生产技术 …………………………………………………………… 145
　　任务1　建立生产基地 ……………………………………………………… 146
　　任务2　温室黄瓜栽培技术 ………………………………………………… 146
　　任务3　塑料大棚黄瓜栽培技术 …………………………………………… 149
　　任务4　采收与采后处理 …………………………………………………… 151

项目二 西瓜生产技术 …………………………………………………………… 154
　　任务1　建立生产基地 ……………………………………………………… 154
　　任务2　塑料大棚西瓜栽培技术 …………………………………………… 154
　　任务3　早春小拱棚西瓜栽培技术要点 …………………………………… 159
　　任务4　采收及采后处理 …………………………………………………… 160

项目三 西葫芦生产技术 ………………………………………………………… 163
　　任务1　建立生产基地 ……………………………………………………… 163
　　任务2　温室西葫芦栽培技术 ……………………………………………… 163

| | 任务3 采收与采后处理 | 166 |

项目四　番茄生产技术 … 167
　　任务1　建立生产基地 … 167
　　任务2　温室番茄栽培技术 … 168
　　任务3　露地春茬番茄栽培技术要点 … 171
　　任务4　采收与采后处理 … 172

项目五　茄子生产技术 … 174
　　任务1　建立生产基地 … 175
　　任务2　露地茄子栽培技术 … 175
　　任务3　温室茄子栽培技术 … 177
　　任务4　采收与采后处理 … 179

项目六　辣椒生产技术 … 181
　　任务1　建立生产基地 … 181
　　任务2　塑料大棚辣椒栽培技术 … 181
　　任务3　温室辣椒栽培技术要点 … 184
　　任务4　露地干椒栽培技术要点 … 185
　　任务5　采收与采后处理 … 186

项目七　菜豆生产技术 … 187
　　任务1　建立生产基地 … 188
　　任务2　露地菜豆栽培技术 … 188
　　任务3　温室菜豆栽培技术要点 … 190
　　任务4　采收与采后处理 … 192

项目八　豇豆生产技术 … 193
　　任务1　建立生产基地 … 194
　　任务2　露地豇豆栽培技术 … 194
　　任务3　采收与采后处理 … 195

单元七　叶菜类生产技术 … 203

项目一　大白菜生产技术 … 204
　　任务1　建立生产基地 … 204
　　任务2　北方秋季大白菜栽培技术 … 204
　　任务3　春季大白菜栽培技术要点 … 207
　　任务4　采收与采后处理 … 208

项目二　结球甘蓝生产技术 … 210
　　任务1　建立生产基地 … 210
　　任务2　露地甘蓝栽培技术 … 211
　　任务3　塑料大棚春季甘蓝早熟栽培技术 … 212
　　任务4　采收与采后处理 … 213

项目三　菠菜生产技术 ··· 214
　　任务1　建立生产基地 ··· 215
　　任务2　越冬菠菜栽培技术 ··· 215
　　任务3　越夏菠菜栽培技术要点 ··· 216
　　任务4　采收与采后处理 ·· 217
项目四　芹菜生产技术 ··· 218
　　任务1　建立生产基地 ··· 218
　　任务2　露地芹菜栽培技术 ··· 218
　　任务3　塑料大棚芹菜栽培技术 ··· 220
　　任务4　收获与采后处理 ·· 221
项目五　莴笋生产技术 ··· 223
　　任务1　建立生产基地 ··· 223
　　任务2　春莴笋栽培技术 ·· 223
　　任务3　秋莴笋栽培技术要点 ··· 224
　　任务4　采收与采后处理 ·· 225
项目六　韭菜生产技术 ··· 226
　　任务1　建立生产基地 ··· 226
　　任务2　露地韭菜栽培技术 ··· 227
　　任务3　韭黄栽培技术 ··· 229
　　任务4　采收与采后处理 ·· 230

单元八　根茎菜类生产技术 ··· 238

项目一　萝卜生产技术 ··· 239
　　任务1　建立生产基地 ··· 239
　　任务2　秋萝卜栽培技术 ·· 239
　　任务3　春萝卜栽培技术要点 ··· 241
　　任务4　采收与采后处理 ·· 242
项目二　胡萝卜生产技术 ·· 244
　　任务1　建立生产基地 ··· 245
　　任务2　胡萝卜秋季栽培技术 ··· 245
　　任务3　采收与采后处理 ·· 247
项目三　大葱生产技术 ··· 248
　　任务1　建立生产基地 ··· 249
　　任务2　露地大葱栽培技术 ··· 249
　　任务3　采收与采后处理 ·· 251
项目四　大蒜生产技术 ··· 253
　　任务1　建立生产基地 ··· 253
　　任务2　露地大蒜栽培技术 ··· 254

		任务3　蒜黄栽培技术要点 …… 256
		任务4　蒜头和蒜薹采收与采后处理 …… 256
	项目五　洋葱生产技术 …… 258
		任务1　建立生产基地 …… 259
		任务2　露地洋葱栽培技术 …… 259
		任务3　采收与采后处理 …… 261
	项目六　马铃薯生产技术 …… 263
		任务1　建立生产基地 …… 263
		任务2　马铃薯春季栽培技术 …… 263
		任务3　秋马铃薯栽培技术要点 …… 266
		任务4　采收与采后处理 …… 266
	项目七　生姜生产技术 …… 268
		任务1　建立生产基地 …… 269
		任务2　露地生姜栽培技术 …… 269
		任务3　采收与采后处理 …… 271

单元九　其他蔬菜生产技术 …… 279

	项目一　花椰菜生产技术 …… 279
		任务1　建立生产基地 …… 280
		任务2　秋花椰菜栽培技术 …… 280
		任务3　采收与采后处理 …… 282
	项目二　香椿生产技术 …… 283
		任务1　建立生产基地 …… 283
		任务2　香椿温室假植栽培技术 …… 284
		任务3　采收与采后处理 …… 287
	项目三　观赏葫芦生产技术 …… 289
		任务1　建立生产基地 …… 289
		任务2　观赏葫芦设施栽培技术 …… 289
		任务3　采收与采后处理 …… 292
	项目四　苣荬菜生产技术 …… 293
		任务1　建立生产基地 …… 293
		任务2　露地苣荬菜栽培技术 …… 294
		任务3　设施苣荬菜栽培技术 …… 295
		任务4　采收与采后处理 …… 296
	项目五　萝卜芽苗菜生产技术 …… 297
		任务1　生产准备 …… 297
		任务2　播种与芽苗管理 …… 298
		任务3　采收与采后处理 …… 298

项目六 香菇生产技术 299
 任务 1 生产准备 299
 任务 2 生产管理 302
 任务 3 采收与采后处理 302

附录 308
 附录 1 实验实训考核项目与标准 308
 附录 2 瓜菜作物种子质量标准 309
 附录 3 土壤肥力分级标准 311

主要参考文献 312
参考答案 313

绪 论

> **任务目标**

了解蔬菜生产在我国农业生产中的地位以及我国蔬菜生产的发展现状与目标。掌握蔬菜与蔬菜生产的定义及主要特点。

一、蔬菜的定义与特点

(一) 蔬菜的定义

广义蔬菜凡指一切可用来佐餐的植物和微生物的总称。狭义蔬菜则指具有多汁的食用器官,可以用来作为副食品的一、二年生的草本植物。

(二) 蔬菜的特点

1. 蔬菜种类繁多 除了草本植物外,蔬菜还包括一些木本植物和菌藻类植物。据不完全统计,目前世界范围内的蔬菜大约有 200 多种,但目前普遍栽培的却只有五六十种,大部分还属于半栽培种和野生种,可供开发利用的蔬菜资源比较丰富,开发潜力巨大。

2. 蔬菜的食用器官多种多样 蔬菜的食用器官包括根、茎、叶、花、果实、种子和菌丝体等,概括了植物的所有器官,食用范围广泛。

3. 蔬菜富含营养 蔬菜中含有丰富的矿物质、维生素和粗纤维等,是维持人体生命所需要维生素和矿物质的重要来源。另外,蔬菜中还含有蛋白质、脂肪、氨基酸等营养成分和具有医疗保健作用的特殊成分,能够治疗和预防某些疾病。还有一些蔬菜富含糖类,可充当主食,是粮菜兼作的两用作物,如马铃薯、芋等。

4. 蔬菜是高产高效的经济作物 蔬菜属于高产作物,一般每亩*产量 2.5~5t,高产者达 20t 以上。另外,蔬菜生产周期短,从栽植到收获一般需 40~60d,见效也快。因此,蔬菜生产效益比较好,是当前农村农业产业结构调整中的重要发展对象。

5. 产品不耐贮运 蔬菜主要以鲜菜为产品,产品的含水量高,易萎蔫和腐烂,不耐贮运,制订生产计划时应充分考虑到蔬菜的这一特点。

---

* 亩为非法定计量单位,$1hm^2=15$ 亩,1 亩$\approx 667m^2$。

二、蔬菜生产及其特点

蔬菜生产是根据蔬菜市场供需关系和当地的生产条件，通过合理的茬口安排、品种选择、栽培管理等措施，获得适销对路、优质高产蔬菜产品的过程。

蔬菜生产不是简单的蔬菜栽培，一个完整的生产过程包括市场考察、生产计划制订、生产资料准备、栽培管理、采后处理等一系列环节。概括起来，蔬菜生产具有以下一些特点。

1. 蔬菜生产的季节性较强 这主要是由蔬菜栽培的季节性所决定的。不同蔬菜对栽培环境的要求有所不同，其适宜的栽培季节也不同，如大白菜喜冷凉的气候，适宜的栽培季节为秋季，黄瓜喜温暖的气候，适宜的栽培季节则是春季和初夏。露地蔬菜生产，如果不在其适宜的季节里栽培或完成其主要的栽培过程，一般轻者降低产量和品质，严重时将造成绝产。

2. 蔬菜生产水平受到当地蔬菜生产条件的限制 蔬菜生产条件包括人力资源（数量和质量）、物资供应、设施条件、农业机械化水平等。一定数量的专业技术人员、性能优良的栽培设施和较高的机械化管理水平，以及供应充足的种子、农药、肥料等是高水平蔬菜生产所不可缺少的。

3. 蔬菜生产具有明显的市场性 一是蔬菜的品种类型、种植面积等要根据蔬菜市场的需求情况进行安排，并随市场需求的变化而发生变化；二是蔬菜生产资料的供应状况受到了当地农业生产资料市场货源状况的影响，并间接影响到当地的蔬菜生产；三是蔬菜的销售价格及生产效益受到了当地蔬菜市场价格和销售量的影响。

4. 蔬菜生产的技术性较强 蔬菜主要以鲜菜上市供应，其产品的大小、形状、色泽、风味等对其价格和销量的影响很大，要求产品优质高产。因此，从田间管理到采后处理等，均要求按照一定的技术规范进行操作，技术性强，用工也较多。

5. 蔬菜生产必须符合国家颁布的有关标准和规定 蔬菜作为主要副食品，其质量好坏与人们的健康关系十分密切，因此蔬菜的生产过程和产品质量必须符合国家颁布的有关标准和规定。现阶段我国主要颁布的规定和标准有《绿色食品标准》《有机产品国家标准》《有机食品认证管理办法》等。

三、我国蔬菜生产的发展现状与发展方向

（一）发展现状

1. 取得的主要成绩 中国蔬菜产业经过多年的发展，已经发展成为全球最大的蔬菜市场，目前中国蔬菜的产销量占全球市场的比例均在50%以上。

（1）蔬菜的种植面积稳定，产量提高。2012年以来，全国蔬菜的种植面积基本稳定在2 000万 hm^2（3亿亩）左右；2016年，我国蔬菜产量在80 005万t，种植面积在2 166.9万 hm^2 左右。

（2）设施蔬菜生产发展迅速。2016年，我国设施蔬菜面积达到5 872.1万亩，设施蔬菜产量2.52亿t，占蔬菜总产量30.5%，全国设施蔬菜产业净产值为5 700多亿元。

（3）科技进步的步伐加快。蔬菜生产科技进步的主要标志是：蔬菜生产逐步良种化；栽培管理日趋规范化、机械化和现代化，生产技术的科技含量有了较大的提高；蔬菜生产信息化、智能化、专业化、集成化的步伐加快。

目前我国已经形成了以各地的高新科技示范园为龙头,以蔬菜生产合作社和蔬菜协会为基础的蔬菜科技推广体系。

(4) **市场销售体系基本建立。**当前,全国基本上形成了以国家级市场为中心,以地方或区域性市场为补充的完整市场销售体系。集散型、运销型、保鲜与加工型等现代蔬菜流通模式已基本成型,契约销售、订单销售、中介销售、网上销售等多形式的交易方式为蔬菜销售提供了有力的保障。在市场建设中,主要市场基本做到了交易、服务、加工、管理四区分明,形成了良好的交易秩序、治安秩序、交通秩序,初步具备了产品集散中心、信息传播中心和价格形成中心三大功能。

为落实国务院提出的"菜篮子工程",丰富大中城市居民的"菜篮子",交通部、公安部、国务院纠风办(以下称"两部一办")同国家林业局(现国家林业和草原局),自1995年以来,先后开通了山东寿光至北京、海南至北京、海南至上海、山东寿光至哈尔滨、哈尔滨至海口共5条蔬菜运输"绿色通道",5条蔬菜运输"绿色通道"总里程达到1.6万km,贯穿全国18个省(市、区),将最北边的黑龙江与最南端的海南省联为一体。根据国家有关规定,"绿色通道"沿线交通部门要加强公路建设、养护和管理,保证道路完好,对持有"蔬菜绿色通道证"的运菜车辆除经省政府批准设置的收费站可以收取车辆通行费外,在公路上一律不再检查、收费和罚款;沿线公安部门要维护治安和交通秩序,坚决打击"车匪路霸",遇有交通阻塞和交通事故要及时疏导、处理,对运菜车辆,不得随意拦车检查,更不准随意罚款、扣车、扣证。绿色通道开始于公路,后又发展到铁路。蔬菜"绿色通道"的开通,使蔬菜能够在较短的时间内,以较低的费用运送到城市,不仅为市民提供了新鲜的蔬菜,而且也增加了菜农的收入,保证了菜农的利益。

(5) **出口蔬菜生产有了较大的发展。**我国是世界上的蔬菜出口大国。2010—2017年,我国蔬菜进口额和出口额整体上均呈增长趋势,且持续实现贸易顺差。2017年我国出口蔬菜1 094.77万t,比2016年增加8.3万t,出口金额达155.2亿美元,较上年增长5.2%;进口蔬菜24.66万t,比2016年减少1.4万t,进口额为5.5亿美元,较上年增加3.5%。2017年蔬菜产业实现贸易顺差149.7亿美元,较上年增长5.5%。

(6) **新兴蔬菜生产初具规模。**新兴蔬菜包括新引西洋蔬菜、稀有乡土蔬菜、新型芽苗菜、海洋蔬菜以及野生采集或人工栽培的山野菜等。新兴蔬菜产品新颖、品质优良、清洁无污染、食用方便,并具有较好的保健功效,适合现代都市人的消费要求,市场价格高,消费量也逐年增加。另外,新兴蔬菜也比较适合于设施栽培或工业化集约生产,符合现代农业发展的要求,发展前景广阔。

(7) **无公害蔬菜和绿色蔬菜生产开始步入正轨。**自1992年中国绿色食品发展中心成立以来,我国先后制定了《无公害蔬菜安全要求》《绿色食品标准》《有机产品国家标准》等。与此同时,各地也相继颁布了《水果和蔬菜中多种农药残留量的测定》《无公害蔬菜质量标准》《无公害蔬菜产地环境质量标准》《无公害蔬菜生产技术规程》等。

现阶段我国多数地方执行的是无公害蔬菜生产标准和A级绿色食品蔬菜生产标准以及将两者结合制定的地方标准,国际上通用的有机食品标准仅在一些生产条件比较好、以生产出口蔬菜为主的大型蔬菜生产基地或农场里被执行。

2. 存在的主要问题

(1) 各地蔬菜发展不均衡现象依然存在。随着蔬菜产业结构的调整和优化,区域化布局基本形成,产业化经营进一步发展,流通体系建设进一步加强,主要以保证新鲜蔬菜的全年供应取代淡季蔬菜供不应求的状况。但是,从全国范围看,山东、河北、辽宁等区域依然是蔬菜产业集中地,蔬菜产品销往国内各大市场。其他省市的蔬菜产业化生产还有待于提高。

（2）蔬菜的产量和产值偏低。虽然目前我国个别地方的单产已接近世界水平,但平均产量水平却与世界水平差距比较大。例如荷兰在冬春季低温寡照条件下,保护地黄瓜产量 $450\sim600t/hm^2$,我国黄瓜的产量为 $75\sim105t/hm^2$,仅相当于发达国家的 1/5。

在产值方面,由于产品质量差、深加工不足、包装档次低等原因,我国蔬菜不仅在国际市场上价格不高,在国内市场上的价格也普遍偏低。

（3）产品采后增值加工处理不足。目前,我国蔬菜产后的产品整理、包装、贮存、运销、加工等处理较为薄弱,尚处初级阶段,初加工品多,精加工品少,产品的科技含量低,附加值小,缺乏市场竞争力。

（4）蔬菜出口比较薄弱。主要表现为以下几方面。

①出口蔬菜发展不平衡,地域间差距明显。2017 年,山东省出口蔬菜 304.6 亿元,继续保持全国第一大蔬菜出口省的地位,福建、广东、江苏、天津、浙江、辽宁、河北等沿海省（直辖市）,及云南、新疆、黑龙江 3 个省（自治区）仍然保持较高的蔬菜出口贸易量。

②出口蔬菜的品种少,出口数量有限。近年来,我国出口蔬菜的品种虽然日趋多样化,但从总体上来说,出口蔬菜的品种仍然较少,主要集中于芦笋、大蒜、辣椒、大葱、生姜、洋葱、马铃薯、番茄、萝卜、牛蒡、菠菜和四季豆等。另外,我国蔬菜出口量占蔬菜总产量的份额也很小。截至 2017 年,出口蔬菜总量基本稳定在全年蔬菜总产量的 1.1% 左右,与我国世界蔬菜大国的地位极不相称,距世界蔬菜强国更差距甚远。

③蔬菜产品质量较差,出口包装粗糙。

④出口产品档次不高,经济效益差。目前我国出口蔬菜中,鲜冷冻蔬菜占蔬菜总出口量的一半以上,其次为加工保鲜蔬菜和干菜,深加工的高附加值产品较少,从而导致出口效益呈逐年下降之势。

⑤出口国家和地区范围狭窄,回旋余地有限。亚洲一直是我国蔬菜出口的主要地区,对亚洲的出口量达 70% 以上,并且主要集中在日本、韩国、印尼、马来西亚、新加坡、越南和我国的香港。北美和欧洲是世界上主要的进口地区,我国对其出口仅占其总进口的 4% 左右,而非洲的只占 3% 左右。这种单一的市场结构十分脆弱,难以抵御市场风险,容易遭受蔬菜进口国和地区的贸易壁垒,一旦主要出口地区发生经济危机或与出口国经贸关系恶化,蔬菜出口将会大幅下滑。

（5）抵抗风险能力弱。目前,我国蔬菜生产条件尚比较差,生产方式简单,抵抗自然灾害的能力比较弱。在生产模式上,以农户为单位的分散种植和销售模式占主导地位,有组织的农村合作组织、协会组织以及"公司+基地"或"企业+基地"等规模经营模式还比较少,抵抗市场风险的能力比较弱。

（6）生产资料供应滞后。目前,我国多数地区的蔬菜生产物资种类和数量供应不足,新材料、新品种、新器械不能及时送到生产一线,制约了蔬菜生产的发展,该问题在新菜区和边远菜区表现得尤为突出。

（7）蔬菜标准化生产规模的比例偏低。由于蔬菜生产的监督检查体系不健全以及受零散蔬菜生产模式的限制,目前尚难以对整个蔬菜的标准化生产进行有效的组织和管理,标准化生产工作推广缓慢,生产过程中的过量使用激素、农药施用欠合理、有机肥施用不足、大量施用氮素化肥等现象仍比较严重。

(8) 蔬菜良种大部分依赖进口。目前我国培育的设施蔬菜品种大多耐贮运能力差,不适合长距离运输等缺陷,以致设施蔬菜生产用种主要依赖国外进口。另外,露地生产的加工出口蔬菜也因受进口国的苛刻条件限制,大多只能种植来自进口国的种子。由于国外进口种子大多价格昂贵,一般是国内同类蔬菜种子的几倍乃至上百倍,从而加大了生产成本。

(9) 病虫危害严重。由于长期连作、无序引种和流通、蔬菜品种数量的增多以及反季节蔬菜栽培规模不断扩大等原因,不仅导致原有病虫害发生加重,而且还造成病虫害的种类逐年增加,加大了病虫害的防治难度。

(二) 发展方向

新世纪,我国蔬菜业发展的总目标是:以现代蔬菜科技和现代工业技术为强大支柱,逐步走生产、运销、加工社会化分工的产业发展道路,实现由传统生产到以现代科技和现代经营管理为基础的现代化生产的转变;运用现代科技,大幅度提高土地和设施的利用率、劳动生产率和产品的商品率及利用价值,降低生产成本,大幅度提高蔬菜的产量、品质和产值;加强抗逆、抗病虫、耐贮运和适宜加工、适宜机械化栽培的专用品种选育;蔬菜市场逐步达到数量充足、供应均衡、品质优良、种类多样、清洁卫生和食用方便,争取在较短的时间内,把我国由世界蔬菜大国建设成为世界蔬菜强国。

围绕上述发展目标,未来我国蔬菜生产将主要朝以下几个方面发展。

1. 设施化生产 设施农业是现代农业的重要组成部分和主要发展方向。目前,受设施蔬菜发展的限制,我国大城市蔬菜自给率仍不足30%,冬季蔬菜价格波动仍将维持,设施蔬菜的发展空间相当大。在发展步骤上,21世纪前期我国将以简易温室(包括日光温室)和塑料大棚为主,后期则在较大范围内推广使用现代化温室。

2. 标准化生产 标准化生产是现代农业生产的重要标志之一。实行标准化生产,不仅有利于生产的统一组织和管理,而且也是和国际接轨,增强我国蔬菜在国际上的竞争力所必需的。

3. 组织化生产 主要是对达到一定生产规模的蔬菜种植区,通过农村合作组织、协会组织、"公司+农户"以及"公司+基地+技术工人"等规模经营模式,将分散的蔬菜种植户联合起来进行有组织的蔬菜生产。组织化生产有利于统一生产操作,实行标准化生产管理,同时组织化生产也利于与外界的信息交流与沟通,也容易得到政府部门的政策支持与资金投入,增强抵抗风险的能力。

4. 机械化生产 机械化生产不仅能够提高蔬菜生产的效率和操作质量,而且也是实施蔬菜生产的自动化和智能化管理所不可缺少的。目前,我国大型设施蔬菜生产的机械化程度比较高,发展也较快,从整地施肥、播种育苗、移栽、灌溉到设施管理等方面,均不同程度地实行了机械化或半机械化,而简易设施以及露地蔬菜生产的机械化程度还比较低。

5. 区域化生产 根据不同地域的自然和生产条件,安排种植不同的内容,既能充分利用自然资源,降低生产成本,又可避免地区间的重复生产和浪费资源,减少内耗。

目前,我国已经形成的五大片农区商品菜生产基地有:南菜北运基地,黄淮早春菜基地,西菜东调基地,冀、鲁、豫秋菜基地和京北夏秋淡季菜基地。五大基地每年向全国提供200多亿千克的商品蔬菜,约为城市消费量的30%左右。

6. 蔬菜品种多样化 随着我国居民消费水平的提高，对蔬菜的要求已经不满足于传统的佐餐需要了，对蔬菜的滋补保健作用、美容作用、欣赏性等方面的要求也日趋强烈。近年来，滋补保健蔬菜（如山药、胡萝卜、芦笋、大蒜、苦瓜等）、山野蔬菜、美容蔬菜（如芦荟、黄瓜等）、水果蔬菜（如水果番茄、水果黄瓜、水果辣椒等）、观赏蔬菜等消费量也呈逐年上升趋势。

7. 采后增值处理 蔬菜采后增值处理主要包括贮藏保鲜、深加工、包装等处理。对蔬菜进行采后增值处理，不但可以增强产品承受市场风险和出口竞争的能力，而且还能提高产品的附加值，转移市场风险。

四、本课程的学习任务和方法

《蔬菜生产技术》是蔬菜专业、园艺专业和农艺专业的重要课程之一。学习本课程的主要任务，是掌握蔬菜生产的基本理论和基本技能，并掌握当前蔬菜生产上推广应用的高新技术和高效栽培模式，为以后从事蔬菜生产和科学研究奠定坚实的基础。

《蔬菜生产技术》是一门实践性比较强的应用课程，首先必须学好基本理论，掌握主要蔬菜的生长发育规律、环境要求规律以及茬口安排和高产高效栽培模式等；其次，要加强实践学习，在"干"中学，掌握必要的生产管理技能。

内容小结

蔬菜有广义和狭义定义之分，狭义蔬菜即指一般蔬菜。蔬菜和蔬菜生产有许多特点，是制订蔬菜生产计划的基础。20世纪90年代以来，我国的蔬菜生产发展迅猛，蔬菜产业已成为我国农村的重要支柱产业。新世纪，我国蔬菜业发展的总目标是把我国由世界蔬菜大国建设成为世界蔬菜强国。

复习思考题

1. 什么是蔬菜？有哪些主要特点？
2. 什么是蔬菜生产？有哪些主要特点？
3. 联系我国蔬菜生产发展的实际，谈谈学好《蔬菜生产技术》课程的重要性。

学习提示

绪论的学习重点是蔬菜和蔬菜生产的定义与特点，应熟练掌握。我国蔬菜生产的现状与发展目标部分内容较为抽象，应在初步掌握教材内容的基础上，广泛搜集该方面的有关资料，作进一步的了解。

资料搜集

重点搜集有关我国蔬菜业发展方面的资料。

单元一
蔬菜的种类与识别

◁ 职业能力目标

◂ 掌握蔬菜的分类依据和分类方法，能够准确对常见蔬菜进行分类。
◂ 能够指导当地农民合理地选择蔬菜类型和品种。

◁ 学习要求

◂ 以实践教学为主，通过项目和任务单形式，使学生掌握各类蔬菜的特点并能准确分类。
◂ 与当地的生产实际相结合，有针对性地开展学习。
◂ 通过社会实践活动，培养学生的服务意识，掌握基本的对农民进行业务培训和技术指导的能力。

引　言

蔬菜的种类繁多，如何正确辨别蔬菜并掌握各蔬菜的栽培特性，是蔬菜生产者的首要课程。生产实际中，常会发生因对蔬菜的特性不了解，继而因采取不当的生产措施造成生产失败的现象。如黄瓜与青椒喜肥而不耐肥，番茄则喜肥也耐肥，如果不清楚它们的区别，而采取相同方法管理，则可能出现肥害或施肥不足等问题。另外，同一蔬菜的不同品种在对温度的适应性、花芽分化特性等方面往往也存在着一定的差异，在栽培季节、栽培方式等安排上也有一定的要求。因此，掌握蔬菜的分类依据和分类方法，能够准确地对常见蔬菜进行分类；掌握各类蔬菜的主要生产特性，是蔬菜生产的重要基础。

项目一 蔬菜的分类

任务 1 食用器官分类法

食用器官分类法是按各蔬菜食用器官的类别不同来进行分类。该法通常将蔬菜分为以下几类。

一、根菜类

根菜类蔬菜以肥大的根部为产品，分为直根类和块根类两类。

（一）直根类

直根类蔬菜以肥大主根为产品，如萝卜、胡萝卜、芜菁、根用甜菜、根用芥菜等。

根菜类蔬菜图片

（二）块根类

块根类蔬菜以肥大的侧根为产品，如甘薯、豆薯等。

二、茎菜类

茎菜类蔬菜以肥大的茎部为产品，也包括一些食用假茎的蔬菜，分为肉质茎类、嫩茎类、块茎类、根茎类、球茎类、鳞茎类六类。

（一）肉质茎类

肉质茎类蔬菜以肥大的地上茎为产品，如莴笋、茭白、茎用芥菜、球茎甘蓝等。

茎菜类蔬菜图片

（二）嫩茎类

嫩茎类蔬菜以萌发的嫩芽为产品，如芦笋、竹笋、香椿等。

（三）块茎类

块茎类蔬菜以肥大的地下块状茎为产品，如马铃薯、菊芋、草石蚕等。

（四）根茎类

根茎类蔬菜以肥大的地下根状茎为产品，如姜、莲藕等。

（五）球茎类

球茎类蔬菜以地下的球状茎为产品，如慈姑、芋、荸荠等。

（六）鳞茎类

鳞茎类以肥大的鳞茎为产品，如大蒜、洋葱、百合等。

三、叶菜类

叶菜类蔬菜以叶片或叶柄为产品，分为普通叶菜类、结球叶菜类、香辛叶菜类 3 类。

叶菜类蔬菜图片

（一）普通叶菜类

如小白菜、乌塌菜、菠菜、茼蒿、叶用芥菜等均属普通叶菜类蔬菜。

（二）结球叶菜类

如大白菜、结球甘蓝、结球莴苣等均属结球叶菜类蔬菜。

（三）香辛叶菜类

如大葱、分葱、韭菜、芹菜、芫荽、茴香等香叶菜类蔬菜。

四、花菜类

花菜类蔬菜以花蕾、花薹或花球为产品，分为花蕾类、花薹类和花球类3种。

花菜类
蔬菜图片

（一）花蕾类

如金针菜、朝鲜蓟等均属花器类蔬菜。

（二）花薹类

如菜薹。

（三）花球类

如花椰菜。

五、果菜类

果实类蔬菜以果实或种子为产品，分为瓠果类、浆果类、荚果类、杂果类4类。

果菜类
蔬菜图片

（一）瓠果类

如黄瓜、南瓜、冬瓜、西瓜、甜瓜、丝瓜等均属瓠果类蔬菜。

（二）浆果类

如番茄、茄子、辣椒等均属浆果类蔬菜。

（三）荚果类

如菜豆、豇豆、蚕豆、豌豆等均属荚果类蔬菜。

（四）杂果类

如甜玉米、黄秋葵、菱角等均属杂果类蔬菜。

▷ 相关知识

食用器官分类法对生产的指导作用

由于食用器官相同的蔬菜对环境条件的要求一般较为相似，采取的栽培技术措施也较为一致，因此该分类法对掌握蔬菜栽培技术具有一定的指导作用。

但食用器官相同的蔬菜，其生长习性和栽培条件并不完全一致，如茭白和莴笋，同是茎菜类，但其生长习性和栽培方法却不相同。

任务2 植物学分类法

植物学分类法是依照植物的自然进化系统，按科、属、种和变种将蔬菜进行分类。
植物学分类法一般将我国常见蔬菜分为以下几类（表1-1）。

表 1-1 常见蔬菜的植物学分类一览

科类	包含蔬菜	科类	包含蔬菜
蘑菇科	蘑菇、双孢菇	十字花科	大白菜、乌塌菜、菜薹、薹菜、芜菁、叶用芥菜（雪里蕻）、茎用芥菜（榨菜）、根用芥菜（大头菜）、羽衣甘蓝、结球甘蓝、抱子甘蓝、花椰菜、球茎甘蓝、芥蓝、芜菁甘蓝、萝卜、辣根、荠菜
口蘑科	香菇、平菇、金针菇	豆 科	菜豆、矮生菜豆、普通豇豆（矮豇豆）、长豇豆、蚕豆、豌豆、毛豆、扁豆、刀豆
光柄菇科	草菇	藜 科	菠菜
鬼伞科	鸡腿菇	睡莲科	莲藕
百合科	金针菜、芦笋、洋葱、韭菜、大蒜、大葱、分葱	楝科	香椿
薯芋科	山药、大薯	伞形科	芹菜、芫荽、胡萝卜、茴香
姜 科	姜	茄 科	马铃薯、茄子、番茄、辣椒、人参果
天南星科	芋	葫芦科	黄瓜、南瓜（中国南瓜）、笋瓜（印度南瓜）、西葫芦（美洲南瓜）、黑籽南瓜、冬瓜、西瓜、甜瓜、苦瓜、丝瓜、瓠瓜、佛手瓜
菊 科	散叶莴苣、结球莴苣、莴笋、茼蒿、牛蒡、紫背天葵、菊芋（洋姜）	旋花科	蕹菜
锦葵科	黄秋葵	独尾草科	芦荟

▷ 相关知识

植物学分类法对生产的指导作用

植物学分类法能了解各种蔬菜间的亲缘关系。一般，同科蔬菜通常具有相似的病虫害，种间容易杂交，其生物学特性和栽培技术方面都有相似之处，这对病虫害防治、杂交育种、种子繁殖及种植制度的制定等都有一定的指导作用。

该分类法的主要不足是有些蔬菜虽属同科蔬菜，但其食用器官、繁殖方法、生物学特性和栽培技术等却有很大的差别，如茄科的马铃薯和番茄、禾本科的甜玉米与竹笋等。

任务 3　生态分类法

蔬菜生态分类法是根据蔬菜对温度、光照、湿度以及土壤等的要求不同而进行的分类，应用较多的为温度分类法和光照分类法。

一、温度分类法

温度分类法依据各蔬菜对温度"三基点"的要求不同，将蔬菜分为以下 5 种类型。

(一) 耐寒性蔬菜

耐寒性蔬菜主要包括除大白菜、花椰菜以外的白菜类,除苋菜、蕹菜以外的绿叶菜类。该类蔬菜性较耐寒,生长期间能够忍耐长时期 $-2 \sim -1$℃ 的低温和短期 $-10 \sim -5$℃ 的低温,但不耐热,生长的适宜温度为 15~20℃。

(二) 半耐寒性蔬菜

半耐寒性蔬菜主要包括根菜类和大白菜、花椰菜、结球莴苣、马铃薯、蚕豆、豌豆等。该类蔬菜的耐寒和耐热性均较差,生长适宜温度为 17~20℃,大部分蔬菜能忍耐短期 $-2 \sim -1$℃ 的低温,产品器官形成期,温度超过 21℃ 时生长不良。

(三) 耐寒且适温性广的蔬菜

耐寒且适温性广的蔬菜主要包括葱蒜类和多年生蔬菜。该类蔬菜生长的适宜温度范围为 12~24℃,耐寒能力较耐寒性蔬菜强,并可耐 26℃ 以上的高温。

(四) 喜温性蔬菜

喜温性蔬菜主要包括茄果类、大部分瓜类、大部分豆类、水生蔬菜以及除马铃薯外的薯芋类蔬菜。该类蔬菜生长的适宜温度为 20~30℃,不耐高温,温度超过 40℃ 时同化作用小于呼吸作用;也不耐低温,温度低于 15℃ 时开花结果不良,10℃ 以下生长停止,遇 0℃ 以下温度即死。

(五) 耐热性蔬菜

耐热性蔬菜主要包括冬瓜、西瓜、甜瓜、南瓜、丝瓜、豇豆等。该类蔬菜生育期间要求高温,30℃ 左右时的同化作用最强,其中西瓜、甜瓜、豇豆等在 40℃ 的高温下仍能生长。

▷ **相关知识**

温度分类法对生产的指导作用

温度分类法主要用于指导蔬菜的生产季节,确定播种期安排以及设施蔬菜的温度管理措施制定等方面。例如,喜温类蔬菜(如黄瓜、茄子、菜豆等)应当将播种期安排在地温稳定在 10~12℃ 以上时期,设施生产期间设施内的最低气温应保持在 10℃ 以上;耐寒性蔬菜通常土壤解冻后就可以播种,设施生产期间设施内的最高气温应控制在 28℃ 以内。

二、光照分类法

光照分类法依据各蔬菜对光照度的要求不同,将蔬菜分为以下 4 种类型。

(一) 强光性蔬菜

强光性蔬菜主要包括茄果类、瓜类、豆类、大部分薯芋类。该类蔬菜生长期间要求较强的光照,适宜的光照度为 50~60klx。

(二) 中光性蔬菜

中光性蔬菜主要包括葱蒜类、结球甘蓝、大白菜、花椰菜、萝卜等。该类蔬菜生长期间要求中等强度的光照,不耐强光照,适宜的光照度为 30~40klx。

(三) 弱光性蔬菜

弱光性蔬菜主要包括生姜以及绿叶菜类。该类蔬菜的适宜光照度为 20klx 左右,光照过强,植株生长缓慢,产品质地粗糙,一些蔬菜的茎、叶也容易受到伤害。

(四) 喜阴性蔬菜

喜阳性蔬菜主要是各种食用菌类。该类蔬菜的主要生长期间要求阴暗的环境,光照度一般要求低于 10klx。

> ▷ 相关知识
>
> **光照分类法对生产的指导作用**
>
> 光照分类法主要用于指导蔬菜的间套作安排、合理密植等,在植株调整方面也有一定的指导作用。例如,在高架种植的强光性蔬菜(如番茄、菜豆等)行间可以套种小白菜、茼蒿等弱光性蔬菜;设施种植番茄、甜瓜、茄子等强光蔬菜时,应当进行大小行种植,并适当稀植,同时还应采取张挂反光膜、覆盖反光地膜以及人工补光等措施,确保蔬菜的光照需要。

任务 4 农业生物学分类法

该分类法从农业生产实际出发,按照蔬菜的生物学特性和栽培技术的相似性进行分类,把蔬菜分为 12 大类。

一、根菜类

根菜类是指以肥大的肉质直根为产品的蔬菜,主要包括萝卜、胡萝卜、芜菁、根用芥菜、芜菁甘蓝、牛蒡等。

二、白菜类

白菜类是指十字花科蔬菜中以柔嫩的叶丛、肉质茎、叶球或花球等为产品的蔬菜,主要包括大白菜、花椰菜、结球甘蓝、雪里蕻、榨菜等。

三、绿叶菜类

绿叶菜类是指以幼嫩的绿叶、小型叶球、嫩茎等为产品的蔬菜,主要包括芹菜、菠菜、莴苣、茼蒿、芫荽、蕹菜、苋菜等。

四、葱蒜类

葱蒜类是指百合科蔬菜中以鳞茎、嫩叶、花薹为产品的蔬菜,主要包括洋葱、大蒜、大葱、韭菜等。

五、茄果类

茄果类是指茄科蔬菜中以浆果为产品的蔬菜,主要包括番茄、茄子、辣椒等。

六、瓜类

瓜类是指葫芦科蔬菜中以瓠果为产品的蔬菜,主要包括黄瓜、南瓜、西瓜、甜瓜、丝瓜、冬瓜、苦瓜、佛手瓜等。

七、豆类

豆类是指豆科蔬菜中以鲜嫩的荚果或种子为产品的蔬菜,主要包括菜豆、豇豆、蚕豆、豌豆、扁豆等。

八、薯芋类

薯芋类是指以地下肥大的变态根和变态茎为产品的蔬菜,主要包括马铃薯、山药、姜、芋等。

九、水生蔬菜

水生蔬菜是指生长在沼泽地或浅水中的蔬菜,主要包括莲藕、茭白、慈姑、荸荠等。

十、多年生蔬菜

多年生蔬菜是指一次播种或栽植后,可以连续收获数年的蔬菜,主要包括金针菜、芦笋、香椿等蔬菜。

十一、食用菌类

食用菌类是指人工栽培或野生的适宜食用的菌类蔬菜,主要包括蘑菇、香菇、木耳等。

十二、其他蔬菜

以上几类不包括的各种蔬菜归为其他蔬菜,主要有芽苗菜、甜玉米、黄秋葵、苜蓿等。

▷ **相关知识**

农业生物学分类法对生产的指导作用

农业生物学分类法以蔬菜的生产技术作为分类的主要依据,比较适合农业生产的要求,对蔬菜生产具有较好的指导作用。例如,白菜类蔬菜虽然包含结球大白菜、结球甘蓝、花椰菜等多种起源地不同,甚至产品器官类型也不同的蔬菜,但由于该类蔬菜在对温度、湿度、光照、营养等方面的环境要求比较接近,因此,该类蔬菜所采用的栽培技术也较为接近。

▷ **练习与作业**

在教师的指导下,学生对蔬菜样本、标本和挂图进行观察记载,并完成以下作业。

1. 将所观察蔬菜按植物学分类法进行分类,结果填入表1-2。

表1-2 蔬菜植物学分类法

蔬菜名称	所属类别	蔬菜名称	所属类别

2. 将所观察蔬菜按食用器官分类法进行分类,结果填入表1-3。

表1-3 蔬菜食用器官分类法

蔬菜名称	所属类别	蔬菜名称	所属类别

3. 将所观察蔬菜按农业生物学分类法进行分类,结果填入表1-4。

表1-4 蔬菜农业生物学分类法

蔬菜名称	所属类别	蔬菜名称	所属类别

4. 将所观察蔬菜按生态分类法进行分类,结果填入表1-5。

表1-5 蔬菜生态分类法

蔬菜名称	所属类别	蔬菜名称	所属类别

项目二 蔬菜的识别

任务1 果菜的形态识别

一、瓜类蔬菜

瓜类蔬菜属葫芦科植物。多数瓜菜根系入土深;植株蔓生,有螺旋状卷须;叶掌状,柄长，互生，形大；花比较大，色泽鲜艳，多为单性花，花瓣 5 枚，白色或黄色，雌性的花为子房下位花，异花授粉；果实为肉质浆果；种子数多，种子扁平，外皮坚韧，多为大粒种子。

黄瓜植株
形态图片

二、茄果类蔬菜

茄果类蔬菜属茄科植物。根系入土深；植株直立或半直立生长，分枝较多，并且规律性强，番茄属于合轴分枝，茄子、辣椒为假二叉分枝；单叶、互生，卵圆形或长椭圆形或羽状复叶；两性花，单生或簇生或聚伞花序，花小，自花授粉；浆果，形状有圆球形、扁球形、椭圆形、卵圆形和长棒形等多种，大小差异明显；种子数量多，扁平略呈卵圆形，种粒较小。

茄子植株
形态图片

三、豆类蔬菜

豆类蔬菜属豆科植物。根系入土深；植株矮生或蔓生，矮生种茎直立生长，蔓生种缠蔓生长；基生叶对生，单叶，其他叶为三出复叶、互生；总状花序，蝶形花冠，自花授粉；荚果，果实扁平或细长；种子肾形，属大粒种子。

菜豆植株
形态图片

任务 2　叶菜的形态识别

一、白菜类蔬菜

白菜类蔬菜属十字花科植物。根系入土深；子叶两枚对生，肾形，有叶柄；基生叶两枚，长椭圆形，有明显的叶柄无叶翅，与子叶方向垂直呈"十"字形；中生叶互生，呈莲座状排列，叶片倒披针形至倒阔卵圆形，有明显的叶翅而无明显的叶柄，结球白菜、结球甘蓝等的顶芽形成球叶；营养生长阶段茎短缩，上面着生叶片，生殖生长时期茎伸长，茎生叶着生在枝上，叶片基部抱花茎而生；总状花序，完全花，花瓣 4 枚，"十"字形，异花授粉；长角果，圆筒形；种子圆形微扁，红褐色至灰褐色，种粒较小。

大白菜植株
形态图片

二、绿叶蔬菜

绿叶蔬菜属植物学上分属不同的科。根系不发达；多数蔬菜茎短缩；菠菜、小白菜、韭等的叶片发达，为主要的食用器官；芹菜的叶柄发达为主要的食用器官；茼蒿的嫩茎发达为主要的食用器官。多数蔬菜的种子为植物学上的果实，种粒较小。

菠菜植株
形态图片

任务 3　根茎菜的形态识别

一、根菜类蔬菜

根菜类蔬菜在植物学上分属不同的科。主根发达，膨大后形成产品器官（肉质直根）；

叶片丛生，植株低矮；茎短缩，上面着生叶片；生殖生长时期茎伸长，上面着生花和果实；种粒较小，其中胡萝卜、牛蒡的种子为植物学上的果实。

二、葱蒜类蔬菜

葱蒜类蔬菜属禾本科植物。叶管状或扁平，披有蜡粉；叶鞘发达，或形成发达的假茎，或膨大后与鳞芽一起形成产品器官（鳞茎）；叶片直立生长，植株多低矮；根系入土浅，不发达；花薹粗壮，顶端着生伞形花序，异花授粉；蒴果，种子盾形，黑色，种粒较小。

三、薯芋类蔬菜

薯芋类蔬菜在植物学上分属不同的科。以地下生长的块茎、根状茎、球茎等为食用器官，形状圆形、椭圆形、扁平状等不一，大小差异明显；块茎、根状茎、球茎上有芽眼，同时也为繁殖器官（种子）；没有主根，根系不发达；地上茎叶发达，多丛生；叶片形状多样。

萝卜植株形态图片

大葱植株形态图片

马铃薯植株形态图片

▷ 练习与作业

在教师的指导下，学生对蔬菜样本、标本和挂图进行观察记载，并完成以下作业。

1. 认真观察各蔬菜的形态，结果填入表1-6。

表1-6 蔬菜的主要形态特征

蔬菜名称	根部特征	茎叶特征	花果种子特征	产品器官特征

2. 比较主要果菜的异同点，并绘制主要果菜的形态结构图。
3. 比较主要叶菜的异同点，并绘制主要叶菜的形态结构图。
4. 比较主要根茎菜的异同点，并绘制主要根茎菜的形态结构图。

◁ 单元小结

蔬菜的分类方法比较多，常用的有植物学分类法、食用器官分类法、生态分类法和农业生物学分类法4种。4种分类方法的分类依据不同，分类的内容也不同，对蔬菜生产的指导作用各有侧重。植物学分类法能了解各种蔬菜间的亲缘关系，对病虫害防治、杂交育种、种子繁殖及种植制度的制定等有一定的指导作用。农业生物学分类法以蔬菜的生产技术作为分类的依据，较贴近生产实际。生态分类法以蔬菜对环境的要求为依据，对蔬菜的生产安排有指导作用。食用器官分类法将食用器官相同的蔬菜归为一类，对蔬菜的生产安排和技术制定有指导作用。

生产实践

在教师的指导下，调查当地的主要蔬菜类型，进行分类并描述代表蔬菜的形态特征。

单元自测

一、填空题（40分，每空2分）

1. 蔬菜的分类方法主要有_____、_____、_____和_____4种。
2. 蔬菜食用器官分类法将蔬菜分为_____、_____、_____、_____和_____5类蔬菜。
3. 南瓜、番茄在植物学分类上分别属于_____和_____植物，在食用器官分类上属于_____，在生态分类上属于_____温性蔬菜，在农业生物学分类上分别属于_____和_____。
4. 植物学分类法主要用于指导蔬菜的_____、_____、_____和种植制度制定等。
5. 蔬菜光照分类法对蔬菜的_____和_____有指导作用。

二、判断题（24分，每题4分）

1. 食用器官分类法是将食用器官相同的蔬菜归为一类。（ ）
2. 茎菜类包括根茎菜、块茎菜、嫩茎菜等。（ ）
3. 茄科蔬菜包括番茄、马铃薯、茄子、甜椒等。（ ）
4. 喜温性蔬菜具有相近的栽培季节。（ ）
5. 茄子、黄瓜、番茄、辣椒具有相同的病虫害。（ ）
6. 黄瓜、番茄、大白菜、辣椒对环境的要求基本相同。（ ）

三、简答题（36分，每题6分）

1. 简述植物学分类法的主要依据以及对生产的指导作用。
2. 简述农业生物学分类法的主要依据以及对生产的指导作用。
3. 简述食用器官分类法的主要依据以及对生产的指导作用。
4. 简述生态分类法的主要依据以及对生产的指导作用。
5. 比较马铃薯、番茄在分类以及生产技术上的异同点。
6. 比较大白菜、黄瓜在生态环境要求上的异同点。

能力评价

在教师的指导下，学生以班级或小组为单位进行蔬菜识别和分类实践。实践结束后，学生个人和教师对学生的实践情况进行综合能力评价。结果分别填入表1-7、表1-8。

表1-7 学生自我评价

姓名			班级		小组	
生产任务			时间		地点	
序号	自评内容			分数	得分	备注
1	在工作过程中表现出的积极性、主动性和发挥的作用			5		
2	资料收集的全面性和实用性			10		
3	工作计划确定			10		
4	蔬菜植物学分类			15		
5	蔬菜食用器官分类			15		
6	蔬菜农业生物学分类			15		
7	蔬菜生态分类			15		
8	蔬菜识别			15		
	合　　计			100		
认为完成好的地方						
认为需要改进的地方						
自我评价						

表1-8 指导教师评价

指导教师姓名：_____　评价时间：____年___月___日　课程名称：_____

生产任务：

学生姓名：　　　　　　　　　　　所在班级：

评价内容	评分标准	分数	得分	备注
目标认知程度	工作目标明确，工作计划具体结合实际，具有可操作性	5		
情感态度	工作态度端正，注意力集中，有工作热情	5		
团队协作	积极与他人合作，共同完成任务	5		
资料收集	所采集的材料和信息对任务的理解、工作计划的制订起重要作用	5		
生产方案的制订	提出方案合理、可操作性强、对最终的生产任务起决定作用	10		
方案的实施	操作规范、熟练	45		
解决生产实际问题	能够较好地解决生产实际问题	10		
操作安全、保护环境	安全操作，生产过程不污染环境	5		
技术文件的质量	完成的技术报告、生产方案质量高	10		
	合　　计	100		

信息收集与整理

调查当地蔬菜的种类，并根据所学知识进行分类。

资料链接

中国蔬菜网　http://www.vegnet.com.cn

单元二
蔬菜栽培设施的结构类型与应用管理

▶ 职业能力目标

◀掌握塑料棚膜、地膜、遮阳网、防虫网、保温被等设施覆盖材料的选择原则与方法，掌握各覆盖材料生产应用技术。

◀认识风障畦、阳畦、电热温床、塑料小拱棚、塑料大棚、温室的结构类型，并掌握各自的生产应用范围与栽培方式；掌握电热温床、塑料小拱棚、塑料大棚建造技术，熟悉日光温室设计要点。

◀掌握设施光照、温度、湿度、土壤、气体等的调控技术与要求；了解蔬菜设施"四位一体"环境调控体系。

◀熟悉微耕机、卷帘机的主要功能，并掌握其操作与维护技术。

◀掌握设施蔬菜的立体栽培技术、无土栽培技术、滴灌技术等主要配套技术的基本操作与生产应用。

◀具有一定的对当地农民进行相关技术培训和技术指导的能力。

▶ 学习要求

◀以实践教学为主，通过项目和任务单形式，使学生掌握必要的操作技能。

◀与当地的生产实际相结合，有针对性地开展学习。

◀通过社会实践活动，培养学生的服务意识，掌握基本的对农民进行业务培训和技术指导的能力。

引　言

设施蔬菜生产是现代蔬菜生产的重要特征之一。2016 年，我国蔬菜种植面积在 2 166.9 万 hm^2 左右，居世界第一位，并形成了国内几个规模较大的保护地蔬菜生产基地，如山东省寿光市。蔬菜生产设施种类多种多样，各地的设施结构也不尽相同，结构和材料选择上的大材小用以及不适宜蔬菜生产等，均会影响蔬菜的正常生产。因此，如何根据各地的蔬菜生产条件和生产水平，选择适宜的栽培设施是确保生产顺利进行、降低生产成本等的重要基础。设施环境控制是设施蔬菜生产的重要保证，适宜的温度、充足的光照、适宜的土壤环境等有利于设施蔬菜的高产优质。若环境控制不当，易发生高温、病害、肥害等，往往会对蔬菜生产带来灾难。蔬菜设施的机械化管理是现代设施蔬菜的发展方向，熟悉并掌握常用设施机械的结构类型和操作技术是从事设施蔬菜生产人员应具备的基本专业要求。

项目一　主要设施覆盖材料选择与应用

●**任务目标**　了解蔬菜设施覆盖材料的主要特性，掌握主要覆盖材料的选择方法、覆盖技术和管理技术。

●**教学材料**　农用塑料薄膜、硬质塑料板材、遮阳网、防虫网、保温被、草苫；覆盖材料和护理用具等。

●**教学方法**　在教师指导下，学生熟练掌握塑料薄膜、硬质塑料板材、遮阳网等覆盖材料的选择、应用和护理技术。

任务1　塑料棚膜的选择与应用

设施用塑料棚膜是指对蔬菜无毒，并且适合设施覆盖，能为设施蔬菜创造良好栽培环境的农用塑料薄膜的总称。

一、塑料棚膜的选择

（一）根据栽培季节选择棚膜

1. 秋冬季或冬春季　北方地区冬季温室生产，由于覆盖草苫、积雪以及上、下温室进行坡面管理（去尘、去积雪、卷放草苫等）等，容易损坏薄膜，因此应当将薄膜的抗破损性以及破损后的可修补性作为重点进行考虑。同时要选择透光性好，增、保温性能好的无滴薄膜，以保证温室的增温和保温效果。还要要考虑薄膜的使用寿命，北方地区一般要求有效使用寿命不少于8个月，也即从当年的10月到翌年的5月；在满足上述条件后，还要有利于降低生产费用。

根据上述原则，北方地区冬季温室生产适宜选用加厚（不小于0.1mm）的深蓝色或紫色PVC多功能长寿膜或者选择加厚的（0.1mm以上）的EVA多功能复合膜和PO膜等。

2. 春季和秋季　春季和秋季温室栽培，需要保护栽培的时间较短，草苫的覆盖时间也短，为降低生产成本，适宜选择薄型EVA多功能复合膜或PE多功能复合膜。

（二）根据设施类型选择薄膜

温室和大棚的保护栽培期比较长，应选耐老化的加厚型长寿膜。中、小拱棚的保护栽培时间比较短，并且定植期也相对较晚，可选普通的PE膜或薄型PE无滴膜，降低生产成本。

（三）根据作物种类选择薄膜

栽培西瓜、甜瓜等喜光的蔬菜应选择无滴棚膜；栽培叶菜类，一般选择普通棚膜或薄型

PE 无滴膜即可。

（四）根据病害发生情况选择薄膜

栽培期比较长的温室和塑料大棚内的作物病害一般比较严重，应选择有色无滴膜，降低空气湿度。新建温室和塑料大棚内的病菌量少，发病轻，可根据所栽培作物的发病情况以及生产条件等灵活选择棚膜。

二、塑料棚膜的应用

棚膜主要用于蔬菜生产设施的透明覆盖，用于低温期的设施增温、保温以及高温期的防雨。

（一）棚膜扣盖

1. 扣膜前的准备

（1）粘接。为增强棚膜的密闭性，购买回来的棚膜通常要粘接成一幅或几幅大的棚膜进行扣盖。

粘接方法主要有热粘法和粘合剂法两种。

①热粘法。用薄膜专用热粘机或电熨斗（调温型）粘接。PVC 膜的适宜粘接温度为 130℃左右，PE 膜为 110℃左右。用电熨斗粘膜时，应在膜下垫一层细铁网筛，在膜上铺盖一层报纸或牛皮纸后，加热。上、下两层膜的粘缝宽 5cm 左右，一般不少于 3cm。电熨斗的温度高低与推移速度快慢对粘膜质量的影响很大，温度偏低或热量不足时，粘不住膜，温度过高或热量过大时，容易烫破或烫糊薄膜。应先做试验，找到规律后再正式粘膜。

塑料薄膜粘膜机粘膜视频

塑料薄膜热合机（也称粘膜机）是近年来国内新推出的适合温室、大棚薄膜粘膜用机械，粘膜速度快，每分钟 2~15m，粘膜幅宽 30mm，节省薄膜，并具有粘膜均匀、粘合牢固、不损坏薄膜等优点，应用发展比较快，一些大型塑料薄膜专卖店多配有塑料薄膜热合机，见图 2-1 和彩图 11。

②粘合剂法。用专用粘合剂进行粘膜。粘膜时，应先擦干净薄膜的粘接处，不要有水或灰尘，粘贴后将接缝处压紧压实。

（2）修补。用旧的棚膜扣棚前，一般要对棚膜进行完整性检查，对破损处要进行修补。

大的孔洞多进行热粘补，小孔洞主要用粘合剂修补。补洞用的薄膜类型要与覆盖的薄膜一致。

图 2-1 塑料薄膜热合机

（3）棚面修正。棚面修正主要是将棚架表面能够对棚膜造成伤害的尖刺物清除掉。表面不平易于磨伤棚膜的地方要用软布包裹好。

2. 扣膜技术要点

（1）要选无风天扣盖棚膜。有风天扣盖棚膜，棚膜容易被风鼓起，不易拉平和拉紧，也容易拉破。应当选无风或微风天扣盖棚膜。

（2）晴天中午前后扣膜。晴天中午前后温度高，棚膜受热变软，容易拉紧、拉平，并且拉紧后不容易松弛。在低温期扣膜，中午前后高温时棚膜容易变软而松弛不紧。

（3）拉紧、拉平棚膜。棚膜覆盖要紧、平，否则表面容易积水，也容易遭受风害。

温室覆膜视频

（二）棚膜护理

薄膜覆盖一段时间后，表面容易落尘，影响透光，应当及时除尘。主要方法有以下3种。

1. 水冲法 在气温较高的季节用水冲效果较好，对棚膜的伤害轻，但冬季天气太冷时用水冲，易结冰，会引起明显降温，实行起来有不少困难。

2. 人工擦拭 人工用抹布、拖把等擦拭膜面。人工擦拭薄膜，虽然擦得比较干净，但费工费时，并且经常人工擦拭棚膜，会划伤棚膜，并使棚膜变污，导致透光性能下降，棚内光照度变弱。

3. 布条法 在棚膜上每隔1.2m放一条南北向宽5~8cm，比棚膜宽度长0.5~0.7m的布条，两头分别系在上部通风口和棚前帘的钢丝上，利用风力使布条摆动除尘。布条的前后两端固定，布条中间摆幅最大，除尘率可达80%，两头摆幅小，除尘率50%左右。由于这种方法较为简单，安装后不再需人工操作，且不会对棚膜造成划伤，易被菜农接受，使用的菜农较多。温室布条防尘见图2-2。

棚膜布条法除尘图片

图2-2 温室布条防尘

▷ 资料阅读

棚膜的种类与特性

1. PVC膜 PVC膜保温性能好，较耐高温、强光，也较耐老化；可塑性强，拉伸后容易恢复；雾滴较轻；破碎后容易粘补。但容易吸尘，透光率下降比较快；耐低温能力较差，在-20℃以下容易脆化；成本比较高。

PVC膜种类不多，主要有普通PVC膜、PVC无滴膜、PVC多功能长寿膜等，目前主要使用的是PVC多功能长寿膜。

PVC多功能长寿膜是在普通PVC膜原料中加入多种辅助剂后加工而成。具有无滴、耐老化、拒尘和保温等多项功能，是当前冬季温室的主要覆盖用膜。

塑料薄膜种类图片

2. PE膜 PE膜的透光性好，吸尘轻，透光率下降缓慢，耐酸、耐碱；但保温性和可塑性均比较差；薄膜表面也容易附着水滴，雾滴较重；耐高温能力差，破碎后不容易粘补，寿命短，一般连续使用时间只有4~6个月。

目前，设施栽培中使用的PE膜主要为改进型PE膜，薄膜的使用寿命和无滴性得到改进和提高。主要品种类型有PE长寿膜（可连续使用1~2年）、PE无滴膜、PE多功能复合膜等，以PE多功能复合膜应用最为普遍。

PE多功能复合膜一般为三层共挤复合结构，其内层添加防雾剂，外层添加防老化剂，中层添加保温成分，使该膜同时具有长寿、保温和无滴三项功效。一般厚度0.07mm左右，透光率90%左右。由于该种膜仅反面具有无滴功能，因此生产上一般将其称为"半无滴膜"。在覆盖上有正反面的区别，要求无滴面（反面）朝下，抗老化面（正面）朝上。

3. EVA膜 EVA膜集中了PE膜与PVC膜的优点，近年来发展很快。

EVA膜发展重点是多功能三层复合棚膜，由共挤吹塑工艺制得，属于"半无滴膜"。该种膜的外层添加防尘和耐老化剂，中层添加保温成分，内层添加防雾剂，具有无滴、消雾、透光性强、升温快、保温性好以及使用寿命长等优点（图2-3）。另外，该种膜较薄，厚度只有0.07mm左右，用膜量少，生产费用低。

与PE三层共挤复合膜相比较，EVA多功能复合膜的无滴、消雾效果更好，持续时间也较长，可保持6个月以上，使用寿命长达18个月以上。与PVC多功能复合膜相比较，EVA多功能复合膜的抗破损能力比较差，初期透光性不如PVC膜好。

4. PO膜 PO膜是采用高级烯烃的原材料及其他助剂，采用外喷涂烘干工艺而产出的一种新型农膜。与PE膜和EVA膜相比，PO膜具有雾度低，透明度高；消雾流滴期长，可与农膜使用寿命同步；保温效果好；使用寿命长，正常使用可达到3年以上；具有超强的拉伸强度及抗撕裂强度；采用纳米

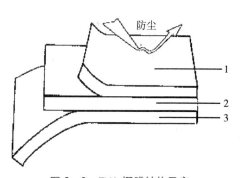

图2-3 EVA棚膜结构示意
1. 外层 2. 中层 3. 内层

技术，四层结构，不易吸附灰尘，达到长久保持高透光的效果；紫外线透过率高等系列优点。但PO膜的价格偏高，目前主要应用于一些设施蔬菜的主产区。

5. 有色膜 有色膜可选择性地透过光线，有利于作物生长和提高品质，此外还能降低空气湿度，减轻病害。不同有色膜在透过光的成分上有所不同，适用的作物范围也有所不同。

目前生产上所用的有色膜主要有深蓝色膜、紫色膜和红色膜等几种，以深蓝色膜和紫色膜应用比较广泛。

> **相关知识**

棚膜无滴性对设施蔬菜生产的影响

棚膜中添加了无滴剂,使薄膜表面变为亲水性,生成的微细水珠在薄膜表面逐渐凝结成大的水滴,沿着薄膜向下流入地面,薄膜表面不再形成水滴,从而使棚膜具有无滴性,该类棚膜也称为无滴膜或流滴膜。无滴剂可内添加于膜材料中,也可外涂于膜表面。

无滴棚膜的表面不能形成大的水珠,往往只有一层薄薄的水膜,日出后很快消失,因此透光率高,升温快,棚内的空气湿度也相对较小。

棚膜的无滴性受添加剂的数量、设施内的空气湿度、雨水、温度、施肥、喷施农药以及扣膜时期等的影响较大,一般薄膜表面长时间聚水、温度偏低等能够降低无滴效果,适量的添加剂、膜面保持干燥、适宜的温度等有利于维持薄膜较长时间的无滴性。

任务2 地膜的选择与应用

地膜是指专门用来覆盖地面的一类薄型农用塑料薄膜的总称。目前所用地膜主要为聚乙烯吹塑膜。国际上的聚乙烯地膜标准厚度通常不小于0.012mm,我国制定的强制性国家标准《聚乙烯吹塑农用地面覆盖薄膜》(GB 13735—2017)中规定:地膜的厚度≥0.010mm,拉伸负荷≥1.6N,直角撕裂负荷≥0.8N。

一、地膜的选择

(一)要选择保质期内的地膜

购买地膜时,不仅要看产品合格证,而且还要看保质期,农用薄膜有效保质期为1年,过期的薄膜会老化,缩短使用寿命甚至失去应有的防护作用。

(二)要选择质量合格的地膜

选购地膜时,应检查其厚薄是否均匀,是否存在起褶破损现象。质量好的地膜整卷匀实,呈银白色,透明度一致,外观平整、明亮,厚度均匀,横向和纵向的拉力都较好。

(三)要根据杂草以及病虫害发生情况选择地膜

杂草较多的地块应选择除草效果好的地膜,如除草膜、黑色膜等;病虫发生严重的地块适宜选择具有驱虫作用的银色膜、银黑双色膜等。

(四)要根据栽培季节选择地膜

高温期栽培,适宜选择增温效果较好的地膜,如黑色膜、灰色膜、银黑双色膜等。

(五)要选宽度适宜的地膜

不同作物、不同覆盖方式需要不同宽度的地膜,过宽会造成浪费,过窄则无法使用。

(六)要选厚度适宜的地膜

设施内风害少,适宜选用薄的地膜。

二、地膜的应用

地膜主要用于低温期地面覆盖,以提高地温、减少地面水分蒸发、增加近地面的反射光量等,另外,使用一些特殊地膜,还具有驱虫防病、防除杂草等作用。

(一) 地膜用量计算

地膜用量应根据地膜的密度、厚度、土地面积和覆盖率等因素来计算。计算公式如下:

$$G = P \times H \times S \times K$$

公式中:G 为地膜用量(kg);P 为地膜密度(kg/dm³);H 为地膜厚度(dm);S 为土地面积(dm²);K 为地膜覆盖率(%),即地膜实际覆盖面积与土地面积之比。

例如:覆盖 667m² 西瓜,用聚乙烯地膜,地膜的密度为 0.91kg/dm³,若所用的地膜厚度是 0.008mm,覆盖率为 80%。地膜用量计算如下:

$$G = P \times H \times S \times K = 0.91 \times 0.000\,08 \times 667 \times 100 \times 80\% = 3.88 \text{ (kg)}$$

(二) 地膜覆盖

1. 覆盖方式选择

(1) 高畦覆盖。畦面整平整细后,将地膜紧贴畦面覆盖,两边压入畦肩下部。为方便灌溉,常规栽培时大多采取窄高畦覆盖栽培,一般畦面宽 60~80cm、高 20cm 左右。滴灌栽培主要采取宽高畦覆盖栽培形式。高畦覆盖属于最基本的地膜覆盖方式。

(2) 高垄覆盖。高垄覆盖分单垄覆盖和双垄覆盖两种形式(图 2-4)。单垄覆盖多用于露地和春秋季保护地栽培。双垄覆盖主要用于冬季温室蔬菜栽培,主要作用是减少浇水沟内的水分蒸发,保持温室内干燥。为减少浇水量,提高浇水质量,双垄覆盖的膜下垄沟要浅,通常深 15cm 左右为宜。

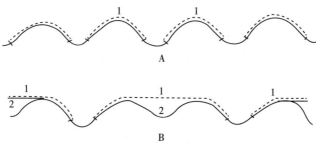

图 2-4 地膜高垄覆盖形式
A. 单垄覆盖形式 B. 双垄覆盖形式
1. 地膜 2. 支竿

(3) 支拱覆盖。支拱覆盖一般先在畦面上播种或定植蔬菜,然后在蔬菜播种或定植处支一高和宽各 30~50cm 的小拱架,将地膜盖在拱架上,形似一小拱棚。待蔬菜长高顶到膜上后,将地膜开口放苗出膜,同时撤掉支架,将地膜落回地面,重新铺好压紧(图 2-5)。该覆盖方式适用于多种蔬菜,特别适用于茎蔓短缩的叶菜类蔬菜。

(4) 沟畦覆盖。沟畦覆盖一般在栽培畦内按行距先开一窄沟,将蔬菜播种或定植到沟内后再覆盖地膜。当沟内蔬菜长高、顶到地膜时将地膜开口,放苗出膜(图 2-5)。该覆膜法适用于栽培一些茎蔓较高以及需要培土的果菜和茎菜。

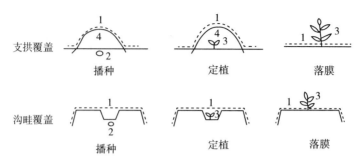

图 2-5 地膜支拱覆盖和沟畦覆盖
1. 地膜 2. 蔬菜种子 3. 蔬菜苗 4. 拱架

2. 地膜覆盖技术要点

（1）覆膜时机。低温期应于种植前 7～10d 将地膜覆盖好，促进地温回升。高温期要在种植后再进行覆膜。

（2）地面处理。地面要整平整细，不留坷垃、杂草以及残枝落蔓等，以利于地膜紧贴地面，并避免刺、挂破地膜。杂草多的地块应在整好地面后，将地面均匀喷洒一遍除草剂再覆盖地膜。

地膜覆盖视频

（3）放膜与压膜。露地应尽量选择无风天或微风天放膜，有风天应从上风头开始放膜。放膜时，先在畦头挖浅沟，将膜的起端埋住、踩紧，然后展膜。边展膜，边拉紧、拉平、拉正地膜，同时在畦肩（高畦或高垄）的下部挖沟，将地膜的两边压入沟内。膜面上间隔压土，压住地膜，防止风害。地膜放到畦尾后，剪断地膜，并挖浅沟将膜端埋住。

设施内放膜技术与露地基本相同，只是设施内的风较小或无风，对压膜要求不如露地的严格。

（三）地膜护理

1. 要勤检查，发现被风吹起处要及时用土压好。

2. 地膜发生破损时，破损小时可用土将破损处四周压住，破损大时应用新膜盖住而后用土压住四边。

▷ 资料阅读

地膜的主要品种类型

地膜的种类比较多，概括起来主要有以下几种。

1. 广谱地膜 广谱地膜即普通无色地膜，多采用高压聚乙烯树脂吹制而成，厚度为 0.012～0.016mm，透明度好、增温、保墒性能强，适用于各类地区、各种覆盖方式、各种栽培作物、各种茬口。

2. 微薄地膜 微薄地膜厚度为 0.01mm 左右，透明或半透明，保温、保墒效果接近广谱地膜，但由于薄，强度较低，透明性不及广谱地膜，只宜作地面覆盖，不宜作近地面覆盖。

地膜种类图片

3. 黑色地膜 黑色地膜是在基础树脂中加入一定比例的炭黑吹制而成，增温性能不及广谱地膜，保墒性能优于广谱地膜。黑色地膜能阻隔阳光，使膜下杂草难以进行光合作用，无法生长，具有除草功能，宜在草害重、对增温效应要求不高的地区和季节作地面覆盖或软化栽培用。

4. 银黑两面地膜 银黑两面地膜使用时银灰色面朝上，黑面朝下。这种地膜不仅可以反射可见光，而且能反射红外线和紫外线，降温、保墒功能强，还有很强的驱避蚜虫、预防病毒病的功能，对花青素和维生素C的合成也有一定的促进作用，适用于夏、秋季节地面覆盖栽培。

5. 切口地膜 把地膜按一定规格切成带状切口即为切口地膜。这种地膜的优点是幼苗出土后可从地膜的切口处自然长出膜外，不会发生烤苗现象，也不会造成作物根际二氧化碳集聚，但是增温、保墒性能不及普通地膜，可用于撒播、条播蔬菜的膜覆盖栽培。

6. 银灰色地膜 银灰色地膜是在聚乙烯树脂中加入一定量的铝粉或在普通聚乙烯地膜的两面粘接一层薄薄的铝粉后制成，厚度为0.012～0.02mm。该膜反射光能力比较强，透光率仅为25.5%，故土壤增温不明显，但防草和增加近地面光照的效果比较好。另外，该膜对紫外光的反射能力极强，能够驱避蚜虫、黄条跳甲、黄守瓜等。

7. 除草地膜 除草地膜是在聚乙烯树脂中加入一定量的除草剂后加工制成。当覆盖地面后，地膜表面聚集的水滴溶解掉地膜内的除草剂，而后落回地面，在地面形成除草剂层，杂草遇到除草剂或接触到地膜时即被杀死，主要用于杂草较多或不便于人工除草地块的防草覆盖栽培。

8. 可控降解地膜 此类地膜覆盖后经一段时间可自行降解，防止残留污染土壤。目前我国可控降解地膜的研制工作已达到国际先进水平，降解地膜诱导期能稳定控制在60d以上，降解后的膜片不阻碍作物根系伸长生长，不影响土壤水分运动。

> ▶ **相关知识**
>
> **地膜覆盖栽培技术要点**
>
> **1. 施足底肥、均衡施肥** 地膜覆盖栽培作物的产量高，需肥量大，但由于地面覆盖地膜后，不便于开沟深施肥，因此要在栽培前结合整地多施、深施肥效较长的有机肥。
>
> **2. 适时补肥，防止早衰** 地膜覆盖栽培后期，容易发生脱肥早衰，生产中应在生产高峰期到来前及时补肥，延长生产期。补肥方法主要有冲施肥法和穴施肥法等。
>
> **3. 提高浇水质量** 由于地膜的隔水作用，畦沟内的水只能通过由下而上的渗透方式进入畦内部，畦内土壤湿度增加比较缓慢。因此，地膜覆盖区浇水要足，并且尽可能让水在畦沟内停留的时间长一些。有条件的地方，最好采取微灌溉技术，在地膜下进行滴灌或微喷灌浇水等，提高浇水质量。
>
> **4. 防止倒伏** 地膜覆盖作物的根系入土较浅，但却茎高叶多、结果量大，植株容易发生倒伏，应及时支竿插架，固定植株，并勤整枝抹杈，防止株型过大。

任务3 遮阳网的选择与应用

遮阳网图片

遮阳网又称凉爽纱、寒冷纱。遮阳网是以聚乙烯为主要原料，通过拉丝编织而成的一种轻质、高强度、耐老化、网状的新型农用覆盖材料（图2-6）。遮阳网具有轻便、省工、省力的特点，成本低（每平方米价格在0.45～

1元），使用寿命长（寿命可长达4~5年）。利用遮阳网覆盖作物具有一定的遮光降温、防暴雨冲刷、避免土壤板结、防旱保墒和忌避害虫等功能。在夏、秋高温季节利用它进行蔬菜的栽培或育苗，可改善蔬菜生长的环境效应，提高蔬菜的产量和品质，培养健壮的优质苗，其效果十分可观。

图2-6 遮阳网

一、遮阳网选择

（一）根据作物种类选择

喜光、耐高温的作物适宜选择SZW-8型、SZW-12型遮光率较低的遮阳网，不耐强光或耐高温能力较差的作物应选择SZW-14型、SZW-16型遮光率较高的遮阳网，其他作物可根据相应情况进行选择。如高温季节种植对光照要求较低、病毒病危害较轻的作物（伏小白菜、大白菜、芹菜、香菜、菠菜等），可选择遮光降温效果较好的黑色遮阳网；种植对光照要求较高、易感染病毒病的作物（萝卜、番茄、辣椒等），则应选择透光性好，且有避蚜作用的银灰色遮阳网。

（二）根据季节选择

黑色网多于酷暑期在蔬菜和夏季花卉上使用。秋季和早春应选择银灰色遮阳网，不致造成光照过弱。

> **▷相关知识**
>
> **遮阳网质量判别**
>
> 优质遮阳网通常具备以下特点。
>
> 1. 网面平整、光滑，扁丝与缝隙平行、整齐、均匀，经纬清晰明快，光洁度好，有质亮感。柔韧适中、有弹性，无生硬感，不粗糙，有平整的空间厚质感。
> 2. 正规的定尺包装，遮阳率、规格、尺寸标明清楚。
> 3. 无异味、臭味，有的有塑料淡淡的焦糊味。
>
> 另外，目前市场上销售遮阳网主要有两种方式：一种是按质量销售，一种是按面积销售。以质量销售的一般为再生料网，属低质网，使用期为2~12个月，此网特点是丝粗、网硬、粗糙、网眼密、质量大、无正规的包装；以面积销售的网一般为新料网，使用期为3~5年，此网特点是质量小、柔韧适中、网面平整、有光泽。

二、遮阳网覆盖

（一）覆盖方式选择

遮阳网的覆盖形式通常分为外覆盖和内覆盖两种。

1. 外覆盖 外覆盖是将遮阳网直接覆盖在设施外表面或覆盖在设施外的支架上（图2-7）。

外覆盖的主要优点：对设施的遮光效果好，设施内的进光量减少明显，

遮阳网覆盖形式图片

降温效果也好；遮阳网对薄膜具有一定的防护作用，可避免强光引起的薄膜老化，也可减轻风、雨、冰雹等对薄膜的损坏程度，护膜效果好；遮阳网覆盖在设施外，不受设施空间和内部设备的限制，适合机械化大面积覆盖管理。

外覆盖的主要缺点：遮阳网管理需要到设施外进行，管理不方便；为减少强光、风、雨、冰雹等对遮阳网的损坏，对遮阳网的规格要求较为严格，同时对支架的材料要求也比较严格，费用增高。

外覆盖适合于夏季遮阳覆盖，主要应用于越夏覆盖栽培。另外，大型的蔬菜生产设施也多采用外覆盖形式，进行机械化开、关管理。

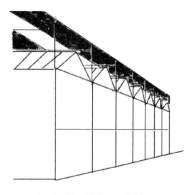

图 2-7 遮阳网外覆盖

2. 内覆盖 内覆盖是将遮阳网覆盖在设施内部，多采用悬挂方式悬挂在棚膜下方（图 2-8）。

内覆盖的主要优点：遮阳网悬挂在设施内，位置较低，易于进行人工管理；不易遭受风、雨、强光以及冰雹等的损坏，对遮阳网的规格和支撑材料要求不严格，费用降低。

内覆盖的主要缺点：遮阳网覆盖后，容易造成设施内空间低矮，不方便通风管理以及大型的机械化作业等，也不适宜高秧蔬菜的中后期生长；遮阳网对射入设施内的光照量没有限制作用，不利于设施内的降温管理，降温效果差；遮阳网对薄膜无保护作用。

图 2-8 遮阳网内覆盖

内覆盖适用于晚春和早秋遮阳覆盖，也适合于早春和晚秋的保温覆盖，多作为临时性覆盖。

（二）覆盖技术要领

1. 为便于遮阳网的揭盖管理和固定，一般根据覆盖面积的长、宽选择不同幅宽的遮阳网，拼接成一幅大的遮阳网，进行大面积的整块覆盖。

2. 在切割遮阳网时，剪口要用电烙铁烫牢，避免以后"开边"；在拼接遮阳网时，不可采用棉线，应采用尼龙线缝合，以增加拼接牢固度。

3. 要选无风或微风天覆盖遮阳网，有风天遮阳网不容易拉紧和拉平。

4. 遮阳网与棚膜要隔离一段距离，遮阳网紧贴棚膜，其吸收的热量很容易通过棚膜传到棚内，不能很好地降低棚温。而且遮阳网紧贴棚膜，导致遮阳网本身的温度增加，会使遮阳网加速老化。应当在棚面搭支架覆盖遮阳网。

5. 遮阳网的松紧度要适宜，遮阳网拉得过紧容易绷断网线，拉得过松，有风天遮阳网上下起伏幅度大，容易损坏，同时遮阳网也容易紧贴棚膜，降低使用效果。

（三）遮阳网护理

1. 大风天要将遮阳网收起或用压网线压紧。

2. 遮阳网发生破损时，要及时缝补。

3. 要及时清理网面上的枝叶、杂物等。

4. 生产结束后或高温期过后，要及早将遮阳网撤下，洗净泥土并晾干后收藏于阴凉处。

▷ 资料阅读

遮阳网的种类与性能

1. 遮阳网的种类

（1）按颜色分类。分为黑色、银灰色、蓝色、绿色以及黑色与银灰色相间等几种类型，以前两种类型应用比较普遍。

（2）按纬编稀密度分类。遮阳网每一个密区为25mm，编8、10、12、14和16根塑料丝，并因此分为SZW-8型、SZW-10型、SZW-12型、SZW-14型和SZW-16型5种型号。各型号遮阳网的主要性能指标见表2-1。

表2-1 遮阳网的型号与质量指标

型号	遮光率（%）		机械强度	
			50mm宽度的拉伸强度（N）	
	黑色网	银灰色网	经向（含一个密区）	纬向
SZW-8	20～30	20～25	≥250	≥250
SZW-10	25～45	25～40	≥250	≥300
SZW-12	35～55	35～45	≥250	≥350
SZW-14	45～65	40～55	≥250	≥450
SZW-16	55～75	50～70	≥250	≥500

遮阳网的宽度规格有90cm、150cm、160cm、200cm、220cm、250cm。

生产上主要使用SZW-12型、SZW-14型两种型号，宽度以160～250cm为主，每平方米质量为45g和49g，使用寿命为3～5年。

2. 遮阳网的性能 遮阳网的主要作用是遮光和降温、防止强光和高温危害。按遮阳网的规格不同，遮光率一般从20%～75%不等。

遮阳网的降温幅度因种类不同而异，一般可降低气温3～5℃，其中黑色遮阳网的降温效果最好，可使地面温度下降9～13℃。

另外，遮阳网还具有一定的防风、防大雨冲刷、防轻霜和防鸟害等作用。

▷ 相关知识

遮阳网覆盖管理技术要领

1. 合理覆盖遮阳网 覆盖遮阳网要根据天气情况、蔬菜种类及蔬菜生长阶段对光照度和温度的要求灵活掌握。一般是晴天盖，阴天揭；中午盖，早晚揭；生长前期盖，生长后期揭。遮阳网覆盖时间过长，会影响蔬菜的光合作用，不利于蔬菜的正常结果。一般遮阳网仅在晴天中午光照最强的阶段使用，其具体覆盖时间在上午10：30至下午2：30。若覆盖遮阳网仍然不能把温度降下来，可采用喷水或灌水的方法降温。

2. 遮阳网的保存和处理 使用后的遮阳网，若还能继续使用，要洗净晾干，避光保存，以便下一个生产周期使用。若使用4年以上，已出现明显老化，不能再次使用的遮阳网，应回收交到塑料厂处理或选择专门地点深埋处理。

任务4　防虫网的选择与应用

防虫网是一种采用添加防老化、抗紫外线等化学助剂并以聚乙烯为主要原料，经拉丝制造而成的网状织物（图2-9），具有拉力强度大、抗热、耐水、耐腐蚀、耐老化、无毒无味、废弃物易处理等优点。使用收藏轻便，正确保管寿命可达3~5年。

一、防虫网的选择

生产上主要根据所防害虫的种类选择防虫网，但也要考虑作物的种类、栽培季节和栽培方式等因素。

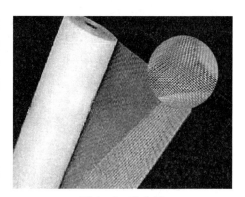

图2-9　防虫网

防棉铃虫、斜纹夜蛾、小菜蛾等体形较大的害虫，可选用20~25目的防虫网；防斑潜蝇、温室白粉虱、蚜虫等体形较小的害虫，可选用30~50目的防虫网。

喜光性蔬菜及低温期覆盖栽培，应选择透光率高的防虫网；夏季生产应选择透光率低、通风透气性好的防虫网，如可选用银灰色、灰色或黑色防虫网。

防虫网图片

单独使用时，适宜选择银灰色（银灰色对蚜虫有较好的拒避作用）或黑色防虫网。与遮阳网配合使用时，以选择白色防虫网为宜，网目一般选择20~40目。

二、防虫网的应用

防虫网覆盖栽培是一项增产实用的环保型农业新技术，通过覆盖在棚架上构建人工隔离屏障，将害虫拒之网外，切断害虫（成虫）繁殖途径，有效控制各类害虫，如菜青虫、菜螟、小菜蛾、蚜虫、跳甲、甜菜夜蛾、美洲斑潜蝇、斜纹夜蛾等的传播以及预防病毒病传播的危害。同时防虫网还具有透光、适度遮光等作用，能创造适宜作物生长的有利条件，能够大幅度减少菜田化学农药的施用，使产出的农作物优质、卫生，为发展生产无污染的绿色农产品提供强有力的技术保证。目前，在无公害蔬菜、绿色蔬菜等的标准化生产中，防虫网的应用已经相当普遍。

防虫网覆盖视频

> ▷ 相关知识
>
> #### 防虫网应用注意事项
>
> 大、中拱棚一般将防虫网直接覆盖在棚架上，四周用土或砖压严实，棚管（架）间用压膜线扣紧，留大棚正门揭盖，便于进棚操作。小拱棚一般将防虫网覆盖于拱架顶面，四周盖严，浇水时直接浇在网上，整个生产过程实行全程覆盖。拱棚的高度要大于作物高度，避免叶片紧贴防虫网，网外害虫取食叶片并产卵于叶上。
>
> 温室、塑料大棚防雨栽培时一般采取局部覆盖，将防虫网覆盖于温室、塑料大棚的

通风口、门等部位。

防虫网覆盖前要进行土壤灭虫。可用50%敌敌畏乳油800倍液，畦面喷洒灭虫，清除虫源。

防虫网要严实覆盖，四周用土压严实，防止害虫潜入为害与产卵。

防虫网实行全栽培期覆盖，不给害虫侵入制造可乘之机。

高温季节要防网内高温，可在顶层加盖遮阳网降温或增加浇水次数，增加网内湿度，以湿降温。当最高温度连续超过35℃时，应避免使用防虫网，防止高温危害。

三、防虫网护理

1. 发现防虫网破损后应立即缝补好，防止害虫趁机而入。
2. 防虫网被风吹起或被动物拱起时应及时压好。
3. 防虫网上不得存放重物。
4. 及时清理网棚表面上的杂物，保持良好的通气性和透光性。
5. 田间使用结束后，应及时收下，洗净，吹干，卷好，以延长使用寿命，减少折旧成本，增加经济效益。

▷ 资料阅读

防虫网的种类与性能

1. 防虫网的种类　防虫网的颜色有白色、黑色、银灰色、灰色等几种。铝箔遮阳防虫网是在普通防虫网的表面缀有铝箔条，来增强驱虫、反射光效果。

防虫网通常是以目数进行分类的。目数即是在1平方英寸（长25.4mm×宽25.4mm）有经纱和纬纱的根数，如在纱网内有经纱20根，纬纱20根，即为20目，目数小的防虫效果差；目数大的防虫效果好，但通风透气性差，遮光多，不利于网内蔬菜、花卉等的生长。

2. 防虫网的性能

（1）防虫。防虫网是人工构建的屏障，将害虫拒之网外，达到防虫、防病、保菜的目的。此外，防虫网反射、折射的光对害虫还有一定的驱避作用。

（2）防暴雨、抗强风。覆盖防虫网后，由于网眼小、强度高，暴雨经防虫网撞击后，降到网内已成蒙蒙细雨，冲击力减弱，有利于作物的生长。

（3）调节气温和地温。防虫网属于半透明覆盖物，具有一定的增温和保温作用。据测定，覆盖25目白色防虫网，大棚温度在早晨和傍晚与露地持平，而晴天中午，网内温度比露地高约1℃，大棚10cm地温在早晨和傍晚时高于露地，而在午时又低于露地。

（4）遮光调湿。防虫网具有一定的遮光作用，如25目白色防虫网的遮光率为15%～25%、银灰色防虫网为37%、灰色防虫网可达45%。

防虫网能够增加网内的空气湿度，一般相对湿度比露地高5%左右，浇水后高近10%左右。

（5）防霜冻。3月下旬至4月上旬，防虫网覆盖棚内的气温比露地高1～2℃，5cm地温比露地高0.5～1℃，能有效防止霜冻。

（6）保护害虫天敌。防虫网构成的生活空间，为害虫天敌的活动提供了较理想的环境，又不会使天敌逃逸到外围空间去，既保护了天敌，也为应用推广生物治虫技术创造了有利的条件。

任务5 保温被的选择与应用

保温被是由多层不同功能的化纤材料组合而成的保温覆盖材料，一般厚度为6~15mm。保温被属于现代园艺设施使用的覆盖保温材料，以化纤、羊毛等为原料，表层采用抗紫外线原料保护，保温效果好，使用寿命长，易于实行机械化卷放，应用前景广阔。

一、保温被的选择

1. 合格的保温被一般用腈纶棉、防水包装布、镀铝膜等多层材料复合缝制而成（图2-10）。要求质量小、蓄热保温性好，能防雨雪，厚度不应低于3cm，寿命在5~8年。

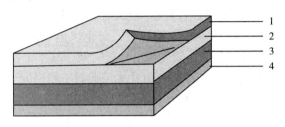

图2-10 保温被的基本结构
1. 防水层 2. 隔热层 3. 保温层 4. 反射层

2. 冬季严寒地区应选择厚度大一些的保温被，反之则选择薄一些的保温被，以降低生产成本。

保温被质量选择参考如下：每平方米重2 500g保温被的保温效果相当于2.5层新稻草苫；每平方米重2 250g保温被的保温效果相当于2层新稻草苫；每平方重2 000g保温被的保温效果相当于1.5层半新稻草苫；每平方重1 750g保温被的保温效果相当于1层新稻草苫。

3. 冬季雨、雪多的地区应选择防水效果好的保温被。使用缝制式保温被时，不宜选择双面防水保温被，因为双面防水保温被一旦进水后，水难以清除，冬天上了冻后，不但不保温，反而从棚内吸热降温，并且也容易使保温被碎裂。

二、保温被的应用

（一）覆保温被前的准备

1. 要选购保温被专用的卷帘机，由于保温被比草苫薄，质量也小，通常选用小机头卷帘机即可。
2. 保温被在运输过程中要轻搬轻放，严禁撕裂、刺破和磨损。
3. 卷帘机横卷杆通常每隔0.5m设一个固定螺母，以利于穿钢丝固定保温被。
4. 温室东西两侧墙上应备有压被沙袋、连接绳，通常一条保温被需要备用一条同样长的尼龙绳（带）。

（二）保温被使用技术要点

1. 要严格按照安装要求将保温被与卷帘机连接安装好。

2. 上保温被时，两床保温被之间的搭接宽度不能少于 10cm，保温被底下的尼龙绳（带）下端要固定在温室的横铁杆上，上端固定在钢丝上。

3. 保温被上好后，由连接绳将保温被搭接处连成一体。

4. 保温被应固定在温室后墙顶中央。后墙顶向北应有一定的倾斜度，并用完整防水油布（纸）覆盖，以利于雨水向外排放，防止浸湿保温被。

三、保温被的使用与维护

1. 保温被在下放和卷起过程中，如果出现温室两侧卷放不同步的现象，应松开保温被的卡子，重新调整保温被的位置，并重复以上操作直到温室两侧同步卷放为止。

2. 保温被覆盖好后，温室东西墙体上应用沙袋搭压 30cm，防止被风吹起，降低保温效果。

3. 保温被覆盖温室到底端时，应及时清除地面积水，防止浸湿保温被。有条件时，在地面与温室膜交接处放置旧草苫子，防止保温被接触地面。

4. 卷帘电机在开启和关闭到极限位置时，应及时使电机停止，防止保温被撕裂。

5. 雪天过后，应及时清扫掉保温被上的积雪，防止保温被因结冰打滑而影响卷放。如果保温被雨水打湿，应在翌日卷起前让阳光照射一段时间，基本干燥后再卷起。

6. 遇强冷天气保温被与防水膜冻结时，应让太阳照射一段时间，至冰块水化后再卷起。

7. 第二年夏季不用时，选择晴天晾晒干燥后，卷起保存在后墙上或运回家，用防水膜密封保存，严禁日晒雨淋。

▶ 资料阅读

保温被的主要品种类型

近几年来，我国各地研制开发的日光温室新型保温被已有成型规格，主要类型有以下 3 种。

1. 复合型保温被 这种保温被采用 2mm 厚蜂窝塑料薄膜 2 层，加 2 层无纺布，外加化纤布缝合制成。它具有质量小、保温性能好的优点，适于机械卷放。其主要缺点是经过一个冬季使用后，里面的蜂窝塑料薄膜和无纺布经机械卷放碾压后容易破碎。

保温被种类图片

2. 针刺毡保温被 针刺毡是用旧碎线（布）等材料经一定处理后重新压制而成的，造价低，保温性能好。保温被用针刺毡作主要防寒保温原料，一面覆上化纤布，一面用镀铝薄膜与化纤布相间缝合作面料，采用缝合方法制成（图 2-11）。

该保温被自身质量较复合型保温被大，防风性、保温性均较好。其最大缺点是防水性较差，水容易从针线孔渗入，保温被受湿后降低保温效果。另外，该保温被只有晾干后才能保存，在保温被收放保存之前需要大的场地晾晒。

3. 新型保温被 利用聚乙烯 PE 膜做保温被表层材料，采用非缝合、非胶粘一次成型工艺，与毛毡或棉毡直接压合，彻底解决针脚渗水及离骨的问题。制成不同幅宽（1 000~6 600mm）、不同厚度（5~20mm）、不同保温层（棉毡或毛毡）的保温被，采用尼龙扣做被与被之间搭接，

图 2-11 针刺毡

使之形成一个整体，既美观实用，又减少搭接面积，节省材料。

上述几种保温被都有较好的保温性，都适于机械卷动，近年来推广使用的面积在不断扩大。

▷ 练习与作业

1. 在教师的指导下，熟悉主要农用薄膜、地膜、遮阳网、防虫网以及保温被的特性，并能正确选择。

2. 在教师的指导下，完成以下技能训练，并总结各自的技术要点。

（1）棚膜的粘接、扣膜、除尘等技能训练。

（2）地膜覆盖技能训练。

（3）遮阳网覆盖和维护技能训练。

（4）防虫网覆盖和维护。

（5）保温被机械卷、盖和维护。

（6）草苫的卷放与维护。

3. 调查当地蔬菜设施的农膜使用情况，对调查结果进行合理性分析，提出指导性意见。

4. 分别调查当地蔬菜生产上的地膜、遮阳网、防虫网以及保温被使用情况，并对使用情况进行分析，提出指导性意见。

项目二　蔬菜栽培设施的类型与应用

● **任务目标**　掌握风障畦、阳畦、电热温床、塑料拱棚、温室的结构类型及其主要生产应用，了解风障畦、电热温床、塑料拱棚的施工要点以及温室的设计要点。

● **教学材料**　风障畦、阳畦、电热温床、塑料拱棚、温室以及相应的教学资料。

● **教学方法**　在教师指导下，通过实践，学生认识并掌握风障畦、阳畦、电热温床塑料拱棚、温室的结构特点与主要类型，并掌握风障畦、电热温床、塑料拱棚基础施工技术和温室的基本设计要点。

任务1　风障畦的类型与应用

一、风障畦的结构

风障畦主要由栽培畦与风障两部分构成（图2-12）。

（一）栽培畦

栽培畦主要为平畦。视风障的高度不同，畦面一般宽1～2.5m。根据畦面是否有覆盖物，通常将栽培畦分为普通畦和覆盖畦两种。

（二）风障

风障是竖立在蔬菜栽培畦北侧的一道高1～2.5m的挡风屏障。

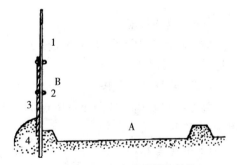

图2-12　风障畦的基本结构

A. 栽培畦　B. 风障

1. 篱笆　2. 拦腰　3. 披风草　4. 土背

风障的结构比较简单。完整风障主要由篱笆、披风和土背3部分组成，简易风障一般只有篱笆和土背，不设披风。

1. 篱笆 篱笆是挡风的骨干，主要用玉米秸、高粱秸等具有一定强度和高度的作物秸秆夹设而成。为增强篱笆的抗风能力，在篱笆内一般还间有较粗的竹竿或木棍等。

2. 披风 披风固定在风障背面的中下部，主要作用是加强风障的挡风能力。一般用质地较软、结构致密的草苫、苇席、包片以及塑料薄膜等，高度1~1.5m。有的地方在风障的正面也固定上一层旧薄膜或反光膜，加强风障的挡风和反射光作用，增温和增光效果比较好。

3. 土背 土背在风障背面的基部，一般高40cm左右，基部宽50cm左右。土背的主要作用是加固风障，并增强风障的防寒能力。

一般冬季栽培，风障间距以风障高度的3倍左右为宜，春季栽培以风障高度的4~6倍为宜。风障的长度一般要求不小于10m。冬季栽培用风障畦，风障应向南倾斜75°左右，以减少风害以及垂直方向上的对流散热量，加强风障的保温性能。春季用风障畦，风障应与地面垂直或采用较小的倾斜角，避免遮光。

二、风障畦的类型

依照风障的高度不同，一般将风障畦划分为小风障畦和大风障畦两种类型。

（一）小风障畦

风障低矮，通常高度1m左右，结构也比较简单，一般只有篱笆，无披风和土背。

小风障畦的防风抗寒能力比较弱，畦面多较窄，一般只有1m左右。主要用于行距较大或适于进行宽、窄行栽培的大株型蔬菜，于早春进行保护定植。

（二）大风障畦

风障高度2.5m左右，保护范围较大，其栽培畦也比较宽，一般为2m左右。

大风障畦的增、保温性比小风障畦好，土地利用率也比较高。多用于冬、春季育苗以及冬季或早春栽培一些种植密度比较大、适合宽畦栽培的绿叶菜类、葱蒜类、白菜类等。

三、风障畦的生产应用

（一）越冬栽培

用大风障畦保护秋播蔬菜安全越冬，并于春季提早生产上市，一般种植蔬菜可较露天栽培提早15~20d上市。

（二）春季提早栽培

春季提早栽培一般用小风障保护，于早春定植一些瓜类、豆类或茄果类蔬菜，可提早上市15~20d。

（三）冬春栽培

在冬季不甚寒冷地区，用大风障畦，畦面覆盖薄膜和草苫，栽培韭菜、韭黄、蒜苗、芹菜等，一般于元旦前后开始收获上市。

▷ 相关知识

风障畦的性能

1. 防风性 风障的主要功能是削弱风障前的风速。风障的有效防风范围约为风障高度的12倍，离风障越近，风速越小。据测定，在风障的有效防风范围内，由外向内，一般能使障前的风速削弱10%~50%。

2. 保温性 风障畦主要是依靠风障的反射光、热辐射以及挡风保温作用，使栽培畦内的温度升高。由于风障畦是敞开的，无法阻止热量向前和向上散失，因此风障畦的增温和保温能力有限，并且离风障越远，温度增加越不明显。

风障畦的增温和保温效果受气候的影响也很大，一般规律是，晴天的增、保温效果优于阴天；有风天优于无风天，并且风速越大，增温效果越明显（表2-2）。

表2-2 气候对风障畦内地温的影响

观测位置	有风晴天		无风晴天		阴天	
	10cm地温（℃）	比露地增温	10cm地温（℃）	比露地增温	10cm地温（℃）	比露地增温
距风障0.5m	10.4	7.2	−0.2	2.1	0.0	0.6
距风障1.0m	8.8	5.6	−0.4	1.9	−0.4	0.2

3. 增光性 风障能够将照射到其表面上的部分太阳光反射到障前畦内，增强栽培畦内的光照。一般晴天畦内的光照量比露地增加10%~30%，如果在风障的南侧缝贴一层反光膜，可较普通风障畦增加光照1.3%~17.4%，并且提高温度0.1~2.4℃。

▷ 生产实践

风障的施工要点

1. 材料准备 铁锨，镢头，长1.5~2.5m的粗、细竹竿或木棍若干，长1.5~2.0m的高粱秸或玉米秆若干，宽1.0~1.5m草苫若干，绳等。

2. 施工步骤

（1）在栽培畦北畦框外挖一条深25~30cm的沟，挖出的土翻在沟北侧。

（2）将加固风障的粗竹竿或木棍按1~2m间隔，向南倾斜与畦面成75°夹角，插入沟底10cm以下，并培土踩实。

（3）将高粱秸或玉米秆，向南倾斜与畦面成75°夹角，整齐立入沟内，然后将土回填到沟内，将秸秆固定住。

（4）在秸秆北面下部，贴附一层稻草或草苫，并加一道腰栏（细竹竿或细木棍），把稻草或草苫夹住、捆紧。

（5）向秸秆下部南北两侧培土成土背，并用锨拍实。

任务2 阳畦的类型与应用

一、阳畦的基本结构

阳畦主要由风障、畦框和覆盖物组成（图2-13）。

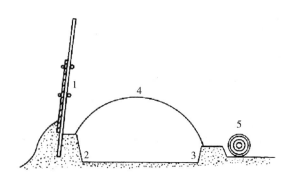

图 2-13 阳畦的基本结构
1. 风障 2. 北畦框 3. 南畦框 4. 塑料拱棚（或玻璃窗扇） 5. 保温覆盖物

（一）风障

一般高度 2~2.5m，由篱笆、披风和土背组成。篱笆和披风较厚，防风、保温性能较好。

（二）畦框

畦框的主要作用是保温以及加深畦底，扩大栽培床的空间。多用土培高后压实制成，也有用砖、草把等砌制或垫制而成。

南畦框一般高 20~60cm、宽 30~40cm；北畦框高 40~60cm、宽 35~40cm；东、西畦框与南、北畦框相连接，宽度同南畦框。

（三）覆盖物

1. 玻璃　玻璃常以玻璃窗形式或扇页形式覆盖在畦口上，管理麻烦，易破碎，费用也较高，为早期阳畦的主要透明覆盖物，因费用较高，现已较少使用。

2. 塑料薄膜　塑料薄膜多以小拱棚形式扣盖在畦口上，容易造型和覆盖，费用较低，并且畦内的栽培空间也比较大，有利于生产，为目前主要的透明覆盖材料。

3. 草苫　草苫为主要的保温覆盖材料。目前主要有稻草苫、蒲草苫以及苇毛盖苫等，一些地方也使用纸被、无纺布等作为辅助保温覆盖物。

二、阳畦的种类

按南北畦框的高度相同与否，分为抢阳畦和槽子畦两种。

（一）抢阳畦

抢阳畦南畦框高 20~40cm，北畦框高 35~60cm，南低北高，畦口形成一自然的斜面，采光性能好，增温快，但空间较小，主要用于育苗。

（二）槽子畦

槽子畦南、北畦框高度相近，或南框稍低于北框，一般高度 40~60cm，畦口较平，白天升温慢，光照也比较差，但空间较大，可用于低矮蔬菜栽培。

三、阳畦的生产应用

阳畦空间较小，不适合栽培蔬菜，主要用于冬、春季育苗。

▷ 资料阅读

阳畦的主要性能

1. 增、保温性 阳畦空间小，升温快，增温能力比较强。如北京地区12月至翌年1月，普通阳畦的旬增温幅度一般为6.6～15.9℃。阳畦低矮，适合进行多层保温覆盖，保温性能好，北京地区12月至翌年1月，普通阳畦的旬保温能力一般可达13～16.3℃。

阳畦的温度高低受天气变化的影响很大，一般晴天增温明显，夜温也比较高，阴天增温效果较差，夜温也相对较低。

阳畦内各部位因光照量以及受畦外的影响程度不同，温度高低有所差异（表2-3）。

表2-3 阳畦内不同部位的地面温度分布

距离北框（cm）	0	20	40	80	100	120	140	150
地面温度（℃）	18.6	19.4	19.7	18.6	18.2	14.5	13.0	12.0

阳畦内畦面温度分布不均匀的特点，往往造成畦内蔬菜或幼苗生长不整齐，生产中要注意区分管理。

2. 增光性 阳畦空间低矮，光照比较充足，特别是由于风障的反射光作用，阳畦内的光照一般要优于其他大型保护设施。

任务3 电热温床的结构与应用

电热温床是指在畦土内或畦面铺设电热线，低温期用电能对土壤进行加温的蔬菜育苗畦或栽培畦的总称。

一、电热温床的结构

完整电热温床由隔热层、散热层、电热线、床土和覆盖物5部分组成（图2-14）。

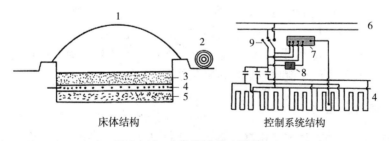

床体结构　　　　控制系统结构

图2-14 电热温床基本结构
1. 透明覆盖物　2. 保温覆盖物　3. 床土层　4. 散热层（电热线）
5. 隔热层　6. 电源　7. 控温仪　8. 继电器　9. 电源开关

（一）隔热层

隔热层是铺设在床坑底部的一层厚10～15cm的秸秆或碎草，主要作用是阻止热量向下层土壤中传递散失。

（二）散热层

散热层是一层厚约5cm的细沙，内铺设有电热线。沙层的主要作用是均衡热量，使上层床土均匀受热。

（三）电热线

电热线为一些电阻值较大、发热量适中、耗电少的金属合金线，外包塑料绝缘皮。为适应不同生产需要，电热线一般分为多种型号，每种型号都有相应的技术参数。表2-4中为上海DV系列电热线的主要型号及技术参数。

电热线图片

表2-4 DV系列电热线的主要型号及技术参数

型号	电压（V）	电流（A）	功率（W）	长度（m）	色标	使用温度（℃）
DV20406	220	2	400	60	棕	≤40
DV20608	220	3	600	80	蓝	≤40
DV20810	220	4	800	100	黄	≤40
DV21012	220	5	1 000	120	绿	≤40

（四）床土

床土厚度一般为12~15cm。育苗钵育苗不铺床土，一般将育苗钵直接排列到散热层上。

（五）覆盖物

覆盖物分为透明覆盖物和不透明覆盖物两种。透明覆盖物的主要作用是白天利用光能使温床增温，不透明覆盖物用于夜间覆盖保温，减少耗电量，降低育苗成本。

（六）控温仪

控温仪的主要作用是根据温床内的温度高低变化，自动控制电热线的线路切、断。不同型号控温仪的直接负载功率和连线数量不完全相同，应按照使用说明进行配线和连线（图2-15）。

（七）交流接触器

交流接触器的主要作用是扩大控温仪的控温容量。一般当电热线的总功率＜2 000W（电流10A以下）时，可不用交流接触器，而将电热线直接连接到控温仪上。当电热线的总功率＞2 000W（电流10A以上）时，应将电热线连接到交流接触器上，由交流接触器与控温仪相连接。农用电热线主要使用220V交流电源。当功率电压较大时，也可用380V电源，并选择与负载电压相配套的交流接触器连接电热线。

图2-15 电子控温仪

控温仪与交流接触器图片

二、电热温床的应用

电热温床的床土浅，加温费用高，不适合生产栽培，主要用于冬、春季蔬菜育苗。由于电热温床温度高、幼苗生长快等原因，电热温床的育苗期一般较常规育苗床短，故电热温床育苗时应适当推迟播种期。

▷生产实践

电热温床建造技术要点

1. 挖床坑 整平地面后，做宽1.5~2m、深15~20cm的苗床坑，然后整平床底，长度根据需要定，留出15~20cm宽的畦埂。

2. 设隔热层 在床底先铺一层塑料薄膜防潮、隔热，上铺准备好的隔热材料（干锯末获稻草、马粪、炉渣等）10~15cm，并踏实。

3. 铺散热层 在隔热层上撒3cm左右的床土或细沙土，整平压实。

4. 布电热线 首先在苗床的两端距床边10cm处按计算好的布线间距插上短木棍。然后从电源的一头开始将电热线贴着地面按顺序绕过苗床两端的木棍（图2-16）布好，在靠近木棍处的线要稍用力向下压，边绕边拉紧，防止线脱出。电热线应拉直，不能交叉、重叠、打结。电热线两端的导线一定要留在外面，不能埋在土里。

电热温床建造动画

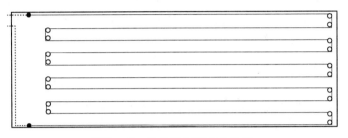

图2-16 电热线布线方法示意

　○ 木棍　　—— 电热线　　……… 普通导线
　● 电热线与普通导线连接点　　—— 育苗床

最后对两边木棍的位置进行调整，以保证电热线两端的位置适当。布完线后铺2cm床土或细沙土，将电热线压住，并踩实。之后，用脚踩住木棍两侧的地面将木棍轻轻拔出。

电热线数量少、功率不大时，一般采用图2-17中的A、B连接法，将电热线直接连接到控温仪上或电源线上即可。电热线数量较多、功率较大时，应采用C、D连接法，用交流接触器连接电热线。

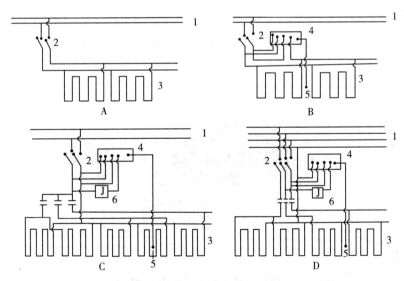

图2-17 电热线连接形式

A. 单相连接法　B. 单相加控温仪连接法　C. 单相加控温仪加接触器连接法　D. 三相四线连接法（电压380V）
1. 电源线　2. 开关　3. 电热线　4. 控温仪　5. 感温探头　6. 交流接触器

▷ **相关知识**

电热线的计算公式

1. 电热线用量计算公式

电热线根数＝温床需要的总功率/单根电热线的额定功率

温床需要总功率＝温床面积×单位面积设定功率

单位面积设定功率主要是根据育苗期间的苗床温度要求来确定的。一般冬、春季播种床的设定功率以 80～120W/m^2 为宜，分苗床以 50～100W/m^2 为适宜。

因出厂电热线的功率是额定的，不允许剪短或接长，因此当计算结果出现小数时，应在需要功率的范围内取整数。

2. 电热线道数计算公式

电热线道数＝（电热线长－床面宽）/床面长

为使电热线的两端位于温床的同一端，方便线路连接，计算出的道数应取偶数。

3. 电热线行距计算公式

电热线行距＝床面宽/（布线道数－1）

确定电热线行距时，中央行距应适当大一些，两侧行距小一些，并且最外两道线要紧靠床边。苗床内、外相邻电热线行距一般差距 3cm 左右为宜。为避免电热线间发生短路，电热线最小间距应不小于 3cm。

任务4 塑料小拱棚的类型与应用

塑料小拱棚是指棚高低于 1.5m、跨度 3m 以下，棚内有立柱或无立柱的塑料拱棚。

一、基本结构

主要由拱架、支柱、棚膜、压杆、保温覆盖物等部分构成（图 2-18）。

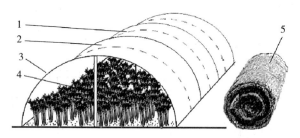

图 2-18 小拱棚基本结构
1. 压杆 2. 棚膜 3. 拱架 4. 支柱 5. 草苫

（一）拱架

拱架一般用细竹竿、圆钢、细钢管等材料，早期的小拱棚也有用木架作拱架，上覆盖玻璃。

（二）支柱

支柱一般用木棒、粗竹竿、细水泥住等，小一些的小拱棚以及在大型保护地内的小拱棚一般不设支柱。

(三) 棚膜

棚膜一般选用普通棚膜，一些临时性覆盖也有选用厚一些的地膜作棚膜。

(四) 压杆

压杆多选用细竹竿、表面光滑的树条等，也有的用塑料绳、布绳等压膜。

(五) 保温覆盖物

保温覆盖物主要为草苫，也有的用无纺布、保温被等。

二、主要类型

依结构不同，一般将塑料小拱棚划分为拱圆棚、半拱圆棚、风障棚和双斜面棚4种类型（图2-19），其中以拱圆棚应用最为普遍，双斜面棚应用相对较少。

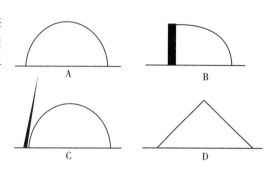

图2-19 塑料小拱棚的主要类型
A. 拱圆棚　B. 半拱圆棚　C. 风障棚　D. 双斜面棚

三、生产应用

(一) 育苗

小拱棚的空间低矮，较适合育苗。生产上多用于大型设施内的小拱棚育苗，或用作早春苗床育苗，或于高温季节防雨、遮阳育苗等。

(二) 早熟栽培

主要用于春季小拱棚保护提早定植、提早上市，或提早保护播种、提早上市，或早春覆盖小拱棚，促越冬蔬菜等提早萌发、提早上市。一般小拱棚保护可提早定植期或播种期15~20d。

(三) 越冬栽培

使用小拱棚并配合风障保护进行露地越冬栽培，如生产韭黄、芹菜等。另外，生产上也常用小拱棚保护一些耐寒蔬菜安全越冬。

(四) 延迟栽培

晚秋或初冬时节，利用小拱棚进行短期覆盖保护，延迟上市时间，延长上市期。如大棚番茄进入初冬后，将番茄从架上解下，降低高度，用小拱棚进行覆盖保护，可延长生产期10~15d，也延长了新鲜番茄的上市时间。

(五) 生产食用菌

利用小拱棚容易创造弱光、潮湿环境的特点，用稍大一些的小拱棚进行食用菌生产。具有生产成本低、易管理等优点，近年来在一些偏远地区发展较快。

▶ **生产实践**

塑料小拱棚建造技术要点

1. 作畦施肥　将畦埂打好，并施足底肥。

2. 插拱架　竹竿、竹片等架杆的粗一端要插在迎风一侧。视风力和架杆的抗风能力大小不同，适宜的架杆间距为0.5~1m。多风地区应采取交叉方式插杆，用普通的平行方式插杆时，要用纵向连杆加固棚体。架杆插入地下

塑料小拱棚
建造视频

深度不少于20cm。

3. 覆盖棚膜 小拱棚主要有扣盖式和合盖式两种覆膜方式（图2-20）。

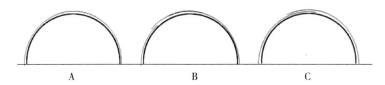

图2-20 塑料小拱棚的棚膜覆盖方式
A. 扣盖式 B. 侧合式 C. 顶合式

扣盖式覆膜扣膜严实，保温效果好，也便于覆膜，但需从两侧揭膜放风，通风降温和排湿的效果较差，并且泥土容易污染棚膜，也容易因"扫地风"而伤害蔬菜。

合盖式覆膜的通风管理比较方便，通风口大小易于控制，通风效果较好，不污染棚膜，也无"扫地风"危害蔬菜的危险，应用范围比较广。其主要不足是棚膜合压不严实时，保温效果较差。依通风口的位置不同，合盖式覆膜又分为顶合式和侧合式两种形式。顶合式适合于风小地区，侧合式的通风口开于背风的一侧，主要用于多风、风大地区。

4. 压膜 棚膜要压紧，露地用塑料小拱棚要用压杆（细竹竿或荆条）压住棚膜，多风地区的压杆数量要适当多一些。

任务5　塑料大棚的主要类型与应用

塑料大棚是指棚体顶高1.8m以上、跨度6m以上的大型塑料拱棚的总称。

一、基本结构

塑料大棚主要由立柱、拱架、拉杆、棚膜和压杆5部分组成（图2-21）。

（一）立柱

立柱的主要作用是稳固拱架。立柱材料主要有水泥预制柱、竹竿、钢架等。

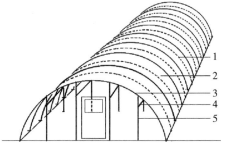

图2-21 塑料大拱棚的基本结构
1. 压杆 2. 棚膜 3. 拱架 4. 拉杆 5. 立柱

竹拱结构塑料大棚中的立柱数量比较多，一般立柱间距2~3m，密度比较大，地面光照分布不均匀，也妨碍棚内作业。钢架结构塑料大拱棚内的立柱数量比较少，一般只有边柱甚至无立柱。

（二）拱架

拱架的主要作用是大棚的棚面造型以及支撑棚膜。拱架的主要材料有竹竿、钢梁、钢管、硬质塑料管等。

（三）拉杆

拉杆的主要作用是纵向将每一排立柱连成一体，与拱架一起将整个大棚的立柱纵横连在一起，使整个大棚形成一个稳固的整体。拉杆通常固定在立柱的上部，距离顶端20~30cm

处,或固定在立柱的顶部;钢架结构大棚的拉杆一般直接固定在拱架上。拉杆的主要材料有竹竿、钢梁、钢管、角铁等。

(四)棚膜

棚膜的主要作用一是低温期使大棚内增温和保持大棚内的温度;二是雨季防雨水进入大棚内,进行防雨栽培。生产上多选用 PE 三层共挤膜或 EVA 棚膜。

(五)压杆

压杆的主要作用是固定棚膜,使棚膜绷紧。压杆的主要材料有竹竿、大棚专用压膜线、粗铁丝以及尼龙绳等。

二、主要类型

塑料大棚的类型比较多,分类方法也比较多。概括起来,目前生产上应用较多的塑料大棚类型主要有以下几种。

(一)竹拱结构大棚

竹拱结构大棚用横截面 (8~12)cm×(8~12) cm 的水泥预制柱作立柱,用径粗 5cm 以上的粗竹竿作拱架,建造成本比较低,是目前农村中应用最普遍的一类塑料大棚。

竹拱结构大棚图片

该类大棚的主要缺点:一是竹竿拱架的使用寿命短,需要定期更换拱架;二是棚内的立柱数量比较多,地面光照不良,也不利于棚内的整地作畦和机械化管理(图 2-22)。

(二)钢拱结构大棚

钢拱结构大棚主要使用 ϕ8~16mm 的圆钢以及 1.27cm 或 2.54cm 的钢管等加工成双弦拱圆型钢梁拱架(图 2-23)。

钢架结构大棚图片

为节省钢材,一般钢梁的上弦用规格稍大的圆钢或钢管,下弦用规格小一些的圆钢或钢管。上、下弦之间距离 20~30cm,中间用 ϕ8~10mm 的圆钢连接。钢梁多加工成平面梁,钢材规格偏小或大棚跨度比较大,单拱负荷较重时,应加工成三角形梁。钢梁拱架间距一般 1~1.5m,架间用 ϕ10~14mm 的圆钢相互连接。

图 2-22 竹拱结构塑料大棚

图 2-23 钢架结构塑料大棚

钢拱结构大棚的结构比较牢固,使用寿命长,并且棚内无立柱或少立柱,环境优良,也便于在棚架上安装自动化管理设备,是现代塑料大拱棚的发展方向。该类大棚的主要缺点是建造成本比较高，设计和建造要求也比较严格，另外，钢架本身对塑料薄膜也容易造成损坏，缩短薄膜的使用寿命。

（三）管材组装结构大棚

管材组装结构大棚采用一定规格 $\phi(25\sim32)$ mm×$(1.2\sim1.5)$ mm 的薄壁热镀锌钢管，并用相应的配件，按照组装说明进行连接或固定而成（图 2-24）。

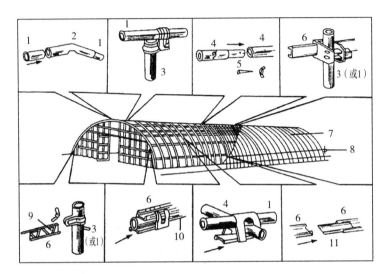

图 2-24　管材装配式塑料大棚主要构件的装配示意

1. 拱杆　2. 拱杆接头　3. 立柱　4. 纵向拉杆　5. 拉杆接头　6. 卡槽　7. 压膜线
8. 卷帘器　9. 弹簧　10. 棚头拱杆　11. 卡槽接头

管材组装结构大棚的棚架由工厂生产，结构设计比较合理，规格多种，易于选择，也易于搬运和安装，是未来大棚的发展主流。

（四）玻璃纤维增强水泥骨架结构大棚

玻璃纤维增强水泥骨架结构也称 GRC 大棚。该大棚的拱杆由钢筋、玻璃纤维、增强水泥、石子等材料预制而成。一般先按同一模具预制成多个拱架构件，每一构件为完整拱架长度的一半，构件的上端留有 2 个固定孔。安装时，2 根预制的构件下端埋入地里，上端对齐、对正后，用 2 块带孔厚铁板从两侧夹住接头，将 4 枚螺丝穿过固定孔固定紧后，构成一完整的拱架(图 2-25)。拱架间纵向用粗铁丝、钢筋、角钢或钢管等连成一体。

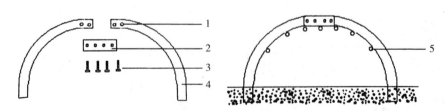

图 2-25　玻璃纤维增强水泥骨架结构大棚

1. 固定孔　2. 连接板　3. 螺栓　4. 拱架构件　5. 拉杆

（五）混合拱架结构大棚

大棚的拱架一般以钢架为主，钢架间距 $2\sim3$ m，在钢梁上纵向固定 $\phi6\sim8$ mm 的圆钢。

钢架间采取悬梁吊柱结构或无立柱结构形式，安放1~2根粗竹竿为副拱架，通常建成无立柱或少立柱式结构，见图2-26和彩图2。

混合拱架结构大棚为竹拱结构大棚和钢拱结构大棚的中间类型，栽培环境优于前者但不及后者。由于该类大棚的建造费用相对较低，抵抗自然灾害的能力增强，以及栽培环境改善比较明显等原因，较受广大菜农欢迎。

混合结构大棚图片

（六）连栋大棚

该类大棚有2个或2个以上拱圆形或屋脊形的棚顶（图2-27）。连栋大棚的主要优点：大棚的跨度范围比较大，根据地块大小，从十几米到上百米不等，占地面积大，土地利用率比较高；棚内空间比较宽大，蓄热量大，低温期的保温性能好；适合进行机械化、自动化以及工厂化生产管理，符合现代农业发展的要求。

连栋大棚图片

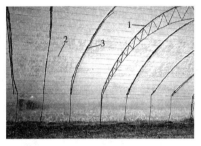

图2-26 混合拱架结构塑料大棚
1. 钢拱架 2. 拉杆 3. 竹竿

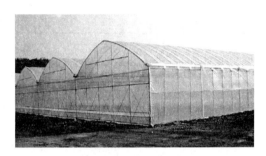

图2-27 连栋塑料大棚

连栋大棚的主要缺点：对棚体建造材料的要求比较高，对棚体设计和施工的要求也比较严格，建造成本高；棚顶的排水和排雪性能比较差，高温期自然通风降温效果不佳，容易发生高温危害。

（七）双拱大棚

大棚有内、外两层拱架，棚架多为钢架结构或管材结构（图2-28）。

双拱大棚低温期一般覆盖双层薄膜保温，或在内层拱架上覆盖无纺布、保温被等保温，可较单层大棚提高夜温2~4℃。高温期则在外层拱架上覆盖遮阳网遮阳降温，在内层拱架上覆盖薄膜遮雨，进行降温防雨栽培。

双拱大棚在我国南方应用的比较多，主要用来代替温室于冬季或早春进行蔬菜栽培。

图2-28 双拱塑料大棚

三、生产应用

塑料大棚原是蔬菜生产的专用设备，主要用于喜温蔬菜的早春栽培和秋季延迟栽培，用于叶菜类越冬栽培等。近年来，南方地区广泛利用大棚进行蔬菜育苗、种植食用菌等。

▷ 相关知识

塑料大棚的性能

1. 增、保温性　塑料大棚的空间比较大,蓄热能力强,故增温能力不强,一般低温期的最大增温能力(一日中大棚内、外的最高温度差值)只有15℃左右,一般天气下为10℃左右,高温期达20℃左右。

塑料大棚的棚体宽大,不适合从外部覆盖草苫保温,故其保温能力较差,一般单栋大棚的保温能力(一日中大棚内、外的最低温度差值)为3℃左右,连栋大棚的保温能力稍强于单栋大棚。

2. 采光性　塑料大棚的棚架材料粗大,遮光多,采光能力不如中小拱棚的强。根据大棚类型以及棚架材料种类不同,透光率一般为50%～72%,具体见表2-5。

表2-5　各类塑料大拱棚的采光性能比较

大棚类型	透光量(klx)	与对照的差值	透光率(%)	与对照的差值
单栋竹拱结构大棚	66.5	-3.99	62.5	-37.5
单栋钢拱结构大棚	76.7	-2.97	72	-28
单栋硬质塑料结构大棚	76.5	-2.99	71.9	-28.1
连栋钢材结构大棚	59.9	-4.65	56.3	-43.7
对照(露地)	106.4		100	

双拱塑料大棚由于多覆盖了一层薄膜,其采光能力更差,一般仅是单拱大棚的50%左右。

大棚方位对大棚的采光量也有影响。一般东西延长大棚的采光量较南北延长大棚稍高一些(表2-6)。

表2-6　不同方位大棚内的照度比较(%)

大棚方位	观测时间					
	清明	谷雨	立夏	小满	芒种	夏至
东西延长	53.14	49.81	60.17	61.37	60.50	48.86
南北延长	49.94	46.64	52.48	59.34	59.33	43.76
比较值	+3.20	+3.17	+7.69	+2.03	+1.17	+5.1

(引自《天津农业科学》,1978年第1期)

▷ 生产实践

塑料大棚建造技术要点

1. 平整地面　春季土壤化冻后或秋季前茬作物收获后,及早平整地面。一般用水平仪或盛水的细长塑料管确定地面标高,并按标高进行平整。

2. 画线　用白灰在地面画出大棚的四边、立柱埋点等。大棚的四角要画成直角。

3. 埋立柱　如果春季使用,立柱应在上年秋天土壤封冻前埋好。

每排立柱先埋两端的 2 根立柱，立柱埋深 30~40cm，立柱下要铺填砖石并夯实。土质过于疏松或立柱数量偏少时，应在立柱的下端绑一"柱脚石"，稳固立柱。立柱埋好后，在 2 根立柱的顶端纵向拉一根线绳，绳要拉直、拉紧。然后，以拉绳为标高，从两端向中央依次挖坑埋好各立柱。

立柱要求纵横成排成列，立柱顶端的 V 形槽方向要与拱架的走向一致，同一排立柱的地上高度也要一致。每排立柱的两端要用斜柱支持，防止倒伏（图 2-29、图 2-30）。

图 2-29 立柱施工示意

图 2-30 两端立柱与斜柱示意

4. 固定拉杆 拉杆一般固定到立柱的上端，距离顶端约 30cm 处。也有的大棚将拉杆固定到立柱的顶端。

5. 安装拱架 直立棚边大棚的竹竿粗头朝下，安放到边柱顶端的 V 形槽内，并用粗铁丝绑牢，拱架两端与边柱的外沿齐平（图 2-31）。拱架的连接处、铁丝绑接处要用草绳或薄膜缠好，避免磨损薄膜。

6. 扣膜 选无风或微风天扣膜。采用扒缝式通风口的大棚，适宜薄膜幅宽为 3~4m。扣膜时从两侧开始，由下向上逐幅扣膜，上幅膜的下边压住下幅膜的上边，上、下两幅薄膜的膜边叠压缝宽不少于 20cm。

图 2-31 竹拱架安装示意

7. 上压杆或压膜线 棚膜拉紧、拉平、拉正后，四边挖沟埋入地里，同时上压杆（压膜线）压住棚膜。压膜线和粗竹竿多压在两拱架之间，细竹竿则紧靠拱架固定在拱架上。压膜可以使用 8 号铁丝或专用压膜线或竹竿，两端固定在地锚或木桩上（图 2-32、图 2-33）。

图 2-32 砖做的地锚

图 2-33 大棚扣膜示意

8. 装门 在棚的两端各设一个门，一般门高 1.5~1.8m，宽 0.8~1.0m。

> **相关知识**
>
> **塑 料 中 棚**
>
> 塑料中棚一般是指宽 3~6m、高 1.5~1.8m、长 10m 以上的塑料拱棚。
>
> 塑料中棚的结构与塑料大棚的基本相似,但由于其棚体较塑料大棚的小,骨架材料的规格要求不高,易于就地取材建造,目前生产上应用普遍的是竹木结构、管材结构两种。
>
> 塑料中棚的性能与塑料小棚基本相似。由于其空间大、热容量大,故内部气温比小棚稳定,日温差稍小,温度条件稍优于小棚,但比塑料大棚稍差。
>
> 塑料中棚建造容易,拆装方便,可作为永久性设施,也可作临时性保护设施,成本较低,虽然生产效果不如大棚,但仍有一定的使用面积。

任务 6 温室的主要类型与应用

温室一般是指具有屋面和墙体结构,增、保温性能优良,适于严寒条件下进行园艺植物生产的大型保护栽培设施的总称。

一、基本结构

温室主要由墙体、后屋面、前屋面、立柱、加温设备以及保温覆盖物等几部分构成(图 2-34)。

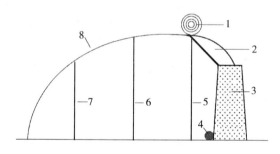

图 2-34 温室的基本结构
1. 保温覆盖 2. 后屋面 3. 后墙 4. 加温设备 5. 后立柱 6. 中立柱 7. 前立柱 8. 前屋面

(一)墙体

墙体分为后墙和东、西两侧墙,主要由土、草泥以及砖石等建成,一些玻璃温室以及硬质塑料板材温室为玻璃墙或塑料板墙。

泥、土墙通常由人工或机械施工(彩图 6),做成上窄下宽的"梯形墙",一般基部宽 1.2~3m,顶宽 1~1.2m。机械施工墙体一般基部宽 5~6m,顶宽 2~2.5m。

砖石墙一般建成"夹心墙"或"空心墙",宽度 0.8m 左右,内填充蛭石、珍珠岩、炉渣等保温材料。

后墙高度 1.5～3m。侧墙前高 1m 左右，后高同后墙，脊高 2.5～4m。

墙体主要作用：一是保温防寒；二是承重，主要承担后屋面的质量；三是在墙顶放置草苫和其他物品；四是在墙顶安装一些设备，如草苫卷放机。

（二）后屋面

普通温室的后屋面主要由粗木、秸秆、草泥以及防潮薄膜等组成。秸秆为主要的保温材料，一般厚 20～40cm。砖石结构温室的后屋面多由钢筋水泥预制柱（或钢架）、泡沫板、水泥板和保温材料等构成。后屋面的主要作用是保温以及放置草苫等。

（三）前屋面

前屋面由屋架和透明覆盖材料组成。前屋架分为半拱圆形和斜面形两种基本形状，竹竿、钢管及硬质塑料管、圆钢等易于弯拱的建材，多加工成半拱圆形屋架，角钢、槽钢等则多加工成斜面形屋架。透明覆盖物主要有塑料薄膜、玻璃和硬质塑料板材等，主要作用是白天使温室增温，夜间起保温作用（彩图 7）。

（四）立柱

普通温室内一般有 3～4 排立柱。按立柱所在温室中的位置，分别称为后柱、中柱和前柱。后柱的主要作用是支持后屋面，中柱和前柱主要支持和固定拱架。

立柱主要为水泥预制柱，横截面规格为 (10～15)cm×(10～15)cm。高档温室多使用粗钢管作立柱。立柱一般埋深 40～50cm。后排立柱距离后墙 0.8～1.5m，向北倾斜 5°左右埋入地里，其他立柱则多垂直埋入地里。

钢架结构温室以及管材结构温室内一般不设立柱。

（五）保温覆盖物

保温覆盖物主要作用是在低温期减少温室内的热量散失，保持温室内的温度。温室保温覆盖物主要有草苫、纸被、无纺布以及保温被等。

（六）加温设备

加温设备主要有火道、暖水、电炉、地中热加温设备等。冬季不甚寒冷地区，一般不设加温设备或仅设简单的加温设备。

二、主要类型

温室的种类比较多，生产中常用温室主要有以下几种。

（一）竹拱结构温室

竹拱结构温室用横截面 (10～15)cm×(10～15)cm 的水泥预制柱作立柱，用径粗 8cm 以上的粗竹竿作拱架，建造成本比较低，也容易施工建造。该类温室的主要缺点：竹竿拱架的使用寿命较短，需要定期更换拱架；棚内的立柱数量比较多，地面光照不良，也不利于棚内的整地作畦和机械化管理。目前在广大农村普遍采用此类结构，为了减少立柱的数量，大多采用琴弦式结构或主副拱架结构形式（图 2-35）。

竹拱结构温室图片

（二）玻璃纤维增强水泥结构

玻璃纤维增强水泥结构温室又称 GRC 结构温室。该温室的拱架由钢筋、玻璃纤维、增强水泥、石子等材料预制而成，属于组合结构骨架温室（图 2-36）。

复合材料骨架温室图片

图2-35 竹拱结构日光温室

图2-36 玻璃纤维增强水泥结构温室

（三）钢骨架结构温室

钢骨架结构温室所用钢材一般分为普通钢材、镀锌钢材和铝合金轻型钢材3种，我国目前以前两种为主。单栋日光温室多用镀锌钢管和圆钢加工成双弦拱形平面梁，用塑料薄膜作透明覆盖物。双屋面温室和连栋温室一般选用型钢（如角钢、工字钢、槽钢、丁字钢等）、钢管和钢筋等加工成骨架，用硬质塑料板作透明覆盖物，见图2-37和彩图3。

钢架结构温室图片

钢架结构温室结构比较牢固，使用寿命长，并且温室内无立柱或少立柱，环境优良，也便于在骨架上安装自动化管理设备，是现代温室的发展方向。

（四）双拱结构温室

双拱结构温室骨架分为内、外两层，外层骨架上覆盖透光棚膜，内层骨架上覆盖防水保温棚膜和保温草苫或保温被，双层骨架之间安装卷苫机和卷膜机。温室保温层由普通温室的2层增加到4层，即内层棚膜、草苫（保温被）、外层棚膜和外层棚膜与草苫之间静止的空气隔离层，并且创造了草帘缝隙间空气不流动的环境条件（图2-38）。

图2-37 钢骨架结构温室

图2-38 双拱结构温室
1. 外拱架 2. 内拱架 3. 保温被

该温室采用钢架结构，温室高大，前屋面与地面的夹角大，采光性好。草帘受外层棚膜保护，一年四季不潮湿、不拆卸，使用期由普通温室的3年延长到6年以上，降低草帘成本50%以上，使用保温被覆盖时对保温被的防水性要求低，也降低了生产成本。雨、雪、风对温室产生的压力与草帘对温室产生的压力分摊在内外两层棚架上，大幅度提高了日光温室的抗风雪能力。该温室温室适合在京津冀等地区应用，适合种植黄瓜、番茄等果菜类，也可用于矮生果树的种植。

（五）光伏日光温室

钢架结构，采光面由钢化玻璃和按一定规则排列的太阳能光伏发电板组成。棚内有光伏汇流盒，用来储存太阳能光伏发电板产生的电，再由电缆传递到棚端的并网逆变器，电流在并网逆变器内由直流转换为交流，然后升压，并入国家电网。太阳能电池组件有非常高的透光率，安装太阳能电池板时可根据蔬菜种植的不同区域设计成透光率97%或75%等多种样式，在发电的同时，也能满足植物光合作用对太阳光的需求，还可与LED系统相搭配，夜晚LED系统可利用白天发的电给植物提供照明，延长蔬菜照射时间，缩短生产周期，保证蔬菜稳定生产，见图2-39和彩图4。

光伏温室图片

太阳能光伏温室由钢结构和钢化玻璃建成，结构牢固，可抗击强风、暴雨、冰雹等恶劣气候侵害。

（六）连栋温室

连栋温室有2个或2个以上连体的栽培室，见图2-40和彩图5。

连栋温室的跨度范围比较大，根据地块大小，从十几米到上百米不等，占地面积大，土地利用率比较高；室内空间比较宽大，蓄热量大，低温期的保温性能好；适合进行机械化、自动化以及工厂化生产管理，符合现代农业发展的要求。其主要缺点是对建造材料、结构设计和施工等的要求比较严格，建造成本高；屋顶的排水和排雪性能比较差，高温期自然通风降温效果不佳，容易发生高温危害。

连栋温室图片

图2-39 光伏温室

图2-40 连栋温室

（七）智能温室

智能温室将计算机控制技术、信息管理技术、机电一体化技术等在设施内进行综合运用，可以根据温室作物的要求和特点，对温室内的光、温、水、气、肥等诸多因子进行自动调控。智能化温室是未来温室的发展方向。

智能温室图片

三、主要生产应用

（一）加温温室的应用

主要用于冬、春季栽培喜温的果菜类等。在塑料大棚以及普通日光温室蔬菜生产较发达的地区，也多用加温温室培育大棚和日光温室蔬菜春季早熟栽培用苗。

(二) 节能型日光温室的应用

在冬季最低温度-20℃以上的地区，可在不加温情况下，于冬、春季生产喜温的果菜类等。在冬季最低温度-20℃以下的地区，冬季只能生产耐寒的绿叶蔬菜以及多年生蔬菜等。另外，改良型日光温室还多用来培育塑料大棚、小拱棚以及露地蔬菜等的春季早熟栽培用苗。

(三) 普通型日光温室的应用

在冬季最低温度-10℃以下的地区，冬季一般只能生产一些耐寒性蔬菜以及于春、秋两季对喜温性蔬菜进行春早熟栽培或秋延迟栽培。另外，普通型日光温室还多用于培育早春露地蔬菜用苗以及种子生产用苗。

(四) 连栋温室

连栋温室是近十几年出现并得到迅速发展的一种温室形式。其中大型的连栋塑料温室占 2/3 以上，其余为玻璃温室。

▷ 相关知识

温室的主要性能

1. 增温和保温性 温室有完善的保温结构，保温性能比较强。据测定，冬季晴天，寿光式节能型日光温室卷苫前的最低温度一般比室外高 20~25℃，采取多层覆盖保温措施后，保温幅度还要大。连阴天日光温室的保温能力降低，一般仅为 10℃ 左右。普通日光温室白天的升温幅度小，夜间的保温措施也不完善，保温能力相对比较弱，冬季一般为 10℃ 左右。

2. 采光性 温室的跨度小，采光面积和采光面的倾斜角度比较大，加上冬季覆盖透光性能优良的玻璃或专用薄膜，故采光性比较好。特别是改良型日光温室，由于其加大了后屋面的倾斜角度，消除了对后墙的遮阳，使冬季太阳直射光能够照射到整个后墙面上，采光性更为优良。

一般情况下，温室内的光照能够满足蔬菜栽培的需要。

▷ 生产实践

日光温室设计要点

1. 顶高 节能型日光温室的顶高以 3.5~4.5m 为宜，以确保温室内有足够的栽培和容热空间，并保持适宜的前屋面采光角度。普通日光温室以 2.5m 左右为宜，加温温室不宜过高，以 2~2.5m 为宜。温室过高，空间过大，加温时升温缓慢，不利于提高温度，同时也增加加温开支。

2. 内部跨度 节能型日光温室的内跨以 10~12m 为宜，加温温室以 6~8m 为宜。

3. 长度 适宜的温室长度为 80~120m，一般要求不短于 40m，不超过 150m。

4. 冬季栽培用温室的前屋面倾角设计

(1) 单斜面温室。前屋面倾角按公式 $\alpha=\phi-\delta$ 进行计算。

公式中的 "ϕ" 为当地的地理纬度；"δ" 为赤纬，是太阳直射点的纬度，随季节而异，与温室设计关系最密切的为冬至时节的赤纬（$\delta=-23°27'$）；"α"为前屋面的最大倾角。由于太阳入射角在0°~45°范围内时，温室的透光量变化不大，为避免温室的顶高过大，使顶高与跨度保持一合理的比例，实际的"α"值通常按"理论α值—（40°~45°）"公式来确定。

（2）拱圆型温室。拱圆型温室最好设计成中部坡度较大的圆面型、抛物面型以及圆—抛物面组合型屋面。不论选用何种性状，温室山墙顶点与前点连线的地面交角应符合表2-7中的参考角度值。

表2-7　温室前屋面与地面的参考交角值

地理纬度（ϕ）	屋面交角	地理纬度（ϕ）	屋面交角
30°	23.5°	39°	29°
34°	24°	40°	29.5°
35°	25°	41°	30°
36°	26°	42°	31°
37°	27°	43°	32°
38°	28°		

5. 方位设计　冬季及早春严寒、上午多雾地区，应按偏西5°的方位建造温室，以多接受下午的光照，提高夜温。冬季及早春下午多雾、光照不良的地区，应选偏东5°的方位建造温室，以增加上午的采光量。其他情况下，选择正南北方位即可。

6. 通风口设计　冬季用温室的通风口面积占前屋面表面积的5%~10%即可满足需要，春、秋季扩大到10%~15%即可。小型温室一般设置上部通风口和下部通风口即可。大型温室除了设有上、下部通风口外，在后墙的中上部还应设有背部通风口，以在高温期协助上、下部通风口放风，增大通风量。

温室通风口图片

上部通风口设于温室的顶部，下部通风口设于温室的前部离地面1~1.5m高处，背部通风口设于后墙上距离地面1.5m以上高处。有的温室不专设下部通风口，而将前边棚膜从地里扒出，卷起后代替通风口，该法容易形成"扫地风"，伤害蔬菜，不宜提倡。

7. 建造场地规划　温室建造场地要选在避风且阳光充足的山前平地或村庄的南侧，四周无粉尘污染、土壤疏松肥沃、地下水位低、临近交通要道和村庄、水电资源充足的地带，但要避开高压输电线路，以免引发火灾（彩图1）。

▷练习与作业

1. 在教师的指导下，熟悉风障畦、阳畦、电热温床、塑料小拱棚、塑料大棚以及日光温室的结构与主要性能，并绘制结构图。

2. 在教师的指导下，分别完成以下训练，并总结技术要点。

（1）风障畦的建造施工。

（2）风障阳畦的建造施工。

（3）电热温床的建造施工。

(4) 塑料小拱棚的建造施工。
(5) 塑料大棚的建造施工。
(6) 日光温室扣膜。

3. 分别调查当地蔬菜风障畦、风障阳畦、电热温床、塑料小拱棚以及塑料大棚的使用情况，对调查结果进行分析，并提出指导性意见。

4. 分别调查当地塑料大棚与温室的主要类型以及生产应用情况。

项目三　蔬菜栽培设施的环境调控

● **任务目标**　掌握设施光照、温度、湿度、土壤、气体的调控技术要点，了解温室、大棚"四位一体"调控体系。

● **教学材料**　温室、大棚以及相应的调控设备。

● **教学方法**　在教师指导下，通过实践，掌握温室、大棚的增光和遮阳技术要点；掌握温室、大棚的增温、保温和降温技术要点；掌握温室、大棚的湿度控制技术要点；掌握温室、大棚的土壤盐渍和酸化控制技术要点；掌握温室、大棚内二氧化碳气体施肥和有害气体控制技术要点。

任务1　光照调控

一、增加光照技术

增加光照的主要措施有以下几个方面。

(一) 合理的设施结构和布局

选择合适的骨架材料，合理设计屋面倾斜角度、设施方位与前后间隔距离等，使设施内在低温期保持足够的采光量。

(二) 覆盖透光率高且透光性能稳定的专用薄膜

冬季温室生产应首选PVC多功能复合膜，塑料大棚应首选EVA多功能复合膜，其次选PE多功能复合膜。

(三) 保持透明覆盖物良好的透光性

保持透明覆盖物良好透光性的主要措施如下。

1. 覆盖透光率比较高的新薄膜　一般新薄膜的透光率可达90%以上，一年后的旧薄膜，视薄膜的种类不同，透光率一般为50%~60%。

2. 保持覆盖物表面清洁　应定期清除覆盖物表面上的灰尘、积雪等，减少遮阳物。

3. 及时消除薄膜内面上的水珠　薄膜内面上的水珠能够反射阳光，减少透光量，同时水珠本身也能够吸收一部分光波，进一步减弱设施内的透光量，故要选用膜面水珠较小（一般仅为一薄层水膜）的无滴膜。

4. 保持膜面平、紧　棚膜变松、起皱时，反射光量增大，透光率降低，应及时拉平、拉紧。

(四) 利用反射光

1. 在地面上铺盖反光地膜。

2. 在设施的内墙面或风障南面等张挂反光薄膜，可使北部光照增加 50% 左右。
3. 将温室的内墙面及立柱表面涂成白色。

(五) 减少保温覆盖物遮阳

在保证温度需求的前提下，上午尽量早卷草苫，下午晚放草苫。有条件的地方应尽量采用机械卷放草苫，缩短草苫的卷放时间，延长光照时间。白天设施内的保温幕和小拱棚等保温覆盖物要及时撤掉。

(六) 农业措施

对高架蔬菜实行宽窄行种植，并适当稀植；及时整枝抹杈，摘除老叶，并用透明绳架吊拉蔬菜茎蔓等。

(七) 人工补光

连阴天以及冬季温室采光时间不足时，一般于上午卷苫前和下午放苫后各补光 2~3h，使每天的自然光照和人工补光时间相加保持在 12h 左右。人工补光一般用白炽灯、日光灯、碘钨灯、高压气体放电灯（包括钠灯、水银灯、氙灯、生物效应灯、金属卤化物灯），见图 2-41 和彩图 12。

图 2-41 陶瓷金属卤化物灯

温室补光灯图片

设施遮阳图片

二、遮阳技术

一般采用遮阳网、荫障、苇帘、草苫等遮阳。另外，塑料大棚和温室还可以采取薄膜表面涂白灰水或泥浆等措施进行遮阳，一般薄膜表面涂白面积 30%~50% 时，可减弱光照 20%~30%。

▷ 相关知识

设施内的光照特点

1. 光照度 由于受覆盖材料对阳光的吸收、反射，以及覆盖材料表面上的内水珠对阳光的折射、吸收等的影响，设施覆盖材料的透光率一般只有自然光的 50%~70%。如果透明覆盖物不清洁，使用时间较长等，透光率更低，往往不及自然光的 50%。因此，设施内的光照往往不能满足蔬菜正常生长的需要。

2. 光照时数 塑料大棚和连栋温室，因全面透光，无外覆盖，设施内的光照时数与露地基本相同。单屋面温室因有防寒保温覆盖，室内的光照时数一般比露地短，北方冬、春季的塑料小拱棚、改良阳畦，夜间也有外覆盖，同样也有光照时数不足的问题。

3. 光质 蔬菜设施内的光质成分与透明覆盖材料的性质有关。以塑料薄膜为覆盖材料的设施，透过的光质与薄膜的成分、颜色等有直接关系。玻璃温室与硬质塑料板材的特性，也影响到设施内的光质。

4. 光的分布 蔬菜设施由于受骨架结构和覆盖物的影响，内部地面的光照分布大多均匀性较差。例如，单屋面温室，除南面是透明屋面外，其他三面均为不透明墙体，在其附近或下部会有不同程度的遮阳，加上温室顶部放置草苫、保温被等的遮阳，导致温室内一般白天北部的地面光照量不如南部地面的大。

任务2 温度调控

一、增温技术

（一）增加透光量
具体做法见光照调控部分。

（二）人工加温
人工加温的主要方法有以下几点。

1. 火炉加温 用炉筒或烟道散热，将烟排出设施外。火炉加温多见于简易温室及小型加温温室。

2. 暖水加温 用散热片散发热量，加温均匀性好，但费用较高，主要用于玻璃温室、连栋温室和连栋塑料大棚中（彩图18）。

3. 热风炉加温 用带孔的送风管道将热风送入设施内，对设施内的空气进行加热。该法加温快，也比较均匀，主要用于连栋温室和连栋塑料大棚中。

4. 明火加温 在设施内直接点燃干木材、树枝等易于燃烧且生烟少的燃料，对设施进行加温。该法加温成本低，升温也比较快，但容易发生烟害，主要作为临时性应急加温措施，用于日光温室以及普通大棚中。

5. 火盆加温 用火盆盛装烧透了的木炭、煤炭等，将火盆均匀排入设施内或来回移动火盆进行加温。该法技术简单，容易操作，并且生烟少，不易发生烟害，但加温能力有限，主要用于育苗床以及小型温室或大棚的临时性加温。

6. 电加温 主要使用电炉、电暖器以及电热线等，利用电能对设施进行加温。该法具有加温快、无污染且温度易于控制等优点，但也存在着加温成本高、受电源限制较大以及漏电等一系列问题，主要用于小型设施的临时性加温。

二、保温技术

（一）增强设施自身的保温能力
设施的保温结构要合理，场地安排、方位与布局等也要符合保温的要求。

（二）用保温性能优良的材料覆盖保温
如覆盖保温性能好的塑料薄膜；覆盖草把紧密、干燥、疏松，并且厚度适中的草苫；覆盖厚度适中，防雨保温效果好的保温被等。

（三）减少缝隙散热
设施密封要严实，薄膜破孔以及墙体的裂缝等要及时粘补和堵塞严实。通风口和门关闭要严，门的内、外两侧应张挂保温帘。

（四）多层覆盖

多层覆盖材料主要有塑料薄膜、草苫、无纺布等。

1. 塑料薄膜 塑料薄膜主要用于临时覆盖。覆盖形式主要有地面覆盖、小拱棚、保温幕以及覆盖在棚膜或草苫上的浮膜等。一般单独覆盖一层薄膜可提高温度2～3℃。

2. 草苫 覆盖一层草苫通常能提高温度5～7℃。生产上多覆盖单层草苫，较少覆盖双层草苫，必须增加草苫时，也多采取加厚草苫法（一般不超过6cm厚）来代替双层草苫。

3. 无纺布 无纺布主要用作辅助保温材料，冬季严寒期间覆盖在草苫下，与草苫一起来保持温室的温度。

（五）保持较高的地温

保持地温的主要措施有以下几个方面。

1. 合理浇水 低温期应于晴天上午浇水，不在阴雪天及下午浇水；10cm地温低于10℃时不得浇水，低于15℃要慎重浇水，只有20℃以上时浇水才安全；低温期要尽量浇预热的温水或温度较高的地下水、井水等，不浇冷凉水；要浇小水、浇暗水，不浇大水和明水；低温期要浇暗水，减少地面水蒸发引起的热量散失。

2. 挖防寒沟 在设施的四周挖深50cm左右、宽30cm左右的沟，内填干草或泡沫塑料等，上用塑料薄膜封盖，减少设施内的土壤热量外散，可使设施内四周5cm地温提高4℃左右。

（六）在设施的四周夹设风障

多于设施的北部和西北部夹设风障。多风地区夹设风障的保温效果较为明显。

三、降温技术

（一）通风散热

通过开启通风口及门等，散放出热空气，同时让外部的冷空气进入设施内，使温度下降。

通风散热在设施内中部的温度升到30℃以上后进行，放风初期的通风口应小，不要突然开放太大，导致放风前后设施内的温度变化幅度过大，引起蔬菜萎蔫。下午当温度下降到25℃以下时开始关闭通风口。

低温期只能开启上部通风口或顶部通风口，严禁开启下部通风口或地窗，以防冷风伤害蔬菜的根颈部。随着温度的升高，当只开上部通风口不能满足降温要求时，再打开中部通风口协助通风。下部通风口只有当外界温度升到15℃以上后方可开启放风。

（二）遮阳

遮阳方法主要有覆盖遮阳网、覆盖草苫，以及向棚膜表面喷涂泥水、白石灰水等，以遮阳网的综合效果为最好。

任务3 湿度调控

一、空气湿度控制技术

蔬菜设施空气湿度管理内容主要是降低空气湿度，可采取以下几种措施。

(一) 通风排湿

结合通风降温来进行排湿。阴雨（雪）天、浇水后 2~3d 内以及叶面追肥和喷药后的 1~2d，设施内的空气湿度容易偏高，应加强通风。

一日中，以中午前后的空气绝对含水量为最高，也是排湿的关键时期，清晨的空气相对湿度达一日中的最高值，此时的通风降湿效果最明显。

(二) 减少地面水分蒸发

减少地面水分蒸发的主要措施是覆盖地膜，在地膜下起垄或开沟浇水。大型保护设施在浇水后的几天里，应升高温度，保持 32~35℃ 的高温，加快地面的水分蒸发，降低地表湿度。对裸露的地面应勤中耕松土。不适合覆盖地膜的设施以及育苗床，在浇水后应向畦面撒干土压湿。

(三) 合理使用农药和叶面肥

低温期，设施内尽量采用烟雾法或粉尘法使用农药，不用或少用叶面喷雾法。叶面追肥以及喷洒农药应选在晴暖天的上午 10 时至下午 3 时进行，保证在日落前留有一定的时间进行通风排湿。

(四) 减少薄膜表面的聚水量

减少薄膜表面的聚水量的主要措施有：选用无滴膜；选用普通薄膜时，应定期做消雾处理；保持薄膜表面排水流畅，薄膜松弛或起皱时应及时拉紧、拉平。

二、土壤湿度控制技术

蔬菜设施内土壤湿度管理主要是防止土壤湿度过高，可采取以下措施。

(一) 用高畦或高垄栽培蔬菜

高畦或高垄易于控制浇水量，通常需水较多时，可采取逐沟浇水法，需水不多时，可采取隔沟浇水法或浇半沟水法，有利于控制地面湿度。另外，高畦或高垄的地面表面积大，有利于增加地面水分的蒸发量，降湿效果好。

(二) 适量浇水

低温期应采取隔沟（畦）浇沟（畦）法进行浇水，或用微灌溉系统进行浇水，即要浇小水，不要大水漫灌。

(三) 适时浇水

晴暖天设施内的温度高，通风量也大，浇水后地面水分蒸发快，易于降低地面湿度，宜进行浇水。低温阴雨（雪）天，温度低，地面水分蒸发慢，浇水后地面长时间呈高湿状态，不宜浇水。

任务 4　土壤调控

一、土壤酸化控制

土壤酸化是指土壤的 pH 明显低于 7，土壤呈酸性反应的现象。土壤酸化对蔬菜的影响很大，一方面能够直接破坏根的生理机能，导致根系死亡；另一方面还能够降低土壤中磷、钙、镁等元素的有效性，间接降低这些元素的吸收率，诱发缺素症状。

控制土壤酸化可采取以下措施。
（一）合理施肥
氮素化肥和高含氮有机肥的一次施肥量要适中，应采取"少量多次"的方法施肥。
（二）施肥后要连续浇水
一般施肥后连浇两次水，降低酸的浓度。
（三）加强土壤管理
可进行中耕松土，促根系生长，提高根的吸收能力。
对已发生酸化的土壤应采取淹水洗酸法或撒施生石灰中和的方法提高土壤的 pH，并且不得再施用生理酸性肥料。

▷ 相关知识

土壤酸化的主要原因

土壤酸化的主要原因是大量施用氮肥导致土壤中的硝酸积累过多。此外，过多施用硫酸铵、氯化铵、硫酸钾、氯化钾等生理酸性肥也能导致土壤酸化。

二、土壤盐渍化控制

土壤盐渍化是指土壤溶液中可溶性盐浓度明显过高的现象。当土壤发生盐渍化时，植株生长缓慢、分枝少；叶面积小、叶色加深，无光泽；容易落花落果。危害严重时，植株生长停止、生长点色暗、失去光泽，最后萎缩干枯；叶片色深、有蜡质，叶缘干枯、卷曲，并从下向上逐渐干枯、脱落；落花落果；根系变褐色坏死。土壤盐渍化往往大规模造成危害，不仅影响当季生产，而且过多的盐分不易清洗，残留在土壤中，对以后蔬菜的生长也会产生影响。

防止土壤盐渍化可采取以下措施。
（一）定期检查土壤中可溶性盐的浓度
土壤含盐量可采取称量法或电阻值法测量。
称量法是取 100g 干土加 500g 水，充分搅拌均匀。静置数小时后，把浸取液烘干称量，称出含盐量。一般蔬菜设施内每 100g 干土中的适宜含盐量为 15～30mg。如果含盐量偏高，表明有可能发生盐渍化，要采取预防措施。
电阻值法是用电阻值大小来反映土壤中可溶性盐的浓度。测量方法是取干土 1 份，加水（蒸馏水）5 份，充分搅拌。静置数小时后，取浸出液，用仪器测量浸出液的电传导度。蔬菜适宜的土壤浸出液的电阻值一般为 $0.5\sim1m\Omega/cm$，如果电阻值大于此范围，说明土壤中的可溶性盐含量较高，有可能发生盐害。
（二）适量追肥
要根据作物的种类、生育时期、肥料的种类、施肥时期以及土壤中的可溶性盐含量、土壤类型等情况确定施肥量，不可盲目加大施肥量。
（三）淹水洗盐
土壤中的含盐量偏高时，要利用空闲时间引水淹田，也可每种植 3～4 年夏闲 1 次，利用降水洗盐。

(四) 覆盖地膜

地膜能减少地面水分蒸发,可有效地抑制地面盐分积聚。

(五) 换土

如土壤中的含盐量较高,仅靠淹水、施肥等措施难以降低时,就要及时更换耕层熟土,把肥沃的田土搬入设施内。

> ▷**相关知识**
>
> **土壤盐渍化的主要原因**
>
> 土壤盐渍化主要是由于施肥不当造成的,其中氮肥用量过大导致土壤中积累的游离态氮素过多是造成土壤盐渍化的最主要原因。此外,大量施用硫酸盐(如硫酸铵、硫酸钾等)和盐酸盐(如氯化铵、氯化钾等)也能增加土壤中游离的硫酸根和盐酸根浓度,发生盐害。

任务 5 气体调控

一、二氧化碳气体施肥技术

(一) 施肥方法

1. 钢瓶法 把气态二氧化碳经加压后转变为液态二氧化碳,保存在钢瓶内,施肥时打开阀门,用一条带有出气孔的长塑料软管把气化的二氧化碳均匀释放进温室或大棚内(图 2-42)。一般钢瓶的出气孔压力保持在 98~116kPa,每天放气 6~12min。

钢瓶法
二氧化碳气体
施肥装置图片

图 2-42 钢瓶法二氧化碳施肥装置

该法的二氧化碳浓度易于掌握,施肥均匀,并且所用的二氧化碳气体主要为一些化工厂和酿酒厂的副产品,价格也比较便宜。但该法受气源限制,推广范围有限,同时所用气体中往往混有对蔬菜有害的气体,一般要求纯度不低于99%。

2. 燃烧法 通讨燃烧碳氢燃料(如煤油、石油、天然气等)产生二氧化碳气体,再由鼓风机把二氧化碳气体吹入设施内(图2-43)。

该法在产生二氧化碳的同时,还释放出大量的热量可以给设施加温,一举两得,低温期的应用效果最为理想,高温期容易引起设施内的温度偏高。该法需要专门的二氧化碳气体发生器和专用燃料,费用较高,燃料纯度不够时,也还容易产生一些对蔬菜有害的气体。

3. 化学反应法 主要用碳酸盐与硫酸、盐酸、硝酸等进行反应,产生二氧化碳气体,其中应用比较普遍的是硫酸与碳酸氢铵反应组合。

施肥原理:用硫酸与碳酸氢铵反应,产生二氧化碳气体,反应过程如下:

图2-43 燃烧法二氧化碳施肥装置

$$2(NH_4HCO_3) + H_2SO_4(稀) = (NH_4)_2SO_4 + 2H_2O + 2CO_2 \uparrow$$

该法是通过控制碳酸氢铵的用量来控制二氧化碳的释放量。碳酸氢铵的参考用量为:栽培面积每亩的塑料大棚或温室,冬季每次用碳酸氢铵2 500g左右,春季3 500g左右。碳酸氢铵与浓硫酸的用量比例为1:0.62。

化学反应法分为简易施肥法和成套装置法两种。

简易施肥法是用小塑料桶盛装稀硫酸(稀释3倍),每40~50m²地面一个桶,均匀吊挂到离地面1m以上高处。按桶数将碳酸氢铵分包,装入塑料袋内,在袋上扎几个孔后,投入桶内,与硫酸进行反应。

成套装置法是硫酸和碳酸氢铵在一个大塑料桶内集中进行反应,产生的气体经过滤后用带孔塑料管送入设施内。成套施肥装置的基本结构见图2-44。

成套装置
化学反应法
二氧化碳
施肥动画

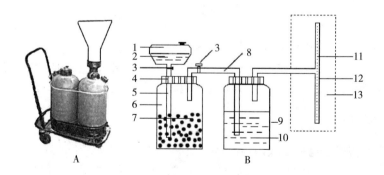

图2-44 成套施肥装置基本结构示意
A. 施肥装置外形 B. 工作原理
1. 盛酸桶 2. 硫酸 3. 开关 4. 密封盖 5. 输酸管 6. 反应桶 7. 碳酸氢铵
8. 输气管 9. 过滤桶 10. 水 11. 散气孔 12. 散气管 13. 温室(大棚)

4. 生物法　利用生物肥料的生理生化作用，生产二氧化碳气体。一般将肥施入 1~2cm 深的土层内，在土壤温度和湿度适宜时，可连续释放二氧化碳气体。以山东省农业科学院所研制的固气颗粒肥为例，该肥施于地表后，可连续释放二氧化碳 40d 左右，供气浓度 500~1 000mL/m³。

该法高效安全、省工省力，无残渣危害，所用的生物肥在释放完二氧化碳气体后，还可作为有机肥为蔬菜提供土壤营养，一举两得。其主要缺点是二氧化碳气体的释放速度和释放量无法控制，需要高浓度时，浓度上不去，通风时又无法停止释放二氧化碳气体，造成浪费。

（二）二氧化碳的施肥时期和时间

1. 施肥时期　苗期和产品器官形成期是二氧化碳施肥的关键时期。苗期施肥能明显地促进幼苗的发育，果菜苗的花芽分化时间提前，花芽分化的质量也提高，结果期提早，增产效果明显。据试验，黄瓜苗定植前施用二氧化碳，能增产 10%~30%；番茄苗期施用二氧化碳，能增加结果数 20% 以上。苗期施用二氧化碳应从真叶展开后开始，以花芽分化前开始施肥的效果为最好。

蔬菜定植后到坐果前的一段时间里，蔬菜生长比较快，此期施肥容易引起徒长。产品器官形成期为蔬菜对糖类需求量最大的时期，也是二氧化碳气体施肥的关键期，此期即使外界的温度已高，通风量加大了，也要进行二氧化碳气体施肥，把上午 8~10 时蔬菜光合效率最高时间内的二氧化碳浓度提高到适宜的浓度范围内。蔬菜生长后期，一般不再进行施肥，以降低生产成本。

2. 施肥时间　晴天时塑料大棚在日出 0.5h 后或温室卷起草苫 0.5h 左右后开始施肥为宜，阴天以及温度偏低时，以 1h 后施肥为宜。下午施肥容易引起蔬菜徒长，除了蔬菜生长过弱，需要促进情况外，一般不在下午施肥。

每日的二氧化碳施肥时间应尽量地长一些，一般每次的施肥时间应不少于 2h。

【注意事项】

1. 二氧化碳施肥后蔬菜生长加快，要保证肥水供应。
2. 施肥后要适当降低夜间温度，防止植株徒长。
3. 要防止设施内二氧化碳浓度长时间偏高，造成蔬菜二氧化碳气体中毒。
4. 要保持二氧化碳施肥的连续性，应坚持每天施肥，不能每天施肥时，前、后两次施肥的间隔时间也应短一些，一般不要超过一周，最长不要超过 10d。
5. 化学反应法施肥时，二氧化碳气体要经清水过滤后，方能送入大棚内，同时碳酸氢铵不要存放在大棚内，防止氨气挥发引起蔬菜氨中毒。

另外，反应液中含有高浓度的硫酸铵，硫酸铵为优质化肥，可用作设施内追肥。做追肥前，要用少量碳酸氢铵做反应检查，不出现气泡时，方可施肥。

二、有害气体控制

（一）主要有害气体危害症状识别

1. 氨气　氨气主要是施用未经腐熟的人粪尿、畜禽粪、饼粪等有机肥（特别是未经发酵的鸡粪），遇高温时分解而生。一般危害发生在施肥几天后。当氨气浓度达到 40mg/kg 时，经一天一夜，所有蔬菜都会受害，直至枯死。蔬菜受害后，叶片像开水烫了似的，颜色变淡，叶子镶黄边，接着变黄白色或变褐色，直至全株死亡。

2. 二氧化氮　二氧化氮是由施用过量的铵态氮而引起的。施入土壤中的铵态氮，在土壤酸化条件下，亚硝态氮不能转化为硝态氮，亚硝态酸积累而散发出二氧化氮。当空气中二氧化氮浓度达到0.2mg/kg时可危害植物。危害发生时，叶面上出现白斑，以后褪绿，浓度高时叶片叶脉也变白枯死。番茄、黄瓜、莴苣等对二氧化氮敏感。

3. 乙烯 用聚氯乙烯棚膜，如果工艺中配方不合理，在温度超过30℃以上，可挥发出一定数量的乙烯气体。另外，大气中也会有乙烯气体，煤气厂、聚乙烯厂、石油化工厂附近，都会有乙烯气体危害蔬菜生产。当大棚、温室内乙烯气体含量达到1mg/kg时，作物就会出现中毒症状，叶子下垂、弯曲，叶脉之间由绿变黄，逐渐变白，最后全部叶片变白而枯死。对乙烯气体敏感的蔬菜有黄瓜、番茄、豌豆等。

（二）有害气体危害预防措施

1. 合理施肥 有机肥要充分腐熟后施肥，并且要深施；不用或少用挥发性强的氮素化肥；深施肥，不地面追肥；施肥后及时浇水等。

2. 覆盖地膜 用地膜覆盖垄沟或施肥沟，阻止土壤中的有害气体挥发。

3. 正确选用与保管塑料薄膜和塑料制品 应选用无毒的蔬菜专用塑料薄膜和塑料制品，不在设施内堆放塑料薄膜或制品。

4. 正确选择燃料、防止烟害 应选用含硫低的燃料加温，并且加温时，炉膛和排烟道要密封严实，严禁漏烟。有风天加温时，还要预防倒烟。

5. 勤通风 要经常通风特别是当发觉设施内有特殊气味时，要立即通风换气。

▷ **相关知识**

温室大棚"四位一体"环境调控系统

该技术以沼气为纽带，种、养业结合，通过生物转换技术，将沼气池、猪（禽）舍、厕所、日光温室连接在一起，组成生态调控体系。大棚为菜园、猪舍、沼气池创建良好的环境条件；粪便入池发酵产生沼气，净化猪舍环境；沼渣为菜园提供有机肥料。

1. "四位一体"生态调控体系组成 "四位一体"生态调控体系主要由沼气池、进料口、出料口、猪圈、厕所、沼气灯、蔬菜田、隔离墙、输气管道、开关阀门等部分组成（图2-45）。

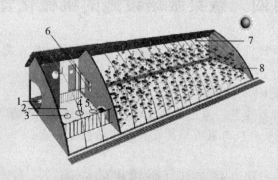

图2-45 四位一体生态调控体系组成

1. 厕所 2. 猪圈 3. 进料口 4. 沼气池 5. 出料口 6. 通气口 7. 沼气灯 8. 生产田

2. 主要功能

(1) 提高棚内温度。一个容量 $8m^3$ 沼气池一般可年产沼气 $400\sim500m^3$，燃烧后可获得 1 012.5MJ 左右的热量（沼气热值为 $20\sim25MJ/m^3$）。早上在棚内温度最低时点燃沼气灯、沼气炉，可为大棚提供约 46MJ 的热量，使棚内温度上升 $2\sim3℃$，防止冻害。

(2) 提供肥料。一个 $8m^3$ 沼气池一般一年可提供 6t 沼渣和 4t 沼液。每吨沼渣的含氮量相当于 80kg 碳酸氢铵，每吨沼液的含氮量相当于 20kg 碳酸氢铵。

(3) 提供二氧化碳气体。沼气是混合气体，主要成分是甲烷，占 $55\%\sim70\%$，其次是二氧化碳，占 $25\%\sim40\%$。$1m^3$ 沼气燃烧后可产生 $0.97m^3$ 二氧化碳。一般通过点燃沼气灯、沼气炉，可使大棚内的二氧化碳浓度达到 $1\,000\sim1\,300mL/m^3$，较好地满足蔬菜生长的需要。

▷ **练习与作业**

1. 在教师的指导下，分别对蔬菜温室、大棚内的冬季光照情况；温度日变化情况；空气湿度日变化情况；土壤盐渍化、酸化以及土壤传播病虫害发生情况；二氧化碳气体浓度日变化情况以及有害气体发生情况进行调查，并写出调查报告。

2. 在教师的指导下，分别完成以下技能训练，并总结技术要点。

(1) 温室、大棚内增光技术训练。

(2) 温室、大棚内增温、保温和降温技术训练。

(3) 温室、大棚内空气湿度控制技术训练。

(4) 温室、大棚内预防土壤盐渍化、酸化技术训练。

(5) 温室、大棚内二氧化碳气体施肥技术训练。

3. 分别总结整理出一份适合当地农民使用的设施光照控制、设施温度控制、设施空气湿度控制、二氧化碳气体施肥以及预防土壤盐渍化、酸化的技术指导书。

项目四　蔬菜栽培设施的机械化管理

● **任务目标**　了解微耕机与卷帘机的主要类型，掌握微耕机与卷帘机的操作与维护技术要点。

● **教学材料**　设施微耕机与卷帘机及其相关教学资源。

● **教学方法**　在教师指导下，通过现场教学，使学生了解微耕机与卷帘机的主要类型，并通过实际操作，掌握微耕机与卷帘机的操作与维护技术要点。

任务1　微耕机的应用

微型耕耘机也称为多功能微型管理机、微耕机等。凡功率不大于 7.5kW，可以直接用驱动轮轴驱动旋转工作部件（如旋耕），主要用于水、旱田整地、田园管理及设施农业等耕耘作业为主的机器，称之为微型耕耘机。该类机械机型小巧，操作灵活方便，扶手高低位置可调，水平方向可转动360°，实现不同方向12个定位，可以在不同方向操作机具，农具拆装挂接方便，一台主机可配带多种农机具，能够完成小规模的耕地、栽植、开沟、起垄、中耕锄草、施肥培土、打药、根茎收获等多项作业，适合大棚、果园、露地菜种植使用（图2-46）。

图2-46 微耕机

一、微耕机的主要类型

（一）按地域分类

一般将国内厂家生产的多功能微型管理机分为南方型和北方型两种。

1. 南方型 代表机型为广西蓝天和重庆合盛等制造的多功能微型管理机。

2. 北方型 代表机型有山东华兴机械集团生产的TG系列多功能田园管理机、北京多利多公司生产的DWG系列微耕机等。

（二）按性能和功能分类

一般分为以下两种类型。

1. 简易型 配套动力小于3.7kW；配套机具少，功能也少。该类耕耘机手把不能调节、无转向离合器、前进和后退挡位少等，操作不够方便，但其价格低（主机售价低于3 000元/台），销售量呈逐步增加之趋势。

2. 标准型 配套动力大于3.7kW；可配套机具多，功能也较多；使用可靠性好，操作方便，但售价较高，主机售价为4 000~7 000元/台。

二、微耕机的选择、使用与维护

（一）微耕机选择

微耕机购买前，用户应对当地的土质、地形、植被等环境条件进行了解，根据不同的环境条件选择相应的微型耕耘机。如果地形较平、沙壤土质、植被较少时，可选择配套汽油机的微型耕耘机；地形较陡、黏结土质、植被较多时，应选择配套柴油机过载能力强的微型耕耘机。

（二）微耕机使用

使用新购回的耕作机前，要详细阅读产品使用说明、功能介绍、各部分的安装与调整方法，如有疑问可向经销商咨询。

正确安装好新机后，加足燃料、润滑油、冷却液，同时还必须进行初期的磨合，使各零件间达到良好的配合。耕作机械要进行50h以上的空载磨合，变速箱的各挡位也要分别进行磨合。磨合完毕后，放掉润滑油，清洗并换入干净润滑油后，方可逐步加带负荷工作。

耕作机投入工作前，要注意检查燃油、润滑油、冷却液是否足量。若足量，启动机器预热后方可投入工作。

（三）微耕机的维护

1. 耕作机工作完毕后，要注意检查、清洁或更换"三滤"（空气滤清器、燃油滤清器、机油滤清器），滤芯要认真检查、清洁、紧固、调整并润滑活动部分，排除故障，消除隐患。

2. 要定时或按使用情况更换润滑油和"三滤"。遇到不能排除的故障，要及时与专业维修人员联系，切不可盲目拆机。

3. 耕作机不使用时，要注意定期启动，润滑各部件，使其处于良好的待机状态。

任务2　卷帘机的应用

一、设施卷帘机的种类

（一）手摇卷帘机

手摇卷帘机属于人力卷帘机械，主要用于保温被的卷放。

该卷帘机主要以缠绕式为主，在保温被的下端横向固定一根铁管作为卷帘轴，在轴的两端安装卷帘轮，用以缠绕牵引索。

（二）电动卷帘机

主要分为后墙固定式卷帘机（彩图10）、撑杆式卷帘机和轨道式卷帘机3种，以后两种应用较普遍。

撑杆式卷帘机：也称屈伸臂式大棚卷帘机、棚面自走式大棚卷帘机。该卷帘机采用机械手的原理，利用卷帘机的动力上、下自由卷放草苫。电机与减速机一起沿屋面滚动运行。电机正转时，卷帘轴卷起覆盖物，电机反转时，放下草苫，见图2-47和彩图8。

撑杆式卷帘机图片

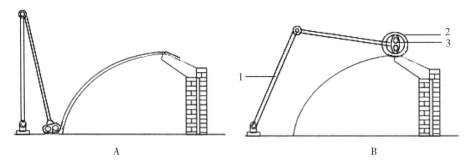

图2-47　撑杆式卷帘机
A. 铺放草苫　B. 卷起草苫
1. 支撑杆　2. 草苫卷　3. 卷帘机

轨道式卷帘机：卷帘机根据每个大棚的拱度单独设计安装相应的钢架轨道，轨道高出棚面约70cm。将机头安装在轨道上，利用卷帘机的动力实现草帘拉放，不受大棚坡度影响，见图2-48和彩图9。

轨道式卷帘机图片

图 2-48 轨道式卷帘机

二、卷帘机的使用与维护

(一) 使用

安装前,应认真阅读《产品使用说明书》,按说明书的要求做好机器安装前准备。安装结束后,要进行一次全面检查,检查无误、可靠后方可进行运行调试工作。

第一次送电运行,上卷 1m 左右,看草苫调直状况,若苫帘不直可视具体情况分析不直原因,采取调直措施。本次运行,无论草苫直与不直都要将机器退到初始位,目的是试运行,一是促其草苫滚实,二是对机器进行轻度磨合。第二次送电运行,约上卷到 2/3 处,目的仍是促其草苫进一步滚实和对机器进行中度磨合。然后,再次将机器退回到初始位。第三次送电前,应仔细检查主机部分是否有明显温度升高现象,若主机温度不超环境温度,且未发现机器有异声、异味,可进行第三次送电运行至机器到位。

温室轨道式卷帘机工作视频

(二) 维护

1. 使用期间若各连接部位螺丝松动,应及时紧固;若焊接处断裂、开焊,应及时更换或修复;若草帘走偏,应及时进行调整。
2. 在电动机控制开关附近安装闸刀开关,草帘卷到位后应及时关机,拉下闸刀,切断电源。
3. 雪天工作时,应及时清扫草帘上的积雪,避免负荷过重。
4. 如遇停电,要先切断电源,再将手摇把插入摇把孔,人工摇动卷帘。
5. 主机的传动部分(如减速机、传动轴承等)每年要添加一次润滑油。对部件每年涂一遍防锈漆。

▷ 练习与作业

1. 在教师的指导下,分别进行微耕机、卷帘机的操作训练,并对主要技术环节进行总结。
2. 分别调查当地园艺设施微耕机与微耕机的主要种类,并进行使用效果分析。

项目五 设施蔬菜配套栽培技术

● **任务目标** 掌握设施蔬菜常用立体种植模式、无土栽培的主要形式与技术要点以及设施滴灌系统灌溉技术要点。

● **教学材料** 蔬菜立体栽培、无土栽培和滴灌技术的视频、图片等相关教学资源。

● **教学方法** 在教师指导下,通过现场教学和技能训练,使学生了解并掌握设施蔬菜常用立体种植模式与应用情况;蔬菜无土栽培的主要形式、营养液配制与使用技术、有机营养无土栽培技术要点;设施滴灌系统的基本组成、使用与维护技术要点。

任务1 立体栽培技术

一、设施立体栽培的主要模式

(一) 不同类蔬菜高矮立体种植模式

这种模式是依据不同蔬菜植株高矮的"空间差"、根系的"深浅差"、生长的"时间差"和光温的"需求差"来交错种植,合理搭配,以达到高产、高效的目的。

不同类蔬菜高矮立体种植模式典型代表有以下几种。

1. 黄瓜、茄果类、豇豆立体种植 茄果类蔬菜温室栽培于9月上中旬播种,大棚于12月上旬播种。黄瓜温室栽培于10月上旬播种(采用嫁接育苗),大棚栽培于翌年1月上中旬播种。黄瓜和茄果类蔬菜同时定植,时间分别是温室栽培11月上中旬,大棚栽培3月上旬。豇豆于6月上旬在营养钵或营养方内育苗,待黄瓜收后的7月上中旬定植,10月中旬拉秧栽架。一年三茬。

2. 茄果类、生菜、西葫芦、早秋菜立体种植 这种种植模式只适用于温室。茄果类于9月上中旬播种育苗,11月上旬定植,翌年7月上旬拉秧栽架。生菜(即结球莴苣)于9月上旬直播或10月上旬育苗,11月上旬定植,翌年1月上旬或2月上旬一次性采收上市。生菜收后及时施肥整地作畦,1月下旬或2月下旬带蕾定植西葫芦苗(育苗时间在11月上旬)。早秋菜于7月底或8月初播种或移栽,10月初收获完毕。一年四熟。

3. 黄瓜、香椿、茄果类、豇豆立体种植 这种模式仅适用于日光温室。黄瓜10月上旬播种,采取嫁接育苗,11月上旬定植,翌年8月上旬拉秧栽架;香椿采用当年生苗或两年生苗,于10月下旬经2~3次大霜后带叶超出。侧根保留10cm以上,苗子按高矮分级,当天假植在温室背阴处,覆盖玉米秸或草苫,使苗子完成休眠期,经10~15d叶片全部自然脱落后,即开始移栽。元旦前开始收获香椿嫩芽,收3~4茬后,于3月底移出温室,继续在大田中进行矮化管理,培育壮苗,秋后再用;把腾茬的空地施足底肥,翻好整好后定植茄果类蔬菜。

(二) 同种蔬菜高矮立体种植模式

同种蔬菜高矮立体种植模式典型代表有以下几种。

1. 茄果类蔬菜种植 以中晚熟抗病高产品种为主栽行,选用早熟矮秧品种作加行或加株。当加行或加株的果实采收后一次性拔除(辣椒或茄子每株留3个果,在结果处以上保留

2片叶摘心或剪下插栽;番茄每株留2穗10个果),可使总产增加25%以上。

2. 黄瓜种植 在棚室黄瓜常规栽培的基础上,以原栽培行为主栽行,在主栽行之间加行或加株,当加行或加株栽培的黄瓜长到12片叶,每株留瓜3~4条时,摘除其生长点,使其矮化。待瓜条采摘后,将加行或加株一次性拔除,使棚室黄瓜恢复常规栽培密度,可使产量增加30%左右。

(三) 菌、蔬菜类立体种养模式

这种模式将食用菌栽培在高畦蔬菜的架下,让蔬菜为食用菌遮光,利用食用菌释放的二氧化碳为蔬菜补充二氧化碳气肥。其栽培模式有黄瓜与平菇套种、番茄—生菜—食用菌(鸡腿菇)立体种植模式,既能节省有限的种植空间,又能使所种植的植物养分互补,形成一个良性循环的过程,使苗壮、高产、农民增收。

(四) 无土栽培立体种植模式

无土栽培因其基质轻,营养液供系统易实现自动化而最适宜进行立体栽培。近年,应用无土栽培技术进行立体栽培形式主要有以下几种。

1. 袋式 将塑料薄膜做成一个桶形,用热合机封严,装入岩棉,吊挂在温室或大棚内,定植上果菜幼苗。

2. 吊槽式 在温室空间顺畦方向挂木栽培槽种植作物。

3. 三层槽式 将三层木槽按一定距离架于空中,营养液顺槽的方向逆水层流动。

4. 立柱式 固定很多立柱,蔬菜围绕着立柱栽培,营养液从上往下渗透或流动。

5. 墙体栽培 墙体栽培是利用特定的栽培设备附着在建筑物的墙体表,不仅不会影响墙体的坚固度,而且对墙体还能起到一定的保护作用,墙体栽培的植株采光性较普通平面栽培更好,所以太阳光能利用率更高。适合墙体栽培的蔬菜有叶用莴苣、芹菜、草莓、蕹菜、甜菜、木耳菜、香葱、韭菜、油菜、苦丁菜等。

(五) 设施种养结合生态栽培模式

通过温室工程将蔬菜种植、畜禽(鱼)养殖有机地组合在一起而形成的质能互补、良性循环型生态系统。目前,这类温室已在中国辽宁、黑龙江、山东、河北和宁夏等省(自治区)得到较大面积的推广。

设施种养结合生态栽培模式目前主要有两种形式。

1. 温室"畜—菜"共生互补生态农业模式 主要利用畜禽呼吸释放出的二氧化碳。供给蔬菜作为气体肥料,畜禽粪便经过处理后作为蔬菜栽培的有机肥料来源,同时蔬菜在同化过程中产生的氧气等有益气体供给畜禽来改善养殖生态环境,实现共生互补。

2. 温室"鱼—菜"共生互补生态农业模式 利用鱼的营养水体作为蔬菜的部分肥源,同时利用蔬菜的根系净化功能为鱼池水体进行清洁净化。

二、设施立体栽培注意事项

(一) 要安排好前后栽培茬次时间上的衔接

可通过采用提前育苗、大小行距栽培、选用早熟品种、植株调整技术等措施,既不不误农事,也要避免或减少前后茬次间的相互不良影响。

(二) 增加肥水管理

立体栽培后,蔬菜的产量提高,对肥水的需求量也增大,要保证肥水供应,特别是要加大有机肥的施用量，稳定和提高土壤肥力。

（三）加强生产管理

实施立体栽培后，包括植株调整、肥水管理、病虫防治、采收等方面的蔬菜管理工作也增多，需要加大人力投入，确保管理及时和到位。

任务 2　无土栽培技术

一、无土栽培的形式与适应范围

（一）无基质栽培

无基质栽培是指除育苗采用固体基质外，秧苗定植后不用固体基质的栽培方法。

1. 营养液膜水培（NFT）法　将植物种植于浅薄的流动营养液中，根系呈悬浮状态以提高其氧气的吸收量。生产上一般采用简易装置进行生产。简易装置的具体施工方法如下：将长而窄的黑色聚乙烯膜沿畦长方向铺在平整的畦面上，把育成的幼苗连同育苗块按定植距离成一行置于薄膜上，然后将膜的两边拉起，用金属丝折成三角形，上口用回形针或小夹子固定，营养液在塑料槽内流动（图 2-49）。该栽培方式主要适宜种植莴苣、草莓、甜椒、番茄、茄子、甜瓜等根系好气性强的作物。

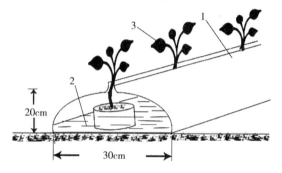

图 2-49　简易营养液膜水培槽
1. 黑色薄膜　2. 营养液膜　3. 秧苗

2. 深液流水培（DFT）法　深液流水培法一般采用水泥砖砌成的种植槽或泡沫塑料槽，在槽上覆盖泡沫板，泡沫板上按一定间距固定有定植网筐或悬杯或定植孔，将植物种植在定植网筐或悬杯定植板的定植杯中，植株根系浸入营养液中，营养液一般深度 5~10cm。利用水泵、定时器、循环管道使营养液在种植槽和地下贮液池之间间歇循环，以满足营养液中养分和氧气的供应。该水培法的营养液供应量大，适宜种植大株型果菜类和小株型叶菜密植栽培。

蔬菜深液流水培法图片

3. 浮板毛管水培（FCH）法　浮板毛管水培法是在深液流法的基础上，在栽培槽内的液面上放置一块泡沫板，板的上面铺一层扎根布，植物的根系扎入扎根布内，营养液滴浇到扎根布上（图 2-50）。栽培系统由栽培床、贮液池、循环系统和控制系统四大部分组成。该法的植物根系不浸入营养液内，氧气供应充足，不容易发生烂根现象，较适合于株型较大、根系好气的植物无土栽培。

4. 雾培法　雾培又称气培或雾气培。将植物根系悬挂在栽培槽内，根系下方安装自动定时喷雾装置，间断地将营养液喷到蔬菜根系上（图 2-51）。和彩图 14。目前，雾培多用于叶菜、矮生花草等的观赏栽培。

蔬菜雾培法图片

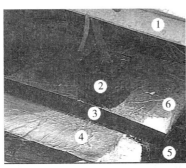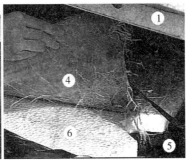

图2-50 浮板毛管水培法

1. 泡沫盖板　2. 育苗块　3. 滴灌带　4. 扎根布　5. 栽培槽内的营养液　6. 漂浮泡沫板

(二) 基质栽培

将蔬菜种植在固体基质上，用基质固定蔬菜并供给营养。固体基质栽培方法比较多，按基质的装置形式不同分为袋培法、槽培法和岩棉培法等。

1. 袋培法　用一定规格的栽培袋盛装基质，蔬菜植株种植在基质袋上，采用滴灌系统供营养液（图2-52）。袋培法受场地限制较小，并且容易管理，适合于种植大型植株（彩图13）。

蔬菜袋培图片

图2-51 雾培法　　　　　　图2-52 袋培法
1. 栽培板　2. 喷雾管

2. 槽培法　用一定规格和形状的栽培槽，在槽内种植蔬菜等，用滴灌装置向基质提供营养液和水。槽培法的栽培槽一般宽20~48cm，槽深20cm左右。槽培法的栽培槽规格可根据生产需要进行调整，因此适应范围广，各类园艺植物均可选用槽培法栽培。

3. 岩棉培法　岩棉是一种用多种岩石熔融在一起，喷成丝冷却后黏合成的疏松多孔、可成型的固体基质。一般将岩棉切成一定大小的块状，外部用塑料薄膜包住。种植时，将塑料薄膜切开一种植穴，栽植小苗，并用滴灌系统供给营养液和水。岩棉栽培法以育苗块为栽培单位，适合种植大株型作物。

4. 有机营养栽培　该技术利用河沙、煤渣和作物秸秆作为栽培基质，生产过程全部使用有机肥，以固体肥料施入，灌溉时只浇灌清水。操作管理简单，系统排出液无污染，产品品质好，能达到中国绿色食品中心颁布的"AA

蔬菜岩棉栽培图片

蔬菜有机营养无土栽培槽制作图片

级绿色食品"的标准。

此外，在观光蔬菜园中，往往还有柱培法（彩图15）和壁挂式无土栽培法（彩图16）等基质栽培法。

二、无土栽培准备

（一）基质混合

基质混合可以以2～3种混合为宜，常用的基质混合配方和比例见表2-8。

表2-8 常用基质混合配方

序号	配方及比例	序号	配方及比例
1	蛭石∶珍珠岩＝2∶1	6	蛭石∶锯末∶炉渣＝1∶1∶1
2	蛭石∶沙＝1∶1	7	蛭石∶草炭∶炉渣＝1∶1∶1
3	草炭∶沙＝3∶1	8	草炭∶蛭石∶珍珠岩＝2∶1∶1
4	刨花∶炉渣＝1∶1	9	草炭∶珍珠岩∶树皮＝1∶1∶1
5	草炭∶树皮＝1∶1	10	草炭∶珍珠岩＝7∶3

干草炭一般不易弄湿，可加入非离子湿润剂，每40L水中加50g次氯酸钠，能湿润1m³的混合基质。

> ▶ **相关知识**
>
> ### 栽培基质的种类
>
> **1. 有机基质** 主要包括草炭、锯末、树皮、炭化稻壳、食用菌生产的废料、甘蔗渣和椰子壳纤维等，有机基质必须经过发酵后才可安全使用。
>
> （1）草炭。草炭富含有机质，保水力强，但透气性差，偏酸性，一般不单独使用，常与木屑、蛭石等混合使用。
>
> （2）棉籽壳（菇渣）。菇渣是种菇后的废料，消毒后可用。
>
> （3）炭化稻壳。稻壳炭化后，用水或酸调节pH至中性，体积比例不超过25%。
>
> **2. 无机基质** 无机基质主要包括岩棉、炉渣、珍珠岩、蛭石、陶粒等。
>
> （1）岩棉。岩棉由60%的辉绿岩、20%石灰石和20%的焦炭混合后，在1 600℃的高温下煅烧熔化，再喷成直径为0.005mm的纤维，而后冷却压成板块或各种形状。岩棉在栽培的初期呈微碱性反应，可在使用前经渍水或少量酸处理。
>
>
>
> 岩棉图片
>
> （2）珍珠岩。珍珠岩容重小且无缓冲作用，孔隙度可达97%。珍珠岩较易破碎，使用中粉尘污染较大，应先用水喷湿。
>
> （3）蛭石。蛭石透气性、保水性、缓冲性均好。
>
> （4）沙。沙来源广，易排水，通气性好，但保持水分和养分能力较差。一般选用0.5～3mm粒径的沙粒，不能选用石灰质的沙粒。
>
> （5）炉渣。炉渣颗粒大小差异较大，且偏碱性，使用前要过筛，水洗，用直径0.5～3mm的炉渣进行栽培。

（二）基质处理

有机基质在使用前要进行发酵处理，无机基质在重复使用前，要对基质做消毒处理。

1. 发酵处理　对有机基质作发酵处理，除了对基质灭菌外，还能够防止有机物在地里发酵导致烧根。下面以作物秸秆为例，介绍有机基质发酵的技术要点。

无土栽培
基质图片

配方：作物秸秆、炉渣、菇渣、纯粪。一座 50m 长的温室一般需要准备玉米秆 $40m^3$，鸡粪和牛粪各 $2m^3$，菇渣 $2m^3$。

技术要点：一般于 5~7 月温暖季节里进行发酵。选向阳、地势较高的地方，最好是水泥地面，在地面上发酵时，最低层要覆上薄膜与土壤隔离；将鸡粪和牛粪粉碎均匀，掺入粉碎的玉米秆（长 2cm 的小段，发酵前用水浸湿）中，稀鸡粪可直接泼浇其中，将料堆成 1.5m 高垛，上盖棚膜；发酵期间每 7~10d 翻料 1 次，并根据干湿程度补足水分，待秸秆散发出清香味时将其与菇渣混合；7d 后将发酵好的有机发酵料与炉渣按比例（一般为 7:3）进行混合，并加入磷酸二铵 $11.50kg/m^3$、硫酸钾复合肥 $0.50kg/m^3$、90% 晶体敌百虫原粉 $20g/m^3$、20% 多菌灵可湿性粉剂 $20g/m^3$，混合均匀后再堆闷 3d，即制成栽培基质。

2. 消毒处理　无机基质消毒处理的方法主要有蒸汽法、化学药剂法和太阳能消毒法 3 种。

蒸汽法：基质的含水量 35%~45%。将基质堆成 20cm 高，长度依地形而定，全部用防水耐高温的布盖住，通入蒸汽，在 70~90℃下灭菌 1h。

化学药剂法：常用的化学药剂有甲醛、高锰酸钾、氯化苦、威百亩和漂白剂等，对基质进行熏蒸。因对环境污染较大，现已较少使用。

太阳能消毒法：在温室、塑料大棚内地面或室外铺有塑料膜的水泥平地上将基质堆成高 25cm、宽 2m 左右、长度不限的基质堆。在堆放的同时喷湿基质，使其含水量超过 80%，然后覆膜密闭温室或大棚，暴晒 10~15d，中间翻堆摊晒 1 次。

（三）栽培槽加工与放置

永久性栽培槽多用水泥预制，或用砖石作框，水泥抹面防渗漏，也有用铁片加工成形的。临时性栽培槽多以砖石作框，内铺一层塑料薄膜防漏，也有用木板、竹片、塑料泡沫板等作框的，或在地面用土培成槽或挖成槽，内铺一层塑料薄膜防渗漏。

为避免栽培过程中受土壤污染，栽培槽应与地面进行隔离；为保持栽培槽底部积液有一定的流动速度，设置栽培槽时，进液端要稍高一些，两端保持 1/80~1/60 的坡度。立体栽培槽上、下层槽间的距离应根据栽培的蔬菜高度确定，一般为 50~100cm。

（四）营养液的配制

1. 营养液配方　在一定体积的营养液中，规定含有各种营养元素或者是盐类的数量称为营养液配方。目前，世界上通用配方主要有日本园艺试验场提出的园试标准配方、日本山崎配方和荷兰斯泰纳配方。

（1）日本园试通用营养液配方。适合于多种蔬菜（表 2-9）。

表 2-9 日本园试通用营养液配方（mg/L）

化合物名称		分子式	用量	元素含量
大量元素	硝酸钙	Ca(NO$_3$)$_2$·4H$_2$O	945	N-112 Ca-160
	硝酸钾	KNO$_3$	809	N-112 K-312
	磷酸二氢铵	NH$_4$H$_2$PO$_4$	153	N-18.7 P-41
	硫酸镁	MgSO$_4$·7H$_2$O	493	Mg-48 S-64
微量元素	螯合铁	Na$_2$Fe-EDTA	20	Fe-2.8
	硫酸锰	MnSO$_4$·4H$_2$O	2.13	Mn-0.5
	硼酸	H$_3$BO$_3$	2.86	B-0.5
	硫酸锌	ZnSO$_4$·7H$_2$O	0.22	Zn-0.05
	硫酸铜	CuSO$_4$·5H$_2$O	0.05	Cu-0.02
	钼酸铵	(NH$_4$)$_6$Mo$_7$O$_{12}$	0.02	Mo-0.01

（2）日本山崎营养液配方。主要适用于无基质的水培（表 2-10）。

表 2-10 山崎营养液配方*（mg/L）

无机盐类	分子式	甜瓜	黄瓜	番茄	甜椒	茄子	草莓	莴苣
硝酸钙	Ca(NO$_3$)$_2$·4H$_2$O	826	826	354	354	354	236	236
硝酸钾	KNO$_3$	606	606	404	606	707	303	404
磷酸二氢铵	NH$_4$H$_2$PO$_4$	152	152	76	95	114	57	57
硫酸镁	MgSO$_4$·7H$_2$O	369	492	246	185	246	123	123
螯合铁	Na$_2$Fe-EDTA	16	16	16	16	16	16	16
硼酸	H$_3$BO$_3$	1.2	1.2	1.2	1.2	1.2	1.2	1.2
氯化锰	MnCl$_2$·4H$_2$O	0.72	0.72	0.72	0.72	0.72	0.72	0.72
硫酸锌	ZnSO$_4$·4H$_2$O	0.09	0.09	0.09	0.09	0.09	0.09	0.09
硫酸铜	CuSO$_4$·5H$_2$O	0.04	0.04	0.04	0.04	0.04	0.04	0.04
钼酸铵	(NH$_4$)$_6$Mo$_7$O$_{12}$	0.01	0.01	0.01	0.01	0.01	0.01	0.01

* 用井水可不用锌、铜、钼等微量元素。

2. 营养液配制

（1）母液配制。

A 母液：以钙盐为中心，凡不与钙作用而产生沉淀的化合物均可放置在一起溶解，一般包括 Ca(NO$_3$)$_2$、KNO$_3$，浓缩 200 倍。

B 母液：以磷酸盐为中心，凡不与磷酸根产生沉淀的化合物都可溶在一起，一般包括 NH$_4$H$_2$PO$_4$、MgSO$_4$，浓缩 200 倍。

营养母液配制视频

C 母液：由铁和微量元素合在一起配制而成，可配制成 1 000 倍液。

（2）工作营养液的配制。

方法一：利用母液稀释为工作营养液。在储液池中放入需要配制体积的 1/2～2/3 的清水；量取所需 A 母液的用量倒入，开启水泵循环流动或搅拌器使其扩散均匀；量取 B 母液的用量，缓慢地将其倒入贮液池中的清水入口处，让水源冲稀 B 母液后带入贮液池中，开启水泵将其循环或搅拌均匀，此过程所加的水量以达到总液量的80%为度；量取C母液，按照B母液的加入方法加入贮液池中，经水泵循环流动或搅拌均匀即完成工作营养液的配制。

方法二：直接称量配制工作营养液。微量营养元素可采用先配制成C母液再稀释为工作营养液的方法，A、B母液采用直接称量法配制。

工作营养液配制视频

▷ 相关知识

营养液的种类

1. 原液 原液是指按配方配成的一个剂量的标准溶液。

2. 母液 母液又称浓缩贮备液，是为了贮存和方便使用而把原液浓缩多少倍的营养液。其浓缩倍数是根据营养液配方规定的用量、盐类化合物在水中的溶解度及贮存需要配制的，以不致过饱和而沉淀析出为准。一般浓缩倍数以配成整数值为好，方便操作。母液配制一次，多次使用，便于长期保存和提高工效。

3. 工作液 工作液是指直接为作物提供营养的栽培液。一般根据栽培作物的种类和生育期的不同，由母液稀释而成一定倍数的稀释液，但是稀释成的工作液不一定就是原液。

三、无土栽培技术要点

（一）营养液施肥

1. 营养液浓度控制 刚定植蔬菜的营养液浓度宜低，以控制蔬菜的长势，使株型小一些。盛果期的供液浓度要高，防止营养不足，引起早衰。以番茄为例，高温期，从定植到第三花序开放前的供液浓度为标准配方浓度的0.5倍（也即半个剂量），其后到摘心前为0.7倍浓度，再后为0.8倍浓度。低温期根系的吸收能力弱，应提高浓度，一般为高温期的1～2倍。

2. 营养液供应量控制 在无土栽培过程中，应做到适时供液和定时供液。基质培时一般每天供液2～4次即可。如果基质层较厚，供液次数可少些；反之则供液次数多些。NFT水培每日要多次供液，间歇供液。作物生长盛期，对养分和水分的需要量大，供液次数应多，每次供液的时间也应长。供液主要集中在白天进行，夜间不供液或少供液。晴天供液次数多些，阴雨天可少些；气温高、光线强时供液宜多些，反之则供液少些。

（二）有机营养施肥

1. 施肥标准 有机营养无土栽培的施肥指标：每立方米基质中，肥料内的全氮（N）含量1.5～2kg、全磷（P_2O_5）含量0.5～0.8kg、全钾（K_2O）含量0.8～2.4kg。这一施肥水平可为一茬中上产量水平的番茄、黄瓜提供足够的营养。不同有机肥或混合肥，可根据其内的养分含量多少来具体计算出相应的施肥量。

2. 施肥方法 基肥的施肥量一般占总施肥量的25%左右。黄瓜、番茄的参考基肥用量为：每立方米基质中，混入10kg消毒鸡粪、1kg优质复合肥（或用1kg磷酸二铵、1kg硫酸钾代替）。此基肥施肥水平一般可保证黄瓜、番茄定植后20d内的生长需肥供应。

追肥的用肥量应占总用肥量的75%左右。一般以每隔10～15d追1次肥为宜。适宜的追肥量为：肥料中含全氮（N）80～150g、含全磷（P_2O_5）30～50g、含全钾（K_2O）50～

180g。追肥时,从一边揭开地膜,将肥均匀地撒到植株的根系附近,离根颈5～10cm远,然后重新盖好地膜。下次追肥时,从另一边揭开地膜,将肥施到蔬菜的另一边。施肥后应浅松一次表层基质,将肥混入基质中,减少有机肥中的氨气挥发,并增加肥料与蔬菜根系的接触面积,有利于根系对养分的吸收。

(三) 浇水

固体有机营养无土栽培浇清水即可。定植前要浇透水,使栽培基质和有机肥充分吸水湿透。以后每次的浇水量以达到基质最大持水量的90%左右为宜,尽量不要浇透水,以减少基质中的养分随水流失量。栽培期间要视天气情况和蔬菜的生长情况进行浇水,始终保持栽培基质的含水量70%以上,也即基质表面见湿不见干。为减少水分蒸发,并防止基质内滋生绿藻等,定植蔬菜后,应用黑色塑料薄膜将整个栽培槽面覆盖严实。

(四) 防倒伏

无土栽培植物根系浅,地上茎、叶发达,容易发生倒伏。因此,种植黄瓜、番茄等高架植物,要及早用支架、吊绳等固定茎蔓,防止倒伏。

任务3 滴灌技术

滴灌是按照作物需水要求,通过低压管道系统与安装在毛管上的孔口或滴头,将水均匀而又缓慢地滴入作物根区土壤中的灌溉方法。滴灌属于节水灌溉方式,水的利用率可达95%,同时结合施肥,可提高肥效1倍以上。目前广泛应用于设施果树、蔬菜、花卉等生产灌溉。

一、滴灌系统的组成

典型的滴灌系统由水源、首部控制枢纽、输水管道系统和滴头(滴管带)4部分组成(图2-53)。

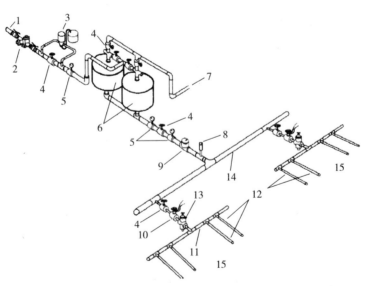

图2-53 灌溉系统组成

1.水源 2.逆止阀 3.施肥罐 4.阀 5.压力表 6.过滤器 7.排水口 8.进排气阀 9.流量表 10.电磁阀 11.支管 12.毛管 13.压力调节器 14.干管 15.灌水单元

(一) 水源

一般选择水质较好，含沙、含碱量低的井水与渠水作为水源，以减少对管道、过滤系统的堵塞和腐蚀，保护滴灌系统的正常使用，延长滴灌系统的使用年限。

(二) 首部控制枢纽

首部控制枢纽由水泵、施肥罐与施肥器（彩图19）、过滤装置及各种控制和测量设备组成，如压力调节阀门、流量控制阀门、水表、压力表、空气阀、逆止阀等。

(三) 输水管道系统

由干管、支管和毛管三级管道组成。干、支管采用直径20～100mm掺炭黑的高压聚乙烯或聚氯乙烯管，一般埋在地下，覆土层不小于30cm。毛管多采用直径10～15mm炭黑高压聚乙烯或聚氯乙烯半软管。

(四) 滴头

滴头是安装在灌溉毛管上，以滴状或连续线状的形式出水，且每个出口的流量不大于15L/h的装置。按滴头结构和消能方式主要有长流道型滴头（靠水流与流道壁之间的摩擦阻力消能来调节流量大小，如微管滴头、螺纹滴头和迷宫滴头等）、压力补偿型滴头（利用水流压力对滴头内的弹性体作用，使流道形状改变或过水断面面积发生变化，分为全补偿型和部分补偿型两种）。

另外，还有一种滴水方式是将滴头与毛管制造成一个整体，兼具配水和滴水功能，称为滴灌带（图2-54）。

图2-54 滴管带

简易滴灌系统也称为重力滴灌系统，设备简单，投资少，易建造，目前广泛应用于小型园艺设施中（图2-55）。

简易滴灌系统图片

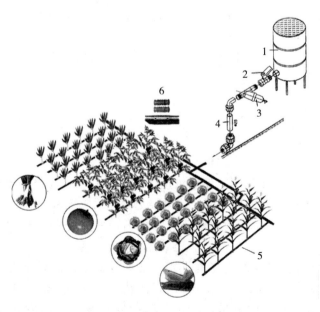

图2-55 重力灌系统的基本组成
1. 蓄水池 2. 干管 3. 施肥器 4. 支管 5. 滴管 6. 放大的滴灌

二、滴灌系统应用

（一）滴头及管道布设

滴头流量一般控制在 2~5L/h，滴头间距 0.50~1m。干、支、毛三级管最好相互垂直，毛管应与作物种植方向一致。

（二）调压

系统第一次运行时，需进行调压，使系统各支管进口的压力大致相等。

（三）冲洗

系统每次工作前先进行冲洗，在运行过程中，要检查系统水质情况，视水质情况对系统进行冲洗。

（四）压力控制

系统运行时，必须严格控制压力表读数，将系统控制在设计压力下运行，以保证系统能安全有效的运行。

（五）检查

定期对管网进行巡视，检查管网运行情况，如有漏水要立即处理。灌溉季节结束后，应对损坏处进行维修，冲净泥沙，排净积水。

（六）施肥注意事项

施肥罐中注入的水肥混合物不得超过施肥罐容积的 2/3。每次施肥完毕后，应对过滤器进行冲洗。

任务 4　设施蔬菜病虫害综合防治技术

温室、大棚等设施的蔬菜栽培茬次多，并且重茬严重，棚室内存留的病虫数量也较多，加上温室、大棚内缺少阳光暴晒、严冬以及雨淋等原因，设施蔬菜的病虫害发生较为严重。生产上，应多利用温室、大棚特殊的结构，采取物理法、农业法等多种方法进行病虫害的综合防治。

一、土壤消毒处理

（一）药剂消毒

所用药剂主要有甲醛、硫黄粉、多菌灵等。

1. 甲醛　甲醛多用于床土消毒，使用浓度为 50~100 倍。先将床土翻松，然后用喷雾器均匀地在地面上喷一遍，再稍翻一翻，使耕层土壤能沾上药液，并覆盖塑料薄膜 2d，使甲醛挥发，起到杀菌作用。2d 后揭开膜，打开门窗，使甲醛蒸气出去，2 周后可播种或定植。

2. 硫黄粉　硫黄粉多在播种或定植前 2~3d 进行熏蒸，消灭床土或保护设施内的白粉病、红蜘蛛等。具体方法是：每 100m² 的设施内用硫黄粉 20~30g、敌敌畏 50~60g 和锯末 500g，放在几个花盆内分散放置，封闭门窗，然后点燃成烟雾状，熏蒸一昼夜即可。

3. 多菌灵　多菌灵多用于苗床土小范围灭菌。一般按每立方米土 100g 的用量混拌入浅土层中。

(二) 蒸汽和热水消毒

1. 蒸气消毒 一般在60℃的蒸气中混入1∶7的空气进行土壤消毒30min，可以杀死土壤中的病菌和虫卵，无药剂残留危害，不用移动土壤，消毒时间短。目前市场上已经有全自动高温土壤蒸汽消毒机供应。

2. 热水消毒 利用高温热水消毒机加热产生92℃高温热水，利用热水分配器将传输来的热水通过耐高温的滴灌注水系统分配于不同的栽培基质槽或待消毒土壤表面。利用高温热水灌注消灭病虫害。目前国内已有专用热水消毒机械供应。

(三) 土壤燃烧处理

将翻起的表土放入燃烧室内，通过燃烧柴油、汽油等，对土壤进行燃烧加热，一般可加热到60℃以上，能杀灭土壤中的大部分病菌和害虫。目前已有专门的加热机械供应。

(四) 日光消毒

在温室、大棚夏秋空闲时节，利用太阳能对土壤进行灭病虫处理。

方法一：在7～8月，前茬作物拉秧后及时清除植株残体，彻底清洁温室后，深翻土壤50～60cm，灌大水，然后用薄膜全面覆盖，在太阳光下密闭暴晒15～25d，使10cm土温高达50～60℃，形成高温缺氧的小环境，以杀死低温好气性微生物和部分害虫、卵、蛹、线虫，也可有效预防瓜类枯萎病、茄子黄萎病等土传病害。

方法二：在夏季高温休闲季节，把植株残体彻底清除以后，每亩施石灰氮70～80kg（降低硝酸盐含量，减轻土壤酸化）或切碎的农作物秸秆等500～1 000kg（切成3～4cm长），再加入腐熟圈肥或腐殖酸肥后立即深翻土壤50cm，起高垄，浇透水，然后盖严棚膜，封闭所有的通道，使气温达到70℃以上、地表20cm土温达到45℃以上，15d后通风并揭去薄膜，晾晒5～7d即可。秸秆在高温条件下通过发酵分解能够增加土壤有机质，使土壤疏松透气，改善土壤的物理性质，同时还可杀死美洲斑潜蝇等害虫的蛹以及大部分土传病原菌和线虫。

二、高温闷棚

高温闷棚技术是利用温室、大棚的温室效应，使温室大棚内温度升高到病菌的致死温度以上，并保持一定的时间，使病菌大部被灭杀。该技术主要用于栽培前的设施消毒和栽培期间对蔬菜霜霉病进行防治。防治蔬菜霜霉病，一般在霜霉病发生初期，于晴天中午密闭大棚，使棚内温度上升至45℃，维持恒温2h，隔7～10d再处理1次，闷棚前须浇透水，闷棚后须加强通风。

三、色板诱杀防病虫

色板诱杀技术是利用某些害虫成虫对黄色或蓝色敏感，具有强烈趋性的特性，将专用胶剂制成的黄色、蓝色胶粘害虫诱捕器（简称黄板、蓝板）悬挂在田间，进行物理诱杀害虫的技术（图2-56和彩图20）。该技术遵循绿色、环保、无公害防治理念，可广泛应用于蔬菜、果树、花卉等作物生产中对有关害虫的无公害防治。

色板诱杀图片

防治蚜虫、粉虱、叶蝉、斑潜蝇选用黄色诱虫板；防治种蝇、蓟马用蓝色诱虫板。从苗期和定植期开始使用，用铁丝或绳子穿过诱虫板的两个悬挂孔，将其固定好，将诱虫板两端拉紧垂直悬挂在温室上部，低矮蔬菜悬挂于距离作物上部15～20cm处，并随作物生长高度不断调整粘虫板的高度。

每亩地悬挂规格为25cm×30cm的黄色诱虫板30片，或25cm×20cm黄色诱虫板40片即可，或视情况增加诱虫板数量。

图2-56 色板

当诱虫板上的害虫数量较多时，用木棍或钢锯条及时将虫体刮掉，可重复使用。

四、防虫网隔离

防虫网覆盖栽培是一项增产实用的环保型农业新技术，通过覆盖在棚架上构建人工隔离屏障，将害虫拒之网外，切断害虫（成虫）繁殖途径，有效控制各类害虫，如菜青虫、菜螟、小菜蛾、蚜虫、跳甲、甜菜夜蛾、美洲斑潜蝇、斜纹夜蛾等的传播以及预防病毒病传播的为害。且防虫网具有透光、适度遮光等作用，创造适宜作物生长的有利条件，确保大幅度减少菜田化学农药的施用，使产出农作物优质、卫生，为发展生产无污染的绿色农产品提供了强有力的技术保证。

五、电除雾防病技术

温室电除雾防病促生系统通过绝缘子挂在温室棚顶的电极线（正极），植株和地面以及墙壁、棚梁等接地设施（负极）组成。当电极线带有高电压时，在正、负极之间的空间中产生空间电场（图2-57）。

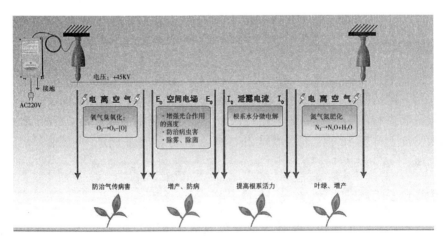

图2-57 电除雾防病系统组成

空间电场系列装备在温室整体空间的雾气消除与抑制、温室与大田植物气传病害的预防、部分温室植物土传病害的抑制、植物产品品质改良、增产方面有很好的效果，是无毒优质蔬菜温室或蔬菜标准园的关键技术装备。

六、烟雾防治

将农药加热汽化后，农药以分散的细小颗粒均匀扩散后对整个温室或大棚内进行均匀灭菌或灭虫。烟雾技术不增加空气湿度，同时烟雾扩散均匀，病虫防治彻底。常用的杀菌农药主要有百菌清、速克灵、甲霜灵、甲基硫菌灵、代森锰锌等烟雾。常用的杀虫剂主要为敌敌畏和菊酯类农药烟雾。

（一）烟雾生产方法

1. 烟雾剂 烟雾剂的主要成分为农药、燃烧剂和助燃剂。烟雾剂中的农药为一些耐高温、在高温下不易分解失效的杀菌杀虫剂。在高温下，农药发生气化，分散为直径1mm左右的小颗粒，小颗粒均匀扩散后对整个温室或大棚内进行均匀灭菌或灭虫。

烟雾剂图片

2. 烟雾机 烟雾机也称烟雾打药机，喷药机，属于便携式农业机械（图2-58）。烟雾机分触发式烟雾机、热力烟雾机、脉冲式烟雾机、燃气烟雾机、燃油烟雾机等。目前最先进的烟雾机是利用脉冲喷气原理设计制造的新型施药、施肥、杀虫灭菌烟雾机机器。全机无一转动部件，不存在任何情况下的机械磨损、经久耐用。该机可以把药物和肥料制成烟雾状，有极好的穿透性和弥漫性，附着性好，抗雨水冲刷强，具有操作方便，大幅度减少药物用量，工作效率高，杀虫灭菌好。其防治高度>15m，施药1.3～3.3hm²/h。

烟雾机图片

3. 直接加热农药气化法 将农药直接加热气化，产生烟雾。具体做法如下：按每亩用农药200～250g或200～250mL的用药量准备好农药。将农药盛于玻璃烧杯内、瓷盘内或易拉罐桶内，放到电炉、煤炉或液化气炉等上面直接加热，使农药升温后发生气化。

图2-58 烟雾机

（二）烟雾使用技术

1. 使用的时期 在保护地蔬菜的整个栽培过程中，都适合使用烟雾剂，而以阴雨天以及低温的冬季使用效果为最好。

2. 使用的时间 一日内最适宜的烟雾剂使用时间为傍晚，白天不适合用烟雾剂防治病虫害。

3. 操作方法 一般每亩的室内土地面积用药200～250g。温室使用烟雾剂一般于下午放下草苫后开始，大棚一般于下午日落前进行。燃烧前，先将温室、大棚的通风口全部关闭严实，而后把烟雾剂均匀排放于温室或大棚的中央，离开作物至少30cm远。由内向外，逐个点燃火药引信，全部点燃后，退出温室、大棚，并将门关闭严实。

一般要求点燃烟雾剂后，至少4h不准开放温室、大棚的通风口。第二天上午要加强棚室的通风，排除内部的烟尘。

▷ 练习与作业

1. 在教师的指导下，对当地设施蔬菜的立体种植情况进行调查，并对主要种植模式进行技术总结。

2. 结合所学知识，结合当地设施蔬菜生产实际，制定1~2个适合当地推广的设施蔬菜立体种植模式。

3. 在教师的指导下，分别进行无土栽培的基质配制与消毒、营养液配制与使用、有机营养无土栽培槽建造等的技术训练，并对操作过程进行技术总结，提出注意事项。

4. 在教师的指导下，进行滴灌系统的熟悉与应用训练，并对主要应用技术环节进行总结，提出注意事项。

5. 调查当地温室、大棚蔬菜病虫害综合防治技术措施，并根据所学知识，为当地的温室和大棚制订一份切实可行的蔬菜病虫害综合防治方案。

单元小结

设施蔬菜栽培是现代蔬菜生产的重要特征与发展方向。目前我国设施蔬菜生产上应用的设施类型主要为风障畦、阳畦、电热温床、塑料小拱棚、塑料大棚和温室。其中，风障畦、阳畦和塑料小拱棚属于简易保护设施；塑料大棚和温室属于大型保护设施，应用规模也最大，是主要的生产设施。塑料棚膜、地膜、遮阳网、防虫网、保温被等是目前蔬菜栽培设施的主要覆盖材料，每种材料的种类多种，适用范围也有所不同，应正确选择。设施环境控制是确保设施蔬菜安全优质生产的重要保证，主要包括光照、温度、湿度、土壤、气体等的调控，机械化和智能化管理是现代设施蔬菜的重要手段，立体化种植技术、无土栽培技术和滴灌技术目前已经成为设施蔬菜生产的主要配套技术，并得到了广泛应，设施蔬菜病虫害综合防治是现代设施蔬菜绿色栽培的需要，其主要技术包括土壤和室内的高温处理、色板诱杀、电除雾处理、烟雾防治等。

生产实践

1. 参加当地蔬菜生产设施的建造与管理活动，掌握蔬菜生产设施常用机械的应用技术。

2. 调查当地蔬菜设施的主要类型及生产情况，并对当地的蔬菜设施结构和管理水平进行评议。

3. 在教师的指导下，对当地农民进行蔬菜设施结构与管理等方面的知识培训。

单元自测

一、填空题（40分，每空2分）

1. 风障畦、阳畦和_____属于简易保护设施；_____和温室属于大型保护设施。

2. 遮阳网的主要作用是_____、_____、防止强光和高温危害。

3. 防棉铃虫、斜纹夜蛾、小菜蛾等体形较大的害虫，可选用_____目的防虫网；防斑潜蝇、温室白粉虱、蚜虫等体形较小的害虫，可选用_____目的防虫网。

4. 电热线行距计算公式是=_____/（_____－1）

5. 塑料大棚的基本结构包括立柱、_____、_____、压杆和覆盖材料。

6. 温室后屋面的主要作用是_____以及放置草苫等。

7. 温室的砖石墙一般建成_____，内填充_____等保温材料。
8. 增加光照措施包括在地面上铺盖_____地膜、在设施的内墙面或风障南面等张挂_____、将温室的内墙面及立柱表面涂成_____色。
9. 预防设施有害气体危害的主要措施有合理施肥、地面覆盖_____、正确选择燃料、有风天预防_____等。
10. 防治蚜虫、粉虱、叶蝉、斑潜蝇选用_____色诱虫板；防治种蝇、蓟马用_____色诱虫板。

二、判断题（24分，每题4分）

1. 聚乙烯多功能复合膜适合于北方塑料大棚春秋覆盖栽培。（　　）
2. 电热线可以剪短或接长，因此当计算结果出现小数时，应根据需要功率进行剪接，以避免浪费。（　　）
3. 卷帘机雪天工作时，应先清扫掉草帘上的积雪，避免负荷过重。（　　）
4. 营养液中的 A 母液是将不与磷作用而产生沉淀的化合物放置在一起溶解。（　　）
5. 滴灌系统运行时，必须严格控制压力表读数，将系统控制在设计压力下运行，以保证系统能安全有效的运行。（　　）
6. 蔬菜立体栽培是依据不同蔬菜植株高矮的"空间差"、根系的"深浅差"、栽培期上的"时间差"和市场销售上的"价格差"等来交错种植。（　　）

三、简答题（36分，每题6分）

1. 简述设施塑料薄膜选择的原则。
2. 简述地膜覆盖技术要领。
3. 简述电热温床电热线布线技术要点。
4. 简述日光温室设计要点。
5. 简述温室增加光照的主要技术措施。
6. 简述无土栽培营养液配置技术要点。

能力评价

在教师的指导下，学生以班级或小组为单位进行蔬菜生产设施建造、生产管理以及机械应用等方面的生产实践。实践结束后，学生个人和教师对学生的实践情况进行综合能力评价。结果分别填入表 2-11、表 2-12。

表 2-11 学生自我评价

姓名			班级		小组	
生产任务			时间		地点	
序号	自评内容			分数	得分	备注
1	在工作过程中表现出的积极性、主动性和发挥的作用			5		
2	资料收集的全面性和实用性			10		
3	工作计划确定			10		
4	设施覆盖材料选择与应用实践			10		

(续)

5	主要设施设计与施工实践	10		
6	设施环境控制实践	10		
7	设施机械应用实践	10		
8	设施无土栽培技术实践	10		
9	设施病虫害综合防治实践	10		
10	生产调查与指导实践	15		
合　计		100		

认为完成好的地方	
认为需要改进的地方	
自我评价	

表2-12　指导教师评价

指导教师姓名：_____　　评价时间：____年___月___日　　课程名称：_____

生产任务：

学生姓名：　　　　　　　　所在班级：

评价内容	评分标准	分数	得分	备注
目标认知程度	工作目标明确，工作计划具体结合实际，具有可操作性	5		
情感态度	工作态度端正，注意力集中，有工作热情	5		
团队协作	积极与他人合作，共同完成工作任务	5		
资料收集	所采集的材料和信息对工作任务的理解、工作计划的制订起重要作用	10		
工作方案的制订	提出方案合理、可操作性强、对最终的生产任务起决定作用	15		
工作方案的实施	操作规范、熟练	45		
操作安全、保护环境	安全操作，生产过程不污染环境	5		
技术文件的质量	完成的技术报告、生产方案质量高	10		
合　计		100		

信息收集与整理

1. 调查当地设施蔬菜生产情况，绘制主要设施的结构图，总结设施施工关键技术。
2. 调查当地蔬菜设施冬春季节的环境情况，总结当地蔬菜设施的主要环境控制技术。

资料链接

1. 中国温室网　http://www.chinagreenhouse.com
2. 中国园艺网　http://www.rose-china.com
3. 农资网　http://www.ampcn.com
4. 农机网　http://www.nongjx.com

典型案例

案例1 中国设施蔬菜之乡——寿光市（县）

山东省寿光市是由国务院命名的国家级蔬菜之乡，是我国蔬菜冬暖式大棚（节能型日光温室）的发祥地。寿光市的设施蔬菜生产发达，现有冬暖式大棚20万个，拱棚5万个，栽培面积约1.5万 hm^2，此外还拥有0.67万 hm^2 韭菜（风障畦冬春保护栽培）、年产量6万 t 的食用菌栽培设施等（图2-59）。

图2-59 连方成片的蔬菜日光温室

为推动设施蔬菜生产的发展，寿光市建立了专门为设施蔬菜生产服务的、目前国内规模最大的国家级农资市场和蔬菜批发市场，为菜农提供来自国内外的设施建造材料、蔬菜种子、农药、化肥、配套机械、技术服务等，基本实现了蔬菜生产资料与技术服务的专业化和国际化。为加快生产设施的升级和更新换代，寿光市还成立了多家以冬暖式大棚设计与建造为主要业务的公司和企业，实现了生产设施设计与建造的专业化、机械化和模块化。专业化的设计和建造有力地推动了寿光蔬菜生产设施的发展，以冬暖式大棚为例，寿光市平均每3～5年就会对大棚的结构与建材进行一次升级换代，以适应蔬菜发展的新要求。目前，冬暖式大棚已经发展到以大空间、钢架结构、后墙体、半地下式、机械化和自动化管理为主要特点的第六代，并且还新设计建造了"蔬菜—食用菌"连体温室、工厂化育苗专用的育苗温室等。在设施管理上，积极引进机械化和智能化管理设备和技术，成立了专业的服务协会和公司、企业，依靠专业队伍来推动设备和技术的更新换代和升级。以温室卷帘机为例，寿光市先后推广应用了后墙固定式、撑杆式、轨道式、侧卷式等结构形式，并根据自身的温室结构特点和生产需要，不断进行设备改造，生产推广具有地方特色的大棚卷帘机。

为加快技术引进与推广工作，寿光市建立了"蔬菜高科技示范园"（图2-60）"林海生态博览园"和"农业生态观光园"三大示范园区，建成了"以先正达、瑞克斯旺、海泽拉等国外种业公司示范农场组成的示范基地""以孙家集、洛城为主的绿色食品蔬菜基地""以文家为主的万亩韭菜高效开发基地""以羊口为主的盐碱地无土栽培基地""以稻田为主的国家级农业现代化示范基地"五大样板基地。"三大示范园"和"五大样板基地"的建立，有力地推动了蔬菜生产的技术进步与快速发展。

图2-60 寿光蔬菜高科技示范园

在生产发展的同时，寿光市还注重蔬菜文化的建设与发展，在蔬菜品牌建设、信息化建设、蔬菜节日开发、蔬菜生产标准制定等方面，一直走在了全国的前头，其中一年一度的中国国际蔬菜博览会，将寿光的蔬菜推向了全世界，使寿光成为具有国际化影响力、集生产、科研、装备、资源、营销、特色旅游等于一身的世界蔬菜中心。

案例 2　中国大棚西瓜第一镇——尧沟镇

山东尧沟镇位于山东半岛腹地，昌乐、寿光、青州三县交界处。全镇地势平坦，土壤肥沃，农业生产条件优越，是远近闻名的瓜菜之乡，被誉为"中国西瓜第一镇"（图 2-61）。

大棚瓜菜是尧沟镇的主导产业，全镇 2.74 万 hm^2 耕地全部实现保护地栽培，形成了瓜瓜型、瓜菜型种植模式，普遍达到了三种四收。西瓜生产以早、优、特闻名，先后引进、开发、推广了七大系列 60 多个新品种，良种率达到 98%。推广了反季节栽培、立体种植、多膜覆盖、测土配肥、生物菌肥、无立柱棚体等农业生产新技术，不断提高产量和产品质量。

图 2-61　中国西瓜第一镇

为解决瓜菜营销和生产资料供应难题，该镇建成占地 13.4hm^2 的瓜菜批发市场，建有综合检测大楼和大型电子屏幕报价牌，年交易瓜菜 50 万 t，被农业部（现农业农村部）确立为"全国西瓜定点市场"；同时投资 1.5 亿元建成了农用生资市场，年交易额达 5 000 万元，是区域性大型农资集散地。

该镇瓜菜生产实行统一技术、统一品种、统一农资供应、统一生产标准，所产西瓜均达到无公害标准，被农业部批准为"绿色食品"，并由中国特产之乡推荐暨宣传活动组织委员会考察，批准该镇为"中国西瓜第一镇"（图 2-62）。

图 2-62　连方成片的西瓜种植大棚

案例 3　物联网技术实现设施蔬菜"精准化"管理

长期以来，传统农业中的浇水、施肥、打药，农民完全凭感觉，靠经验，可靠性差。农业物联网是被世界公认为是继计算机、互联网与移动通信网之后的世界信息产业第三次浪潮，它是以感知为前提，实现人与人、人与物、物与物全面互联的网络。

由山东移动和寿光经信委开发的"大棚管家"是将物联网应用于农业的创新之举。通过"大棚管家"，农户可以通过手机监测蔬菜温室的运行，及时对温室内的温度、湿度、光照度等指标进行调整，用手机即可操控大棚自动卷帘、自动喷灌等，从而使农作物始终处在最佳的生长环境之中。

"大棚管家"智能农业管理系统由无线传感器、远程控制终端和信息管理平台共同组成（彩图 17），实现了现代移动通信技术与物联网、移动互联网技术的深度融合，系统实时采集空气温度、湿度、风速等数据，同时还能及时地给用户发出预警信息，而且当用户收到预警信息之后，通过手机就能实现对棚内设备的远程控制。例如，当你管理的大棚温度偏高，需要通风时，手机会收到诸如"您的 8 号棚内温度为 32℃，为了避免对番茄的生长造成不利影响，请您及时采取措施，此时棚外温度与风力适宜，建议您打开天窗与通风口降温"的消息，此时你只要轻轻地在手机上摁了一下，棚壁上的通风机就会自动打开通风。此外，农民还可利用远程控制终端拍摄疑似遭受病虫害的农作物，专家通过系统平台远程诊治，提出防治建议。菜农足不出棚，就能得到蔬菜病害的诊断和防治意见（图 2 - 63）。

图 2 - 63　大棚环境监控系统

目前，像大棚管家、短信预警、远程诊断这样的物联网核心技术已经在寿光陆续的推广，用到了许多农民的大棚里。农业物联网的使用，通过精准的控制，优化了农作物的生长环境，可以创造适合作物生长的最佳环境，从而大大提高农作的品质。而管理水平也得到了较大的提高，大大缩短了处理等量任务的时间，减少了时间成本。

单元三
蔬菜栽培制度

职业能力目标

- 熟悉北方露地和保护地蔬菜的主要季节茬口，能合理安排蔬菜季节茬口。
- 熟悉北方露地和保护地蔬菜的土地利用茬口模式，能合理安排蔬菜土地利用茬口。
- 掌握蔬菜合理间套作的原则与要求，熟悉蔬菜间套作的主要模式，能对蔬菜进行合理的间套作搭配。
- 熟悉蔬菜轮作的原则，掌握主要蔬菜的轮作年限和克服连作障碍的主要措施。
- 具有一定的对当地农民进行相关技术培训和技术指导的能力。

学习要求

- 以实践教学为主，通过项目和任务单形式，使学生掌握必需的实践技能。
- 与当地的生产实际相结合，有针对性地开展学习。
- 通过社会实践活动，培养学生的服务意识，掌握基本的对农民进行业务培训和技术指导的能力。

引 言

蔬菜种植制度是制定蔬菜种植内容与蔬菜种植次序的重要基础之一。合理的种植制度包括制定合理的栽培茬口、合理的间套作、合理的轮作与连作等，能够充分利用发挥土地的生产潜力，提高单产和经济效益，同时也能较好地满足市场需求，持续保持土地良好的生产能力。

项目一　蔬菜茬口安排

● **任务目标**　了解蔬菜茬口安排的原则，熟悉北方露地和保护地蔬菜的主要茬口，能合理安排蔬菜茬口。

●**教学材料** 蔬菜茬口安排的相关视频、绘图、实例等教学资源。

●**教学方法** 在教师指导下，学生通过对当地蔬菜生产茬口的调查总结，掌握合理安排蔬菜茬口的方法。

蔬菜茬口分为季节茬口和土地利用茬口两种。季节茬口是根据蔬菜的栽培季节安排的蔬菜生产茬次。土地利用茬口是指在同一地块上，在一年或连续几年内连续安排蔬菜生产的茬次。

任务1 露地蔬菜的茬口安排

一、季节茬口

北方地区露地蔬菜季节茬口主要包括以下几种。

（一）越冬茬

越冬茬一般于秋季露地直播，或秋季育苗，冬前定植，来年早春收获上市。越冬茬是北方地区的一个重要栽培茬口，主要栽培一些耐寒或半耐寒性蔬菜，如菠菜、莴苣、洋葱、韭菜等，在解决北方春季蔬菜供应不足中有着举足轻重的作用。

（二）春茬

春茬一般于春季播种，或冬季育苗，春季定植，春末或夏初开始收获，是夏季市场蔬菜的主要来源。适合春茬种植的蔬菜种类比较多，以果菜类为主。耐寒或半耐寒性蔬菜一般于早春土壤解冻后播种，春末或夏初开始收获；喜温性蔬菜一般于冬季或早春育苗，露地断霜后定植，入夏后大量收获上市。

（三）夏茬

夏茬一般于春末至夏初播种或定植，主要供应期为8~9月。夏茬蔬菜分为伏菜和延秋菜两种栽培形式。伏菜是选用栽培期较短的绿叶菜类、部分白菜类和瓜类蔬菜等，于春末至夏初播种或定植，夏季或初秋收获完毕，一般用作加茬菜。延秋菜是选用栽培期比较长、耐热能力强的茄果类、豆类等蔬菜，进行越夏栽培，至秋末结束生产。

（四）秋茬

秋茬一般于夏末初秋播种或定植，中秋后开始收获，秋末冬初收获完毕。秋茬蔬菜主要供应秋冬季蔬菜市场，蔬菜种类以耐贮存的白菜类、根菜类、茎菜类和绿叶菜类为主，也有少量的果菜类栽培。

二、土地利用茬口

北方地区露地蔬菜土地利用茬口模式主要包括以下3种。

（一）一年两种两收模式

一年内只安排春茬和秋茬，两茬蔬菜均于当年收获，为一年两主作菜区的主要茬口安排模式。蔬菜生产和供应比较集中，淡旺季矛盾也比较突出。

（二）一年三种三收模式

在一年两种两收茬口的基础上，增加一个夏茬，蔬菜均于当年收获。该茬口种植的蔬菜种类丰富，蔬菜生产和供应的淡旺季矛盾减少，栽培效益也比较好，但栽培要求比较高，生产投入也比较大，生产中应合理安排前后季节茬口，不误农时，并增加施肥和其他生产投入。

（三）两年五种五收模式

在一年两种两收茬口的基础上，增加一个越冬茬。增加越冬茬的主要目的是解决北方地区早春蔬菜供应量少，淡季突出的问题。

任务2　设施蔬菜茬口

一、季节茬口

北方地区保护地蔬菜季节茬口主要包括以下几种。

（一）冬春茬

冬春茬一般于中秋播种或定植，入冬后开始收获，来年春末结束生产，主要栽培时间为冬、春两季。冬春茬为温室蔬菜的主要栽培茬口，主要栽培一些结果期比较长、产量较高的果菜类。在冬季不甚严寒的地区，也可以利用日光温室、阳畦等对一些耐寒性强的叶菜类，如韭菜、芹菜、菠菜等进行冬春茬栽培。冬春茬蔬菜的主要供应期为1～4月。

（二）春茬

春茬一般于冬末早春播种或定植，4月前后开始收获，盛夏结束生产。春茬为温室、塑料大棚以及阳畦等设施的主要栽培茬口，主要栽培一些效益较高的果菜类以及部分高效绿叶蔬菜。在栽培时间安排上，温室一般于2～3月定植，3～4月开始收获；塑料大拱棚一般于3～4月定植，5～6月开始收获。

（三）夏秋茬

夏秋茬一般春末夏初播种或定植，7～8月收获上市，冬前结束生产。夏秋茬为温室和塑料大拱棚的主要栽培茬口，利用温室和大棚空间大的特点，进行遮阳栽培。主要栽培一些夏季露地栽培难度较大的果菜及高档叶菜等，在露地蔬菜的供应淡季收获上市，具有投资少、收效高等优点，较受欢迎，栽培规模扩大较快。

（四）秋茬

秋茬一般于7～8月播种或定植，8～9月开始收获，可供应到11～12月。秋茬为普通日光温室及塑料大拱棚的主要栽培茬口，主要栽培果菜类，在露地果菜供应旺季后、加温温室蔬菜大量上市前供应市场，效益较好，但也存在着栽培期较短，产量偏低等问题。

（五）秋冬茬

秋冬茬一般于8月前后育苗或直播，9月定植，10月开始收获，来年的2月前后拉秧。秋冬茬为温室蔬菜的重要栽培茬口之一，是解决北方地区国庆节至春节阶段蔬菜（特别是果菜）供应不足所不可缺少的。该茬蔬菜主要栽培果菜类，栽培前期温度高，蔬菜容易发生旺长，栽培后期温度低、光照不足，容易早衰，栽培难度比较大。

（六）越冬茬

越冬茬一般于晚秋播种或定植，冬季进行简单保护，来年春季提早恢复生长，并于早春供应。越冬茬是风障畦蔬菜的主要栽培茬口,主要栽培温室、塑料大拱棚等大型保护设施不适合种植的根菜、茎菜以及叶菜类等,如韭菜、芹菜、莴苣等,是温室、塑料大拱棚蔬菜生产的补充。

二、土地利用茬口

北方地区保护地蔬菜土地利用茬口模式主要包括以下两种。

(一) 一年单种单收模式

一年单种单收模式主要是风障畦、阳畦及塑料大拱棚的茬口安排模式。风障畦和阳畦一般在温度升高后或当茬蔬菜生产结束后,撤掉风障和各种保温覆盖,转为露地蔬菜生产。在无霜期较短的地区,塑料大拱棚蔬菜生产也大多采取一年单种单收茬口模式,在一些无霜期比较长的地区,也可选用结果期比较长的晚熟蔬菜品种,在塑料大拱棚内进行春到秋高产栽培。

(二) 一年两种两收模式

一年两种两收模式主要是塑料大拱棚和温室的茬口安排模式。塑料大拱棚(包括普通日光温室)主要为"春茬→秋茬"模式,两茬口均在当年收获完毕,适宜于无霜期比较长的地区。温室主要分为"冬春茬→夏秋茬"和"秋冬茬→春茬"两种模式。该茬口中的前一季节茬口通常为主要的栽培茬口,在栽培时间和品种选用上,后一茬口要服从前一茬口。为缩短温室和塑料大棚的非生产时间,除秋冬茬外,一般均应进行育苗栽培。

> ▶ 相关知识
>
> **茬口安排的一般原则**
>
> **1. 要有利于蔬菜生产** 要以当地的主要栽培茬口为主,充分利用有利的自然环境,创造高产和优质,同时降低生产成本。
>
> **2. 要有利于蔬菜的均衡供应** 同一种蔬菜或同一类蔬菜应通过排开播种,将全年的种植任务分配到不同的栽培季节里进行周年生产,保证蔬菜的全年均衡供应,要避免栽培茬口过于单调,生产和供应过于集中。
>
> **3. 要有利于提高栽培效益** 蔬菜生产投资大、成本高,在茬口安排上,应根据当地的蔬菜市场供应情况,适当增加一些高效蔬菜茬口以及淡季供应茬口,提高栽培效益。有条件的地区应逐渐加大蔬菜设施栽培的比例,减少露地蔬菜的生产量,使设施蔬菜与露地蔬菜保持一比较合理的生产比例,改变目前的露地蔬菜生产规模过大、设施栽培规模偏小的低效益状况。
>
> **4. 要有利于提高土地的利用率** 蔬菜的前后茬口间,应通过合理的间套作,以及育苗移栽等措施,尽量缩短空闲时间。
>
> **5. 要有利于控制蔬菜的病虫害** 同种蔬菜长期连作,容易诱发并加重病虫害。因此,在安排茬口时,应根据当地蔬菜的发病情况,对蔬菜进行一定年限的轮作。

▷ **练习与作业**

1. 在教师的指导下，分别对当地的露地蔬菜与保护地蔬菜茬口进行调查，对调查结果进行分析整理。
2. 结合所学知识，分别制订1~2套适合当地露地蔬菜与保护地蔬菜生产实际的茬口安排方案。

项目二　蔬菜合理配置

● **任务目标**　了解蔬菜合理间套作的要求，掌握蔬菜间套作的主要模式，能对蔬菜进行合理的间套作搭配。熟悉蔬菜轮作与连作的原则，掌握主要蔬菜的轮作年限要求和克服连作障碍的主要措施。

● **教学材料**　蔬菜合理配置的相关视频、绘图、实例等教学资源。

● **教学方法**　在教师指导下，学生通过对当地蔬菜配置的调查总结，掌握合理配置蔬菜的方法。

任务1　蔬菜的间作和套作

在同一块菜田里，将两种或两种以上的蔬菜，隔畦、隔行或隔株同时规则地栽培且共同生长时间较长的栽培形式称为间作。在一种蔬菜的生长前期或后期，利用畦间播种或定植其他作物，前、后作蔬菜共生时间较短的这种栽培方式称为套作。

蔬菜间套作图片

一、间套作蔬菜的搭配模式

（一）高矮蔬菜搭配

如支架蔬菜（架黄瓜、架番茄、架菜豆以及鼠瓜、蛇瓜等，见彩图30）与非支架蔬菜（大白菜、甘蓝、芹菜等）的搭配，高架蔬菜（如高架黄瓜、番茄）与低架蔬菜（如低架黄瓜、番茄）的搭配等均属高矮蔬菜搭配模式。该模式中，低矮蔬菜不对高架蔬菜形成遮光和挡风，有利于保持田间良好的通风和透光条件。

（二）喜光与耐阴蔬菜的搭配

黄瓜棚下间套种小白菜、生菜、食用菌等低矮、耐阴蔬菜。喜光与耐阴蔬菜的搭配模式中，喜光蔬菜为耐阴蔬菜提供弱光环境，耐阴蔬菜为喜光蔬菜提供良好的光照和通风环境，既能充分利用栽培空间，又能实现蔬菜间的互利。

（三）栽培期长短不同蔬菜的搭配

如在茄子行间套种植春甘蓝、春白菜等生长期短的蔬菜，在主做蔬菜进入旺盛生长期前，间套作蔬菜成熟收获。

（四）根系深浅不同蔬菜的搭配

如深根系的番茄、茄子、西瓜等与浅根系的葱蒜类蔬菜、绿叶菜类等的间套作，以充分吸收利用不同土层中的土壤营养，提高土壤营养的利用率（彩图29）。

（五）养分需要不同蔬菜的搭配

如豆类蔬菜需氮较少，而需磷、钾较多，叶菜类需氮较多，需磷、钾相对较少，两类蔬菜间套作有利于保持土壤营养的平衡。

（六）有防病作用蔬菜间的搭配

如葱蒜类蔬菜与大白菜、生姜等间套作，葱蒜类蔬菜的根系分泌物对白菜软腐病、生姜姜瘟病等具有抑制作用，可以减轻发病。

二、蔬菜间套作应注意的事项

蔬菜间套作一般要求较多的劳力、肥料条件和管理技术水平较高。如果安排不当，则会影响蔬菜生长，造成损失。故在采取间作套种栽培方式时，需注意以下几点。

（一）避免同科作物间作套种

同科蔬菜具有相同的病虫害，长期一起间套作容易加重病虫害。

（二）群体布局要合理

主作蔬菜与次作蔬菜的种植比例要合理，蔬菜行向和栽培畦的方向要符合栽培季节和栽培方式的需要，既要有利于改良栽培环境，又要有利于高产高效，同时也还要有利于田间的生产管理。

（三）要方便生产管理

应尽可能安排栽培管理技术相近的蔬菜进行间套作，栽培技术差异较大时，应优先考虑有利于主作蔬菜的管理。

（四）加强肥水管理

间作套种土地利用率高，比单种一种蔬菜的耗肥增多，基肥和追肥须相应增加。

（五）要进行精细管理

蔬菜间作套作茬口多，安排紧，各项栽培措施必须得当及时。另外，间套作蔬菜种类比较多，蔬菜间既需要分别进行管理，又相互产生影响，因此各项管理工作必须精细。

（六）管理上应有主次之分

对主栽蔬菜应有所侧重。在肥水管理上，肥水管理时期应以主作蔬菜为主，适当兼顾间套作蔬菜。

▷ **相关知识**

蔬菜间套作的生产意义

蔬菜合理的间套作可以有效地利用生产季节，充分发挥土地潜力；提高太阳光热和土壤中水分养分等的利用率；发挥各种蔬菜的互利作用，使蔬菜之间相互促进生长；增加复种次数和产品种类，从而提高单位面积产量；有利于周年均衡供应和品种多样化。

任务 2　蔬菜轮作和连作

一、轮作

在同一块土地上，按照一定的顺序，几年内轮换栽培数种不同性质的蔬菜，称为轮作。

（一）蔬菜轮作的模式

1. 吸收土壤养分不同的蔬菜轮作　根据蔬菜吸收土壤养分的程度不同进行轮作，可充分利用土壤养分，并且有利于保持土壤养分的平衡。如安排需磷较多的茄果类、需氮较多的叶菜类、需钾较多的根茎类蔬菜进行互换轮作。

2. 根系深浅不同的蔬菜轮作　根系深浅不同的蔬菜进行轮作，有利于吸收不同层次土壤中的养分，提高土壤养分的利用率。如安排深根性的根菜类、茄果类、豆类、瓜类（除黄瓜外）与浅根性的叶菜类、葱蒜类进行轮作。

3. 前后茬对土壤酸碱度和土壤肥力影响不同的蔬菜轮作　如种植甘蓝、马铃薯等，会增加土壤酸度，而种植玉米、南瓜等，会降低土壤酸度；对酸度较敏感的洋葱作为玉米、南瓜的后作，可获得较高的产量；安排部分豆科、禾本科蔬菜或作物可改善土壤结构，提高土壤肥力。

4. 前后茬对杂草有抑制作用的蔬菜轮作　某些生长迅速或栽植密度大、叶面积系数大，对土壤覆盖度较大的蔬菜，如南瓜、冬瓜、甘蓝、马铃薯等对杂草生长有较强的抑制作用，而胡萝卜、芹菜、洋葱等，由于苗期生长缓慢或叶面积小，容易滋生杂草，所以在栽培时，应安排前者与后者进行轮作。

5. 前后茬防病作用明显蔬菜的轮作　如葱蒜类蔬菜与大白菜、生姜等轮作，葱蒜类蔬菜的根系分泌物对白菜软腐病、生姜姜瘟病等具有抑制作用，减轻发病。

（二）蔬菜轮作注意事项

1. 同科蔬菜不得进行轮作。
2. 要根据蔬菜的类型确定适宜的轮作年限。主要蔬菜的轮作年限见表 3-1。

表 3-1　主要蔬菜的轮作年限

蔬菜	轮作年限	蔬菜	轮作年限	蔬菜	轮作年限
西瓜	5~6	菜豆	2~3	大白菜	2~3
黄瓜	2~3	马铃薯	2~3	甘蓝	2~3
甜瓜	3~4	生姜	2~3	花椰菜	2~3
西葫芦	2~3	萝卜	2~3	芹菜	2~3
番茄	3~4	大葱	2~3	莴苣	2~3
茄子	3~4	大蒜	2~3		
辣椒	3~4	洋葱	2~3		

二、连作

连作是在同一地块上连年种植相同蔬菜的种植方式。连作有利于保持当地蔬菜种类和技术的相对稳定，有利于蔬菜的专业化、规模化生产。但蔬菜连作容易形成连作障碍，病虫害逐年加重，土壤性能恶化，造成产量逐年降低，甚至不能再继续种下去。因此，蔬菜连作必须遵循以下原则。

（一）选用耐连作的蔬菜种类和品种

大多数绿叶菜类以及禾本科蔬菜比较耐连作，可进行3年以上的连作。白菜类、根菜类、薯芋类、葱蒜类及黄瓜、丝瓜等耐连作能力较差，只能进行2～3年连作。番茄、茄子、菜豆、西瓜、甜瓜等蔬菜为忌连作蔬菜。

（二）采用嫁接换根栽培技术

选用耐连作并且抗性强的根系砧木嫁接蔬菜，在一定程度上可以克服连作障碍。如黄瓜与南瓜嫁接，茄子与托鲁巴姆嫁接是目前应用较多的嫁接组合。由于砧木也存在连作问题，因此，嫁接连作栽培也需要定期更换砧木。

（三）采用无土栽培技术

无土栽培可以从根本上解决连作障碍。目前设施蔬菜生产正在朝着无土栽培方向发展，主要使用基质栽培，如草炭、锯末、甘蔗渣和粉碎的椰子壳等经过充分发酵后代替土壤使用，适当掺入蛭石、珍珠岩、炉渣、沙子等。

（四）对退化土壤进行综合处理

包括施用复活和改良土壤的肥料（如酵素菌固体肥、活化腐殖酸肥等）、使用土壤消毒剂（如铜氨合剂）、底肥中施用包含锌、镁、硼、铁、铜等元素的复合微量元素肥料等。

▷ **相关知识**

连作障碍的主要表现

1. 加重病虫害 多种蔬菜的病虫害，其病原菌、虫卵、幼虫等在杂草、病残植株和土壤中冬，来年继续发生为害。长期连作，就等于为病虫培养了寄主，加重病虫的为害。

2. 同类蔬菜的根系分泌物产生自毒作用 许多蔬菜的根系分泌物对其本身，甚至对同属、同科作物具有毒害作用。当分泌于土壤中的有害物质不能得到分解时，就会影响蔬菜的生长发育。如豌豆、芦笋等忌连作的蔬菜，都会产生相应的自毒化学物质。

3. 同类蔬菜连作影响土壤养分的分配和平衡 一方面，同类蔬菜在同一地块连续种植，对其需要的养分每年因不断吸取而减少，与不需要吸收的养分造成比例失调。

4. 土壤微生物群落异化 同种作物根系的分泌物相同，在同种分泌物下，有些土壤微生物就可能大量繁衍，有些可能被抑制。土壤微生物群落的异化就有可能导致土壤性能恶化。

▷ **练习与作业**

1. 在教师的指导下，对当地的蔬菜配置情况进行调查，对调查结果进行分析整理。
2. 结合所学知识，制订1～2套适合当地蔬菜生产实际的蔬菜间套作配置方案。

3. 在教师的指导下，对当地的蔬菜连作情况进行调查，对调查结果进行分析整理。
4. 结合所学知识，制订1~2套适合当地保护地蔬菜生产实际的连作栽培方案。

单元小结

蔬菜茬口分为季节茬口和土地利用茬口两种。北方地区露地蔬菜季节茬口主要包括越冬茬、春茬、夏茬和秋茬，土地利用茬口模式主要包括一年两种两收模式、一年三种三收模式和两年五种五收模式；保护地蔬菜季节茬口主要包括冬春茬、春茬、夏秋茬、秋茬、秋冬茬和越冬茬，土地利用茬口模式主要包括一年单种单收模式和一年两种两收模式。合理的茬口安排有利于调节生产，确保市场均衡供应。蔬菜间套作、轮作和连作是蔬菜合理配置的主要方式，蔬菜间套作的模式比较多，主要有高矮蔬菜的搭配、喜光与耐阴蔬菜的搭配、栽培期短不同蔬菜的搭配、根系深浅不同蔬菜的搭配、养分需要不同蔬菜的搭配以及有防病作用蔬菜间的搭配等；蔬菜合理轮作能有效地保持土壤养分平衡、提高土壤养分利用率、改善土壤结构、抑制杂草和防病，要根据蔬菜的类型确定适宜的轮作年限。必须连作的蔬菜，应通过选用耐连作的品种、采用嫁接换根栽培技术、无土栽培技术、对土壤进行综合处理等措施消除连作障碍。

生产实践

1. 调查当地蔬菜的主要栽培茬口及生产效果，并对当地蔬菜配置情况进行评议。
2. 在教师的指导下，对当地农民进行合理种植制度知识培训。

单元自测

一、填空题（40分，每空2分）

1. 蔬菜的季节茬口是指根据蔬菜的_____安排的蔬菜生产茬次。土地利用茬口是指在同一地块上，在_____连续安排蔬菜生产的茬次。
2. 北方地区露地蔬菜季节茬口主要有越冬茬、_____、_____和秋茬。
3. 黄瓜棚下间套种小白菜、生菜、食用菌属于_____蔬菜的搭配，茄子行间套种植春甘蓝、春白菜等生长期短的蔬菜属于_____蔬菜的搭配。
4. 葱蒜类蔬菜与大白菜、生姜等轮作属于_____蔬菜的轮作，叶菜类与根茎类蔬菜进行轮作属于_____蔬菜的轮作。
5. 同一块菜田里，将两种或两种以上的蔬菜，_____同时规则地栽培，且_____较长的栽培形式称为间作。
6. 在一种蔬菜的生长_____，利用_____播种或定植其他作物的栽培方式称为套作。
7. 连作是在同一地块上_____种植_____蔬菜的种植方式。
8. 同科蔬菜具有相同的_____，长期一起间套作容易加重_____。
9. 西瓜一般需要轮作_____年，黄瓜一般需要轮作_____年。

10. _____蔬菜的搭配有利于保持田间良好的通风和_____条件。

二、判断题（24分，每题4分）

1. 露地越冬茬蔬菜一般于秋季露地直播或定植，来年早春收获上市。（　）
2. 温室冬春茬蔬菜一般于中秋播种或定植，入冬后开始收获。（　）
3. 蔬菜间作套种可以节省较多的劳力和肥料。（　）
4. 同类蔬菜的根系分泌物能够产生自毒作用。（　）
5. 露地一年两种两收模式一般两茬蔬菜均于当年收获。（　）
6. 栽培管理技术差异大的蔬菜进行间套作的综合效果较好。（　）

三、简答题（36分，每题6分）

1. 简述蔬菜茬口安排的一般原则。
2. 简述蔬菜合理间套作对田间温度、光照、通风等因素的影响。
3. 简述蔬菜轮作应注意的事项。
4. 简述克服蔬菜连作障碍的主要措施。
5. 简述蔬菜连作的原则。
6. 比较蔬菜间作与套作的异同点。

能力评价

在教师的指导下，学生以班级或小组为单位进行蔬菜茬口安排、间套作、轮作与连作生产调查、生产安排与社会服务等实践。实践结束后，学生个人和教师对学生的实践情况进行综合能力评价。结果分别填入表3-2、表3-3。

表3-2　学生自我评价

姓名			班级		小组	
生产任务		时间		地点		
序号	自评内容			分数	得分	备注
1	在工作过程中表现出的积极性、主动性和发挥的作用			5		
2	资料收集的全面性和实用性			10		
3	工作计划确定			10		
4	蔬菜茬口安排实践			15		
5	蔬菜间作与套作实践			15		
6	蔬菜轮作与连作实践			15		
7	生产调查实践			15		
8	社会服务实践			15		
合　计				100		
认为完成好的地方						
认为需要改进的地方						
自我评价						

表 3-3 指导教师评价

指导教师姓名：_____　　评价时间：____年____月____日　　课程名称：_____

生产任务：

学生姓名：　　　　　　　　　　　　　　　所在班级：

评价内容	评分标准	分数	得分	备注
目标认知程度	工作目标明确，工作计划具体结合实际，具有可操作性	5		
情感态度	工作态度端正，注意力集中，有工作热情	5		
团队协作	积极与他人合作，共同完成工作任务	5		
资料收集	所采集的材料和信息对工作任务的理解、工作计划的制订起重要作用	10		
工作方案的制订	提出方案合理、可操作性强、对最终的生产任务起决定作用	15		
工作方案的实施	操作规范、熟练	45		
操作安全、保护环境	安全操作，生产过程不污染环境	5		
技术文件的质量	完成的技术报告、生产方案质量高	10		
合　　计		100		

信息收集与整理

调查当地蔬菜的茬口安排与蔬菜合理配置情况，主要蔬菜的栽培茬口，整理出当地主要蔬菜生产的年历。

资料链接

1. 中国蔬菜网　　http：//www.vegnet.com.cn
2. 蔬菜商情网　　http：//www.shucai123.com

典型案例

案例 1　"姜—蒜"间套作模式克服生姜连作障碍

生姜长期连作，不仅导致生姜的土壤土传病虫害（如姜瘟）加重，而且还会恶化土壤的理化性状，轻者减产，重者绝产。山东省安丘市长期以来推广实施的"姜—蒜"间套作模式，生姜土传病害较少发生，生姜、大蒜年年高产，产品畅销国内外。

安丘市是我国江北最大的生姜生产县，全市大姜种植面积 1.4 万 hm^2，年总产 20 万 t。长期以来，安丘市普遍采用"姜—蒜"间套作模式，有效地控制了生姜的连作障碍，实现了生姜、大蒜的双丰收。当地通常 9 月下旬至 10 月上旬整地，结合整地每亩施腐熟优质农肥 4～5 m^3。整地施肥后做成 1.2m 宽的低畦，畦埂宽 20cm。畦面划施复合肥 100kg，施肥后每畦播种 6 行大蒜，并覆盖地膜。播种后浇水，冬前浇封冻水，来年返青后追肥浇水。3 月下旬至4月上旬对生姜进行催芽，4月底5月初在大蒜行间播种生姜，株距20cm，行距60cm。蒜薹收获后每亩追施尿素15~20kg，6月上中旬大蒜收获后保留田间杂草，为生姜遮阳。当生姜长至3个茎（杈）时结合灌水每亩施氮磷钾复合肥1kg，立秋后加强肥水管理，并适时培土，霜降前收获鲜姜。

案例2 一举多得的无花果和蔬菜立体种植模式

在天津北辰区双口镇后丁庄村无花果种植基地，村民们利用无花果的驱虫功效，在大棚内尝试无花果和蔬菜立体套种的模式，不仅实现了一份土地两份受益，而且种植全程不用打一滴农药，确保了蔬菜的高品质。主要做法：将亩的大棚纵向分成20个畦，一个蔬菜套种一个无花果。蔬菜主要有芹菜、青椒、茄子等20多个品种。无花果树间距1.5m，蔬菜距离果树1m左右，树体小时多种蔬菜，树体长大后，减少蔬菜的种植数量。该种植模式既保证了无花果树正常的生长空间，又能让无花果树的气味充分弥漫在蔬菜中间。

在肥料使用上，以腐熟的鸡粪为主，尽量不施化肥，在保持土壤良好的疏松透气性的同时，提高了蔬菜的品质。蔬菜整个生产过程中不打农药，生产过程绿色环保。

单元四
无公害蔬菜生产规范

职业能力目标

◀ 掌握无公害蔬菜产地环境要求与地域选择。
◀ 掌握设无公害蔬菜的主要生产措施、施肥技术与病虫害综合防治技术，并能具体应用。
◀ 熟悉无公害蔬菜产品包装、标签标志、运输与贮存技术。
◀ 熟悉无公害蔬菜的主要质量指标。
◀ 具有一定的对当地农民进行相关技术培训和技术指导的能力。

学习要求

◀ 以实践教学为主，通过项目和任务单形式，使学生掌握必需的操作技能。
◀ 与当地的生产实际相结合，有针对性地开展学习。
◀ 通过社会实践活动，培养学生的服务意识，掌握基本的对农民进行业务培训和技术指导的能力。

引　言

无公害蔬菜专指产地环境、生产过程和产品质量符合国家有关标准和规范要求，经认证合格获得认证证书，并允许使用无公害农产品标志的未加工或者初加工的蔬菜。无公害蔬菜在生产过程中允许限量、限品种、限时间地使用化学合成物质（如农药、化肥、植物生长调节剂等），但其农药、重金属、硝酸盐及有害生物（如病原菌、寄生虫卵等）等有毒、有害物质的残留量均限制在允许范围内。

项目一　无公害蔬菜生产技术

任务1　无公害蔬菜产地选择

一、地域选择

无公害蔬菜产地应远离工业和医院等污染源3km以上，离公路主干道50m以上。

二、产地环境空气质量指标

无公害蔬菜产地环境空气质量应符合表4-1的规定。

表4-1　环境空气质量要求

[引自《蔬菜产地环境技术条件》（NY/T 848—2004）]

序号	项目	取值时间	浓度限值	单位
1	二氧化硫	日平均	≤0.25	mg/m³（标准状态）
2	总悬浮颗粒物	日平均	≤0.30	mg/m³（标准状态）
3	二氧化氮	日平均	≤0.12	mg/m³（标准状态）
4	铅	季平均	≤1.5	μg/m³（标准状态）
5	苯并芘	日平均	≤0.01	μg/m³（标准状态）
6	氟化物	日平均	≤7.0	μg/m³（标准状态）
		植物生长季平均	≤2.0	μg/dm²·d（标准状态）

注：日平均指任何一日的平均浓度；季平均指任何一季的日平均浓度的算术均值；植物生长季平均指任何一个植物生长季月平均浓度的算术均值。

三、产地灌溉水质量指标

无公害蔬菜产地灌溉水质量应符合表4-2和表4-3的规定。

表4-2　菜地灌溉水质量指标

[引自《无公害农产品种植业产地环境条件》（NY/T 5010—2016）]

项目	指标
pH	5.5~8.5
总汞（mg/L）	≤0.001
总砷（mg/L）	≤0.05
总铅（mg/L）	≤0.2
总镉（mg/L）	≤0.05
铬（六价）（mg/L）	≤0.1

注：对实施水旱轮作、菜粮套种或果粮套种等种植方式的农地，执行其中较低标准值的一项作物的标准值。

表4-3 菜地灌溉水选择性指标
[引自《无公害农产品种植业产地环境条件》(NY/T 5010—2016)]

项 目	指 标
氰化物 (mg/L)	≤0.5
化学需氧量 (mg/L)	≤100[①]；≤60[②]
挥发酚 (mg/L)	≤1.0
石油类 (mg/L)	≤1.0
全盐量 (mg/L)	≤1000（非盐碱土地区），≤2000（盐碱土地区）
粪大肠菌群，个/100mL	≤2000[①]，≤1000[②]

注：对实施水旱轮作、菜粮套种或果粮套种等种植方式的农地，执行其中较低标准值的一项作物的标准值。
①加工、烹饪及去皮蔬菜。
②生食类蔬菜、瓜类和草本水果。

四、产地土壤环境质量指标

无公害蔬菜产地土壤环境质量应符合表4-4中的规定。

表4-4 土壤环境质量指标 (mg/kg)
[引自《土壤环境质量 农用地土壤污染风险管控标准（试行）》(GB 15618—2018)]

污染物[②]		风险筛选值			
		pH≤5.5	5.5<pH≤6.5	6.5<pH≤7.5	pH>7.5
镉	水田	0.3	0.4	0.6	0.8
	其他[①]	0.3	0.3	0.3	0.6
汞	水田	0.5	0.5	0.6	1.0
	其他	1.3	1.8	2.4	3.4
砷	水田	30	30	25	20
	其他	40	40	30	25
铅	水田	80	100	140	240
	其他	70	90	120	170
铬	水田	250	250	300	350
	其他	150	150	200	250
铜	果园	150	150	200	200
	其他	50	50	100	100
镍		60	70	100	190
锌		200	200	250	300
六六六总量[③]		0.10			
滴滴涕总量[④]		0.10			
苯并[a]芘		0.55			

注：①其他指水浇地、旱地。
②重金属和类金属砷均按元素总量计。
③六六六总量为α-六六六、β-六六六、γ-六六六、δ-六六六 4种异构体的含量总和。
④滴滴涕总量为p, p'-滴滴伊、p, p'-滴滴滴、o, p'-滴滴涕、p, p'-滴滴涕 4种衍生物的含量总和。

任务 2　无公害蔬菜生产措施

一、品种选择

因地制宜地选择抗逆性强、抗耐病虫为害、高产优质的优良品种，是抵御不良环境、防治病虫害的最经济有效的措施，是实现无公害蔬菜优质高产的重要保证。

二、合理轮作

实行轮作，合理安排品种布局，合理搭配上下茬蔬菜，避免同种蔬菜连作，实行菜菜轮作或菜粮轮作方式，减轻病虫害，为蔬菜生产创造最佳的生态环境。

三、种植前消毒

做好播种前种子处理和土壤消毒工作。对靠种子、土壤传播的病害，要严格进行种子和苗床消毒，减少苗期病害，减少植株的用药量。

蔬菜品种选定后，对种子要精选，还要采用温汤浸种、药剂浸种、药剂拌种等方法进行消毒处理，防止种子带菌。

前茬蔬菜或农作物收获后，及时清洁菜园，利用夏季高温季节深耕晒土，达到对土壤高温消毒的作用，从而消灭土壤中的病菌和虫卵。

四、适时播种和培育壮苗

根据蔬菜的品种特性和气候条件适时播种，不仅有利于发芽快而整齐，使幼苗生长健壮，而且可以有效错开不良环境的影响和避开病虫为害的高峰，减少用药。采用营养钵、穴盘等护根的措施育苗，及早炼苗，减轻苗期病害，达到培育壮苗，增强植株的抗病力。

五、加强田间管理

提倡高畦或高垄栽培，避免田间积水；保持合理的栽培密度，保证个体发育良好；实行立体种植，及时搭架吊秧，改善通风透光条件；合理灌溉，控制好田间湿度；发现病株、病叶、病果，及时清除田园，予以销毁或深埋，创造利于蔬菜生长而不利于病虫传播和蔓延的环境。

六、及时清理田园

蔬菜收获后和种植前，都要及时清理田园，将植株残体、烂叶、杂草以及各种废弃物清理干净，保持田园清洁。

任务 3　无公害蔬菜生产施肥技术

一、肥料选择

无公害蔬菜生产中，允许使用的肥料类型和相关种类见表 4-5。

表 4-5 无公害蔬菜生产允许使用的肥料类型和相关种类

类 型	种 类
优质有机肥	堆肥、厩肥、沼气肥、绿肥、作物秸秆、泥炭、饼肥、草木灰等
生物菌肥	腐殖酸类肥料、根瘤菌肥料、磷细菌肥料、复合微生物肥料等
无机肥料	硫酸铵、尿素、过磷酸钙、硫酸钾等不含氯、硝态氮的氮磷钾化肥,以及各地生产的蔬菜专用肥
微量元素肥料	以铜、铁、硼、锌、锰、钼等微量元素及有益元素为主配制的肥料
其他肥料	骨粉、氨基酸残渣、糖厂废料等

二、肥料施用

(一) 增施有机肥

有机肥充足的地区,应以有机肥为主,其他地区的菜田有机肥施用量应不少于总施肥量的60%。有机肥应充分腐熟后施用,以底肥为主,栽培期间应采取冲施、沟施、穴施等方式适量施肥。

(二) 扩大生物肥料的使用

生物肥料是利用土壤中一些有特定功能的细菌而制成的活性肥料,具有改良土壤、保护生态环境等功效,可作基肥也可作追肥使用。作基肥时,应与有机肥按比例混匀,均匀施于耕层内。作追肥时,可与有机肥、化肥等按要求比例混合,进行冲施、沟施、穴施等。生物肥料对施肥的要求比较严格,要求土壤墒情适宜、不能长时间置于太阳底下暴晒、不能与杀菌剂混用等。另外,有些生物肥料之间也不能混合使用,具体应根据所选生物肥料的使用要求进行施肥。

(三) 合理施用化肥

1. 正确施肥 化肥、蔬菜专用肥要深施、早施,深施可以减少养分挥发,一般铵态氮施于6cm以下土层,尿素施于10cm以下土层,磷、钾肥及蔬菜专用肥施于15cm以下土层。产品器官形成期严禁施用氮肥。

2. 控制氮肥用量 一般每亩施氮肥量应控制在15kg以内。叶菜类严禁叶面喷施氮肥。

3. 不施硝态氮肥 硝酸铵、硝酸钙、硝酸钾以及含硝态氮的复合肥,容易使蔬菜体内积累硝酸盐,不允许施用。

任务4 无公害蔬菜生产病虫害防治技术

无公害蔬菜的病虫害防治应坚持"预防为主,综合防治"的原则。

一、农业防治技术

(一) 选择抗病品种

针对当地蔬菜生产中的主要病虫害,选用抗病、耐病的优良品种,利用品种自身的抗性抵御病虫为害。

(二) 培育无病虫壮苗

培育无病虫壮苗是蔬菜获得优质高产的第一步。

(三) 采用嫁接栽培

对黄瓜、西瓜、番茄、茄子等土壤传播病害发生严重的蔬菜,采用嫁接换根的办法,预防病害的发生。

（四）加强田间管理，控制生态环境

采用各种措施加强温度、湿度、光照等环境因素的调控，创造利于蔬菜生长发育，不利于病虫害发生和蔓延的坏境。

二、生物防治技术

（一）以虫治虫

利用生物天敌防治蔬菜虫害，如用蚜小蜂防治温室白粉虱，用蚜小蜂防治黄瓜蚜虫等。

（二）以菌治虫

利用能引起昆虫患病的微生物来防治害虫，如用苏云金杆菌防治菜青虫、小菜蛾等，用白僵菌防治棉铃虫、小菜蛾等。

三、物理防治技术

（一）种子消毒

蔬菜播种前，对种子采用干热消毒、温汤浸种等处理，杀死种子表面的病菌。

（二）振频杀虫灯防虫

频振式杀虫灯是将光、波、色、味等多种诱虫方式组合形成的一种新型杀虫灯。通常在菜田内以 80~120m 为诱虫半径设置杀虫灯，吊挂高度一般为接虫口离地 100~140cm，3~11 月挂灯，天黑后开灯 6~10h 或根据虫情开关灯。

振频杀虫灯
图片

（三）有色膜驱虫

目前主要使用银灰色薄膜来驱避蚜虫。

（四）防虫网覆盖

在夏季害虫多发的季节，采用防虫网全程覆盖栽培，避免害虫的为害，从而减少农药的使用。

（五）色板诱杀

色板诱杀是利用某些害虫成虫对黄色、蓝色敏感，具有强烈趋性的特性，将专用胶剂制成的黄色、蓝色胶粘害虫诱捕器（简称黄板、蓝板，黄板主要诱杀蚜虫、粉虱、叶蝉、斑潜蝇等；蓝板主要诱杀种蝇、蓟马等）悬挂在田间，进行物理诱杀害虫的技术。该技术遵循绿色、环保、无公害防治理念，广泛应用于蔬菜、果树、花卉等作物生产中有关害虫的无公害防治。

四、化学防治

（一）农药品种选择

在使用化学农药时，要正确选择农药品种，严禁使用剧毒、高毒、高残留农药，必须选择高效、低毒、低残留和对天敌杀伤小的农药或新型生物农药。

（二）正确掌握农药剂量

使用农药的剂量包括每次施用农药的浓度和施用的次数。施用浓度过高易造成药害，浓度过低或用药不足，防治效果不明显。超过规定的次数和浓度就不能保证生产出无公害蔬菜。

（三）适时使用农药

根据蔬菜病虫害的发病规律，在关键时期（发病初期）、关键部位喷药（叶片正面或背面），减少用药量。

（四）掌握使用农药的安全间隔期

农药使用的安全间隔期就是最后一次施用农药到采收的天数。安全间隔期的长短因农药种类、蔬菜品种、季节不同而不同。因此要严格掌握安全间隔期。

▷ 练习与作业

1. 在教师的指导下，参加当地无公害蔬菜的生产管理，并总结相关管理技术。
2. 调查当地无公害蔬菜的生产情况，熟悉无公害蔬菜的产地质量标准以及施肥和农药使用要求。

项目二　无公害蔬菜产品包装、标签标志、运输与贮存技术

任务1　无公害蔬菜产品包装技术

无公害蔬菜的包装物应标明产品品种名称、产地、生产单位或经销单位、批准文号、采收（收获）日期、净重、执行标准编号及无公害蔬菜产品标志。

包装应整洁、牢固、无污染、无异味，包装物应符合执行国家有关标准和规定［应符合《食品安全国家标准　预包装食品标签通则》（GB 7718—2011）］，每批样品包装规格、单位、质量必须一致（彩图27、彩图28）。

任务2　无公害蔬菜标签标志、运输与贮存技术

一、加贴标志

经认证的无公害蔬菜可在产品或包装上加贴全国统一无公害农产品标志。无公害农产品的标志见图4-1。

无公害农产品的标志图案由麦穗、对勾和无公害农产品字样组成，麦穗代表农产品，对勾表示合格，金色寓意成熟和丰收，绿色象征环保和安全。

无公害农产品标志彩色图片

图4-1　无公害农产品标志

二、运输

无公害蔬菜在运输时，要做到轻装轻卸，避免机械损伤，运输工具清洁无污染。运输时防冻、防雨水淋、防晒，注意通风、透气。

三、贮存

无公害蔬菜存贮的环境必须阴凉、通风、清洁卫生，严防暴晒、雨淋、冻害、病虫污染及有害物污染，其产品按品种、规格分别贮藏。

▷相关知识

无公害蔬菜的质量标准

无公害蔬菜的农药残留限量指标见表4-6。

表4-6 无公害蔬菜农药残留限量指标
(引自《农业部办公厅关于印发茄果类蔬菜等58类无公害农产品检测目录的通知》)

产品类别	检测项目	限量（mg/kg）	检测项目	限量（mg/kg）
茄果类蔬菜	克百威	0.02	氧乐果	0.02
	毒死蜱	0.5（番茄）	腐霉利	2（番茄），5（辣椒、茄子）
	氯氰菊酯	0.5（番茄、茄子、辣椒、秋葵）	铅（以Pb计）	0.1
	氯氟氰菊酯	0.2（番茄、茄子、辣椒）0.3（番茄、茄子、辣椒除外）	氰戊菊酯	0.2（番茄、茄子、辣椒）
	多菌灵	3（番茄），2（辣椒）	苯醚甲环唑	0.5（番茄）
	阿维菌素	0.02（番茄、甜椒）	烯酰吗啉	1
	吡虫啉	1（番茄、茄子）	镉（以Cd计）	0.05
瓜类蔬菜	克百威	0.02	氧乐果	0.02
	氰戊菊酯	0.2（黄瓜、西葫芦、丝瓜、南瓜）	三唑酮	0.1（黄瓜），0.2（黄瓜除外）
	毒死蜱	0.1（黄瓜）	腐霉利	2（黄瓜）
	氯氰菊酯	0.2（黄瓜），0.07（黄瓜除外）	多菌灵	0.5（黄瓜、西葫芦）
	烯酰吗啉	5（黄瓜），0.5（黄瓜除外）	吡虫啉	0.5（节瓜），1（黄瓜）
	乙酰甲胺磷	0.5（西瓜、甜瓜）	苯醚甲环唑	0.1（西瓜），0.2（木瓜）
	灭蝇胺	1（黄瓜）	阿维菌素	0.02（黄瓜），0.01（西葫芦）
豆类蔬菜	克百威	0.02	氧乐果	0.02
	三唑酮	0.05（豌豆）	水胺硫磷	0.01
	灭蝇胺	0.5（豌豆、菜豆、蚕豆、扁豆、豇豆、食荚豌豆）	氯氰菊酯	0.5（豌豆、菜豆、蚕豆、扁豆、豇豆、食荚豌豆）
	多菌灵	0.5（菜豆），0.02（食荚豌豆）	乙酰甲胺磷	1
	阿维菌素	0.05（豇豆），0.1（菜豆）		
叶菜类蔬菜	二甲戊灵	0.2（普通白菜、大白菜、菠菜、芹菜），0.1（莴苣）	毒死蜱	0.1（菠菜、普通白菜、莴苣、大白菜），0.05（芹菜）
	甲拌磷	0.01	克百威	0.02
	阿维菌素	0.05（普通白菜、大白菜、莴苣、芹菜）	甲氰菊酯	1（普通白菜、大白菜、菠菜、芹菜），0.5（莴苣）
	氰戊菊酯	1（菠菜、普通白菜、莴苣），3（大白菜）	氯氟氰菊酯	0.5（芹菜），1（大白菜），2（菠菜、普通白菜、莴苣）
	氯氰菊酯	2（菠菜、普通白菜、莴苣、大白菜），1（芹菜）	氟虫腈	0.02（普通白菜、大白菜、菠菜、芹菜）
	吡虫啉	5（芹菜），0.2（大白菜）	氧乐果	0.02
	铅（以Pb计）	0.3	镉（以Cd计）	0.2

(续)

产品类别	检测项目	限量（mg/kg）	检测项目	限量（mg/kg）
芸薹属类蔬菜	克百威	0.02	氧乐果	0.02
	甲氰菊酯	0.5（结球甘蓝）	氰戊菊酯	0.5（结球甘蓝、花椰菜）
	三唑酮	0.05（结球甘蓝）	联苯菊酯	0.2（结球甘蓝），0.4（其他）
	氯氟氰菊酯	1（结球甘蓝），0.5（花椰菜）	毒死蜱	1（结球甘蓝、花椰菜）
	氯氰菊酯	5（结球甘蓝），1（其他）	氟虫腈	0.02（结球甘蓝）
	啶虫脒	0.5（结球甘蓝）	苯醚甲环唑	0.2（结球甘蓝、抱子甘蓝），0.5（西蓝花），0.2（花椰菜）
	铅（以Pb计）	0.3	镉（以Cd计）	0.05
根茎类和薯芋类蔬菜	克百威	0.1（马铃薯），0.02（其他）	氧乐果	0.02
	涕灭威	0.1（马铃薯、山药），0.03（其他）	氰戊菊酯	0.05（萝卜、胡萝卜、山药、马铃薯）
	毒死蜱	1（萝卜、胡萝卜、根芹菜、芋）	甲基异柳磷	0.01
	阿维菌素	0.01（萝卜、马铃薯）	烯酰吗啉	0.05（马铃薯）
	铅（以Pb计）	0.2（马铃薯和其他薯芋类），0.1（其他）	镉（以Cd计）	0.1
	甲拌磷	0.01	涕灭威	0.1
	克百威	0.02	溴氰菊酯	0.5（甘薯）
	灭线磷	0.02	甲基异柳磷	0.05（甘薯），0.01（木薯）
	辛硫磷	0.05	铅（以Pb计）	0.2
	镉（以Cd计）	0.1		
鳞茎类蔬菜	甲拌磷	0.01	毒死蜱	0.1（韭菜）
	腐霉利	0.2（韭菜）	克百威	0.02
	氯氰菊酯	0.05（韭葱），0.01（洋葱），1（韭菜）	氧乐果	0.02
	多菌灵	2（韭菜）	氟虫腈	0.02（韭菜）
	阿维菌素	0.05（韭菜）	铅（以Pb计）	0.1
	镉（以Cd计）	0.05	总砷（以As计）	0.5
茎类蔬菜	甲拌磷	0.01	毒死蜱	0.05（芦笋、朝鲜蓟）
	氧乐果	0.02	克百威	0.02
	三唑酮	0.7（朝鲜蓟）	多菌灵	0.1（芦笋）
	苯醚甲环唑	0.03（芦笋）	铅（以Pb计）	0.1
	镉（以Cd计）	0.1		

(续)

产品类别	检测项目	限量（mg/kg）	检测项目	限量（mg/kg）
其他多年生蔬菜	甲拌磷	0.01	克百威	0.02
	铅（以Pb计）	0.1	氧乐果	0.02
	镉（以Cd计）	0.05	二氧化硫（以SO_2计）	200（干制蔬菜）
水生类蔬菜	克百威	0.02	氧乐果	0.02
	辛硫磷	0.05	甲基异柳磷	0.01
	铅（以Pb计）	0.1	镉（以Cd计）	0.05

▷ **练习与作业**

1. 在教师的指导下，参加当地无公害蔬菜的采后处理实践，并总结相关管理技术。
2. 调查当地无公害蔬菜的产销情况，熟悉无公害蔬菜的质量标准以及相关质量法规。

单元小结

无公害蔬菜专指产地环境、生产过程和产品质量符合国家有关标准和规范要求，经认证合格获得认证证书，并允许使用无公害农产品标志的未加工或者初加工的蔬菜。无公害蔬菜的质量标准应符合《农业部办公厅关于印发茄果类蔬菜等58类无公害农产品检测目录的通知》要求，无公害蔬菜在生产地环境应符合《蔬菜产地环境技术条件》（NY/T 848—2004）、《土壤环境质量标准》（GB 15618—2018）和《无公害农产品 种植业产地环境条件》（NY/T 5010—2016）等要求，另外，无公害蔬菜的生产措施、施肥、病虫害防治、产品包装、运输、标签使用等方面也均有严格的要求，必须符合国家有关标准。

生产实践

1. 查询当地主要无公害蔬菜的生产规范，并根据规范要求进行无公害蔬菜生产实践。
2. 宣传普及无公害蔬菜生产知识和技术。

单元自测

一、填空题（40分，每空2分）

1. 无公害蔬菜的_____、生产过程和_____要符合国家有关标准和规范要求，并经认证合格获得_____。
2. 无公害蔬菜的产地环境包括_____、_____和产地土壤环境。
3. 一般铵态氮施于____cm以下土层，尿素施于____cm以下土层，磷钾肥、蔬菜专用肥施于____cm 以下土层。

4. 种子应采用温汤浸种、_____、_____ 等方法进行消毒处理，防止种子带菌。

5. 嫁接栽培属于_____防治方法，以菌治虫属于_____防治技术，色板诱杀属于_____防治技术。

6. 无公害农产品的标志图案由麦穗、对勾和无公害农产品字样组成，麦穗代表_____，对勾表示_____，绿色象征环保和_____。

7. 无公害蔬菜在运输时，要做到_____，避免_____损伤。

8. 无公害蔬菜产品要按_____、_____分别贮藏。

二、判断题（24分，每题4分）

1. 无公害蔬菜可在产品或包装上加贴全国统一无公害农产品标志。（　　）
2. 无公害蔬菜运输时要防冻、防雨水淋、防晒，注意通风、透气。（　　）
3. 无公害蔬菜一般每亩施氮肥量应控制在20kg以内。（　　）
4. 合理轮作是无公害蔬菜重要的生产措施之一。（　　）
5. 无公害蔬菜的病虫害防治应坚持"预防为主，综合防治"的原则。（　　）
6. 无公害蔬菜产地灌溉水的适宜pH范围是5.5~8.5。（　　）

三、简答题（36分，每题6分）

1. 简述无公害蔬菜农药剂量的使用要求。
2. 简述色板诱杀技术的环保意义。
3. 简述无公害蔬菜田间管理技术要点。
4. 简述无公害蔬菜生产对蔬菜品种的要求。
5. 举例说明无公害蔬菜的病虫害生物防治技术。
6. 比较病虫害生物防治技术和物理防治技术的差异。

能力评价

在教师的指导下，学生以班级或小组为单位进行无公害蔬菜的生产与社会服务等实践。实践结束后，学生个人和教师对学生的实践情况进行综合能力评价。结果分别填入表4-7、表4-8。

表4-7　学生自我评价

姓名			班级		小组	
生产任务			时间		地点	
序号	自评内容			分数	得分	备注
1	在工作过程中表现出的积极性、主动性和发挥的作用			5		
2	资料收集的全面性和实用性			10		
3	工作计划确定			10		
4	蔬菜生产场地选择			15		
5	蔬菜田间管理技术			15		

(续)

6	蔬菜施肥与病虫害防治技术	15			
7	产品收获、包装技术	15			
8	社会服务实践	15			
	合　　计	100			

认为完成好的地方	
认为需要改进的地方	
自我评价	

表 4-8　指导教师评价

指导教师姓名：_____　评价时间：_____年___月___日　课程名称：_____

生产任务：

学生姓名：　　　　　　　　　　　　　所在班级：

评价内容	评分标准	分数	得分	备注
目标认知程度	工作目标明确，工作计划具体结合实际，具有可操作性	5		
情感态度	工作态度端正，注意力集中，有工作热情	5		
团队协作	积极与他人合作，共同完成工作任务	5		
资料收集	所采集的材料和信息对工作任务的理解、工作计划的制订起重要作用	10		
工作方案的制订	提出方案合理、可操作性强、对最终的生产任务起决定作用	15		
工作方案的实施	操作规范、熟练	45		
操作安全、保护环境	安全操作，生产过程不污染环境	5		
技术文件的质量	完成的技术报告、生产方案质量高	10		
合　　计		100		

▷ 信息收集与整理

1. 调查当地无公害蔬菜生产情况。
2. 查询主要蔬菜的无公害生产技术规范。

▷ 资料链接

1. 中国农产品质量安全网　　http://www.aqsc.agri.cn
2. 中国绿色食品发展中心　　http://www.green-food.org.cn

▷ 资料阅读

我国无公害蔬菜生产的发展现状

我国的无公害蔬菜生产始于20世纪80年代后期，经过20多年的发展，无公害蔬菜生产已基本形成规模，配套的无公害蔬菜标准、技术规范、农药等也已广泛推广使用，有力地推动了我国整个蔬菜产业的健康发展。但是由于受传统的蔬菜生产方式、生产条件、检测手段以及监督管理滞后等因素的影响，我国无公害生产还有许多问题需要解决。

为推动我国无公害蔬菜产业的发展，下一步的重点，一是通过选育抗性强的品种，以及强化农业防治、生物防治和物理防治技术，逐步减少化学农药的使用量；二是无公害蔬菜生产要加速规模化和品牌化发展，逐步取消零散的小规模生产；三是积极开展无公害蔬菜产业技术体系的研究和推广应用，不断修改完善相关的制度体系和技术体系，使无公害蔬菜生产有章可依；四是建立和完善无公害蔬菜生产服务体系，加强信息和技术的服务指导；五是完善蔬菜质量安全检测手段和监管体系，提高检测的科学性、准确性和检测速度，实现对蔬菜质量进行全程质量监控。

典型案例

案例1 中国蔬菜出口第一县——安丘市（县）

山东省安丘市是我国农产品出口大市，多年来，安丘市的蔬菜出口量一直稳居全国县级市第一位，年创汇2亿多美元，是闻名全国的全国园艺产品出口示范区、全国无公害蔬菜出口基地示范县，被誉为"世界的菜篮子"。

安丘市现有蔬菜种植面积3.07万hm^2，主要生产大葱、大蒜、生姜等保健蔬菜。由于严把产品质量关，多年来，安丘蔬菜一直深受日本、韩国等国家的欢迎，被誉为"日本和韩国的菜篮子"。为扩大蔬菜出口量和出口国家范围，安丘市积极创新质量安全监管模式，按照"有标贯标、无标制标、缺标补标"的原则，围绕农业主导产品和重点产业，从种植到包装储运等环节制定了一整套地方特色标准，以标准来提高和稳定农产品的质量水平，先后推广生产技术操作规程33个，制定实行了200多个生产标准，大葱、菠菜等5种主要出口蔬菜通过了日本、美国、欧盟等有机食品机构认证，形成了与国际标准接轨的农业标准体系，建成了200多个乡土农业品牌。

为加强技术服务和质量管理，安丘市创新实施了蔬菜区域化管理模式，在已经建成的生姜、大蒜、草莓、芦笋等"中国特产之乡"的基础上，新规划了36个万亩以上的蔬菜、瓜果出口创汇基地，建成了生姜、大葱、芦笋、大蒜、辣椒、西瓜等8个优势产业带。为提高出口产品的附加值，安丘市还积极发展蔬菜加工产业，实行精细蔬菜出口。目前全市约有各类蔬菜加工企业300多家，占整个潍坊市的60%以上。

目前，安丘蔬菜已经销往日本、韩国、美国、欧盟等50多个国家和地区，成为名副其实的"世界的菜篮子"。

案例2 中国西部最大无公害蔬菜和绿色食品蔬菜生产销售基地——彭州市（县）

彭州属亚热带湿润气候区，境内山、丘、坝俱全，地理构成大体分为"六山一水三分坝"，夏无酷暑，冬无严寒，无霜期278d，年平均气温15.7℃，年降水量960mm，年日照时数1 180h，自然气候条件优良，无污染，是中国西部最大无公害蔬菜和绿色食品蔬菜生产销售基地。

彭州市常年种植蔬菜 2.67hm² 以上，按区域化种植管理要求，设立了大蒜、芹菜、莴笋、甘蓝、韭菜、花椰菜、冬瓜等 8 个"一地一品"的蔬菜生产基地，建立了 20 个无公害蔬菜生产示范基地镇、一个现代化的新品种试验示范基地和 11 000hm² 大棚蔬菜生产基地。为加强蔬菜的产品质量管理，彭州市制定发布了无公害蔬菜技术规程以及叶菜类、茄果类、瓜类、根茎类和大蒜的生产生产技术规程，制定了主要蔬菜品种的上市质量标准等，建立了四川首家县级蔬菜质量检测点，对部分田间蔬菜和上市蔬菜进行质量检测。积极打造品牌，莴笋、大蒜、萝卜、芹菜、菠菜等 5 个产品先后被中国绿色食品发展中心认定为绿色食品。生产技术方面，实行种地养地，合理轮作，走农业可持续发展道路；大力引进蔬菜生产新技术、新设施、新品种，推广土壤均衡施肥、深沟高畦、地膜覆盖等技术；推广简易大棚、防虫网、遮阳网保护栽培模式；进行病虫害测报，推广病虫害综合防治技术等。

依托境内 3 个蔬菜产地批发市场，目前，彭州市的蔬菜及其加工产品销售遍及全国 30 多个省（直辖市、自治区），并远销日本、韩国、俄罗斯及东南亚等国家和地区。彭州市也荣获全国蔬菜产业十强县（市）、全国无公害蔬菜生产示范基地等荣誉称号。

案例 3　国家级蔬菜标准化示范县——甘肃武山县

甘肃武山县地处渭河流域，全县蔬菜面积达 35 万亩，总产量 91 万 t，总产值 15 亿元。近年来，武山县在蔬菜产业发展中创新实施"一乡一业、一村一品、一户一策"发展模式，大力发展"一园一区四片两带"蔬菜产业，积极推广"日光温室""塑料大棚""地膜覆盖""露地栽培""间作套种""复种蔬菜"六大种植模式，成效显著，2014 年武山县被农业部评为"国家级蔬菜标准化示范县"。

武山县把蔬菜生产作为富民强县的首位产业来抓，明确提出了建设中国西部蔬菜产业强县、全国蔬菜标准园创建县、关中—天水经济区重要的蔬菜外销基地、打响"中国韭菜之乡"品牌的发展目标，普遍推广营养钵育苗、生物制剂防治、高温闷棚、黄板诱杀、黄瓜嫁接等无公害生产技术，配套了以色列自压滴灌、保温被、自动卷帘、反光膜、防虫网等设备，有效提高了蔬菜的抗寒性、抗病性。推广高效、低毒、低残留、生物农药，特别是微生物农药，推行平衡施肥、秸秆还田、控氮技术、配方肥、专用肥，特别是微生物肥料，全力打造无公害绿色蔬菜。此外，武山县还在该县蔬菜物流园区集散地洛门镇，建成市场信息和质量检测中心，实现蔬菜信息全国联网。每天通过农业部（现农业农村部）信息网和县政府网站定时向菜农、菜商、运输户及时准确提供信息服务。成功注册了"江民"等 25 个蔬菜商标，有 12 个蔬菜品种获得国家 A 级绿色食品认证。

单元五
蔬菜育苗技术

职业能力目标

◀熟悉蔬菜育苗的基本方法与各方法的生产应用情况。

◀了解蔬菜种子的处理内容与作用,掌握蔬菜种子选种要求、晒种技术、浸种和催芽技术、种子药剂消毒技术等。

◀了解营养土方育苗的优缺点以及生产应用情况,掌握营养土方制作技术、播种技术以及苗床管理技术等。

◀了解育苗钵育苗的优缺点以及生产应用情况,掌握育苗土配制与装钵技术、播种技术以及苗床管理技术等。

◀了解穴盘无土技术育苗的优缺点以及生产应用情况,掌握育苗基质制作、装盘、播种、苗床管理以及出苗、运苗技术等。

◀具有一定的对当地农民进行相关技术培训和技术指导的能力。

学习要求

◀以实践教学为主,通过项目和任务单形式,使学生掌握必需的实践技能。

◀与当地的生产实际相结合,有针对性地开展学习。

◀通过社会实践活动,培养学生的服务意识,掌握基本的对农民进行业务培训和技术指导的能力。

引 言

随着社会主义新农村建设的推进和农业结构的调整,我国蔬菜生产的比重不断增长,蔬菜育苗业的发展也随之加快,各种"蔬菜育苗户""蔬菜育苗工厂""蔬菜育苗协会"等纷纷涌现,商业化育苗已经成为蔬菜产业链中不可缺少的重要环节。由于各地的蔬菜产业发展程度不同,在育苗设施、育苗方式与管理技术等应用上也存在着较大的差异,各地在种苗供应上或多或少地出现过一些例如种子质量、幼苗质量等方面的问题,不仅对蔬菜生产造成一定的损失,对蔬菜育苗企业也带来不少不利影响。近年来,随着蔬菜种苗业的不断发展,育苗技术也日趋规范、统一,国家有关部委以及各省(直辖市、自治区)也相继出台了一系列蔬菜种苗方面的技术和质量标准,有力地推动了蔬菜育苗产业的健康发展。

项目一 种子处理技术

● **任务目标** 了解蔬菜种子的处理内容与作用,掌握蔬菜种子选种要求、晒种技术、浸种和催芽技术、种子药剂消毒技术等。

● **教学材料** 蔬菜种子处理的用具、材料、药品等;相关视频、动画、实例等教学资源。

● **教学方法** 在教师指导下,学生进行一系列种子处理操作实践学习。

生产上种子处理的一般程序为:选种、晒种、浸种、催芽和消毒等。根据栽培季节以及种子类型不同,种子间在处理内容上可能有所差异。

任务1 选种、晒种

一、选种

选种时要掌握以下技术要点。

(一)要选用有效使用时间内的种子

每种蔬菜种子都有一定的有效使用年限(表5-1)。有效使用时间内的种子生命力强,播种后发芽快,幼苗生长旺盛,易获高产。有效使用时间外的种子因受存放环境的影响,种子的发芽势和幼苗的生长势等均较差,不适合播种生产,不得选用。

蔬菜种子图片

植物学果实作种子图片

植物学营养器官作种子图片

菌丝体作种子图片

表5-1 主要蔬菜种子的有效使用年限*

蔬菜名称	有效使用年限	蔬菜名称	有效使用年限
大白菜	1~2	蕃茄	2~3
结球甘蓝	1~2	辣椒	2~3
球茎甘蓝	1~2	茄子	2~3
花椰菜	1~2	黄瓜	2~3
芥菜	2	南瓜	2~3
萝卜	1~2	冬瓜	1~2
芜菁	1~2	瓠瓜	1~2
根芥菜	1~2	丝瓜	2~3
菠菜	1~2	西瓜	2~3
芹菜	2~3	甜瓜	2~3
胡萝卜	1~2	菜豆	1~2
莴苣	2~3	豇豆	1~2
洋葱	1	豌豆	1~2
韭菜	1	蚕豆	2
大葱	1	扁豆	2

* 有效使用年限是指种子收获后的有效时间年段,如芹菜种子有效使用年限为2~3年,表示有效使用年段为第2~3年的种子,第1年的种子使用效果不佳。

(二) 要选用饱满度高的种子

种子的饱满程度一般用千粒重来表示,即 1 000 粒种子的质量 (g)。饱满种子发育充分,所含营养充足,胚的发育也好,出芽时种芽粗大,有利于培育壮苗。

(三) 种子要完整

破损的种子失去种皮保护,种胚容易受到机械伤害,也容易感染病菌等,不能用于生产。

(四) 种子不带病菌

蔬菜种子上能携带多种植物病菌,引起苗期发病。因此,优良的种子不得带有植物病菌,对可能带有病菌的种子播种前需要做消毒处理。

(五) 种子纯度、净度、发芽率、含水量

纯度、净度、发芽率、含水量要符合《瓜菜作物种子 第三部分:茄果类》(GB 16715.3—2010)(见附表3)的要求。

▷ 相关知识

鉴别种子的新陈

新种子指有效使用年限内的种子,不专指当年生产的种子。陈种子指超过有效使用年限的种子。新陈种子可以通过看、闻、搓、浸4种方法来检验。

看:观察种子的颜色、亮度、鲜艳度等。一般新种子色泽鲜艳、种皮光滑发亮;陈种子种皮色暗,无光泽。

闻:闻种子的气味。一般新种子气味清香;陈种子有不同程度的霉味。

搓:将种子用手搓。新种子不易破裂;陈种子容易脱皮和开裂。

浸:用水浸泡种子。新种子的浸种水色浅、较清;陈种子的浸种水色深、混浊。

常见蔬菜的新陈种子比较见表5-2。

表5-2 常见蔬菜的新陈种子比较

蔬菜名称	新种子	陈种子
大白菜	表皮呈铁锈色或红褐色,成熟种为金红色,表皮光滑新鲜,胚芽处略凹,用指甲压开,子叶为米黄色或黄绿色,油脂较多,表皮不易破裂	表皮呈暗铁锈色或深褐色,发暗,无光泽,常有一层"白霜",用指甲压开,子叶为橙黄色,表皮碎裂成小块
甘蓝	表皮枣红色或褐红色,有光泽,种子大而圆,用指甲压开,饱满种子子叶为米黄色,欠熟种子子叶为黄绿色,压破后种皮与子叶相连,不易破裂,油脂多	表皮铁锈色或褐红色,发暗,无光泽,种子皱小而欠圆,用指甲压开,子叶为橙黄色,略发白,压破后子叶与种皮各自破裂成小块
黄瓜	表皮为乳白色或白色,有光泽,端部毛刺较尖,将手伸进种子袋内拔出时,往往挂有大量种子;种皮较韧,剥开时片与片可连,种仁放在纸上一压成泥状,纸被油脂印染变色	表皮无光泽,有黄斑,端部毛刺较钝,将手伸进种子袋内拔出时,种子很少挂手;种皮较脆,剥时不易相连,种仁放在纸上一压成片状,纸不易被油脂印染变色
番茄	种毛整齐、斜生,长而细软,用手搓,无刺手心感,种毛不易被搓掉;切开种子,种仁易挤出,呈乳白色,用指甲压种仁成泥状,油脂可印染纸	用手搓,手心有刺痛感,种毛易被搓掉或搓乱;切开种子,种仁不易挤出,挤出后呈黄白色,用指甲压种仁成片状,油脂少,不易染纸

(续)

蔬菜名称	新种子	陈种子
茄子	表皮橙黄色或接近人体肤色,边缘略带黄色,用门齿咬时易滑落,用手扭时有韧性,破处卷曲,子叶与种皮不易脱开	表皮无光泽,呈浅橙黄色,边缘与中心色泽一致,用门齿咬时易被咬住,用手扭时无韧性,破处整齐,子叶与种皮可脱开,皮较脆
辣椒	表皮呈深米黄色,脐部橙黄色,有光泽,牙咬柔软不易被切断,辣味较大	表皮呈浅米黄色,脐部浅橙黄色或无橙黄色,无光泽,牙咬硬而脆,易被切断,辣味小或无辣味
萝卜	表皮光滑,湿润,呈浅铁锈色或棕褐色,表皮无皱纹或很少皱纹,子叶高大凸出,胚芽深凹。用指甲挤压易压成饼状,油脂多,子叶为深米黄色或黄绿色	表皮发暗无光泽,干燥,呈深铁锈色或深棕褐色,表皮皱纹细而明显,用指甲挤压不易破,油脂少,子叶为白黄色
胡萝卜	种仁白色,有辛香味	种仁黄色至深黄色,无辛香味
西葫芦	表皮乳白色,有光泽,外缘光滑柔软,种子放平用两指紧捏,种仁与种皮不易脱开,种仁衣呈干草绿色	表皮白色无光泽,外缘不光滑,硬而脆,种皮易破,种子放平用两指紧捏,种仁与种皮易脱离,种仁衣呈浅草绿色。种仁黄白色
菜豆	表皮光亮,脐白色,子叶白黄色,子叶与种皮紧密相连,从高处落地时声音实	表皮深暗无光泽,脐色发暗,子叶深黄色或土黄色,且易与种皮剥离,从高处落地时声音发空
菠菜	表皮黄绿色,坚韧有光泽,有清香味,内含淀粉为白色	表皮土黄色或灰黄色,有霉味,种皮脆无光泽,内含淀粉为浅灰色至灰色
芹菜	表皮土黄色稍带绿,辛香味很浓	表皮为土黄色,辛香味淡
葱蒜类	表面皱褶,有光泽,种脐上有一个明显的小白点,具有该品种原有的腥味	表皮黑色发暗,胚乳发黄。其中韭菜,新种子表皮褶皱而富光泽,种皮有白点,色泽鲜明,有韭菜所固有的香味;陈种子表皮失去光泽,种皮外部附有一层"白霉",种皮由白变黄色
芫荽	种子气味浓	种子气味变淡
芹菜	表皮土黄色稍带绿,辛香气味较浓	表皮为深土黄色,辛香气味较淡

二、晒种

晒种能够利用太阳光中的紫外线灭杀掉种子上所带的部分病菌,减少苗期病害;也能够提高种子的体温,减少种子的含水量,促进种子内部的营养物质转化,增强种子的发芽势。晒种时要掌握以下技术要点。

(一)无风天晒种

要选无风天晒种,有风天晒种时,种子容易被风吹散,一般不要晒种,必须晒种时,要注意防风。

(二)夏季晒种注意事项

夏季晒种不要把种子放于阳光下暴晒,以免种子体温过高或种子失水过快,伤害种胚;种子要放到纸上或布上晾晒,不要直接放到水泥地或石板等吸热快、升温快的物体表面上晒种,避免烫伤种子。

(三)晒种时间

晒种的时间不宜过长。晒种时间过长,种子容易因失水过多、含水量偏低,而导致种胚和子叶变形,形成畸形苗。一般视晒种时的温度高低和光照强弱不同,晒种1~2d为宜。

任务 2 浸种、催芽

一、浸种

浸种是将种子浸泡在一定温度的水中，使其在短时间内吸水膨胀，达到萌芽所需的基本水量。

（一）浸种方法选择

根据浸种的水温以及作用不同，通常分为一般浸种、温汤浸种和热水烫种3种方法，应根据种子类型以及浸种目的进行选择。

1. 一般浸种　用温度与种子发芽适温相同的水浸泡种子即为一般浸种，也叫温水浸种。视种子类型不同，浸种水温20~30℃不等，主要蔬菜种子的适宜浸种温度见表5-3。一般浸种法对种子只起供水作用，无灭菌和促进种子吸水作用，适用于种皮薄、吸水快的种子。

一般浸种时，也可以在水中加入一定量的激素或微量元素，进行激素浸种或微肥浸种，有促进种子发芽、提早成熟、增加产量等功效。

2. 温汤浸种　温汤浸种是先用温水泡湿种子，使种子上携带的病菌吸水后由休眠状态进入活跃状态，再用55~60℃的温汤浸种10~15min，之后加入凉水，降低温度转入一般浸种。由于55℃是大多数病菌的致死温度，10min是在致死温度下的致死时间，因此温汤浸种对种子具有灭菌作用，但促进吸水效果仍不明显。

3. 热水烫种　热水烫种是将充分干燥的种子投入75~85℃的热水中，快速烫种3~5s，之后加入凉水，降低温度，转入温汤浸种，或直接转入一般浸种。热水烫种的主要作用是利用热水使干燥的种皮产生裂缝，加速水分进入种子内，促进种子吸水，适用于种皮厚、吸水困难的种子，如西瓜、冬瓜、苦瓜等。种皮薄、吸水快的种子不宜采用此法，避免烫伤种胚。

（二）技术要点

浸种时应掌握以下技术要点。

1. 种子要清洁　要把种子充分淘洗干净，除去果肉物质后再浸种，以使水分顺利进入种子内。

2. 浸种过程中要勤换水　一般以每12h换1次水为宜，保持水质清新。

3. 浸种水量要适宜　适宜的水量为种子量的5~6倍。

4. 浸种时间要适宜　不同蔬菜种子因种皮和内部结构不同，浸种时间差异也比较大，主要蔬菜种子的适宜浸种时间范围见表5-3。在适宜的时间范围内，一般新种子和饱满种子的浸种时间宜长一些，陈种子以及不饱满种子的浸种时间应短一些。

表5-3　主要蔬菜种子浸种、催芽的适宜温度与时间

种　类	项　目			
	浸　种		催　芽	
	温度（℃）	时间（h）	温度（℃）	时间（d）
黄　瓜	25~30	8~12	25~30	1~1.5
西葫芦	25~30	8~12	25~30	2

(续)

种类	项目			
	浸种		催芽	
	温度（℃）	时间（h）	温度（℃）	时间（d）
番茄	25～30	10～12	25～28	2～3
茄子	30	20～24	28～30	6～7
辣椒	25～30	10～12	25～30	4～5
冬瓜	25～30	12+12*	28～30	3～4
甘蓝	20	3～4	18～20	1.5
芹菜	20	24	20～22	2～3
花椰菜	20	3～4	18～20	1.5

* 第一次浸种后晾 10～12h 再浸第二次。

二、催芽

催芽是将浸泡过的种子，放在黑暗或弱光以及适宜的温度、湿度和氧气条件下，使其迅速发芽。催芽的主要作用是缩短种子的出芽时间，提高种子的发芽率，并使种子出芽整齐、芽壮。

（一）催芽方法选择

少量种子催芽一般将种子用布包起或盛入种子袋内，放到恒温箱、温室或温床中，或放到火炕、电热毯等上面，保持温度，也有的装入贴身的内衣口袋里，借助体温催芽。种子量大时，可用瓦盆、催芽盘等进行催芽。一些催芽时间比较长，种子也比较大的蔬菜，也可用掺沙法与适量的细沙混匀后进行催芽。

蔬菜种子催芽视频

（二）技术要点

1. 要严格控制催芽的温度和时间　不同蔬菜种子的催芽温度和时间有所不同，应严格按照要求进行控制。主要蔬菜的催芽适温和时间见表 5-3。

2. 保持充足的氧气供应　催芽期间，一般每 4～5h 松动包内种子 1 次，每 12h 用温清水淘洗种子 1 次，除去黏液、呼吸热，保证种皮清洁和良好的透气性，避免烂种。

3. 严格控制种芽长度　当大部分种子露白时，停止催芽，及时播种。若遇恶劣天气不能及时播种时，应将种子放在 5～10℃ 低温环境下，延缓种芽生长。

▷ 相关知识

变温催芽

催芽过程中，采用低温处理和变温处理有利于提高种子的发芽整齐度和增强幼苗的抗寒性。具体做法：对将要发芽的种子，每天分别在 28～30℃ 和 16～18℃ 温度条件下，放置 12～18h 和 6～12h，直至出芽。

任务 3　种子消毒

多数蔬菜种子上携带有病菌，为避免种子上携带的病菌引发蔬菜苗期病害，播种前对一些容易携带病菌的蔬菜种子要进行相应的灭菌处理。

一、种子消毒方法选择

目前生产上主要采用温汤浸种和药剂浸种两种方法，以后种方法应用较为普遍。

二、药剂浸种

（一）常用农药

蔬菜种子消毒常用农药主要有多菌灵、百菌清、硫酸链霉素、硫酸链霉素·土霉素、高锰酸钾、福尔马林、磷酸三钠、氢氧化钠等。各农药的应用范围、使用浓度、浸种时间等详见表 5-4。

表 5-4　蔬菜药剂浸种消毒常用农药的浓度与浸种时间

农药名称	灭菌范围	参考浓度	浸种时间（min）	备注
多菌灵	真菌类	300～500 倍	30～40	浸种后可直接播种
百菌清	真菌类	300～500 倍	30～40	浸种后可直接播种
硫酸链霉素	细菌类	100～200mg/L	30～40	浸种后可直接播种
硫酸链霉素·土霉素	细菌类	150mg/L	30～40	浸种后可直接播种
高锰酸钾	多类病害	100～500 倍	15～20	洗净种子后播种
磷酸三钠	病毒类	10%	20～30	洗净种子后播种
氢氧化钠	病毒类	1%	20～30	洗净种子后播种
福尔马林	真菌类 细菌类	100～150 倍	10～20	浸种后闷熏种子 2～3h，洗净后播种

（二）技术要点

药剂浸种技术要点如下。

1. 消毒前准备　消毒前应先用温水把种子浸泡湿，使种子上的病菌吸水后，由不活跃状态变为活跃状态，而易于被消灭。一般在种子浸水结束后，进行药剂浸种的消毒效果比较好。

2. 药液的浓度要适宜　适宜的浸种药液浓度为叶面喷药浓度的 1.5～2 倍或按使用说明上的要求浓度来浸种。

3. 浸种消毒的时间要适宜　用高浓度的药剂浸种，浸种的时间应短，通常不超过 30min；用低浓度的药剂浸种，为确保浸种灭菌的效果，浸种的时间应长一些，视具体的药剂浓度不同，浸种时间从 40min 到 2h 不等。

4. 洗种　用高浓度的药剂或用腐蚀性较强的药剂浸种结束后，要立即用清水将种子反复淘洗几遍，洗去种子上残留的药剂，避免将来种子出芽后，残留的农药"烧伤"种芽。

▷练习与作业

1. 在教师的指导下，学生分别进行种子晒种、浸种、催芽以及消毒等的技能训练。
2. 总结蔬菜晒种、浸种、催芽以及消毒等处理的技术要点以及注意事项。

项目二　营养土方育苗技术

● **任务目标**　了解营养土方育苗的优缺点以及生产应用情况，掌握营养土方制作技术、播种技术以及苗床管理技术等。

● **教学材料**　蔬菜育苗用具、材料、设施等；相关视频、动画、实例等教学资源。

● **教学方法**　在教师指导下，学生进行蔬菜营养土方制作、播种育苗期管理等实践学习。

营养土方也称为营养土块，是将配制好的育苗土在苗床内按一定大小切割成方块，或用专用机械按一定大小压制成圆形或方形土块，将种子播于土方内（彩图24），在土方内培育蔬菜苗。营养土方间相互独立，方便移苗定植，有利于保护蔬菜苗的根系；土方大小不受限制，可根据不同蔬菜的育苗要求确定大小，育苗灵活。但是营养土方容易散坨，暴露根系，根系也容易长出土方外，进入相邻土方内，保护根系的效果不如穴盘和育苗钵好；另外营养土方苗也不方便长距离运输。目前，营养土方育苗主要用于农户和小型蔬菜生产基地的自给自足性育苗。

任务1　营养土方的制作

一、配制营养土

营养土应具有一定的黏性，以利从苗床中起苗或定植取苗时不散土。参考配方：田土或园土7份，腐熟有机肥（优质的干鸡粪）3份。为提高育苗土中的营养含量，混拌育苗土时，每立方米土中需要混入育苗专用缓释肥或氮磷钾复合肥（15-15-15）2~3kg。育苗土使用前应进行灭菌处理，方法参照育苗钵育苗部分。

营养土方图片

二、制土方

分为切块法和压制法两种（图5-1）。

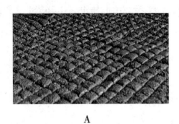

图5-1　营养土块
A. 切割土块　B. 压制土块

（一）切块法

挖育苗床坑，坑底要平、踩实，并平铺一层炉灰或细沙，避免土块与床底粘连。将配制好的育苗土均匀铺在育苗床内，铺土厚度12～15cm。浇透水，水渗后在床面纵横画线，然后趁湿用蘸水的快刀或厚玻璃按线切块。切块时，刀要切透，土块间不粘连，并在每土块中央用专用工具压出一播种穴。切块后晾晒几日，使土块略干燥变硬。然后用细沙或炉灰填塞土块间的缝隙。

（二）压制法

将配好的营养土加入适量水搅和，达到手握成团时，装在压制膜内，压制成块，然后排入苗床内。

任务2　播种与苗床管理

一、播种

播种前将育苗土块逐一喷透水，水渗后每土方中央播种一粒带芽的种子。种子平放，播种后覆土，并覆盖地膜保温保湿。

二、苗床管理

（一）温度管理

播种至第一片真叶展出前温度宜高，果菜类应保持28～30℃，叶菜类20℃左右。当70%以上幼苗出土后，撤除薄膜，适当降温，把白天和夜间的温度分别降低3～5℃，防止幼苗的下胚轴生长过旺，形成高脚苗。第一片真叶展出后，果菜类白天保持温度25℃左右、夜间温度15℃左右，叶菜类白天保持温度20～25℃、夜温10～12℃，使昼夜温差达到10℃以上，促幼苗健壮，并提高果菜类的花芽分化质量。

定植前7～10d，逐渐降低温度，进行炼苗，果菜类白天温度下降到15～20℃，夜间温度5～10℃；叶菜类白天温度10～15℃，夜间温度1～5℃。培育早春露地用苗，应在定植前3～5d夜间无霜冻时，全天不覆盖或少覆盖，进行全天露天育苗。

（二）覆土与浇水管理

播种前浇足底水后，到出苗前一般不再浇水。当大部分幼苗出土时，将苗床均匀撒盖一层育苗土，保湿并防止子叶夹带种壳出土。覆土应在幼苗叶面上无水珠时进行，有水珠时覆土，容易污染叶片。覆土厚度以0.5cm左右为宜。

齐苗后，根据苗床干湿变化进行浇水。冬、春季控制浇水，适宜土壤湿度以地面见干见湿为宜，夏秋季适当多浇水。定植前10d左右不再浇水，保持土方适度干燥，以便于搬运。

▷练习与作业

1. 在教师的指导下，学生分别进行育苗土配制与营养土方制作技能训练，训练结束后，总结技术要点与注意事项。

2. 在教师的指导下，学生分别进行蔬菜育苗播种育苗床管理技能训练，训练结束后，总结技术要点与注意事项。

项目三　育苗钵育苗技术

● **任务目标**　了解育苗钵育苗的优缺点以及生产应用情况，掌握育苗土配制与装钵技术、播种技术以及苗床管理技术等。

● **教学材料**　蔬菜育苗用具、材料、设施等；相关视频、动画、实例等教学资源。

● **教学方法**　在教师指导下，学生进行蔬菜育苗土配制与装钵、播种、育苗期管理等实践学习。

育苗钵又称育苗杯，形似杯或钵，多用塑料或硬纸制作，底部有孔，用作排水和通气（图5-2）。育苗钵育苗属于容器育苗，能够较好地保护秧苗根系，并且能够根据育苗不同，配制适宜的育苗土或基质，更有利于培育壮苗。另外，育苗钵的体积较育苗穴盘大很多，盛装的育苗土或基质量也大很多，有利于培育大苗。但育苗钵苗搬运不如穴盘苗方便，不适合培育商品苗，目前主要用于自给性育苗或半自给性育苗。

图5-2　塑料钵和纸钵

任务1　育苗钵选择与消毒

一、育苗钵选择

育苗钵大多为独立个体，有的纸钵为连体，可折叠起来存放、搬运，育苗时拉开。育苗钵的容积大小差异较大，根据育苗大小不同，可相差数倍之多，应根据蔬菜的种类以及育苗的大小进行选择。

蔬菜育苗钵种类图片

二、消毒

使用过的塑料育苗钵可能会感染残留一些病原菌、虫卵，所以再次使用前一定要进行清洗、消毒。

消毒方法：先清除育苗钵中的残留土，用清水冲洗干净、晾干，并用多菌灵500倍液浸泡12h或用高锰酸钾1 000倍液浸泡30min消毒。

任务2　育苗土配制与装钵

一、育苗土配制

育苗钵用育苗土应适当减少田土的用量，增加有机质的用量，以增大育苗土的疏松度，并减轻质量。适宜的田土用量为40%左右，腐熟秸秆或碎草的用量为30%左右，鸡粪、猪粪的用量30%左右。

为保证育苗土内有足够的速效营养，育苗土内还应当加入适量的优质复合肥，一般每立方米土以混入磷酸二铵、硫酸钾各0.5~1kg为宜，或混入氮磷钾复合肥（15-15-15）2kg左右。为预防苗期病虫害，配制育苗土时，每立方米土中还应混入50%多菌灵可湿性粉剂100~150g和50%辛硫磷乳油100~150mL。

把上述的肥、土、农药充分混拌均匀后，用农膜覆盖，堆置一周后装钵。

二、装钵

在容器内直接播种，营养土应适当多装一些，以保证蔬菜苗有足够多的营养土，适宜的装土量为容器高的八分满，上部剩余的部分留做浇水用。如果是在其他苗床培育小苗，在容器内栽苗培育大苗，装土量应适当少一些，以容器的六七分满为宜，以利于带土移栽苗。

装土松紧度要适宜，装土过松，浇水后容器内的土容易随水发生流失，装土过紧，浇水后，水不能及时下渗，容易长时间在容器内发生积水。

任务3　播种与苗床管理

一、播种

播种前将育苗钵浇透水，可用带嘴的喷壶浇水，浇水同时在育苗钵的中央冲出一播种穴。水渗透后播种，每钵播种1~2粒，种子平放，播后覆土。一般小粒种子播种0.5~1cm深，中粒种子播种1~1.5cm深，大粒种子播种1.5~2cm深。

二、苗期管理

（一）温度管理

出苗前温度宜高，果菜类应保持28~30℃，叶菜类20℃左右。当70%以上幼苗出土后，撤除薄膜，适当降温，把白天和夜间的温度分别降低3~5℃；第一片真叶展出后，果菜类白天保持温度25℃左右、夜间温度15℃左右，叶菜类保持温度20~25℃、夜温10~12℃，使昼夜温差达到10℃以上，促幼苗健壮，并提高果菜类的花芽分化质量；定植前7~10d，逐渐降低温度，进行炼苗，果菜类白天温度下降到15~20℃，夜间温度5~10℃；叶菜类白天温度10~15℃，夜间温度1~5℃。

培育早春露地用苗，应在定植前3~5d夜间无霜冻时，全天不覆盖或少覆盖，进行全天露天育苗，即"吃几夜露水"，以增强幼苗对低温的适应能力。

（二）浇水

育苗钵的容积有限，装土量有限，容水量少，供水量也有限，容易发生干旱。因此，育苗钵育苗不主张控水。

一般做法是少水勤浇，不控水也不浇大水。少水勤浇既可防止苗钵积水也可防止发生干旱。具体浇水要求：低温期育苗一般每3~5d浇1次水，高温期育苗一般每天至少要浇1次水；浇水要透，要求浇水后能见到水从育苗钵底流出；每次的浇水量应少，避免浇水后育苗钵内长时间发生积水。

（三）施肥

按配方要求配制育苗土时，育苗期间一般不再需要地面追肥，只进行适量的叶面追肥即可。但如果施肥不足或用小育苗钵培育大苗时，则仍需要进行地面追肥。

一般采取随水浇施法，即先把适量的育苗专用肥溶入水中，配制成 0.5%～1% 浓度的肥液，或者用预先沤制的有机肥液加水稀释至色浅味淡，浇水时用肥液代替水浇入育苗钵里即可。

（四）倒苗

就是把蔬菜苗在原苗床内搬动位置或在苗床间调动位置，将大、小苗或壮、弱苗的位置调换。育苗钵育苗一般倒苗 1～2 次。

倒苗的主要作用：一是调整苗子的大小分布，把大小相近的苗排到一起，以方便管理；二是随着苗子的长大，拉大苗子间的距离，避免苗子间发生拥挤；三是拉断伸出钵外的根，增加容器内的根量。

▷ 练习与作业

1. 在教师的指导下，学生分别进行育苗土配制与装钵技能训练，训练结束后，总结技术要点与注意事项。

2. 在教师的指导下，学生分别进行育苗钵播种育苗床管理技能训练，训练结束后，总结技术要点与注意事项。

项目四　穴盘无土育苗技术

● **任务目标**　了解穴盘无土技术育苗的优缺点以及生产应用情况，掌握育苗基质制作、装盘、播种、苗床管理以及出苗、运苗技术等。

● **教学材料**　穴盘无土育苗用具、材料、设施等；相关视频、动画、实例等教学资源。

● **教学方法**　在教师指导下，学生进行育苗基质制作、装盘、播种、苗床管理以及出苗、包装等实践学习。

穴盘无土育苗技术就是用草炭、蛭石、珍珠岩等轻质无土材料作基质，以不同孔穴的穴盘为容器，通过精量播种、覆盖、镇压、浇水等一次成苗的现代化育苗技术（彩图 22）。

其主要特点：播种时 1 穴 1 粒，成苗时 1 穴 1 株，每株幼苗都有独立的空间，水分、养分互不竞争，苗龄比常规育苗的缩短 10～20d，成苗快，无土壤传播病害，而且幼苗根坨不易散，根系完整，定植不伤根，缓苗快，成活率高，适合远距离运输，有利于规范化管理。

任务 1　穴盘的选择与消毒

一、穴盘选择

育苗穴盘按材质不同可分为聚苯泡沫穴盘和塑料穴盘，其中塑料穴盘的应用更为广泛（图 5-3）。塑料穴盘一般有黑色、灰色和白色等几种。一般冬春季选择黑色穴盘，以吸收更多的太阳能，使根部温度增加，而夏季或初秋，

蔬菜育苗穴盘图片

应当选择银灰色的穴盘，以反射较多的光线，避免根部温度过高。白色穴盘一般透光率较高，会影响根系生长，生产上很少选择白色穴盘。

应根据不同蔬菜种类、不同育苗季节、苗龄大小和管理水平等条件选择适宜的穴盘育苗。一般瓜类如南瓜、西瓜、冬瓜、甜瓜多采用20穴，也可采用50穴；黄瓜多采用72穴或128穴；茄科蔬菜如番茄、辣椒苗多采用128穴和200穴；叶菜类蔬菜如西蓝花、甘蓝、生菜、芹菜多采用200穴或288穴。主要蔬菜育苗对穴盘规格要求情况参见表5-5。

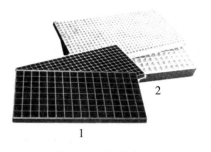

图5-3 育苗穴盘
1. 聚氯乙烯穴盘　2. 聚苯泡膜穴盘

表5-5　常见蔬菜穴盘育苗对穴盘的规格要求

蔬菜种类	288穴	128穴	72穴
冬春季茄子	2叶1心	4~5叶	6~7叶
冬春季甜椒	2叶1心	8~10叶	
冬春季番茄	2叶1心	4~5叶	6~7叶
夏秋季番茄	3叶1心	4~5叶	
黄瓜			3~4叶
夏播芹菜	4~5叶	5~6叶	
生菜	3~4叶	4~5叶	
大白菜	3~4叶	4~5叶	
甘蓝	2叶1心	5~6叶	
花椰菜	2叶1心	5~6叶	
抱子甘蓝	2叶1心	5~6叶	
羽衣甘蓝	3叶1心	5~6叶	
木耳菜	2~3叶	4~5叶	
菜豆		2叶1心	
蕹菜	5~6叶		
球茎茴香	2~3叶		
菊苣	3~4叶		

二、穴盘消毒

使用过的塑料育苗钵循环使用前要进行清洗、消毒，以避免病的发生、蔓延。

消毒方法：先清除苗盘中的残留基质，用清水冲洗干净（比较顽固的附着物用刷子刷净）、晾干，并用多菌灵500倍液浸泡12h或用高锰酸钾1 000倍液浸泡30min消毒。不建议用漂白粉或氯气进行消毒，因为氯会同穴盘中的塑料发生化学反应产生有毒的物质。

在穴盘量比较大时，可采用熏蒸的方法进行穴盘消毒：将洗干净的穴盘放置在密闭的房间，按每平方米34g硫黄粉＋8g锯末的用量在房内点燃熏蒸，密闭一昼夜。

任务2 育苗基质配制与装盘

一、基质配制

穴盘育苗主要采用轻型基质,如草炭、蛭石、珍珠岩等,一般配制比例为草炭:蛭石:珍珠岩=3:1:1,每立方米的基质中再加入磷酸二铵2kg、高温膨化鸡粪2kg,或加入氮磷钾复合肥(15-15-15)2~2.5kg。

配制好的育苗基质播种前用多菌灵或百菌清消毒。基质消毒方法主要有:蒸汽消毒、化学药剂消毒和太阳能消毒3种。

(一)蒸汽消毒

蒸汽消毒法是将基质装入柜(箱)内,然后通入蒸汽进行密闭消毒。一般在70~90℃条件下,消毒0.5~1.0h。每次消毒的适宜基质数量1~2m^3,基质含水量保持35%~45%。

(二)化学药剂消毒

化学药剂消毒操作简单,成本较低,但消毒效果不如蒸汽消毒,且对操作人员身体不利。生产上常用甲醛进行消毒。一般将40%的原液稀释50倍,用喷壶将基质均匀喷湿,每立方米基质所需药液量20~40L,用塑料薄膜覆盖封闭24~48h后揭膜,将基质摊开,风干2周或暴晒2d后,达到基质中无甲醛气味后方可使用。

(三)太阳能消毒

该法简便易行,安全可靠,但消毒效果受气候的影响比较大,可靠性差。具体做法:把基质堆成高20~25cm的堆,用喷壶喷湿基质,含水量达到80%以上,然后用塑料薄膜覆盖并将温室或大棚密闭,暴晒10~15d。

二、装盘

穴盘装填基质的基本做法:先将基质拌匀,调节含水量为55%~60%。然后将基质装到穴盘中,不要镇压,尽量保持原有疏松状态。装满后用刮板从穴盘一端与盘面垂直刮向另一端,使每穴中都装满基质,而且各个格室清晰可见。装好后,用相同的空穴盘垂直放在装满基质的穴盘上,两手平放在空穴盘上轻轻下压,在每个穴中央压出播种穴,备用。

【注意事项】

1. 基质在填充前要充分润湿,一般以60%为宜,即用手握一把基质,没有水分挤出,松开手会成团,但轻轻触碰,基质会散开。如果太干,将来浇水后,基质会塌沉,造成透气不良,致使根系发育差。

2. 各穴孔填充浅满程度要均匀一致,否则基质量少的穴孔干燥速度比较快,容易造成水分管理不均衡。

3. 要根据蔬菜种类确定基质的装填量,如瓜类等大粒种子的穴孔基质不可装的太满,而茄果类蔬菜的种子小,应适当多装一些基质。

4. 避免镇压基质,以免基质过紧,影响基质的透气性和将来蔬菜苗根系的正常发育。

5. 压盘时,最好一盘一压,保证播种深浅一致、出苗整齐。

任务3 播种与苗床管理

一、播种

(一) 播种方法

穴盘播种分为人工播种和机械播种两种形式。

1. 人工播种 将种子点播在压好穴孔中,在每个孔穴中心点放1粒,种子要平放。播种后覆盖原基质,用刮板从盘的一头刮到另一头,使基质面与盘面相平;穴盘摆好后,用带细孔喷头的喷壶喷透水(忌大水浇灌,以免将种子冲出穴盘),然后盖一层地膜,利于保水、出苗整齐。

穴盘人工播种视频

2. 机械播种 大型的机械播种设备可以将基质混匀、装盘、播种、覆盖、淋水等作业工序一次性完成,适合大批量穴盘苗生产。

(二) 播种深度

穴盘育苗通常用蛭石或蛭石:珍珠岩=1:1作覆盖材料,覆盖厚度为种子直径的2~3倍或0.5~1.5cm。主要蔬菜播种深度见表5-6。

表5-6 主要蔬菜穴盘育苗播种深度

蔬菜种类	播种深度 (cm)
小粒种子(甘蓝类、白菜类、胡萝卜、芹菜、生菜等)	0.4~1.0
中粒种子(番茄、茄子、辣椒、洋葱等)	1.0~1.5
大粒种子(瓜类、豆类等)	1.5~2.5

二、苗床管理

(一) 温度管理

种子发芽期需要较高的温度和湿度。温度一般保持白天23~25℃,夜间15~18℃,相对湿度维持95%~100%。

当种子露头时,应及时揭去地膜。种子发芽后降低温度,同时把相对湿度降到80%以下,并加强苗床的通风、透光。夜间在许可的温度范围内尽量降温,加大昼夜温差,防止下胚轴过长,以利壮苗。子叶展开时的下胚轴适宜长度为0.5cm,1cm以上易导致幼苗徒长。

真叶出现后温度再适当升高,此期的温度管理要求见表5-7。

表5-7 主要蔬菜苗期日温度管理标准

蔬菜种类	白天温度 (℃)	夜间温度 (℃)
茄子	25~28	18~21
辣(甜)椒	25~28	18~21
番茄	20~23	15~18

(续)

蔬菜种类	白天温度（℃）	夜间温度（℃）
黄瓜	25～28	15～16
甘蓝	18～22	12～16
西蓝花	18～22	12～16
甜瓜	25～28	17～20
西葫芦	20～23	15～18
西瓜	25～30	18～21
生菜	15～22	12～16
芹菜	18～24	15～18

出苗前一周降低温度炼苗。

（二）光照管理

一般种子萌发阶段不需要光照，但当子叶露出基质（出苗）后要给予一定的弱光，以后应随着幼苗的生长而逐步增加光照度，以促进幼苗的光合作用和生长发育。

（三）浇水

要选用 pH5～6.5、含盐量（EC值）低于 1mS/cm 的水喷灌。

萌芽阶段基质相对湿度维持在 95%～100%，展根阶段水分供应稍减，相对湿度降到 70% 左右，真叶生长阶段水分供应量应随幼苗成长而增加，成苗健化阶段要适当控制水量。

在水分管理上应掌握以下技术要点。

1. 阴雨天日照不足，湿度高，不宜灌水。普通天气灌水以正午前为主，下午3时以后绝不可灌水，以免夜间潮湿徒长。

2. 苗床边缘的穴盘或穴盘边缘的孔穴及幼苗容易失水，必要时要进行人工局部补水。

3. 每次灌水一定要浇透，允许少量水从排水孔排出。

（四）施肥

用配方基质进行育苗，基质中的营养一般能够满足育苗需要，整个育苗期不需要再施肥。但是，如果育苗期过长苗期出现缺肥症状时，需要及时补充肥料。可选用水溶性复合化学肥料，如氮磷钾复合肥料（20-20-20），按照 0.01%（夏、秋季）～0.02%（冬、春季）浓度，溶于灌溉水中，每天上午施肥，下午不施肥或只浇清水。

（五）株型控制

穴盘育苗遇到的主要问题是苗子生长过旺，发生徒长，因此防止苗子过旺和徒长往往成为株型控制的主要内容，株型控制有以下措施。

1. 环境控制 降低苗床的温度和相对湿度，减少水分供应，保持基质适当干燥；用硝态氮肥取代铵态氮肥和尿素态肥，或整体上降低肥料的使用量；增加光照等。

另外，低温期对于生长过旺的苗床，通过加温系统，使日出前夜间温度高于白天温度 3～6℃（平均温度），维持时间 3h 以上，对控制株高非常有效。

2. 机械刺激 对幼苗进行拨动、振动以及人为通风，加快苗床的空气流动等，都能够抑制植物的高度增长。例如每天对番茄植株拨动几次，可使株高明显下降，但要注意避免损伤叶片。另外，像辣椒等叶片容易受伤的作物不适合进行人工拨动，适合通过吹风使幼苗产生振动。

3. 生长调节剂 高温期使用生长调节剂的效果较好。可选用 100mL/kg 浓度的多效唑浸种（番茄）或浸根（辣椒）1h，也可选用 20mL/kg 浓度的烯效唑浸种（黄瓜、番茄 4~5h）。

4. 调节光质 在温室覆盖材料中加入红外光的吸收剂，使红光与红外光的比例升高至 1.5∶1，对幼苗的茎伸长有抑制作用。

任务 4　出苗与运输

一、出苗

蔬菜穴盘苗通常长到 2~3 叶以上真叶时就可以定植到栽培田。苗龄过大，容易导致根系养分供应不足、幼苗相互遮蔽、下部叶枯黄和植株徒长；苗龄过小，定植后生长缓慢，早熟性差，育苗效果不好。主要蔬菜穴盘苗成苗标准和苗龄见表 5-8。

表 5-8　主要蔬菜穴盘苗成苗标准和苗龄

蔬菜种类	穴盘类型（孔）	苗龄（d）	成苗标准（叶）
春黄瓜	72	20~25	2~3
伏秋黄瓜	72	12~15	2~3
甜瓜	72	30~35	3~4
春辣椒	72	40~45	8~9
夏辣椒	72	25~30	6~7
春茄子	72	45~50	5~6
伏茄子	72	25~30	4~5
春番茄	72	35~40	4~5
夏秋番茄	72	20~25	4~5
花菜	128	25~30	4~5
结球甘蓝	128	25~30	4~5
抱子甘蓝	128	25~30	4~5
大白菜	128	15~20	3~4
西芹菜	128	50~55	5~6
生菜	128	35~40	4~5

穴盘苗的出苗方式有两种：一是将穴盘苗和穴盘一起置于苗盘架上，直接推入封闭式运输车，到达定植田后一边从穴盘取苗一边定植，这种方式运输过程中对穴盘苗的伤害较小，但一次性运输量小，相对运输成本较高；二是在育苗场用松苗器将苗松动并从穴盘中取出，摆放到纸箱、塑料箱、木箱等能承受一定压力的硬质容器中，依次装入运输车，到达栽培田后，从盛苗容器中取苗定植，这种方式一次性装载量大，运输成本低，但容易使秧苗相互拥挤，影响植株呼吸。

二、运输

穴盘苗长途运输应掌握以下技术要领。

（一）炼苗

在秧苗运输前 3~5d 要逐渐降温炼苗，果菜类可将温度降到 10℃ 左右，夜间最低可降到 7~8℃，并适当控制灌水量。但是，炼苗不可过度，更不要控水过分，以免降低秧苗的培育质量。另外，育苗前应将锻炼的时间计划在内，保证秧苗有足够的苗龄。

（二）秧苗包装

运输秧苗的容器有纸箱、木箱、木条箱、塑料箱等，应依据运输距离选择不同的包装容器。容器应有一定强度，能经受一定的压力与路途中的颠簸。远距离运输时，每箱装苗不宜太满，装车时既要充分利用汽车空间，又必须留有一定空隙，防止秧苗伤热而受到伤害。

高温期要尽量避免温室高温时装箱，防止"田间热"带入箱内，加大秧苗的呼吸量而降低秧苗质量。冬季运输秧苗要注意保温，应采用裸根包装法，将秧苗从穴盘中取出，一层层平放在箱内，包装箱四周衬上塑料薄膜或其他保温材料，防止寒风侵入伤害秧苗。

（三）运输工具选择

适宜选用保温空调车，以保证运苗过程中幼苗对温度和空气的需要。采用一般车运输时，冬季要注意保温，防止秧苗发生冻害。另外，在运输前用 1% 低温保护剂喷施 2~3 次，可提高秧苗的耐低温能力。主要蔬菜苗的运输适宜温度为：瓜类、茄子及甜辣椒苗为 12~13℃，番茄苗为 11~12℃，甘蓝类、芹菜、白菜类及莴苣苗等为 5~6℃，葱韭类苗为 2~4℃。运输过程中，温度上限不宜超过适宜温度 7~8℃，下限不低于适宜温度 5℃。

（四）运输时间安排

夏季运输秧苗，尽可能在夜间行车，利用夜间的自然低温减少损耗。另外，夜间运苗，一般路程于翌日上午即可到达，可争取时间及早定植，快速成活。

（五）防干防热

夏季在运输秧苗前应注意充分给水。为了防风、防旱，须采用车厢整体覆盖方法，尽量减少车厢内的空气流动。在运输时，可通过装箱前浇水或喷水以增加运贮期间的箱内小环境的空气湿度，保持基质含水量 80%~90%，空气相对湿度 60%~70%。长距离运输时，可在秧苗运输前一天，按规定浓度喷施秧苗保鲜剂，防止水分过度蒸发。

（六）运输时间控制

从育苗场起苗装箱到定植田开箱的时间最好控制在 24h 左右，一般最长不能超过 70d。长时间运苗，中途每 24d 开箱见光 1 次，同时检查盛苗箱内的温度是否适宜。

▷ 练习与作业

1. 在教师的指导下，学生分别进行育苗穴盘消毒、育苗基质配制与装盘以及播种技能训练，训练结束后，总结技术要点与注意事项。

2. 在教师的指导下，学生分别进行穴盘苗的管理与出苗等技能训练，训练结束后，总结技术要点与注意事项。

3. 根据所学知识，分别制订出黄瓜、番茄等主要蔬菜的穴盘无土育苗工作方案。

项目五　嫁接育苗技术

- **任务目标**　了解嫁接育苗的优缺点以及生产应用情况，掌握嫁接准备、嫁接技术与嫁接苗管理技术等。
- **教学材料**　嫁接育苗用具、材料、设施等；相关视频、动画、实例等教学资源。
- **教学方法**　在教师指导下，学生进行蔬菜的靠接、插接以及嫁接苗管理等实践学习。

嫁接育苗是将栽培蔬菜的芽或枝接到另一蔬菜的苗茎上，使两者接合成一株苗。嫁接苗栽培能够减少蔬菜的染病机会，增强蔬菜的抗逆性和对肥水的吸收能力，提高产量。一般可增产 30%～50%。

任务1　嫁接准备

一、嫁接方法选择

蔬菜嫁接方法比较多，有靠接法、插接法、劈接法、贴接法、中间砧法、靠劈接法、套管法等，其中以靠接法、插接法、劈接法和贴接法应用较为广泛。

（一）靠接法

靠接法是将接穗与砧木的苗茎靠在一起，两株苗通过苗茎上的切口互相咬合而形成一株嫁接苗（图5-4）。

黄瓜靠接视频

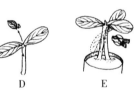

图5-4　蔬菜靠接
A. 接穗苗　B. 接穗苗茎削接口　C. 砧木苗　D. 砧木苗去心、削接口
E. 接穗、砧木接口嵌合　F. 接口固定

靠接法中的蔬菜苗带根嫁接，嫁接苗成活期间，蔬菜苗能够从土壤中吸收水分自我供应，不容易失水萎蔫，嫁接苗的成活率比较高，一般成活率达80%以上。但靠接法也存在着嫁接工序比较多，操作不方便，工效比较低；蔬菜苗的嫁接位置偏低，接穗切断苗茎后留茬也往往偏长，防病效果不理想；嫁接苗容易从接口处发生折断和劈裂等不足。靠接法主要应用于土壤病害不甚严重的黄瓜、丝瓜、西葫芦等蔬菜。

（二）插接法

插接法是用竹签或金属签在砧木苗茎的顶端或上部插孔，把削好的蔬菜苗茎插入插孔内而组成一株嫁接苗。根据蔬菜苗穗在砧木苗茎上的插接位置不同，插接法又分为顶端插接和上部插接两种形式（图5-5），以顶端插接应用较为普遍。

黄瓜插接视频

图 5-5 顶端插接和上部插接
1. 顶端插接　2. 上部插接

插接苗上的蔬菜苗接穗距离地面比较远,苗茎上不容易产生不定根,防病效果比较好。另外,蔬菜和砧木间的接合比较牢固,嫁接部位也不容易发生劈裂和折断。但插接法属于蔬菜断根嫁接,蔬菜苗穗对干燥、缺水以及高温等不良环境的反应较为敏感,嫁接苗的成活率高低受气候和管理水平的影响很大,不容易掌握。

插接法主要应用于西瓜、厚皮甜瓜、番茄和茄子等土壤病害严重的蔬菜。

(三) 劈接法

劈接法也称切接法。该法是将砧木苗茎去掉心叶和生长点后,用刀片由顶端将苗茎纵劈一切口,把削好的蔬菜苗穗插入并固定牢固后形成一株嫁接苗。根据砧木苗茎的劈口宽度不同,劈接法又分为半劈接和全劈接两种方式(图 5-6)。

黄瓜劈接视频

图 5-6 半劈接与全劈接示意
1. 半劈接　2. 全劈接

半劈接法适用于砧木苗茎较粗而接穗苗茎相对较细的嫁接组合,其砧木苗茎的切口宽度一般只有苗茎粗的 1/2 左右。全劈接法是将整个砧木苗茎纵切开一道口,该嫁接法较适用于砧木与接穗苗茎粗细相近或砧木苗茎稍粗一些的嫁接组合。

劈接法的接穗嫁接在砧木苗茎的顶端,距离地面较远,不容易遭受地面污染,也不易产生不定根,防病效果比较好;接穗苗不带根嫁接,容易进行嫁接操作,技术简单、易学,嫁接质量也容易掌握。但劈接法也存在着嫁接操作复杂、工效较低,一般人员日嫁接苗只有 500~800 株;接穗不带自根,对缺水和高温等的反应比较敏感,嫁接苗的成活率不容易掌握;接口处容易发生劈裂等不足。

劈接法主要适用于苗茎实心的蔬菜嫁接,以茄子、番茄等茄科蔬菜应用得较多(彩图 21)。

(四) 贴接法

贴接法也称贴芽接法。该嫁接法是把接穗苗切去根部,只保留一小段下胚轴,或是从一段枝蔓上以腋芽为单位切取枝段作为接穗;用刀片把砧木苗从顶端斜削一切面,把接穗或枝段的切面贴接到砧木的切面上,固定后形成嫁接苗(图 5-7)。

茄子贴接视频

贴接法比较容易进行嫁接操作,嫁接质量也容易掌握;嫁接苗的防病效果比较好;适宜的蔬菜接穗范围广,特别适用于蔬菜成株作接穗进行嫁接,在扩大优良蔬菜繁殖系数方面具有较好的作用。但该嫁接法也存在着嫁接苗的成活率不容易掌握；嫁接苗及嫁接株容易从接口处发生劈裂或折断；对嫁接用苗的大小要求较为严格，要求接穗和砧木的苗茎粗细大体相近等不足。

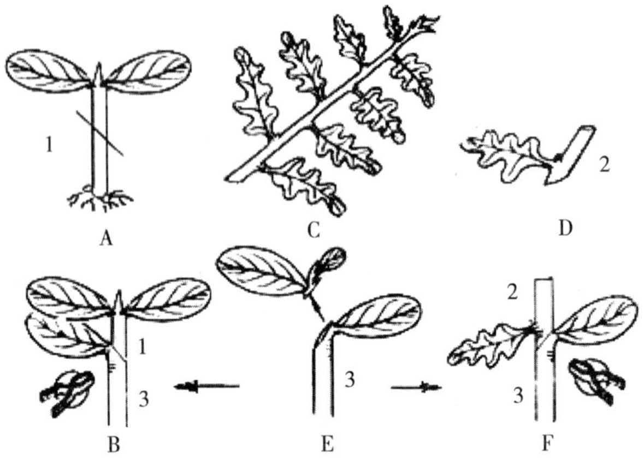

图 5-7 蔬菜贴接

A. 苗穗削切　B. 苗穗贴接　C. 枝条　D. 枝芽　E. 砧木苗削切　F. 枝芽贴接

1. 接穗　2. 枝芽　3. 砧木

贴接法比较适用于苗茎较粗或苗穗较大的蔬菜，多应用于从大苗以及植株的枝蔓上切取枝芽作接穗进行的嫁接。

二、嫁接用具准备

嫁接用具主要有嫁接刀、竹签和嫁接夹。

（一）嫁接刀

嫁接刀主要用于削切苗茎接口以及切除砧木苗的心叶和生长点，多使用双面刀片。为方便操作，对刀片应按图 5-8 所示进行处理。

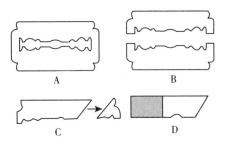

图 5-8 双面刀片处理示意

A. 完整刀片　B. 刀片两分
C. 去角　D. 包缠

（二）竹签

竹签主要于来挑除砧木苗的心叶、生长点以及对砧木苗茎插孔，一般用竹片自行制作。具体做法：先将竹片切成宽 0.5~1cm、长 5~10cm、厚 0.4cm 左右的片段，再将一端（插孔端）削成图 5-9 所示的形状，然后用纱布将竹签打磨光滑，插孔端的粗度应与接穗苗茎的粗度相当或稍大一些，若接穗苗的大小不一致，苗茎粗度差别较大，可多备几根粗细不同的竹签。

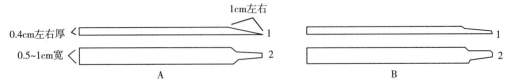

图 5-9 竹签的形状

A. 斜面形插头　B. 马耳形插头

1. 纵断面形状　2. 平面形状

(三) 嫁接夹

嫁接夹主要用于固定嫁接苗的接合部位,多用专用塑料夹(图 5-10)。

三、砧木选择

目前蔬菜嫁接所用砧木主要是一些蔬菜野生种、半栽培种或杂交种。主要蔬菜常用砧木见表 5-9。

图 5-10 蔬菜嫁接夹

表 5-9 主要蔬菜常用嫁接砧木

蔬菜名称	常用砧木
黄瓜、西葫芦、丝瓜、苦瓜等	黑籽南瓜、南砧 1 号、白籽南瓜、牵手(丝瓜砧)等
西瓜	葫芦、圣砧 2 号、超丰 F_1、相生、新土佐南瓜、勇士、圣奥力克、金砧 1 号、黄金搭档等
甜瓜	圣砧 1 号、大井、绿宝石、新土佐南瓜、翡翠、黑籽南瓜、日本雪松 F_1、甬砧 2 号等
番茄	BF、兴津 101、PFN、KVNF、耐病新交 1 号、托鲁巴姆、阿拉姆特、农优野茄、果砧 1 号等
茄子	托鲁巴姆、红茄、耐病 VF、密特、刺茄、农优野茄等
辣椒	格拉夫特、根基、土佐绿 B、PFR-K64、LS279、超抗托鲁巴姆、红茄等

四、嫁接场地准备

蔬菜嫁接应在温室或塑料大棚内进行,场地内的适宜温度为 25~30℃、空气湿度 90% 以上,并用草苫或遮阳网将地面遮成花荫。

任务 2 蔬菜嫁接

以黄瓜靠接为例,介绍蔬菜嫁接具体操作技术。

一、培育嫁接用苗

黄瓜靠接育苗对嫁接用苗的要求是:砧木苗子叶全展,第一片真叶显露,下胚轴长度 5~6cm;黄瓜苗第一片真叶半展至全展。

黄瓜比南瓜早播 4~5d,黄瓜播种后 10~12d 嫁接;黄瓜和南瓜一般采取密集撒播法,种子间距 2~3cm,平均每平方米苗床播种 1 200~1 500 粒。出苗前,保持苗床适当高的温度,使种子及时出苗。出苗后,揭掉地膜加强通风散湿并适当降低温度,白天 22~28℃,夜间 15℃左右,避免苗茎生长过快,导致苗茎过细和提早出现空腔。对带种壳的出土苗,应在幼苗刚出土后趁种壳尚软时,用一短棍轻轻挑掉种壳。子叶展开后要勤喷水,经常保持畦面湿润,嫁接前一天要将苗床浇透水。

二、嫁接

(一) 起苗

黄瓜苗和南瓜苗均应在叶面上无露水后开始起苗。起苗时要尽量多带宿土(尤其是南瓜苗要多带宿土),保护根系。起出的苗最好放入盆或纸箱内,上用湿布覆盖保湿。一般每次的起苗数以30～40株为宜。

(二) 苗茎削切

通常先对南瓜苗进行削切,而后再削切黄瓜苗。

1. 南瓜苗削切 用刀尖切除瓜苗的生长点(也可以用竹签挑除生长点),然后用左手大拇指和中指轻轻把两片子叶合起并捏住,使瓜苗的根部朝前,茎部靠在食指上。右手捏住刀片,在南瓜苗茎的窄一侧(与子叶生长方向垂直的一侧),紧靠子叶(要求刀片的入口处距子叶不超过0.5cm),与苗茎成30°～40°的夹角向前削一长0.8～1cm的切口(将对折后普通双面刀片的一半全部切入苗茎内即可),切口深达苗茎粗的2/3左右。切好后把苗放在洁净的纸或塑料薄膜上备用。

2. 黄瓜苗削切 取黄瓜苗,用左手的大拇指和中指轻轻捏住根部,子叶朝前,使苗茎部靠在食指上。右手持刀片,在黄瓜苗茎的宽一侧(子叶着生的一侧),距子叶约2cm处与苗茎成30°左右的夹角向前(上)削切一刀,刀口长与南瓜苗的一致,刀口深达苗茎粗的3/4左右。

(三) 嵌合、固定

瓜苗切好后,随即把黄瓜苗和南瓜苗的苗茎切口对正、对齐,嵌合插好。黄瓜苗茎的切面要插到南瓜苗茎切口的最底部,使切口内不留空隙。

两瓜苗的切口嵌合好后,用塑料夹从黄瓜苗一侧入夹,把两瓜苗的接合部位夹牢。

(四) 栽苗

嫁接结束后,要随即把嫁接苗栽到育苗钵或育苗畦内。栽苗时,南瓜苗要浅栽,适宜的栽苗深度是与原土印平或稍浅一些,使接口远离地面,避免接口遭受土壤污染。另外,为便于嫁接苗成活后能顺利地切断黄瓜苗茎,栽苗时,两瓜苗的根部应相距0.5～1cm远栽入地下。嫁接操作过程参见图5-11。

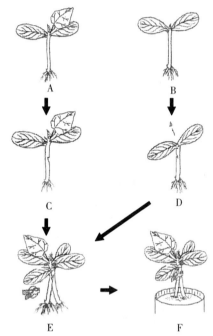

图5-11 黄瓜靠接过程示意
A. 适合嫁接的瓜苗 B. 适合嫁接的南瓜苗
C. 黄瓜苗茎削接口 D. 南瓜苗去心、苗茎削接口
E. 黄瓜与南瓜苗茎接口嵌合、固定 F. 嫁接苗栽植

任务3 苗床管理

一、嫁接苗愈合期管理

蔬菜嫁接后的10d左右,是砧木与接穗愈伤组织增长融合的时期,要求保持高温、高湿、中等强度光照条件。

(一) 光照管理

嫁接当日以及嫁接后前3d内,要用草苫或遮阳网把嫁接场所和苗床遮成花荫。从第四天开始，每天上午和下午让嫁接苗接受短时间的太阳直射光照，并随着嫁接苗的成活生长，逐天延长光照的时间。嫁接苗完全成活后，撤掉遮阳物，全日见光，转入一般的育苗管理。

（二）温度管理

嫁接后保持较常规育苗稍高的温度，以加快愈合进程。如黄瓜完成嫁接后提高地温到22℃以上，气温白天25～28℃，夜间18～20℃，高于30℃时应适当遮光降温；西瓜和甜瓜完成嫁接后气温白天25～30℃，夜间23℃，地温25℃左右；番茄完成嫁接后气温白天23～28℃，夜间18～20℃；茄子嫁接后前3d气温要提高到28～30℃，嫁接后3～7d，随着通风量的增加降低温度2～3℃。8～10d后叶片恢复生长，接口已经愈合，按一般育苗法进行温度管理即可。

（三）湿度管理

随嫁接随将嫁接苗放入已充分浇湿的小拱棚中，并将基质浇透水，用薄膜覆盖保湿，嫁接完毕后将苗床四周封严。前3d苗床内的空气相对湿度控制在90%～95%，之后降低湿度，于中午前后适量通风，防止嫁接苗染病。嫁接一周后转入正常管理。

（四）通风管理

嫁接后前3d一般不通风，保温保湿。断根插接幼苗高温高湿下易发病，每日可进行两次换气，但换气后需再次喷雾并密闭保湿。3d以后视作物种类和幼苗长势适量放风，降低空气湿度，并逐渐延长苗床的通风时间，加大通风量。嫁接苗成活后，按一般育苗法进行湿度管理即可。

二、嫁接苗成活后的管理

（一）及时剔除砧木萌蘖

接穗苗和砧木苗只有完全共生，才能互相促进，互相利用，所以，接穗上长出不定根或砧木苗茎上长出侧枝后，要及早抹掉。

（二）分级培养

成活稍差的嫁接苗要继续在原环境里培养，促嫁接苗生长。成活好的嫁接苗则进入正常的育苗管理。

（三）靠接苗接穗断根

靠接法嫁接苗在嫁接后的第9～10d，当嫁接苗完全恢复正常生长后，用刀片在靠近接口部位下方将接穗胚轴或茎切断。嫁接苗接穗断根后的几天里，容易发生萎蔫和倒伏，要对苗床进行适当地遮阳。对发生倒伏的苗要及时用枝条或土块等支扶起来，一般一周后，便可恢复正常，转入正常的管理。

▷ 相关知识

蔬菜嫁接栽培注意事项

1. 要适当提早播种 由于嫁接苗培养需要7～10d的成活时间，育苗期延长，所以嫁接育苗要适当提早播种时间。

2. 嫁接苗定植要浅 要求嫁接苗的接口距地面不小于3cm，使嫁接苗上的接口远离地面，减少地面病菌对接穗的侵染。

3. 垄畦或高畦栽培 用垄畦和高畦栽培嫁接苗，嫁接苗接口不容易遭受积水的污染，防病效果好。同时垄畦和高畦的通风性好，地面干燥，也能够避免接穗基部产生不定根。

4. 覆盖地膜栽培 覆盖地膜栽培一是能够保持地面干燥，降低接穗基部发生不定根的概率；二是地膜覆盖后，地膜在一定程度上也能够阻止接穗上的不定根扎入地里。

5. 适当稀植 嫁接苗生长旺盛，分枝力强，应适当稀植。

6. 浇水量要适宜 灌溉时浇水量要适宜，不要淹没嫁接口。

7. 适当减少基肥用量 嫁接苗根系发达，前期生长旺盛，吸收肥水能力强，应适当减少基肥用量，坐果之前少施肥或不施肥，以防止营养生长过旺，影响坐果。坐果后增加磷、钾肥供应，以满足生育需要。

8. 增加钙、镁肥的用量 嫁接蔬菜对土壤中的钙、镁营养吸收能力减弱，蔬菜容易发生钙、镁营养缺素症，因此嫁接蔬菜栽培地块要适当增加钙、镁肥的施肥量。

9. 支架和吊蔓栽培 一些蔬菜嫁接后要进行支架或吊蔓栽培，使接穗远离地面。

10. 保持接穗与砧木良好的共生性 栽培过程中，接穗上长出的不定根与砧木上长出的侧枝要及时剔除。

11. 适时进行植株调整 嫁接苗侧枝萌发力强，坐果前要及时进行植株调整，但不可整枝过度，影响根系发育。

▷ 练习与作业

1. 在教师的指导下，学生分别进行黄瓜靠接、番茄劈接、茄子贴接等的技能训练，训练结束后，总结技术要点与注意事项。

2. 在教师的指导下，学生进行嫁接苗苗床管理技能训练，训练结束后，总结技术要点与注意事项。

单元小结

蔬菜商业化育苗目前已经成为我国蔬菜产业中的重要环节，育苗技术也日趋规范、统一。选种、晒种、浸种、催芽和种子消毒是蔬菜育苗的基础工作，营养土育苗和育苗钵育苗是传统的育苗技术，应用范围逐渐减少，穴盘无土育苗是蔬菜商业化育苗的主要方式，也是蔬菜育苗的发展方向。嫁接育苗是设施蔬菜的主要育苗形式。各育苗方式均有其优点和不足，各地应根据当地的蔬菜生产条件、蔬菜发展规模以及蔬菜生产水平等灵活选用。

生产实践

1. 在教师的指导下，学生参加当地蔬菜不同形式的育苗实践。

2. 调查总结当地蔬菜育苗的主要形式与技术，分析存在的问题并提出改进意见。

单元五 蔬菜育苗技术

> 单元自测

一、填空题（40分，每空2分）

1. 种子纯度、净度、_____、_____要符合《瓜菜作物种子 第三部分：茄果类》（GB 16715.3—2010）的要求。
2. 蔬菜嫁接方法比较多，其中以_____、_____、劈接法和贴接法应用较为广泛。
3. 根据浸种的水温以及作用不同，通常分为一般浸种、_____和_____3种方法，应根据种子类型以及浸种目的进行选择。
4. 种子消毒方法主要有_____和药剂浸种两种方法，以_____应用较为普遍。
5. 蔬菜穴盘育苗要选用pH_____、含盐量（EC值）低于_____的水喷灌。
6. 穴盘无土育苗基质消毒方法主要有_____、_____和太阳能消毒3种。
7. 穴盘育苗通常用蛭石或蛭石：珍珠岩=1：1作覆盖材料，覆盖厚度约为种子直径的_____倍或_____cm。
8. 穴盘育苗一般冬春季选择_____色穴盘，而夏季或初秋，应当选择_____色的穴盘。
9. 苗床温度出苗前宜_____，当_____%以上幼苗出土后，撤除薄膜，适当降温。
10. 苗床种子发芽期温度一般白天保持_____℃，夜间_____℃。

二、判断题（24分，每题4分）

1. 制作营养土方的营养土应具有一定的黏性，以利从苗床中起苗或定植取苗时不散土。（　　）
2. 蔬菜嫁接后的15d左右，是砧木与接穗愈伤组织增长融合的时期。（　　）
3. 蔬菜穴盘苗通常长到2~3片以上真叶时就可以定植到栽培田。（　　）
4. 穴盘压盘时，最好一盘一压，保证播种深浅一致、出苗整齐。（　　）
5. 育苗钵用育苗土应适当减少田土的用量，增加有机质的用量，以增大育苗土的疏松度，并降低质量。（　　）
6. 每种蔬菜种子都有一定的有效使用年限，例如大白菜种子的有效使用年限为3~5年。（　　）

三、简答题（36分，每题6分）

1. 简述选种的技术要点。
2. 简述药剂浸种消毒的技术要点。
3. 简述营养土方切块法制作技术要点。
4. 简述苗床温度、湿度管理技术要点。
5. 简述穴盘苗株型控制技术要点。
6. 简述嫁接苗管理技术要点。

> 能力评价

在教师的指导下，学生以班级或小组为单位进行蔬菜营养土方育苗、育苗钵育苗、嫁接育苗和穴盘无土育苗实训与社会服务等实践。实践结束后,学生个人和教师对学生的实践情况进行综合能力评价。结果分别填入表5-10、表5-11。

表5-10 学生自我评价

姓名			班级		小组	
生产任务			时间		地点	
序号	自评内容			分数	得分	备注
1	在工作过程中表现出的积极性、主动性和发挥的作用			5		
2	资料收集的全面性和实用性			10		
3	工作计划确定			10		
4	营养土方育苗实践			15		
5	育苗钵育苗实践			15		
6	嫁接育苗实践			15		
7	穴盘无土育苗实践			15		
8	社会服务实践			15		
	合 计			100		
认为完成好的地方						
认为需要改进的地方						
自我评价						

表5-11 指导教师评价

指导教师姓名:_____ 评价时间:____年__月__日 课程名称:_____

生产任务:

学生姓名: 所在班级:

评价内容	评分标准	分数	得分	备注
目标认知程度	工作目标明确,工作计划具体结合实际,具有可操作性	5		
情感态度	工作态度端正,注意力集中,有工作热情	5		
团队协作	积极与他人合作,共同完成工作任务	5		
资料收集	所采集的材料和信息对工作任务的理解、工作计划的制订起重要作用	10		
工作方案的制订	提出方案合理、可操作性强、对最终的生产任务起决定作用	15		
工作方案的实施	操作规范、熟练	45		
操作安全、保护环境	安全操作,生产过程不污染环境	5		
技术文件的质量	完成的技术报告、生产方案质量高	10		
	合 计	100		

信息收集与整理

1. 调查当地蔬菜育苗情况,总结主要经验和不足。
2. 整理当地主要蔬菜的育苗技术规范。

资料链接

1. 中国蔬菜网　　http://www.vegnet.com.cn
2. 中国种子网　　http://www.seedinfo.cn
3. 寿光蔬菜网　　http://www.shucai001.com

典型案例

案例1　工厂化育苗助推蔬菜产业发展

甘肃省金塔县自2009年开始，先后投资180多万元，建设高标准育苗日光温室9座，育苗钢架拱棚18座，在县农技中心试验场建成了占地约13 000m² 的工厂化育苗基地，并租用三合农业生态开发区的1座连栋温室和4座日光温室，并配套相关育苗设施，开展规模化育苗，每年为全县设施农业提供优质穴盘蔬菜苗1 500万~2 000万株。

在工厂化育苗过程中，中心不断创新为农服务运行机制。按照"基地＋合作社＋农户"的产供销运行机制，依托农技中心注册成立了金塔县禾丰种苗农民专业合作社，由县农技中心负责技术指导与管理，积极探索研究为农服务新方式，不断创新运营机制。一是商品苗运营模式，即合作社统一育苗，农户购苗；二是代育模式，即农户或企业指定品种或自购蔬菜品种，合作社收取一定费用后代为育苗。

推行工厂化育苗，进一步加强了与村级专业合作社、农产品流通经纪人联系，并通过实施统一技术、统一品种、统一育苗、统一销售、统一管理的"五统一"工作方式，扩大了育苗规模，提高了育苗质量，为蔬菜产业实现标准化生产奠定了坚实的基础。

案例2　曲周县金满园蔬菜育苗专业合作社

曲周县金满园蔬菜育苗专业合作社成立于2010年3月，由曲周县东牛屯村7位农民自发出资组建，占地约2.4hm²，总投资400余万元。目前已经建成有高标准的智能育苗大棚7个，面积10 000m²。智能育苗温室大棚引进了韩国的自动施肥器、补光灯、冷暖空调等先进设备，为目前我国最先进的智能育苗温室大棚。合作社还聘请了山东省寿光市高级育苗专家负责全面的育苗技术指导，同时还聘请了4名有着二十多年育苗种菜经验的专业人员负责管理。

先进的生产设备，高超的技术力量，实行工厂化无土育苗，保证了育苗质量。每年培育高档菜苗6茬，全年培育高档成品菜苗2 500万株，平均每株利润0.1元，年利润250万元。每年雇用季节工5 000人次，发展会员5 000多农户。蔬菜苗主要销售给本县各乡镇蔬菜种植户及周边各县市，北到藁城、高邑、威县、南和、平乡、南宫，东到临西、邱县，南到广平、肥乡，西到永年等县市，带动曲周县及周边各县种植高档绿色蔬菜2 700多公顷。

案例3　山东茄子嫁接防病技术

用对茄子黄萎病菌有较强抗性的砧木，进行茄子嫁接换根，防治黄萎病，防效可达

98%以上,增产率平均达58.1%,嫁接成活率达99%。嫁接方法如下。

1. 选择砧木和接穗 砧木选用野生茄二号,该砧木的嫁接亲和力高,嫁接成活率达99%以上,根系发达,较耐低温,嫁接后所结的茄子无异味,品质好,结实率高,生长健壮。接穗选用紫阳长茄、亚布力、布里塔、天津快圆茄、济丰3号等。

2. 育苗 将砧木和接穗和种子进行浸种,待根伸长到0.5cm时即可分别均匀地播在两个苗盘中,种子间距1.5~2cm,覆土后浇水。育苗盘上要用塑料薄膜覆盖,架小拱棚,待出苗后揭掉。白天温度28~30℃,夜温20℃。砧木播种后25~35d分苗1次,将苗移栽到育苗钵内。播种50~60d,真叶长到4~5片,高10cm以上,在接穗播种后40~50d长出3~4片真叶时进行嫁接。

3. 嫁接 因茄子茎上长有几片真叶,节间较短,野茄子茎上有刺,不便于操作,因此目前茄子嫁接多选用贴接法。

嫁接选用双面刀片和嫁接专用小塑料夹。嫁接要在晴天遮阳条件下进行,从长在钵里的砧木苗的第二和第三片真片之间下刀,刀片由上向下按30°斜度削掉砧木苗茎的上部,斜面长0.7~0.8m。选粗度与砧木相近的接穗苗,由苗的顶部向下数,在第二或第三片真叶的下方,按30°的斜度削掉接苗茎的下部,使其斜面长度与砧木的斜面等长。把接穗斜面与砧木斜面贴合,至少要使接穗与砧木苗茎一侧的表皮对齐,接口两侧表皮都能对齐更好。用嫁接夹子夹住接口。嫁接后将嫁接苗放在用帘子遮阳小拱棚内的苗床中浇水培养。

4. 嫁接苗管理 嫁接后,前3d内要求每天遮光6h,空间湿度90%~95%,昼温25~28℃,夜温16~18℃。3d后逐日延长日照时间,到10d后嫁接苗全部成活后,撤去帘子和小拱棚,最后去掉嫁接夹,按正常茄子苗管理。

5. 嫁接苗定植 种植时不宜过密,以每亩定植2 000株、行距80cm、株距40cm为宜。定植时覆土不可超过接口,否则茄子长出不定根,失去嫁接防病作用。

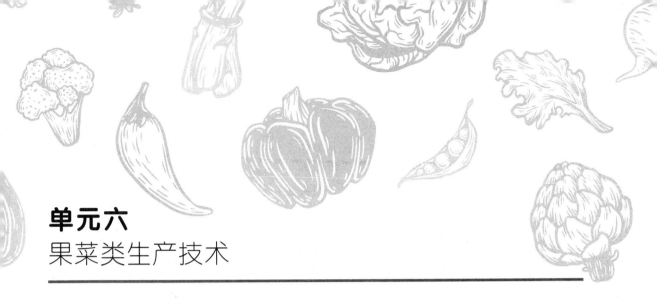

单元六
果菜类生产技术

▷ 职业能力目标

◀了解黄瓜、西瓜、西葫芦、番茄、茄子、辣椒、菜豆、豇豆主要果菜的生物学特性、品种类型、栽培季节与茬口安排等。

◀掌握黄瓜、西瓜、西葫芦、番茄、茄子、辣椒的育苗技术要点与定值技术,掌握菜豆与豇豆的直播全苗技术。

◀掌握黄瓜、西瓜、西葫芦、番茄、茄子、辣椒、菜豆、豇豆主要果菜的肥水管理技术、植株调整技术、疏花疏果技术、采收与采后处理技术。

◀掌握黄瓜、西瓜、西葫芦、番茄、茄子、辣椒、菜豆等的设施栽培的环境控制技术、保花保果技术、植株调整技术等。

◀了解番茄有机营养无土栽培技术。

◀熟悉当地主要果菜的生产安排、生产管理与采后处理等情况。

◀通过学习,具备对当地农民进行果菜生产技术培训和现场指导的能力。

▷ 学习要求

◀以实践教学为主,通过项目和任务单形式,使学生掌握必需的实践技能。

◀与当地的生产实际相结合,有针对性地开展学习。

◀通过社会实践活动,培养学生的服务意识,掌握基本的对农民进行业务培训和技术指导的能力。

项目一 黄瓜生产技术

● **任务目标** 了解黄瓜生产特性;掌握黄瓜品种选择与基地建立技术、育苗技术、定植技术、田间管理技术、采收与采后处理技术。

● **教学材料** 黄瓜品种、肥料、农药、农膜以及相应生产用具、器械等。

●**教学方法** 在教师的指导下,学生分组参加黄瓜生产实践。

黄瓜属于葫芦科一年生草本植物,农业生物学分类上属于瓜类蔬菜。黄瓜生长快,结果早,产量高,供应期长,口感好,营养丰富,加之易于种植管理,在我国深受人们喜爱,从南到北均有种植,其栽培面积和产量居果菜类之首。在我国北方地区,目前黄瓜生产主要是利用温室、塑料大棚进行反季节栽培、春季早熟栽培、越夏栽培和秋季延迟栽培,传统的露地黄瓜栽培日趋萎缩,基本处于零星种植状态(图6-1)。

图6-1 黄 瓜

任务1 建立生产基地

1. 选择无污染和生态条件良好的地域建立生产基地。生产基地应远离工矿区和公路、铁路干线,避开工业和城市污染的影响。
2. 产地空气环境质量、农田灌溉水质质量以及土壤环境质量均应符合无公害蔬菜生产的相关标准要求。
3. 土壤肥力应达到二级肥力以上标准。
4. 种植地块的适宜土壤pH5.7~7.2,以pH6.0左右为最适。
5. 忌与同科作物连作。

任务2 温室黄瓜栽培技术

一、茬口安排

北方地区日光温室黄瓜茬口主要有秋冬茬、冬春茬、春茬和夏秋茬(表6-1),其中冬春茬的效益最好,栽培规模也最大。

表6-1 我国北方地区日光温室黄瓜生产茬口安排

茬 口	播种期	定植期	收获期	备 注
秋冬茬	7月上旬至8月上旬	直播	10月至翌年1月	不嫁接
冬春茬	9月下旬至10月上旬	10月中旬至11中旬	12月至翌年4月	嫁接栽培
春 茬	12月下旬至翌年1月下旬	翌年2月上旬至3月上旬	翌年3月至6月	嫁接或不嫁接
夏秋茬	翌年4月下旬至5月上旬	直播	翌年7月至10月	不嫁接、夏季防雨、遮阳

二、选择品种和种子

(一)品种选择

1. 冬春茬品种选择 应选择耐低温、耐弱光、抗病、瓜码密、单性结实能力强、瓜条生长速度快、品质佳、商品性好的品种，适宜温室冬春茬栽培的品种有长春密刺、中农 26、津优 38、津绿 3 号等。

2. 春茬品种选择　应选择耐低温又耐高温、耐弱光、坐瓜节位低、主蔓可连续结瓜且结回头瓜能力强的品种，适宜温室春茬栽培的品种有长春密刺、新泰密刺、津优 30、津优 36 等。

3. 秋冬茬品种选择　应选择耐热又抗寒、抗病性强的中晚熟品种。适宜温室秋冬茬栽培的品种有津杂 1 号、津优 11、中农 8 号等。

> ▷ **相关知识**
>
> **黄瓜的品种类型**
>
> 按用途一般分为普通黄瓜和水果黄瓜两大类型。
>
> 普通黄瓜包括传统的有刺黄瓜和无刺黄瓜，通常瓜条体型较大，单株结瓜数量少，熟食、生食均可，主要用于佐饭。
>
> 水果黄瓜体形短小，瓜长 12～15cm，直径约 3cm，少刺瘤，棒型直且短，果肉厚、皮薄、籽少、口味甘甜，颜色有绿色和浅绿色，主要作为蔬菜类水果生食，单株结瓜多，栽培效益高，近年来栽培广泛。优良品种有甜脆绿 6 号、春光 2 号、戴多星等。
>
>
>
> 黄瓜品种类型图片

（二）种子质量要求

应选第 1～2 年的种子，种子质量应不低于《瓜菜作物种子　第一部分：瓜类》（GB 16715.1—2010）中规定的最低质量标准。

三、嫁接育苗

常用的嫁接方法主要有靠接法和插接法。

（一）砧木选择

选用黑籽南瓜、白籽南瓜、南砧 1 号、新土佐等南瓜品种。

（二）培育砧木苗和接穗苗

1. 种子处理　用温汤浸种法，黄瓜浸泡 2～4h，黑籽南瓜浸泡 4～6h。催芽温度 25～30℃。

2. 播种及播后管理　黄瓜采用密集播种法，种子平放，间距 2cm，播深 0.5～1cm。黑籽南瓜按 2～3cm 间距密集撒播或点播于育苗钵内，播深 1～1.5cm。

靠接法应先播种黄瓜，5～7d 后播种黑籽南瓜；插接法应先播种南瓜，3～5d 后再播种黄瓜。

足墒播种，播后覆盖地膜保湿、保温。发芽期间保持温度 25～30℃。种子出苗后揭去地膜。多数种子出苗时撒盖一层土或少量喷水护根，并降低温度，白天 25℃左右，夜间 12～15℃，防止徒长。

（三）嫁接

1. 适宜的嫁接用苗标准

（1）靠接法。黄瓜苗两片子叶充分展开，第一片真叶展开（即 1 叶 1 心），苗茎粗壮，高度 6cm 左右；黑籽南瓜苗两片子叶初展或刚展平，未露尖或刚露小尖（即真叶露尖前后），苗茎高 5cm 左右。黄瓜嫁接苗的苗龄不宜过长，以嫁接苗充分成活、第三片真叶完全展开后定植为宜。

（2）插接法。南瓜苗两片子叶充分展开，第一片真叶初展，苗茎高 5cm 左右；黄瓜苗的两片子叶展开，第一片真叶露小尖，苗茎粗壮，高度 3～5cm。

2. 嫁接技术　具体嫁接技术及嫁接苗培育技术参见单元五蔬菜育苗技术部分。

（四）其他

用育苗钵或穴盘无土育苗，穴盘育苗一般用 72 孔的黑色或灰色标准穴盘。育苗土以及育苗基质配制参见单元五蔬菜育苗部分。

四、定植

（一）整地施肥

结合深耕一般每亩施入优质厩肥 5～6m³ 或纯鸡粪（蛋鸡粪）3～4m³、饼肥 100～200kg、氮磷钾复合肥 50～80kg。肥料的 2/3 于整地前撒施，1/3 集中施于定植沟内。

（二）作畦

在温室内南北向，分别按 70～80cm 和 40～50cm 大、小垄距起垄，垄高 15cm 左右，垄畦的形状和规格要求见图 6-2。

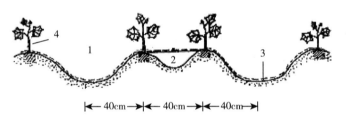

图 6-2　黄瓜小高垄大小行距定植
1. 宽垄沟　2. 窄垄沟　3. 地膜　4. 黄瓜苗

（三）定植

选晴天上午定植。在垄上开沟或挖穴栽苗，株距 25～28cm，栽苗深度以嫁接部位高出地面 2cm 以上为宜。浇水后封穴，并按图 6-2 所示方式覆盖地膜。

为使整个温室内植株长势整齐一致，定植时应分级栽苗，大苗栽到温室的东、西部和前部，小苗集中到温室中部。每一行应大苗在前，小苗在后，一般苗居中。

五、田间管理

（一）温度管理

冬春两季定植后密闭保温，夏、秋两季定植后进行遮阳。缓苗期间，白天温度控制在 35～38℃，夜间 20℃以上；缓苗后加强通风，白天保持在 28～32℃，夜间 15℃以上。结瓜期上午温度 25～35℃，超过 35℃放风，下午温度 20～22℃，降到 20℃时盖苫，前半夜温度维持在 18～15℃，后半夜 15～12℃，早晨揭苫前不低于 8～10℃。

(二) 肥水管理

1. 浇水 缓苗后根据墒情浇 1 次缓苗水，结瓜后经常保持地面湿润。采用膜下暗灌或滴灌浇水。

2. 追肥 结瓜后开始追肥。冬季每 15d 追 1 次肥，春季每 10d 左右追 1 次肥，拉秧前 30d 不追肥或少量追肥。采取小垄沟内冲肥法施肥，交替冲施化肥和有机肥。化肥主要用全水溶性复合肥或黄瓜专用冲施肥，每亩每次用量 10~15kg。有机肥主要用冲施型复合肥，每亩每次用量 40~50kg 或自制的饼肥、鸡粪沤制液等，每亩每次用量 150~200kg。结瓜盛期交替喷施丰产素、0.1% 磷酸二氢钾等叶面肥。

(三) 光照管理

冬、春季，晴天及早揭苫见光，阴天可适当晚揭早盖；采用地膜覆盖、张挂反光幕、人工补光等措施，增加室内的有效光照。夏、秋季光照过强时，要适当遮光。

(四) 植株调整

1. 整枝 主蔓坐瓜前，基部长出的侧枝应及早抹掉，坐瓜后长出的侧枝，在第一雌花前留 1 叶摘心。

2. 吊蔓、落蔓 及时吊绳引蔓，每 3~5d 引蔓 1 次。引蔓的同时摘除雄花、卷须、老叶、病叶等。

黄瓜落蔓视频

当瓜蔓长到绳顶后落蔓，落蔓的高度以功能叶不落地为宜，并形成北高南低的梯度。

任务 3 塑料大棚黄瓜栽培技术

一、茬口安排

北方地区的塑料大棚黄瓜栽培茬口主要分为春茬和秋茬（表 6-2），其中春茬栽培产量高、效益好，生产规模较大。

表 6-2 我国北方地区大棚黄瓜生产茬口安排

茬口	播种期	定植期	收获期	备 注
春茬	2月上旬至3月上旬	3月上旬至4月上旬	4月至7月	嫁接或不嫁接
秋茬	6月至7月	直播	8月至10月	不嫁接、夏季防雨、遮阳

二、选择品种和种子

(一) 春茬黄瓜品种选择

应选择耐低温、耐弱光、适应性强、早熟、抗病、丰产的品种。适宜大棚春茬栽培的品种有津优 30、津杂 2 号、中农 7 号、鲁黄瓜 6 号、农大 12 等。

(二) 大棚秋茬品种选择

应选择耐热、抗病、瓜码密、节成性好的品种。适宜大棚秋茬栽培的品种有津优 1 号、冀美 1 号、津春 5 号、中农 12、津研 4 号等。

种子质量应不低于《瓜菜作物种子 第一部分：瓜类》（GB 16715.1—2010）中规定的最低质量标准。

三、育苗

（一）育苗方式

根据当地黄瓜病害发生情况进行嫁接育苗或不嫁接育苗。

（二）选择育苗场所与设施

春茬用日光温室或温床育苗；秋茬育苗苗床应具有遮光、降温、防雨、防虫等功能。

（三）播前准备

采用育苗钵育苗或穴盘无土育苗。

（四）播种

采用点播的方式。

（五）苗床管理

春茬栽培育苗期正值低温季节，应采取增温和保温措施。为了培育壮苗，并使花芽分化良好，可采取大温差育苗，白天最高气温可达到35℃，夜间最低气温13℃。定植前7～10d要进行低温炼苗，夜间最低温度可逐渐降低到8～10℃，并适度控水。

秋茬栽培可采用直播，也可育苗移栽。播种期和苗期正值高温多雨季节，应注意遮阳、防雨和防虫。育苗时苗龄宜短，一般以不超过20d，幼苗具有2叶1心为宜。

四、定植

（一）定植时期

春茬定植前15～20d扣棚，当棚内10cm地温稳定在12℃以上时即可定植。选晴天上午进行，采用多层覆盖定植期可提前。

（二）整地施肥

每亩施腐熟圈粪5～6m³或腐熟鸡粪3～4m³，磷酸二氢铵100kg或腐熟饼肥200kg。普施与开沟集中施相结合。做成高畦或垄畦，高度15～20cm。

（三）定植

春季栽培采用暗水栽苗法，秋季用明水法定植。每亩定植4 500～5 000株。春茬黄瓜定植后用地膜覆盖地面。

五、田间管理

（一）春茬黄瓜管理

1. 温度与通风管理 缓苗期不放风，缓苗后一般不超过32℃不放风，当温度降至25℃时关闭风口，使夜间温度保持在15℃以上。随着外界气温的逐渐回升，逐渐加大通风量，白天温度25～35℃，夜间温度14～16℃。

2. 肥水管理 坐瓜前一般不浇水，结瓜期逐渐加大浇水量，盛瓜期每2～3d浇1次水，每7～10d追1次肥，每次每亩冲施尿素8～10kg、磷酸二氢钾8～10kg，或腐熟粪稀500～750kg。

黄瓜绑蔓视频

3. 植株调整　搭"人"字形架或吊架，及时引蔓、吊蔓或绑蔓，及时摘除卷须、病叶、黄叶、老叶等。

（二）秋茬黄瓜管理

1. 温度与通风管理　初期防高温、强光和雨水冲刷，及早扣棚并加强通风，使棚内温度白天保持在25～30℃，夜间20℃左右。当外界气温降低时，加强保温防寒，使大棚内最低温度不低于10℃，适当通风换气，防止高湿诱发病害。

2. 肥水管理　结瓜前应少浇水，多中耕；盛瓜期，每7～10d浇1次水，每次每亩追施氮磷钾复合肥10～12kg或腐熟稀人粪尿500～750kg。后期减少浇水，以保持地温。

3. 植株调整　及早去除下部侧枝，第八叶以上的侧枝可以保留1～2个，瓜前留2片叶摘心。主蔓生长到接近棚顶时摘心，促生回头瓜。

▷ 相关知识

塑料大棚黄瓜茬口安排

　　塑料大棚黄瓜栽培茬次分春茬和秋茬，以春茬栽培效果较好，秋茬栽培期较短，产量偏低。

　　塑料大棚春茬栽培一般在当地晚霜结束前30～40d定植，定植后35d左右开始采收，供应期2个月左右；秋茬一般在当地初霜期前60～70d播种育苗或直播，从播种到采收55d左右，采收期40～50d。由此可以确定各地适宜的播种期。

任务4　采收与采后处理

一、收获

黄瓜以幼嫩瓜为产品，在适宜条件下，从雌花开放到采收需8～18d。根瓜采收要早，对生长势弱的植株要早采；生长势强的要晚采，通过采瓜、留瓜来调节植株长势。各种畸形瓜要及早疏除或早采。

二、采收后处理

（一）整理

剔除畸形瓜、烂瓜、病瓜等。

（二）分级

根据瓜条长度、粗细均匀度、颜色和质量进行分级。

（三）包装

可用普通纸箱，摆放一层黄瓜垫一层包装纸，放满后封箱。也可将黄瓜先装入塑料袋或塑料盒中再装箱。

▷ 相关知识

黄瓜主要生理障碍

1. 畸形瓜 畸形瓜主要有尖嘴瓜、大肚瓜、蜂腰瓜、弯瓜和僵瓜5种（图6-3）。

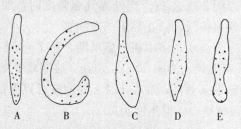

图6-3 黄瓜畸形瓜
A. 正常瓜 B. 弯曲瓜 C. 大肚瓜 D. 尖嘴瓜 E. 蜂腰瓜

畸形瓜产生的主要原因：

（1）花芽分化不良，光照不足，夜温过高，幼苗营养不足，导致子房发育不良，幼小时就弯曲，结瓜后形成弯曲瓜。

（2）瓜秧发生徒长，养分大量流向茎、叶，果实得不到足够的营养供应，过早停止生长，形成僵瓜。

（3）单性结实力弱的品种雌花未受精时易形成尖头瓜；雌花授粉不完全或瓜条膨大中期营养不良易形成蜂腰瓜；果实膨大初期或中期营养过剩，水分过大，之后水肥供应又转为正常，易形成大肚瓜。

（4）高温、干旱，植株衰老，或温度、土壤湿度变化剧烈，也容易诱发各种畸形瓜。

2. 苦味瓜 苦味瓜主要是由长时间低温、光照不足、干旱，以及偏施氮肥、缺肥及植株衰老等，使果实中的苦瓜素含量过高所致。

3. 花打顶 花打顶主要表现为生长点不舒展，顶梢几节短缩，聚成一个疙瘩，雄花、雌花一直开到瓜秧顶梢。温度长时间低于10℃、施肥量过大发生烧根、地温偏低或土壤湿度过大引起伤根等均能引起黄瓜花打顶（图6-4）。

4. 化瓜 幼瓜形成后不能继续生长成商品瓜而黄萎、脱落的现象即化瓜。主要原因是长时间低温弱光，植株生长势弱，营养不良，瓜条中途停止发育。另外，温度猛然下降、水肥过大、激素使用不当等也容易引起化瓜。

图6-4 黄瓜花打顶

▷ 资料阅读

黄瓜的生物学特性

1. 形态特征　根系不发达，入土浅，主要根群分布在 0~20cm 的土层内，吸收能力弱。根颈上易生不定根，并且不定根生长较快。根系木栓化早，伤根后再生新根的能力较弱，应注意保护根系。茎蔓性，一般 5~6 节之前节间较短，能直立生长，5~6 节以后节间显著伸长，开始蔓生。叶腋着生卷须、分枝及雄花或雌花。

黄瓜形态特征图片

叶分为子叶和真叶两种。子叶两片对生，为长椭圆形。真叶互生，呈掌状五角形，边缘有细锯齿，在叶片的两面都生有刺毛，刺毛是鉴别植株生长健壮与否的重要标志之一。

花单性。雌花较大，子房下位，多单生。多数品种的雌花具有单性结实能力。雄花较小，簇生，数量多，一般较雌花提早出现 3 节左右。果实为瓠果，由子房和花托发育而成。种子扁平，长椭圆形。千粒重 20~30g，每瓜可产种子 150~400 粒。成熟而饱满的种子一般种皮黄白色，饱满度差的种子乳白色，陈种子灰白色。种子的使用年限为 3 年。

2. 生长发育周期　黄瓜的整个生长发育过程可分为发芽期、幼苗期、初花期和结果期。

（1）发芽期。从种子萌动到"破心"（第一片真叶露出）为发芽期，一般需 7~8d。

（2）幼苗期。从"破心"到具 4~5 片真叶为幼苗期，约需 30d。

（3）初花期。初花期也称抽蔓期，从第 4~5 片真叶展开起，到瓜蔓抽出、基部的第一瓜坐住时结束，正常条件下，一般历时 20~25d。通常将雌花子房膨大，幼瓜长到 10cm 以上长时，作为坐瓜的判别标准。此期结束时，一般瓜蔓可长到 50~100cm。

（4）结果期。从第一瓜坐住开始，到拉秧结束为结果期，正常条件下，露地栽培一般需 30~60d，保护地栽培可长达 120~180d。

3. 对环境条件的要求　种子发芽的适宜温度为 28~32℃，生育适温为 15~32℃，气温降至 10~12℃时，生育非常缓慢，降到 0~1℃时，产生冻害。

黄瓜具有一定的耐阴性，适宜的光照度为 40~60klx。喜湿不耐旱，适宜的空气湿度为 80%~90%。不耐涝，特别是低温期，如果土壤湿度长时间过高，容易导致烂根。

黄瓜适合于富含有机质、保水保肥能力强的肥沃壤土上栽培。适宜的 pH 为 5.5~7.6。黄瓜产量高，喜肥，每生产 100kg 的瓜，约需要氮 280g，磷 90g，钾 990g。但黄瓜根系的耐盐能力却比较弱，适宜的土壤含盐量为 2mg/kg。

▷ 练习与作业

1. 调查当地黄瓜的主要栽培方式、栽培茬口以及各茬口的生产情况。

2. 在教师的指导下，学生分别进行黄瓜育苗、露地（温室或大棚）黄瓜定植以及田间管理等的技能训练，训练结束后，总结技术要点与注意事项。

3. 在教师的指导下，学生进行黄瓜采收技能训练，训练结束后，总结技术要点与注意事项。

4. 根据所学知识，制订一份适合当地生产条件的露地（温室或大棚）黄瓜生产方案。

项目二 西瓜生产技术

● **任务目标** 了解西瓜生产特性;掌握西瓜品种选择与基地建立技术、育苗技术、定植技术、田间管理技术、采收与采后处理技术。

● **教学材料** 西瓜品种、肥料、农药、农膜以及相应生产用具、器械等。

● **教学方法** 在教师的指导下,学生分组参加西瓜生产实践。

西瓜为葫芦科一年生草本植物,农业生物学分类上属于瓜类蔬菜。西瓜生长快、结果早、产量高、营养丰富,为夏季消渴解暑和待客的佳品,深受人们喜爱。我国从南到北均有西瓜种植,南方以海南岛为主要产区,北方以沿黄河一线为主要种植带,上至甘肃兰州,下至陕西、河北、河南、山东,其中山东为西瓜的主要产区。我国北方西瓜生产目前主要是利用塑料大棚、塑料小拱棚进行春季早熟栽培和秋季延迟栽培,露地西瓜因产量低、上市晚、品质差等原因,已经很少种植(图6-5)。

图6-5 西 瓜

任务1 建立生产基地

1. 选择无污染和生态条件良好的地域建立生产基地。生产基地应远离工矿区和公路、铁路干线,避开工业和城市污染的影响。
2. 产地空气环境质量、农田灌溉水质质量以及土壤环境质量均应符合无公害蔬菜生产的相关标准要求。
3. 土壤肥力应达到二级肥力以上标准。
4. 要选择土层深厚、排灌方便、地力肥沃、疏松透气的沙壤土或壤土。
5. 种植地块土壤pH应在5~7。

任务2 塑料大棚西瓜栽培技术

一、茬口安排

北方塑料大棚西瓜栽培茬口分为春茬和秋茬。春茬西瓜栽培时间长、易管理、产量高,为主要的栽培茬口(图6-6)。

春茬塑料大棚单层覆盖一般较当地露地西瓜提早20~30d定植,大棚内套盖小拱棚、夜间加盖草苫还可再提早10~15d定植。秋茬栽培应保证大棚内有适宜生长时间100~120d。

在西瓜茬口安排上忌连作,应与大田作物或其他非瓜类蔬菜轮作4~6年。设施内连作时,应采取嫁接栽培,并加强病虫害预防。

图 6-6 大棚西瓜栽培

二、选择品种和种子

(一) 品种选择

根据栽培目的和销往地区的消费习惯，选择抗逆性强、高产、优质的品种。常用品种有：小果型西瓜包括红小帅、红小玉、京秀、早春红玉、福运来、L600 等；中果型西瓜包括京欣 2 号、京欣 1 号、北农天骄等；无籽西瓜包括农友新 1 号、农友新奇、花蜜无籽、郑抗无籽 3 号、黑蜜、京玲-3、甜宝小无籽等。

(二) 种子质量要求

种子质量应不低于《瓜菜作物种子 第一部分：瓜类》(GB 16715.1—2010) 中规定的最低质量标准。

▷ 相关知识

西瓜品种类型

1. 有籽西瓜 为普通的二倍体西瓜，能够正常的自然授粉受精，并形成种子。

2. 无籽西瓜 为三倍体西瓜，能够用普通西瓜品种对其进行授粉受精，但不能形成种子，或只形成一白色的庇种壳。

西瓜品种类型图片

三、嫁接育苗

常用的嫁接方法主要有插接法和贴接法，以插接法应用较为普遍。

(一) 砧木选择

选用白籽南瓜、长葫芦等作砧木。

(二) 培育砧木苗和接穗苗

1. 种子处理 无籽西瓜浸种前，用牙或钳子等工具将种子从脐部缝合线处磕裂一条相当于种子长度 1/3 的小缝,以利种子吸水。

将种子放入 55~60℃ 的温水中,浸泡 10~15min,当水温降至 28~32℃ 时,有籽西瓜种子继续浸泡 4~6h,无籽西瓜种子继续浸泡 1.5~2h。

作砧木用的葫芦种子常温浸泡 48h,南瓜种子常温浸泡 4~6h。

将处理好的西瓜种子用湿布包好后放在 28~30℃(普通西瓜)或 33~35℃(无籽西瓜)的条件下催芽胚根(芽)长 0.5cm 左右时播种。葫芦和南瓜种子在 25~28℃ 的温度下催芽,胚根(芽)长 0.5cm 时播种。

2. 播种 按田土和充分腐熟的厩肥或堆肥的 3∶2 或 2∶1 比例配制育苗土,每方营养土加氮磷钾复合肥(15-15-15)1.5kg、50% 的多菌灵可湿性粉剂 100g。混匀过筛装入塑料钵、塑料筒或纸筒等容器内。塑料钵要求规格为钵高 8~10cm,上口径 8~10cm;塑料筒和纸筒要求高 10~12cm,直径 8~10cm。

应选晴天上午播种,砧木播在营养钵(筒)中,接穗播在播种箱里。

插接法嫁接,葫芦播种 7~8d 后播种西瓜,南瓜播种 2~3d 后播种西瓜。

3. 播后管理 覆盖地膜保湿、保温。发芽期间保持温度 25~30℃。种子出苗后揭去地膜。多数种子出苗时撒盖一层土或少量喷水护根,并降低温度,白天 25℃ 左右,夜间 12~15℃,防止徒长。

(三)嫁接

当砧木第一真叶出现,西瓜子叶展开时插接。

将木苗带钵搬出,挑去真叶和生长点,然后用竹签在苗茎的顶面紧贴一子叶,沿子叶连线的方向,与水平面呈 45°左右夹角,向另一子叶的下方斜插一孔,插孔长 0.8~1cm,深度以竹签刚好刺顶到苗茎的表皮为适宜。从苗床中拔出西瓜苗,用刀片在子叶的正下方一侧、距子叶 0.5cm 以内处,与苗茎成 45°左右夹角,斜削一刀,把苗茎削断,切面成单斜面形,切面朝下插入砧木苗茎的插孔内。西瓜苗茎要插到砧木苗茎插孔的尽底部,使插孔底部不留空隙。嫁接操作过程见图 6-7。

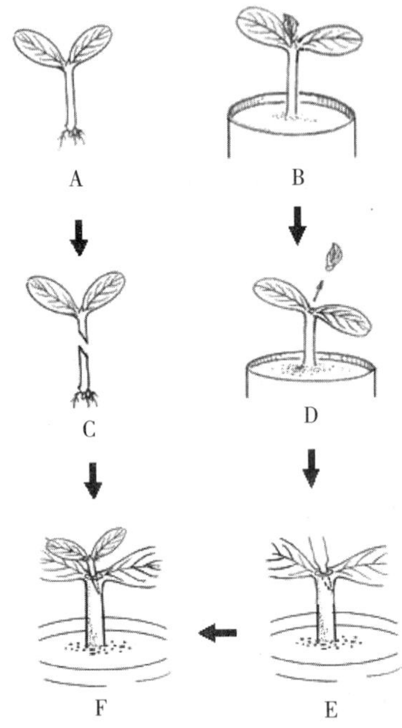

(四)嫁接苗管理

嫁接苗管理参照单元五嫁接育苗部分进行。当长出 3 片真叶后开始定植。

图 6-7 西瓜插接过程示意
A. 适合插接的西瓜苗 B. 适合插接的砧木苗
C. 西瓜苗茎削切 D. 砧木苗去心
E. 砧木苗插孔 F. 接口嵌合

四、定植

(一)施肥作畦

1. 施肥 定植前 15~20d 扣棚,促地温回升。要求配方施肥,每亩参考施肥量为:优质纯鸡粪 3~4m³、饼肥 100~200kg、优质复合肥 50kg、硫酸钾 50kg、钙镁磷肥 100kg、硼肥 1kg、锌肥 1kg。

在整平的地面上,开深50cm、宽1m的沟施肥。挖沟时将上层熟土放到沟边,下层生土放到熟土外侧。把一半捣碎捣细的粪肥均匀撒入沟底,然后填入熟土,与肥翻拌均匀,剩下的粪肥与钙镁磷肥、微肥以及70%左右的复合肥随着填土一起均匀施入20cm以上的土层内。施肥后平好沟,最后将施肥沟浇水,使沟土充分沉落。其余的肥料在西瓜苗定植时集中穴施。

2. 作畦 根据栽培习惯和栽培方式起宽垄或作平畦(适合滴灌栽培)。支架或吊蔓栽培按大行距1.1m、小行距0.7m起垄或作畦;爬地栽培按大行距2.8～3.2m、小行距0.4m起垄或作畦(图6-8)。

(二)定植

大棚内10cm土层温度稳定在13℃以上,最低气温稳定在5℃以上时为安全定植期。选晴天上午定植。按株距挖穴、浇水,水渗后将营养土坨埋入穴内,使坨与地表平齐。嫁接苗栽植不宜过深,以免嫁接口接触地面,浇水量应能保证将瓜苗周围的土渗透。定植后覆盖地膜。定植参考密度如下。

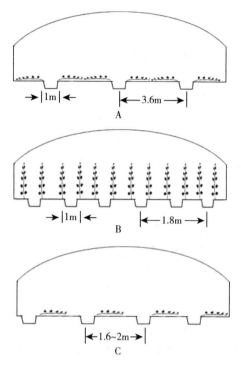

图6-8 大棚西瓜起垄栽培形式
A. 大小行距栽培 B. 支架栽培 C. 等行距栽培

支架或吊蔓栽培:大行距1.1m、小行距0.7m,早熟品种株距0.4m,每亩定植1 500～1 800株,中熟品种株距0.5m,每亩定植1 300～1 500株。

爬地栽培:大行距2.8～3.2m、小行距0.4m,早熟品种株距0.4m,每亩定植900～1 000株,中熟品种株距0.5m,每亩定植600～700株。

无籽西瓜生长势强,茎、叶繁茂,应适当稀植,一般每亩栽植400～500株。因无籽西瓜植株花粉发育不良,必须间种普通西瓜品种作为授粉株,生产上一般每3行或4行无籽西瓜间种1行普通西瓜。授粉品种宜选用种子较小、果实皮色不同于无籽西瓜的当地主栽优良品种,较无籽西瓜晚播5～7d,以保证花期相遇。

五、田间管理

(一)温度管理

定植后5～7d闷棚增温,白天温度保持在30℃左右,夜间20℃左右,最低夜温为10℃,10cm地温维持在15℃以上。温度偏低时,应及时加盖小拱棚、二道幕、草苫等保温。缓苗后开始少量放风,大棚内气温保持在25～28℃,超过30℃适当放风,夜间加强覆盖,温度保持在12℃以上,10cm地温保持在15℃以上。随着外界气温的升高和蔓的伸长,当棚内夜温稳定在15℃以上时,可把小拱棚全部撤除,并逐渐加大白天的放风量和延长放风时间。开花坐果期白天气温应保持在30℃左右,夜间不低于15℃,否则坐瓜不良。瓜开始膨大后要求高温,白天气温30～32℃,夜间15～25℃,昼夜温差保持10℃左右,地温

25～28℃。

(二) 肥水管理

1. 浇水 定植前造足底墒，定植时浇足定植水，之后到坐瓜前不再浇水。大部分瓜坐稳后浇催瓜水，之后要勤浇，经常保持地面湿润。瓜生长后期适当减少浇水，采收前7～10d停止浇水。

2. 施肥 在施足基肥的情况下，坐瓜前一般不追肥。坐瓜后结合浇水每亩冲施尿素8～10kg、硫酸钾10～12kg，或全水溶性高钾复合肥（15-15-30）10～15kg，或充分腐熟的有机肥沤制液800kg。膨瓜期再适量冲施1次肥。

坐瓜后，每7～10d进行1次叶面喷肥，主要叶面肥有0.1%～0.2%尿素、0.2%磷酸二氢钾、复硝酚钠（爱多收）、1%红糖或白糖等。

(三) 植株调整

1. 吊蔓栽培 采用吊蔓栽培时，当茎蔓开始伸长后应及时吊绳引蔓。多采取双蔓整枝，将两条蔓分别缠在两根吊绳上，使叶片受光均匀。引蔓时如茎蔓过长，可先将茎蔓在地膜上绕一周再缠蔓，但要注意避免接触土壤。

西瓜吊蔓图片

2. 整枝 西瓜主要有单蔓整枝、双蔓整枝和三蔓整枝几种整枝方法（图6-9）。爬地栽培一般采取双蔓整枝或三蔓整枝法。双蔓整枝法保留主蔓和基部的一条健壮子蔓，多用于早熟品种；三蔓整枝法保留主蔓和基部两条健壮子蔓，其余全部摘除，多用于中、晚熟品种。当蔓长到50cm左右时，选晴暖天引蔓，并用细枝条卡住，使瓜秧按要求的方向伸长。主蔓和侧蔓可同向引蔓，也可反向引蔓，瓜蔓分布要均匀。

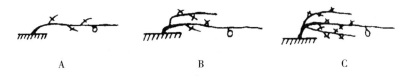

图6-9 西瓜整枝方式
A. 单蔓整枝 B. 双蔓整枝 C. 三蔓整枝

坐瓜前要及时抹除多余瓜杈，除保留坐瓜节位以外，其他全部抹掉。坐瓜后应减少抹杈次数或不抹杈。

(四) 人工授粉与留瓜

1. 人工授粉 开花当天上午6～9时授粉，阴雨天适当延后。一般每株瓜秧主蔓上的第1～3朵雌花和侧蔓上的第1朵雌花都要进行授粉。塑料大棚早春栽培西瓜，棚内温度低，为提高坐瓜率，可在授粉的同时，用20～50mg/L坐果灵蘸花。

西瓜人工授粉视频

2. 选留瓜 待幼果生长到鸡蛋大小，开始褪毛时，进行选留瓜。普通西瓜一般选留主蔓第二或第三雌花坐的瓜，无籽西瓜要选留主蔓上第三雌花（第20左右）的瓜。采用双蔓、三蔓整枝时，每株只留一个瓜，采用多蔓整枝时，一株可留两个或多个果。

（五）果实管理

1. 垫瓜 在幼果拳头大小时，将幼果果柄顺直，然后在幼果下面垫上麦秸、稻草。

2. 翻瓜 果实停止生长后要进行翻瓜。翻瓜要在下午进行，顺一个方向翻，每次的翻转角度不超过30°，每个瓜翻2～3次即可。

3. 吊瓜或落瓜 吊蔓栽培当瓜长到500g左右时，用草圈从下面托住瓜或用纱网袋兜住西瓜，吊挂在棚架上，以防坠坏瓜蔓（图6-10）；或将瓜蔓从架上解开放下，将瓜落地，瓜后的瓜蔓在地上盘绕，瓜前瓜蔓继续上架。

图6-10 吊 瓜

（六）割蔓再生

大棚西瓜采收早，适合进行再生栽培。具体做法：头茬瓜采收后，在距嫁接口40～50cm处剪去老蔓。割下的老蔓连同杂草、田间废弃物清理出园，同时喷施50%多菌灵可湿性粉剂500倍液进行田间消毒，再结合浇水每亩追施尿素12～15kg、磷酸二氢钾5～6kg，促使基部叶腋潜伏芽萌发。由于气温较高，光照充足，割蔓后7～10d就可长成新蔓，之后按头茬瓜栽培法进行整枝、压蔓以及人工授粉等。

温度管理上以防高温为主。根据再生新蔓的生长情况，开花坐果前可适量追施，一般每亩追施腐熟饼肥40～50kg、复合肥5～10kg，幼瓜坐稳后，每亩追施复合肥15～20kg，促进果实膨大，通常40～45d后就可采收二茬瓜。

任务3 早春小拱棚西瓜栽培技术要点

一、品种与种子选择

（一）品种选择

根据栽培目的和销往地区的消费习惯，选择抗逆性强、高产、优质的品种。常用品种有红小帅、红小玉、京秀、早春红玉、京欣2号、农友新1号、农友新奇等。

（二）种子质量要求

种子质量应不低于《瓜菜作物种子 第一部分：瓜类》（GB 16715.1—2010）中规定的最低质量标准。

二、育苗

根据当地西瓜土壤病害发生情况选择嫁接育苗或不嫁接育苗。在加温温室或日光温室内，用育苗钵进行护根育苗，适宜定植大小3～4片真叶，苗龄30～40d。具体技术参照塑料大棚西瓜育苗部分。

三、定植

双膜覆盖（小拱棚+地膜）可比露地提早15d左右。定植前15～20d开沟深施肥，沟深

50cm、宽1m，施肥后平沟起垄，垄高15～20cm、宽50～60cm。

早熟品种垄距为1.5～1.8m，中晚熟品种垄距1.8～2m，株距40～50cm。为节约架材和地膜，双膜覆盖还可采取单垄双株栽植或单垄双行栽植，垄距3～3.2m。

早熟品种每亩定植1 100～1 300株，中熟品种800～900株，随定植随扣棚。

四、田间管理

（一）温度管理

双膜覆盖定植后密闭保温，以利缓苗。缓苗后注意通风换气，防止高温烤苗。当外界气温稳定在18℃以上时撤除拱棚。

（二）植株调整

多采用双蔓整枝，引蔓、压蔓要及时。为确保坐果，必须进行人工辅助授粉。头茬瓜结束后，加强管理，可收获二茬瓜。

任务4　采收及采后处理

一、采收

（一）成熟瓜标准

1. 时间标准　从雌花开放到果实成熟，早熟品种一般需要30d左右，中熟品种35d左右，晚熟品种40d以上。

2. 形态标准　成熟瓜留瓜节附近的几节卷须变黄或枯萎，瓜皮变亮、变硬，底色和花纹色泽对比明显，花纹清晰，呈现出老化状；瓜的花痕处和蒂部向内明显凹陷，瓜梗扭曲老化，基部的茸毛脱净。另外，以手托瓜，拍打发出较混浊声音的为成熟瓜，声音清脆为生瓜。

（二）采收时期与时间

1. 采收时期　就地供应时，一般采收九成熟以上的瓜。外销或贮藏时，一般采收八成熟瓜。无籽西瓜比普通西瓜要适当提早采收，采收过晚容易空心。

小型西瓜大多皮薄怕压，不耐运输，最好外套泡沫网袋并装箱销售。

2. 采收时间　在一天中，上午7～10时为最佳采收时间。

（三）采收方法

采收时用剪刀将果柄从基部剪断，每个瓜保留一段绿色的果柄。

二、采后处理

（一）整理

剔除畸形果、杂果和有虫痕、病斑和机械伤痕的果实。

（二）分级

按大小、质量、颜色、新鲜程度等分级。

（三）预冷与消毒

用于贮藏或长途运输的西瓜，采收后预冷，放在阴凉通风处，自然散热。贮藏前对西瓜

西瓜采收视频

表面做消毒处理。

(四) 包装

小型西瓜大多皮薄怕压，不耐运输，最好外套泡沫网袋后装箱销售。

▷ 相关知识

西瓜主要生理障碍

1. 变形瓜 瓜的顶部歪斜，有的中部凹入，即所谓的"歪嘴"；有的接近果柄部分收缩，使瓜成葫芦状，即所谓的"葫芦瓜"；也有的瓜在花带部分收缩，使瓜形变为上小、下大的"歪嘴状"。变形瓜的歪斜收缩部分，瓜瓤发育不良，呈海绵状，甜味不佳，商品价值降低。

变形瓜发生的主要原因有花芽分化不良、锰和钙元素供应不足、温度偏低或偏高、土壤干旱等。

2. 裂瓜 在瓜皮产生龟裂的果实为裂瓜。幼果期至收获期均可发生，引起早期烂瓜，失去经济价值，龟裂越早损失越大。

裂瓜发生原因是水分供应不均，一般在土壤干旱后，突下暴雨或灌水时，容易造成裂瓜。

3. 化瓜 较小的幼瓜停止生长，表皮褪色，幼瓜萎缩直至干枯或脱落。西瓜化瓜主要发生在春、夏高温期，碰到短日照和早春低温或花粉发育不良均可引发此病，在肥水管理不当导致植株徒长时也会引起发病。

4. 空心 瓜瓤内出现大小不一的空腔（图6-11）。结瓜期供水不足、温度偏低、瓜秧生长不良、果实采收过晚时均容易引发空心现象，另外，无籽西瓜和嫁接西瓜较易发生空心。

5. 倒瓤 倒瓤是由瓜瓤中的营养和水分大量流入种子内和瓜蔓内，而使组织发生解体所致。果内出现瓜瓤质地变软、肉色变暗、变味等现象。倒瓤主要发生在果实成熟期。早熟以及沙瓤品种、收瓜时间过晚、果实遭受机械损伤和病虫为害、乙烯利催熟等情况下较容易发生倒瓤。

图6-11 空心瓜

▷ 资料阅读

西瓜的生物学特性

1. 形态特征 根系发达，主要根群分布于30cm左右土层内。西瓜发根早，但根量少，木质化程度高，再生能力弱，宜采用育苗钵育苗，苗龄不宜过长。茎蔓性，中空。分枝力强，可进行3～4级分枝。单叶，互生，叶缘缺刻深，表面有蜡质和茸毛，较耐旱。雌雄同株异花，个别品种有两性花。主蔓第一雌花着生节位随品种而异，一般在第5～11节，而后间

西瓜形态特征图片

隔 5~7 节再发生雌花，无单性结实能力。为半日性花，即上午开花，午后闭花。虫媒花。

果实圆形、短圆筒形、长圆筒形等，小果型品种单果重 1~2kg，大果型品种可达 10~15kg 或更大。果皮厚度及硬度，不同品种间差异较大。皮色淡绿色、深绿色、墨绿色或近黑色、黄色、白色等，果面有条带、花纹或无。果肉有大红、淡红、深黄、黄、白等颜色，质地硬脆或沙瓤，味甜，中心可溶性固形物含量 10%~14%。种子扁平，卵圆形或长卵圆形，褐色、黑色或棕色，表面平滑或具裂纹。小粒种子千粒重 20~25g，大粒种子千粒重 100~150g。种子使用寿命 3 年。

2. 生长发育周期

（1）发芽期。发芽期从种子萌动到两片子叶充分展开，至第一片真叶露尖时结束，正常情况下，一般需 8~10d。

（2）幼苗期。幼苗期从第一片真叶露尖至出现 4~5 片真叶时结束，一般需 25~30d。此期结束时，主蔓 14 节以内或 17 节以内的花芽已分化完毕。

（3）抽蔓期。抽蔓期从出现 4~5 片真叶到留瓜节的雌花开放时结束，一般需 18~20d。

（4）结瓜期。结瓜期从留瓜节的雌花开放到果实成熟，一般需 30~40d。按果实的形态变化，通常将结瓜期分为坐瓜期、膨瓜期和变色期。

从开花到幼瓜表面茸毛稀疏褪去（褪毛）、果柄下弯为坐瓜期，需 4~6d。从幼瓜褪毛到果实大小基本定型（定个）时为膨瓜期，需 15~25d。果实定个到成熟为变色期，一般需要 10d 左右。

3. 对环境条件的要求 西瓜喜热怕寒。生育适温为 25~30℃，低于 10℃时生长发育停滞，低于 5℃发生冷害。根系生长最适温度为 25~30℃，最低温度为 10℃，低于 15℃根系发育不正常，最高温度为 38℃。

西瓜喜光，要求充足的日照时数和较强光照。一般每天需 10~12h 的日照，光饱和点为 80klx，光补偿点为 4klx。

西瓜较耐旱，忌涝。适宜的空气相对湿度为 50%~60%。对土壤的适宜性较广，但以沙壤土或壤土为好。适宜 pH 为 5~7，不耐盐碱，土壤含盐量高于 0.2% 即不能正常生长。整个生育期对养分吸收量较大，三要素的吸收比例为 3.28（N）:1（P_2O_5）:4.33（K_2O）。不宜使用氯化钾，因为使用氯化钾西瓜不耐贮藏，口感也差。

▷ 练习与作业

1. 调查当地西瓜的主要栽培方式、栽培茬口以及各茬口的生产情况。

2. 在教师的指导下，学生分别进行西瓜嫁接育苗、露地（大棚）西瓜定植以及田间管理等的技能训练，训练结束后，总结技术要点与注意事项。

3. 在教师的指导下，学生进行西瓜采收以及采收后的包装技能训练，训练结束后，总结技术要点与注意事项。

4. 根据所学知识，制订一份适合当地生产条件的露地（大棚）西瓜生产方案。

项目三　西葫芦生产技术

● **任务目标**　了解西葫芦的生产特性；掌握西葫芦品种选择与基地建立技术、育苗技术、定植技术、田间管理技术、采收与采后处理技术。

● **教学材料**　西葫芦品种、肥料、农药、农膜以及相应生产用具、器械等。

● **教学方法**　在教师的指导下，学生分组参加西葫芦生产实践。

西葫芦又称美洲南瓜，为葫芦科一年生草本植物，农业生物学分类上属于瓜类蔬菜（图6-12）。西葫芦栽培广泛，我国从南到北均有栽培。北方西葫芦目前主要是温室、塑料大棚栽培，露地西葫芦病害严重、产量低、效益差，已很少栽培。

图6-12　西葫芦

任务1　建立生产基地

1. 选择无污染和生态条件良好的地域建立生产基地。生产基地应远离工矿区和公路、铁路干线，避开工业和城市污染的影响。
2. 产地空气环境质量、农田灌溉水质质量以及土壤环境质量均应符合无公害蔬菜生产的相关标准要求。
3. 土壤肥力应达到二级肥力以上标准。
4. 种植地块的适宜土壤pH5.5～6.8。
5. 忌与同科作物连作。

任务2　温室西葫芦栽培技术

一、茬口安排

温室西葫芦栽培茬口通常分为秋冬茬、冬春茬和春茬（表6-3），其中以秋冬茬和冬春茬栽培规模较大。

表6-3　我国北方地区日光温室西葫芦生产茬口安排

茬次	播种期	定植期	收获期	备注
秋冬茬	8月下旬	9月下旬	11月至翌年1月上中旬	不嫁接
冬春茬	9月下旬至10月上旬	10月下旬至11月上旬	翌年1月上旬至4月下旬	嫁接
春茬	12月上中旬	翌年1月中下旬	翌年3月上旬至5月中下旬	嫁接或不嫁接

二、选择品种和种子

（一）品种选择

选择早熟、矮生、雌花节位低、耐寒、抗病的品种，如早青、冬玉、寒玉、京葫36、中葫1号、黑美丽、嫩玉、法国68等。

（二）种子质量要求

选择2年内的种子。种子质量要求：种子纯度≥85%，净度≥97%，发芽率≥80%，水分≤9%。

> ▷ **相关知识**
>
> **西葫芦品种类型**
>
> **1. 矮生西葫芦** 植株直立，节间短，株高0.3～0.5m，第3～8节始生雌花。多早熟，适合设施栽培和露地早熟栽培。主要优良品种有早青一代、灰采尼、阿太1号等。
>
> **2. 蔓生西葫芦** 蔓长1～4m，主蔓第10节左右发生雌花。多属中晚熟品种，主要用于露地晚熟高产栽培。代表品种有长蔓西葫芦、扯秧西葫芦等。
>
> 西葫芦中还有珠瓜和搅瓜两个变种。珠瓜栽培较少。搅瓜别名金瓜、金丝瓜、面条瓜、海蜇南瓜等，其果肉成丝状，质脆，爽口，有植物海蜇之称，果实椭圆形，成熟时金黄色或有花纹。

西葫芦品种类型图片

三、育苗

（一）播前准备

在日光温室内育苗。播种前进行温汤浸种，常温下浸泡8h，催芽温度为30℃。

（二）播种与苗床管理

营养钵育苗，每钵播1粒发芽种子，覆土2cm。苗期应注意通风，增加光照，适当控水，以防幼苗徒长。出苗后至第二片真叶展开时，白天温度23～25℃；当第三片真叶出现至第四片真叶展开时，白天温度18～20℃。苗龄不宜过长，以日历苗龄30d、具有3～4片真叶、株高10～12cm、茎粗0.5～0.6cm时定植为宜。

为提高抗病性和抗寒性，可采取嫁接育苗。砧木选用黑籽南瓜、南砧1号，靠接法嫁接，砧木提前2～3d播种，当幼苗子叶平展后，第一片真叶展开前进行嫁接，方法参照单元五嫁接育苗部分。

四、定植

（一）整地施肥

施足底肥，每亩施用充分腐熟的纯鸡粪2～3m³或纯猪粪4～5m³，优质复合肥60kg，磷肥80kg，适量硫酸亚铁、硼酸等。肥料的2/3普施，1/3集中施入定植沟内。深翻土地

40cm，耙碎搂平作畦。

采用小高垄单行定植，大、小行栽培，大行距 80～100cm，小行距 60～80cm，垄高 15cm。

（二）定植

定植前 10～15d 扣棚。采用坐水栽苗法，定植深度要均匀一致，非嫁接苗以埋没根系为宜，嫁接苗的嫁接部位要高于地面 2cm 以上。株距 50cm，每亩栽苗 1 800 株左右。

定植后将垄面垄沟重新修整，做到南北沟底（暗沟）水平或略微北高南低，随后进行隔（大）沟盖（小）沟式覆膜。

五、田间管理

（一）温度管理

定植后一周内温度保持在 25～30℃，超过 32℃时放风。缓苗后白天 25℃左右，夜间 15℃左右。结瓜期白天 28～30℃，夜间 15℃以上。冬季温度偏低时，白天不超过 32℃不放风，夜间不低于 8℃。春、夏季要防高温，白天温度保持在 28℃左右，夜间 15～20℃。

（二）植株调整

植株伸蔓后开始吊绳引蔓。在每行上方扯一道南北向铁丝，中间用铁丝吊起，以防铁丝下坠。每株用一根细尼龙绳或布绳，上端系在铁丝上，下端系在植株基部，随着植株生长，将茎缠绕于吊绳上。

西葫芦以主蔓结瓜为主，发生的侧枝应及时抹掉。生长后期，主蔓老化或生长不良时，可选留 1～2 个侧蔓，待其出现雌花时，将主蔓打顶，以保证侧蔓结瓜。

西葫芦叶片大，容易互相遮光，生产上应将老、残、病叶及早摘除，摘叶时要留一段叶柄。摘叶、打杈和去卷须宜选择晴天上午进行。

（三）肥水管理

定植后浇一次缓苗水，缓苗后到根瓜坐住前要控制浇水。当根瓜长至 10cm 左右，开始膨大时浇水，并随水每亩追施水溶性氮磷钾复合肥 12～15kg。深冬季节，每 15～20d 浇 1 次水，膜下暗灌，浇水量不宜过大，以防寒根沤根。隔水追肥，每亩追肥 12～15kg。2 月中旬以后，每 10d 左右浇 1 次水，隔水追施水溶性氮磷钾复合肥 15～18kg。放风加大后，还可追施鸡粪、人粪尿发酵液，每次亩施 1 000～1 500kg，并进一步缩短浇水间隔时间。

（四）光照管理

西葫芦喜光，应加强光照管理，保持温室内有充足的光照。

（五）人工辅助授粉和激素处理

授粉在每天上午 7 时至 10 时进行，取刚开放的雄花，去掉花冠，把雄蕊的花粉轻轻均匀涂抹在雌蕊柱头上。在雄花不足时，可用 30～40mg/L 的防落素涂抹雌花柱头，代替授粉，提高坐瓜率。

任务3 采收与采后处理

一、采收

(一) 采收标准

西葫芦以嫩果为食,应根据市场需求及品种特性及时分批采收。一般谢花后 12~15d 采收嫩瓜。根瓜要早采,一般长至 250~300g 时采收;腰瓜长到 400~500g 时采收,要勤采,一般留 2~3 个瓜同时生长为宜;顶瓜可适当晚收。

(二) 技术要点

采收宜在早上进行,用利刀或剪刀将果实剪下,要避免相互感染病害。采收时要轻拿轻放,严禁碰伤。

二、采后处理

(一) 整理

选择果实端正、色泽鲜艳、无腐烂、无损伤的果实,剔除畸形果、病果等。

(二) 分级

按大小、质量、颜色等分级。

(三) 预冷

用于贮藏或长途运输的西葫芦,采收后预冷,放在阴凉通风处,自然散热。

(四) 包装

将分级预冷后的果实按级别用软纸逐个进行包装,放在包装箱或竹筐内,临时贮存时要尽量放在阴凉通风处,有条件的可贮存在冷库内。

▷ 资料阅读

西葫芦的生物学特性

1. 形态特征　西葫芦根系较发达,主根可深达 250cm 以上,根系以水平生长为主,横向分布范围达 110~210cm,主要根群分布在 20cm 耕层内。茎分蔓生和矮生两种。叶呈掌状深裂,单叶互生,生有刺毛。雌雄异花同株,虫媒花。果实长圆桶形,果皮光滑,颜色呈绿、浅绿、墨绿色等。种子扁平光滑,千粒重 150~200g,使用年限为 2~3 年。

西葫芦形态
特征图片

2. 生长发育周期

(1) 发芽期。从种子萌动到第一片真叶出现为发芽期,需 5~6d。

(2) 幼苗期。从第一片真叶出现到 4~5 片真叶展开为幼苗期,需 25~30d。

(3) 伸蔓期。从 4~5 片真叶展开到第一条瓜坐住为伸蔓期,需 20~25d。

(4) 结果期。从第一条瓜坐住到采收结束为结果期,一般为 40~60d,设施栽培可达 150~180d。

3. 对环境条件的要求　西葫芦喜温不耐高温,生育适温 18~25℃,低于 15℃ 受精不良,8℃ 以下停止生长,32℃ 以上花器官不能正常发育,40℃ 以上停止生长。

西葫芦既喜光又耐弱光。生长期间充足的光照有利于果实的膨大。低温短日照能促进雌花分化，降低雌花着生节位。

根系发达，吸水能力较强，有一定的耐旱性。不耐湿，土壤水分过多，根系发育不良，易发病。

西葫芦对土壤要求不严格，适宜的土壤 pH5.5～6.5。肥沃的土壤易获得高产，每生产1 000kg果实大约需吸收氮3kg、磷1kg、钾4kg。

▷ 练习与作业

1. 调查当地西葫芦的主要栽培方式、栽培茬口以及各茬口的生产情况。

2. 在教师的指导下，学生分别进行西葫芦育苗、温室（大棚）西葫芦定植以及田间管理等的技能训练，训练结束后，总结技术要点与注意事项。

3. 在教师的指导下，学生进行西葫芦采收以及采后处理技能训练，训练结束后，总结技术要点与注意事项。

4. 根据所学知识，制订一份适合当地生产条件的温室（大棚）西葫芦生产方案。

项目四　番茄生产技术

● **任务目标**　了解番茄生产特性；掌握番茄品种选择与基地建立技术、育苗技术、定植技术、露地及设施栽培管理技术、采收与采后处理技术。

● **教学材料**　番茄品种；育苗时所用的烧杯、温度计、恒温箱等材料；生产中用的肥料、农药以及生产用具、器械等。

● **教学方法**　在教师的指导下，学生以班或分组参加番茄生产实践，或模拟番茄的生产过程。

番茄又名西红柿，原产于南美洲，茄科番茄属植物，农业生物学分类上属于茄果类蔬菜（图6-13）。番茄果实营养丰富，生熟食均可，深受消费者欢迎。番茄结果期长、产量高、效益好，我国南北均有栽培，其中北方地区以温室保护地栽培为主。

任务1　建立生产基地

1. 选择无污染和生态条件良好的地域建立生产基地。生产基地应远离工矿区和公路、铁路干线，避开工业和城市污染的影响。

图6-13　番　茄

2. 产地空气环境质量、农田灌溉水质质量以及土壤环境质量均应符合无公害蔬菜生产的相关标准要求。

3. 土壤肥力应达到二级肥力以上标准。

4. 要选择土层深厚、排灌方便、肥沃疏松的沙壤土或壤土。

5. 种植地块的适宜土壤 pH5.5～6.5。

6. 忌与同科作物连作。

任务2　温室番茄栽培技术

一、茬口安排

北方地区温室番茄生产主要分为秋冬茬和冬春茬两个茬口。各茬口的生产时间安排：秋冬茬，7月下旬至8月中旬播种，9月中旬定植，收获期11月上旬至翌年2月；冬春茬，9月上旬至10月上旬播种，11月上旬至12月上旬定植，收获期翌年1月上旬至6月。

二、选择品种和种子

（一）品种选择

宜选用早熟或中早熟、耐弱光、耐寒、抗病、结果集中而丰产潜力大的品种。目前应用较多的有卡依罗、金鹏1号、百灵、格雷、佳粉系列等。

（二）种子质量要求

种子质量应不低于《瓜菜作物种子　第三部分：茄果类》（GB 16715.3—2010）中规定的最低质量标准。

> ▷ 相关知识
>
> ### 番茄品种类型
>
> **1. 按植株的生长习性分类**
>
> （1）有限生长类型。有限生长类型又称自封顶类型。当植株分化出一定数量的花序后，茎端以花序封顶，不再伸长。花序数目因品种而异，一般为3～5个。始花节位较低，一般在6～8叶处。花序间隔1～2叶。植株矮小，果型较小，生长势较弱，开花早，结果集中，果实发育速度快，适于早熟、密植栽培。
>
>
>
> 番茄品种类型图片
>
> （2）无限生长类型。无限生长类型又称不封顶类型或非自封顶类型。始花节位较高，多在10片叶以上。一般间隔2～4片叶着生一花序。植株高大，果型较大，生长势较强，开花结果较晚，多中晚熟，丰产潜力大。
>
> **2. 按果皮厚度分类**
>
> （1）薄皮番茄。薄皮番茄果实皮薄多汁，种腔大，不耐挤碰，成熟后果肉很快变软，存放期短，耐贮运性差。我国传统栽培番茄品种大多属于薄皮番茄，优良品种有毛粉802、中杂9号、L-402等。
>
> （2）厚皮番茄。厚皮番茄果皮厚少汁，种腔小，耐挤碰，可长期存放，耐贮运性强。目前国内栽培的厚皮番茄品种多从国外引入，优良品种有144、FA-189、百利、玛瓦、红太子等。
>
> **3. 按果实的大小分类**
>
> （1）普通番茄。普通番茄果实较大，一般单果重200～300g，大者可达500g以上，每穗坐果3～5个。
>
> （2）樱桃番茄。樱桃番茄果实较小，一般单果重20～30g，每穗坐果十几个至数十个不等，多做水果型番茄栽培，主要品种有圣女、千禧、黑珍珠、黄樱桃等。

三、育苗

(一) 育苗方式

常用的育苗方式为营养钵育苗和穴盘无土育苗,可根据具体情况加以选择。

1. 营养钵育苗 将营养土装入育苗钵中,育苗钵规格以 10cm×10cm 或 8cm×10cm 为宜,装土量以距钵口 1cm 为佳,播种后施药土覆盖。

2. 穴盘无土育苗 育 5~6 片叶幼苗,苗龄 60d 左右,一般选用 50~72 孔苗盘。

基质配比按体积计算,草炭:蛭石为 2:1,或草炭:蛭石:废菇料为 1:1:1,每立方米加入氮磷钾复合肥 (15-15-15) 2kg,料与基质混拌均匀后备用。

番茄一般进行常规育苗,土壤病害严重的地块应当进行嫁接育苗。

嫁接育苗砧木主要有兴津 101、PFN、KVNF、耐病新交 1 号、托鲁巴姆、阿拉姆特、农优野茄、果砧 1 号等。

采用劈接法嫁接。砧木种子撒播,2~3 叶时移栽到营养钵中,每钵一苗,也可直接点播在营养钵中。具体嫁接技术以及嫁接苗管理要点参照单元五嫁接育苗部分。

(二) 播种

1. 种子处理 选择发芽率高、籽粒饱满的种子进行温汤浸种。消毒可用 10%磷酸三钠或 2%氢氧化钠水溶液浸种 20min,有钝化番茄花叶病毒作用;用福尔马林 100 倍液浸种 10~15min 或用 1%硫酸铜浸泡 5min 后,可杀死种子表面所带病菌。

2. 播种 播深 1cm 左右,播后覆盖土壤或基质。后加盖一层地膜保温保湿,待幼苗出土时撤掉。

(三) 苗期管理

出苗后,撤掉地膜。白天气温保持在 25℃左右,夜温以 16~18℃为宜。当温室夜温低于 10℃时,可采用临时加温措施。

在 2~3 片真叶前分苗。分苗后要适当提高气温和地温,促进缓苗。白天地温 20~22℃,夜间 18~20℃,白天气温 24~26℃,夜间 16~17℃。缓苗后苗床温度应比缓苗期降低 2~3℃,但夜间气温不能低于 10℃。3 叶 1 心后进行 1~2 次叶面喷肥。定植前进行秧苗锻炼。

四、定植

(一) 整地作畦

每亩施充分腐熟鸡粪 5~6m^3、氮磷钾复合肥 80~120kg、硫酸锌和硼砂各 0.5kg。肥料的 2/3 撒施于地面作底肥,结合土壤深翻,使粪与土掺和均匀,其余的 1/3 整地时集中条施。整平地面,做成南北向平畦,畦宽 1.4~1.6m,畦内开挖 2 行定植沟,沟距 40~50cm,沟深 15cm 左右。

(二) 定植

按株距 30~33cm(单干整枝),将苗轻放于沟内,交错摆苗,覆土封沟,每亩栽苗 3 000 株左右。徒长苗可采用卧栽法。嫁接苗宜浅栽,不宜深栽。整棚栽完后将定植沟浇满水。

五、田间管理

(一) 培垄与覆盖地膜

缓苗后地皮不黏时,开始中耕并培成单行小垄,垄高 10~15cm。起垄后覆盖地膜,两大垄间的地膜落地,两小垄间的地膜撑起,以便膜下灌溉。

(二) 温度和光照管理

缓苗期间白天温度 25~30℃,夜间 15~20℃;缓苗后白天温度 20~28℃,夜间 10~15℃;结果后,白天温度 20~28℃,夜间 10~18℃,地温不低于 15℃,以 20~22℃为宜。

通过张挂反光幕、擦拭薄膜、延长见光时间等措施保持充足的光照。

(三) 肥水管理

缓苗后及时浇 1 次缓苗水,之后到第一层果坐住以前,控水蹲苗。当第一层果有核桃大小或鸡蛋大小时,及时浇水。结果期冬季每 15~20d 浇 1 次,春季每 10~15d 浇 1 次,高温季节每 5~7d 浇 1 次。冬季宜在晴天上午浇水,并采用膜下暗浇。

当第一层果坐住时,进行第一次追肥,首次收获后,进行第二次追肥,以后每 15d 左右追一次肥。每次每亩冲施全水溶性复合肥或番茄专用复合肥 12~15kg,或尿素 8~12kg、磷酸二氢钾 5~6kg,大通风后可以冲施饼肥、鸡粪等的沤制液,每次 800~1 000kg。盛果期每 7~10d 叶面喷施 1 次 0.1%~0.15%的有机钙肥(叶面肥),预防果实脐腐病。

(四) 植株调整

1. 整枝打杈   以单干整枝为主,部分地区也有采用双干整枝法,选留 2 条一级分枝为结果枝。

结果枝上长出的侧枝,一般长到 10~15cm 长时,用剪刀在基部 1cm 左右处剪断。

番茄植株调整图片

2. 吊蔓和落蔓   幼苗长到 30cm 左右高时,在植株上方距畦面 2~2.5m 处,沿畦方向每行拉 1 道 10 号铁丝,每株上系一根尼龙或布绳,将秧苗主干用绳缠住吊起,并随着植株长高,定期缠绕,使主干沿绳直立生长。

当植株顶部长至绳顶时,及时落蔓,将下部主干在地面盘绕或依次引向相邻吊绳,将主干顶部下落 50cm 左右后,将地上直立部分重新缠到吊绳上,见图 6-14 和彩图 23。

图 6-14 番茄盘蔓
(依次引向相邻吊绳)

3. 摘心   一般于番茄拉秧前 40~45d 在最上部一花穗前保留 2~3 片叶摘心。

4. 摘叶   及时摘除植株下部的老叶、病叶、黄叶等。一般每穗果采收后,都要将果穗下的叶片摘掉。

(五) 保花保果与疏花疏果

1. 保花保果   冬、春季节番茄花期经常遇低温、弱光,授粉受精不良,导致落花落果,可采用浓度为 25~50mg/L 的番茄灵喷花。

2. 疏花疏果   大果型品种每穗留果 3~4 个,中果型留 4~5 个,樱桃番茄一般不疏果,或只将果穗顶端发育不良部分摘除。

疏花疏果分两次进行,每一穗花大部分开放时,疏掉畸形花和开放较晚的小花;果实坐住后,再把发育不整齐、形状不标准的果疏掉。

(六) 再生栽培

夏季高温来临时,于阴天或下午气温较低时,在距地面 10～15cm 处,平口剪去番茄老株。剪枝后及时浇水,水不要漫过剪口。一周后老株上长出 3～5 个侧枝。选留紧靠下部、长势健壮的 1～2 个侧枝作为结果枝,进行再次开花结果。

任务 3　露地春茬番茄栽培技术要点

一、茬口安排

北方地区番茄露地栽培分为露地春茬和露地秋茬两大茬口。春番茄需在保护地内育苗,晚霜结束后定植于露地,是番茄栽培的主要茬口。秋番茄一般在 6～7 月育苗,结果期处于 9～10 月。

二、品种选择

早熟栽培宜选择自封顶的早熟品种,如早丰、中丰、豫番茄 1 号等;晚熟栽培宜选择晚熟、抗病、高产品种,如中蔬 4 号、上海合作 908 等。

三、培育壮苗

适宜定植苗标准:有 6～8 片真叶,株高 20cm 左右,第一花序现大蕾;节间短,叶片肥厚,叶色浓绿;根系发达,侧根多而密集,吸收肥水能力强;无病虫害。

具体育苗技术参照温室番茄部分。

四、定植

(一) 施肥作畦

每亩施充分腐熟的优质粪肥 5 000～7 500kg,其中一半铺施后深翻,余下的一半掺入 50kg 过磷酸钙或 25kg 氮磷钾复合肥集中施。

做成宽垄,垄宽 70cm 左右,沟宽 30～50cm,垄高 10～12cm,起垄后覆盖地膜。西北、华北春季比较干旱的地区或高度密植的早熟栽培以平畦为宜,畦宽 1～1.2m。

(二) 定植

当地晚霜过后,日平均气温达 15℃ 以上,10cm 地温稳定在 10℃ 以上时定植。在宽垄的两个肩部破膜、交错开穴,穴深 10～13cm。穴内灌足清水,待水渗下后,将带土坨幼苗轻放于沟内,覆土封穴。早熟品种株距 25～30cm,中晚熟品种株距 30～33cm。

双干整枝栽培地块的应当稀植,定植密度较单干整枝法减少 30% 左右。

五、田间管理

(一) 肥水管理

春番茄定植后 5～7d 浇缓苗水,之后中耕蹲苗。早熟品种蹲苗期宜轻,以第一穗果实直径 2cm 左右时结束蹲苗；晚熟品种长势强，一般在第一穗果实直径 3～5cm 时结束蹲苗。蹲苗结束后，结合追肥浇催果水。进入结果盛期，一般每 4～6d 浇 1 次水，经常保持畦面湿润。

番茄追肥一般分 3 次进行。第一次结合浇缓苗水每亩施尿素 10～15kg，促进发棵；第二次在第一穗果膨大期，每亩施优质复合肥 15～20kg，或顺水冲施粪稀 1 000～2 000kg；第二、第三穗果进入膨大盛期进行第三次追肥，此时需肥已达高峰，追肥量应稍大于第二次追肥。

生长中后期还可辅以根外追肥，喷洒 0.2% 磷酸二氢钾溶液。

（二）搭架绑蔓

当植株高达 30cm 以上时，要及时搭架、绑蔓。矮秧品种一般架高 0.5～0.7m，搭成小四角形架，将茎蔓绑缚于支架或横杆上。高秧品种插杆高度 2m 左右，采用"人"字形架，随植株生长随绑蔓。

（三）整枝、摘心

生产上应用最广的整枝方式为单干整枝和双干整枝。单干整枝适于早熟栽培；双干整枝适于中晚熟品种丰产栽培。摘心主要用于无限生长类型，在确定所留果穗的上方留 1～2 叶摘心。一般，早熟栽培留 3～4 穗果摘心，中晚熟栽培留 5～6 穗果摘心。

（四）保花保果

露地春番茄常由于气温低于 15℃ 或高于 30℃，影响正常开花和授粉受精，引起落花落果。此外，在植株营养不良、光照不足、茎叶旺长等情况下，也易引起落花落果。

防止植株落花落果，除了提高秧苗质量，加强栽培管理外，还可使用 15～20mg/L 2.4-滴于开花当天涂抹花柄或用 25～30mg/L 番茄灵喷花。

任务 4 采收与采后处理

一、采收

（一）采收标准

番茄从开花到果实成熟所需天数，早熟品种为 40～50d，中、晚熟品种为 50～60d。温度较高时，天数要缩短。

采收后需长途运输 1～2d 的，可在转色期采收，此期果实大部分呈白绿色，顶部变红，果实坚硬，耐运输，品质较好。采收后就近销售的，可在成熟期采收，此期果实 1/3 变红，果实未软化，营养价值较高，生食最佳，但不耐贮运。

番茄采收视频

（二）采收方法

番茄采收要在早晨或傍晚温度偏低时进行。按商品要求，果实不带果柄或带一小段果柄采收。

二、采后处理

按果实大小、形状等进行分级，将优质果进行包装（彩图 26）。用于产品包装的容器如塑料箱、纸箱等应按产品的大小规格设计，同一规格应大小一致、整洁、干燥、牢固、透气、美观，内壁无尖突物并无污染、虫蛀、腐烂、霉变等，纸箱无受潮、离层现象，塑料箱还应符合《食品塑料周转箱》（GB/T 5737—1995）的要求。

番茄包装图片

▷ **相关知识**

番茄主要生理障碍

1. 落花落果 花芽分化不良、坐果期温度过低或过高（低于15℃或高于32℃）以及空气湿度过大或过于干燥、植株徒长或生长不良、下部坐果过多坠秧、病虫为害等，容易导致落花落果。

2. 空洞果 空洞果的果实内部不够充实，果皮和果肉分离，种子腔空洞。其产生的主要原因是光照不足、授粉不良、氮肥过多、结果期温度长时间偏低或过高、生长素处理后水肥管理跟不上或植株衰老、营养生长过旺等。

3. 脐腐 果顶部花朵脱落的部分变成油浸状，进一步颜色变褐凹陷，脐腹果比正常果早熟变红。果实核桃大小时，随着果实迅速膨大，症状逐渐明显。缺钙和土壤水分不足容易诱发果实脐腐。

4. 畸形果 畸形果有果顶凹陷、翻裂、尖顶、桃形等多种表现（图6-15）。花芽分化不良、植株衰弱、生长素浓度过高、土壤过干过湿等均可产生畸形果。

5. 卷叶 叶片上卷，严重时卷成筒状，自下而上发展。水分供不足、坐果过多、植株营养不良、土壤过干过湿、病虫为害、叶面肥害和药害等均可引起卷叶。另外，土壤中缺少铁、锰等微量元素，会使叶脉变紫上卷。

6. 顶叶黄化 顶端叶片黄化主要是土壤湿度大或夜温偏低，引起植株对硼、钙的吸收不良所致。

7. 裂果 裂果在形状上有环状开裂和放射状开裂两种，主要是结果期土壤忽干忽湿，浇水不均匀，引起内外组织不相适应而造成开裂。

图6-15 番茄畸形果

▷ **资料阅读**

番茄的生物学特性

1. 形态特征 番茄的根系发达，根深达150cm以上，根展可达250cm，经移栽后的主要根群分布在30~60cm的土层中，吸收肥水能力强，有一定的耐旱性。茎上易生不定根，定植时宜深栽，扦插易成活。茎半直立性，易抽生侧枝。单叶，羽状深裂或全裂。叶片上布满银白色的茸毛。花为完全花，自花授粉。小型果品种为总状花序，每花序有花10余朵到几十朵；中大型果为聚伞花序，着生单花5~8朵。果实为多汁浆果，其形状有圆球形、扁圆形、卵圆形、梨形、长圆形、桃形等，颜色有红色、粉红色、橙黄色、黄色等。小于70g为小型果，70~200g为中型果，200g以上为大型果。种子扁平略呈卵圆形，银灰色，表面有茸毛。种子千粒重平均为3.25g，使用年限为2~3年。

番茄形态
特征图片

2. 生长周期 番茄的生育过程分为发芽期、幼苗期、开花坐果期和结果期。

(1) 发芽期。种子萌发到第一片真叶出现为发芽期，需6~9d。

(2) 幼苗期。第一片真叶出现到现大蕾为幼苗期，在适宜温度、光照条件下，需60d左右。2~3片真叶时，生长点开始花芽分化。

(3) 开花坐果期。从第一花序现大蕾到坐果为开花坐果期，是番茄由营养生长向生殖生长过渡的转折期，也是栽培管理的关键时期。

(4) 结果期。从第一花序坐果到采收完毕为结果期。

3. 对环境条件的要求　番茄生育适温为20~25℃。低于15℃授粉受精不良，低于10℃影响植株生长，长时间5℃以下的低温易引起低温危害，在-2~-1℃下植株死亡；高于30℃光合作用减弱，高于35℃停止生长。种子发芽适温为25~30℃，幼苗期20~25℃，开花期20~30℃，结果期25~28℃，适宜地温为20~22℃。

番茄喜光，光饱和点为70klx，光补偿点为1.5klx。生产上一般要保证30~35klx的光照度，不低于10klx。

番茄属于半耐旱植物。适宜的空气湿度为45%~55%，土壤湿度为60%~80%。

番茄对土壤要求不严格，高产栽培宜选土层深厚、富含有机质、中性和微酸性的肥沃土壤。生育前期需要较多的氮，适量的磷和少量的钾，以促进茎、叶生长和花芽分化。坐果后需要较多的磷、钾。

▷ **练习与作业**

1. 调查当地番茄的主要栽培方式、栽培茬口以及各茬口的生产情况。
2. 在教师的指导下，学生分别进行番茄育苗、露地（温室或大棚）番茄定植以及田间管理等的技能训练，训练结束后，总结技术要点与注意事项。
3. 在教师的指导下，学生进行番茄采收以及采后处理技能训练，训练结束后，总结技术要点与注意事项。
4. 根据所学知识，制订一份适合当地生产条件的露地（温室或大棚）番茄生产方案。

项目五　茄子生产技术

● **任务目标**　了解茄子生产特性；掌握茄子品种选择与基地建立技术、育苗技术、定植技术、露地及设施栽培管理技术、采收与采后处理技术。

● **教学材料**　茄子品种；育苗用烧杯、温度计、恒温箱等材料；生产中用的肥料、农药以及设施、生产用具、器械等。

● **教学方法**　在教师的指导下，学生以班级或分组参加茄子生产实践，或模拟茄子的生产过程。

茄子属茄科茄属植物，农业生物学分类上属于茄果类蔬菜（图6-16）。茄子在我国栽培历史悠久，全国各地均有栽培。茄子适应性强、易栽培、产量高、营养丰富，是夏、秋季主要蔬菜之一。近几年保护地栽培面积逐年扩大。

图6-16　茄　子

任务1 建立生产基地

1. 选择无污染和生态条件良好的地域建立生产基地。生产基地应远离工矿区和公路、铁路干线，避开工业和城市污染的影响。
2. 产地空气环境质量、农田灌溉水质质量以及土壤环境质量均应符合无公害蔬菜生产的相关标准要求。
3. 土壤肥力应达到二级肥力以上标准。
4. 要选择土层深厚、排灌方便、肥沃疏松的沙壤土或壤土。
5. 种植地块的适宜土壤pH5.5～6.5。
6. 忌与同科作物连作。

任务2 露地茄子栽培技术

一、茬口安排

北方茄子露地栽培主要分为两大茬，即春茬和夏茬。春茬在保护地内育苗，终霜后露地定植，6月初开始收获；夏茬于终霜后在露地直接育苗，在麦收后定植，8月初陆续收获。

二、选择品种与种子

（一）品种选择

选择产量高、抗病能力强、果形色泽符合当地消费习惯的品种，如茄杂6号、北京六叶茄、北京九叶茄、快星1号、墨星1号、紫月、黑茄王、紫光圆茄等。

（二）种子质量要求

种子质量应不低于《瓜菜作物种子　第三部分：茄果类》（GB 16715.3—2010）中规定的最低质量标准。

> ▷ 相关知识

茄子品种类型

根据茄子果形、株形的不同，通常把茄子栽培品种分为以下3种类型。

1. 圆茄 植株高大，茎直立粗壮，叶片大而肥厚，生长旺盛，果实为球形、扁球形或椭球形，果色有紫黑色、紫红色、绿色、绿白色等。多为中晚熟品种，肉质较紧密，单果质量较大。圆茄属北方生态型，适应于温暖干燥、阳光充足的气候，多作露地栽培。优良品种有北京六叶茄、天津大民茄、茄杂2号、山东大红袍、河南安阳大圆茄、西安大圆茄、辽茄1号等。

茄子品种类型图片

2. 长茄 植株高度及长势中等，叶较小而狭长，分枝较多；果实细长棒状，有的品种可长达 30cm 以上；果皮较薄，肉质松软，种子较少；果实有紫色、青绿色、白色等；单株结果数多，单果质量小，以中早熟品种为多。长茄属南方生态型，喜温暖湿润多阴天的气候条件，比较适合于设施栽培。其优良品种较多，如南京紫线茄、鹰嘴长茄、徐州长茄、大连黑长茄、沈阳柳条青、北京线茄等。

3. 矮茄 又称卵圆茄。其植株低矮，茎、叶细小，分枝多，长势中等或较弱，着果节位较低，多为早熟品种，产量低。矮茄适应性较强，露地栽培和设施栽培均可，其果实小，果形多呈卵球形或灯泡形，果色有紫色、白色和绿色。如北京灯泡茄、天津牛心茄、荷包茄、西安绿茄等。

三、育苗

露地春茄子多在温室、改良阳畦内育苗。茄子种皮较厚，宜用 75～85℃ 的热水烫种，而后降温至 30℃，浸种 24h。在 25～30℃ 温度条件下催芽，每天用清水淘洗一遍种子。经 4～5d 即可出齐芽。

播种后白天 25～30℃，夜间 15～20℃。幼苗出齐后，适当通风降温，白天 20～25℃，夜间 10～15℃。第一片真叶显露后，白天 25～28℃，夜间 15～20℃。2～3 叶时分苗，分苗后适当提高温度促进缓苗。缓苗后白天 25℃ 左右，夜间 15～20℃。定植前 5～7d，进行大温差炼苗，白天 20～23℃，夜间 8～10℃。株高 20cm，具有 6～8 片真叶时定植。一般日历苗龄为 80～90d。

四、定植

（一）施肥作畦

每亩施入腐熟粪肥 5m³、钙镁磷肥 50kg、硫酸钾复合肥 40kg，深翻 30cm。做成宽垄，垄宽 70cm，沟宽 30～50cm，垄高 10～12cm。干旱地区可进行平畦栽培。

（二）定植

露地春茄子应在当地终霜后日平均气温 15℃ 左右时定植。小拱棚覆盖可提早 15d 左右定植。

在宽垄的两个肩部破膜、交错开穴，穴深 10～13cm。穴内灌足水，水渗下后，将带土坨幼苗轻放于沟内，覆土封穴。茄子应适当深栽。定植后覆盖地膜，增温保墒。

适宜定植密度因品种而异。圆茄类品种：早熟品种每亩栽苗 3 000～3 500 株，中晚熟品种 2 500～3 000 株。长茄类品种：早熟品种每亩栽 2 000～2 500 株，中熟种 2 000 株，晚熟种 1 500 株。

五、田间管理

（一）肥水管理

定植当天浇 1 次水，水量适中。缓苗后浇缓苗水，并随水追提苗肥，每亩施尿素 10～12kg。

门茄瞪眼时浇水并追施催果肥,每亩追粪稀 1 000kg 或尿素 15kg。以后每 4~6d 浇 1 次水,保持地面经常湿润。在对茄和四门斗茄坐果后,每亩分别随水冲施水溶性复合肥 12~15kg。进入雨季注意排涝,暴雨过后压清水,防止根系缺氧造成烂根死秧。

(二)整枝打杈

第一次分杈下的侧枝应及早抹掉,门茄下留两条一级侧枝结果。对茄长出后以后选留 2 条健壮的二级侧枝结果,采取四干整枝法。在生长期较短或不进行恋秋栽培时,宜适时摘心,使养分合理利用促果膨大。生长中后期将老叶、黄叶、病叶及时摘除。

茄子整枝方式图片

(三)保花保果

为防止茄子落花,可用 30mg/L 2,4-滴在开花当天涂抹花柄,或用 40~50mg/L 番茄灵喷花。须连续处理,否则上部易形成僵果。

任务 3 温室茄子栽培技术

一、茬口安排

北方温室茄子茬口安排见表 6-4。

表 6-4 温室茄子栽培茬口

季节茬口	播种期	定植期	主要供应期	说 明
冬春茬	8 月	9 月	11 月至翌年 4 月	可延后栽培
春茬	12 月至翌年 1 月	翌年 2 月至 3 月	翌年 4 月至 6 月	保护地育苗
夏秋茬	4 月至 5 月	直播	8 月至 10 月	
秋冬茬	6 月至 7 月	8 月至 9 月	10 月至翌年 2 月	

二、选择品种与种子

(一)品种选择

宜选用耐寒、耐弱光、生长势强、坐果能力强、抗病、丰产、果色亮丽、果形匀称的中晚熟品种,如布利塔、尼罗、济丰长茄 1 号、济杂长茄 7 号、丰研 2 号、黑宝等。

(二)种子质量要求

种子质量应不低于《瓜菜作物种子 第 3 部分:茄果类》(GB 16715.3—2010)中规定的最低质量标准。

三、育苗

温室茄子通常采用嫁接育苗。接穗苗一般在 8 月上旬至 9 月上旬播种,育苗期 75d 左右。

砧木苗播种期依品种而异,托鲁巴姆比接穗早播 25d,CRP 比接穗早播 20d,赤茄比接穗早播 7d 左右。

接穗苗和砧木苗长出 5~6 片真叶时进行嫁接,采用劈接法和贴接法嫁接。嫁接后要注意遮阳、保湿和保持适宜温度。育苗过程中要注意防雨淋和虫害。

四、定植

(一) 施肥整地

每亩施腐熟鸡粪 5~6m³ 或腐熟牛粪（或猪粪）8~10m³、磷酸二铵 50kg、硫酸钾 40~50kg。肥料的 2/3 普施后深翻 2 遍，剩余 1/3 开沟施肥后混匀。

做成大、小垄，冬季在小垄沟内浇水。采取滴灌浇水时，一般做成高畦。

(二) 定植

选晴天栽苗。定植密度依整枝方式和品种熟性而异。采用大小行距定植，大行距 80cm 左右，小行距 70cm，平均株距 45cm 左右，每亩定植 1 800~2 000 株。

嫁接苗带夹子定植，接口距离地面 5~7cm，缓苗后摘除。定植后覆盖地膜，增温保湿，减少地面水分蒸发。

五、田间管理

(一) 温度管理

缓苗期白天 30℃，夜间不低于 15℃。缓苗后白天 25~30℃，夜间 15℃ 以上。入冬后，要加强防寒保温，保持白天 20~30℃，夜间气温 13~15℃，阴雪天最低不低于 10℃。进入 2 月温度回升，实行四段变温管理，即晴天上午 25~30℃，下午 20~25℃，上半夜 13~20℃，下半夜 10~13℃，地温保持在 13℃ 以上。

(二) 光照管理

茄子对光照要求高，光照不足，坐果率低，果实生长缓慢，且果小，着色浅。可通过张挂反光幕、擦拭薄膜、及时摘叶、延长见光时间等措施改善光照条件。

(三) 肥水管理

定植后浇足定植水，缓苗后浇足缓苗水，之后至坐果前一般不再浇水。当全棚 80% 以上植株的门茄坐果后，开始追肥浇水，低温期一般每半月左右后追 1 次肥，高温期每 10~15d 追 1 次肥，每次每亩冲水溶性复合肥 15~20kg 或水溶性生物有机肥 20~30kg。

(四) 保花保果

花期用防落素 40~50mg/L 喷花，或用 30mg/L 2,4-滴点抹花柄，防止落花落果。

(五) 整枝打杈

进行双干或三干整枝（图 6-17）。在门茄坐稳后，将门茄以下所发生的腋芽全部打去；在对茄坐稳后，两个分杈各选留一个粗壮的继续结果，另一根细弱的留一叶摘除，形成双干整枝，以后长出的侧枝及时摘除。

除整枝外，还应及时去除老叶、病叶。

图 6-17 茄子三干整枝

(六) 再生栽培

夏季在嫁接口上留 3 节把主茎剪断，使留下的主干萌发新枝，剪截口上涂一层白铅油，防止失水和病菌侵入。

剪截后将剪下的茎清除室外，清除杂草、枯叶。随后浇水追肥，每亩施尿素 8~10kg，促新枝生长。新枝萌发前喷药防病。新枝伸长至 10cm 以上时，每个老干留一新枝作新株，邻近有缺株处可留 2 个新枝结果。砧木上的萌蘖要及时去除。

新株现蕾时冲施水溶性复合肥 12~15kg，随后灌水，促新株生长。门茄开花坐果期间不灌水、不追肥。坐果后施尿素 15kg，对茄膨大期进行重点追肥，采收期再追肥 1 次，促秧果生长，以后随气温降低，减少肥水量。

外界气温降至 15℃ 左右时扣膜，并维持夜间温度在 15℃ 以上。

任务 4　采收与采后处理

一、采收

（一）采收标准

商品茄子以采收嫩果上市，茄子达到商品成熟度的标准是果实萼片下面锯齿形浅色条带消失，此时果实生长减慢，可以采收。采收过早，果实未充分发育，产量低；采收过晚，种皮坚硬，果皮老化，影响销售，降低食用价值。

（二）采收技术

门茄宜稍提前采收，既可早上市，又可防止与上部果实争夺养分。雨季应及时采收，以减少病烂果。

茄子采收应选择在早晨或傍晚。采收的方法是用剪刀剪下果实，防止撕裂枝条；不带果柄，以免装运过程中互相刺伤果皮。

二、采收后处理

（一）分级

1. 特级　同一品种，体形、色泽良好，幼嫩，无萎凋，无腐烂，无病虫害及其他伤害。

2. 一级　同一品种，体形正常，色泽良好，基本幼嫩，无萎凋，无腐烂，无病虫害及其他伤害。

（二）贮存

为了延长秋茄子的供应期，达到堵缺增效之目的，在晚秋后，采用一些贮藏技术，对茄子果实可起到一定的保鲜作用。茄子的贮藏方式有气调贮藏、冷藏、通风贮藏、埋藏和贮藏室贮藏等。采收的茄子宜尽快放入预冷库，将茄子预冷到 9~12℃ 后再进行贮存，贮温保持 10~14℃，空气相对湿度 90%~95%。

▷练习与作业

1. 在教师的指导下，学生分组进行茄子定植技术练习。注意嫁接口离地面的位置，并做到前密后稀。

2. 茄子定植后都需要哪些管理技术？

▷资料阅读

茄子的生物学特性

1. 形态特征　根系发达，主要根群分布在 30cm 土层中。根系木质化相对较早，再生能力稍差，不定根的发生力也弱。茎直立，粗壮，分枝较多，株形开张，枝叶繁茂。单叶互生，卵圆形或长卵圆形。花多为单生，也有2～4朵簇生的，完全花，花瓣白色或紫色。自花授粉率高，天然杂交率为3%～6%。根据花柱长短不同，可分为长柱花、中柱花和短柱花（图6-18）。长柱花柱头高出花药，花大、色深，容易在柱头上授粉，为健全花；中柱花的柱头与花平齐，授粉率较长柱花偏低；短柱花的柱头低于花药，花小，花梗细，授粉的机会非常少，几乎完全落花，为不健全花。果实为浆果，胎座特别发达，其海绵薄壁组织为主要食用部分。种子扁圆形，外皮光滑而坚硬，土黄色，千粒重5g左右，使用年限2～3年。

茄子形态特征图片

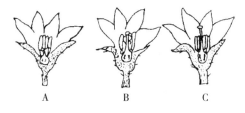

图6-18 茄子花型
A. 短柱花 B. 中柱花 C. 长柱花

2. 分枝结果习性 当主茎达一定叶数，顶芽分化形成花芽后，其下端邻近的两个腋芽抽生侧枝，代替主茎生长，构成"假二叉分枝"。侧枝上长出2～3叶后，顶端又现蕾封顶，其下端两个腋芽又抽生两个侧枝。如此继续向上生长，陆续开花结果。按果实形成的先后顺序，它们的名称分别为门茄、对茄、四母斗、八面风、满天星（图6-19）。实际上一般只有1～3次分枝比较规律，结果较好，生产上通常需要进行整枝打杈，提高商品果率。

3. 生育周期 茄子的生长发育周期分为发芽期、幼苗期、开花坐果期和结果期4个时期。

（1）发芽期。种子萌发到第一片真叶出现为发芽期，需6～9d。

（2）幼苗期。第一片真叶出现到现蕾为幼苗期，需60～70d。低温期育苗，长达100d。当幼苗长至4叶期时，生长点开始分化花芽。

（3）开花坐果期。从现蕾到门茄"瞪眼"（即幼果膨大从萼片中露出，光亮似眼球状）为开花坐果期。一般从开花到瞪眼需8～12d。

图6-19 茄子的分枝结果习性
1. 门茄 2. 对茄 3. 四门斗 4. 八面风

（4）结果期。从门茄坐果到采收完毕为结果期。一般从瞪眼到商品成熟需13～14d，从商品成熟到生理成熟约需30d。

4. 对环境条件的要求 茄子对温度的要求在茄果类中最高，耐热性也最强。生育适温为20～30℃，在17℃以下时生育缓慢，15℃以下时引起落花，低于13℃时停止生长。高温以不超过35℃为宜。对光照长度及光照度的要求都较高。在日照长，强度高的条件下，生长旺盛，花芽质量好，果实产量高，着色好。茄子对土壤要求不严格，在富含有机质，保水保肥能力强的土壤中栽培易获高产。生育盛期需要供水充足，若田间积水则易引起烂根，在高温高湿情况下容易发生病害。对氮肥要求较高，缺氮时花芽分化延迟，花数明显减少，尤其在开花盛期，如果氮不足，短柱花增多。

▷ **练习与作业**

1. 调查当地茄子的主要栽培方式、栽培茬口以及各茬口的生产情况。
2. 在教师的指导下,学生分别进行茄子嫁接育苗、露地(温室或大棚)茄子定植以及田间管理等的技能训练,训练结束后,总结技术要点与注意事项。
3. 在教师的指导下,学生进行茄子采收以及采后处理技能训练,训练结束后,总结技术要点与注意事项。
4. 根据所学知识,制订一份适合当地生产条件的露地(温室或大棚)茄子生产方案。

项目六　辣椒生产技术

● **任务目标**　了解辣椒生产特性;掌握辣椒品种选择与基地建立技术、育苗技术、定植技术、露地及设施栽培管理技术、采收与采后处理技术。

● **教学材料**　辣椒品种;育苗时所用的烧杯、温度计、恒温箱等材料;生产中用的肥料、农药以及设施、生产用具、器械等。

● **教学方法**　在教师的指导下,学生以班级或分组参加辣椒生产实践,或模拟辣椒的生产过程。

辣椒属茄科辣椒属植物,农业生物学分类上属于茄果类蔬菜(图6-20)。辣椒含有丰富的维生素C和辣椒素,是我国的主要蔬菜之一,南北均有栽培,北方地区的日光温室和塑料大棚辣椒栽培发展较快,面积逐年扩大。

图6-20　辣　椒

任务1　建立生产基地

1. 选择无污染和生态条件良好的地域建立生产基地。生产基地应远离工矿区和公路、铁路干线,避开工业和城市污染的影响。
2. 产地空气环境质量、农田灌溉水质质量以及土壤环境质量均应符合无公害蔬菜生产的相关标准要求。
3. 土壤肥力应达到二级肥力以上标准。
4. 要选择土层深厚、排灌方便、肥沃疏松的沙壤土或壤土。
5. 种植地块的适宜土壤pH5.5～6.5。
6. 忌与同科作物连作。

任务2　塑料大棚辣椒栽培技术

一、茬口安排

我国北方塑料大棚辣椒主要进行春茬、秋茬和全年茬栽培,春茬和全年茬的适宜定植期为当地断霜前 30～50d，秋茬应在大棚内温度低于 0℃前 120d 以上时间播种。

二、选择品种和种子

(一) 品种选择

宜选用耐寒、耐弱光、生长势强、坐果能力强、抗病、丰产、味甜或微辣的品种，甜椒主要优良品种有中椒 5 号、冀研 6、甜杂 6 号、格鲁西亚、麦卡比等，辣椒品种有湘研 9 号、苏椒系列、中椒 6 号、冀研 19、鲁椒 3 号等品种。

(二) 种子质量要求

种子质量应不低于《瓜菜作物种子 第三部分：茄果类》(GB 16715.3—2010) 中规定的最低质量标准。

> ▶ **相关知识**
>
> **辣椒的品种类型**
>
> 根据果实形状一般将辣椒分为灯笼椒、长辣椒、簇生椒、圆锥椒和樱桃椒 5 个变种，其中灯笼椒、长辣椒和簇生椒栽培面积较大。
>
>
>
> 辣椒品种类型图片
>
> **1. 灯笼椒** 植株粗壮高大，叶片肥厚，椭圆形或卵圆形，花大果大，果基部凹陷。果实呈扁圆形、圆形或圆筒形。红或黄色，味甜、稍辣或不辣。
>
> **2. 长辣椒** 植株矮小至高大，分枝性强，叶片较小或中等，果实多下垂，长角形，先端尖锐，常弯曲，辣味强。多为中早熟种，按果实的长度又可分为牛角椒、羊角椒或线辣椒 3 个品种群，其中线辣椒果实较长，辣味很强，可作干椒用。
>
> **3. 簇生椒** 植株低矮丛生，茎、叶细小开张，果实簇生、向上生长。果色深红，果肉薄，辣味极强，多作干椒栽培。耐热，抗病毒能力强。

三、育苗

(一) 育苗基质与育苗土准备

穴盘育苗选择 72 孔或 105 孔的穴盘，基质配方为：选用优质的草炭、珍珠岩和蛭石，按 6∶3∶1 的比例混合，每立方米基质再加入氮磷钾复合肥 (15-15-15) 1～2kg，同时每立方米基质再加入 60% 多·福 (苗菌敌) 可湿性粉剂 100g 进行消毒。

育苗钵育苗土的肥、土用量比例为 5∶5，再混入氮磷钾复合肥 1kg/m² 左右，另加入多菌灵 100～200g、辛硫磷 100～200g。把肥、土和农药充分混拌均匀，并过筛。

(二) 种子处理

晒种 1～2d，用 55～60℃ 热水浸种 15min 后，再用清水浸泡 12h。之后用 10% 磷酸三钠浸种 30min，捞出种子稍晾晒后进行催芽。

(三) 播种与管理

底水浇过以后，每容器中央点播 1～2 粒带芽的种子，播后覆过筛细潮土厚约 0.5cm。出苗后及时揭去床面覆盖物。1～2 叶时疏苗，疏除病、弱苗，每容器内留一壮苗。

苗龄60～70d，苗高20cm，9～11叶时定植。

四、定植

(一) 施肥作畦

每亩施入腐熟优质粪肥5～6m³、复合肥50kg或过磷酸钙50～60kg、硫酸钾30kg，其中2/3铺施翻地后耙平，余下的1/3混匀后集中施入定植沟内。

(二) 定植

当大棚内10cm地温稳定在12℃以上时定植。大棚宜提前半个月扣棚烤地，以利提高地温。垄作或高畦栽培。垄作采取大、小行起垄，每垄1行，大行距60～70cm，小行距30～40cm。高畦栽培畦宽60cm，沟宽40cm，每畦栽2行，畦内行距40cm，穴距30～33cm，每穴1株，每亩定植4 000株左右。深度以苗坨与畦面相平为宜。定植后覆盖地膜。

五、田间管理

(一) 温度管理

辣椒定植后一周内要密闭大棚不通风，棚温维持在30～35℃，夜间棚外四周围草苫保温防冻。缓苗后开始通风，将棚温降至25～30℃。进入开花结果期，白天25～30℃，夜间15～17℃。辣椒越夏后进入秋季，当日均气温降至20～22℃、夜间最低气温降至15℃时，开始扣膜，并逐渐减小放风量。当日平均气温下降至15℃时扣严薄膜，低于10℃时应采取保温措施。

(二) 肥水管理

缓苗后浇水，之后控水蹲苗。当大部分植株门椒坐果后，开始浇水，保持地面经常湿润。春季宜在晴天上午浇水，水量不宜过大。夏季剪枝更新后，要增加浇水，促进新枝的发育和开花坐果。扣膜初期，棚内气温较高，植株生长较快，要及时浇水，当密闭棚膜后，减少浇水量。

门椒坐果后追第一次肥。每亩随水冲施尿素12～15kg，以后每浇1～2次水追肥1次。每亩交替追尿素和水溶性复合肥12～15kg。盛果期还可叶面喷肥，每周喷1次0.2%磷酸二氢钾。夏季修剪后和秋季扣膜后，要分别随水追肥，促进植株生长和结果。

(三) 植株调整

大棚辣椒植株生长旺盛，为防倒伏应进行简易支架或吊蔓。

当株高25cm左右时，将分杈以下叶片及这些叶腋上发生的侧芽全部摘除，以利通风透光。在四门斗椒坐果后，每一分杈保留上部一个长势强的侧枝，将另一侧枝留1～2片叶摘心。及时去掉下部的病叶、老叶、黄叶。

(四) 保花保果

大棚内的高温高湿是造成落花的主要原因，除控制温度、加强放风外，还应采用化控措施保花，于开花期用40～45mg/L防落素喷花促进坐果。

(五) 剪枝更新

进入高温期，植株结果部位上移，植株衰弱，生长处于缓慢状态，花、果易脱落。为使秋季多结果，可采取剪枝再生措施，促使重发新枝开花结果。修剪的方法是把第三层果以上的枝条留2个节后剪去。为防伤口感染，第二天应喷洒70%甲基硫菌灵600倍液防病。

任务3 温室辣椒栽培技术要点

一、茬口安排

北方温室辣椒栽培茬口基本同茄子,可参照有关部分。

二、品种选择

宜选用耐寒、耐弱光、生长势强、坐果能力强、抗病、丰产、味甜或微辣的品种,甜椒主要优良品种有中椒4号、冀研12、冀研13、甜杂1号、茄门甜椒、格鲁西亚、麦卡比等;辣椒品种有湘研1号、湘研9号、苏椒系列、中椒6号、冀研7、冀研19、鲁椒3号等。

三、育苗

采用容器育苗。育苗土的农家肥、非重茬土壤用量比例为4∶6,每平方米土内再混入氮磷钾复合肥1kg左右,另加入多菌灵100~200g。把过筛的农家肥、土和农药充分混拌均匀备用。

每容器中央点播1~2粒经过浸种催芽的种子,播后覆过筛细潮土厚约0.5cm。出苗后及时揭去床面覆盖物。1~2叶时疏苗,疏除病、弱苗,每容器内留一壮苗。苗龄60~70d,苗高20cm,9~11叶时定植。

四、定植

(一) 整地作畦

每亩施入腐熟优质粪肥5 000kg、磷酸二铵50~100kg、饼肥100~200kg、硫酸钾20kg、硫酸铜3kg、硫酸锌1kg、持效硼肥1kg,深翻使肥料与土充分混匀。采用小高畦地膜覆盖栽培。小高畦间距1.1~1.2m,每畦栽2行,采用大、小行栽培,小行距0.45~0.5m,大行距0.65~0.7m,穴距35cm。

(二) 定植

普通品种每亩2 700株左右,生长势较弱的早熟品种每亩3 000株左右。深度以苗坨与畦面相平为宜,栽后封严定植穴,并覆盖地膜。甜椒定植密度应比辣椒稀些。

五、田间管理

(一) 温度管理

定植后缓苗阶段要注意防高温,晴天中午前后的温度超过35℃时要通风降温或遮阳降温。缓苗后对辣椒进行大温差管理,白天温度25~30℃,夜间温度15℃左右。开花结果期夜间温度应保持在15℃以上。冬季要注意防寒,最低温度不要低于5℃。翌年春季要注意防高温,白天温度30℃左右,夜间温度20℃左右。

(二) 肥水管理

缓苗后应及时浇1次水,促发棵。开花坐果期要控制浇水,大部分植株上的门椒长到核桃大小后开始浇水,结果期间要勤浇水、浇小水,经常保持地面湿润。缓苗后结合浇发棵水追 1 次氮肥，每亩 15kg 左右。结果期每 10～15d 追 1 次肥，尿素、复合肥与有机肥交替施用。有机肥要先沤制，浇水时取上清液冲施。

（三）整枝

大果型品种结果数量少，对果实的品质要求较高，一般保留 3～4 个结果枝；小果型品种结果数量多，主要依靠增加结果数来提高产量，一般保留 4 个以上结果枝。辣椒整枝不宜过早，一般当侧枝长到 15cm 左右长时抹掉为宜，以后的各级分枝也应在分枝长到 10～15cm 长时打掉（图 6-21）。

辣椒整枝图片

图 6-21 辣椒整枝与吊蔓

（四）绑蔓吊枝

在每行辣椒上方南北向各拉一道 10 号或 12 号铁丝。将绳的一端系到辣椒栽培行上方的粗铁丝上，下端用宽松活口系到侧枝的基部，每根侧枝一根绳。用绳将侧枝轻轻缠绕住，使侧枝按要求的方向生长。

（五）再生栽培

结果后期，将对椒以上的枝条全部剪除，用石蜡将剪口涂封，同时清扫干净地膜表面及明沟的枯枝烂叶。腋芽萌发并开始生长后，喷施一次 30mg/kg 的赤霉素。及时抹去多余的腋芽。新梢长至 15cm 左右时，每株留 4～5 条新梢，其余剪除。新梢长至 30cm 时进行牵引整枝，及时剪除植株中下部节间超过 6cm 的徒长枝。

任务 4　露地干椒栽培技术要点

一、茬口安排

北方地区多于春季在保护地播种育苗，于 4～5 月断霜后植于大田。

二、品种选择

选用抗病、优质、丰产、干物质含量高、商品性好、适应市场的品种，如 8819、益都红、天鹰椒、羊角椒、天椒 4 号、朝天椒等。

三、育苗

一般采用温室、温床育苗，苗床温度保持 20℃以上。播种前进行浸种催芽，及时间苗。苗龄以 8～10 片真叶展叶，60d 左右为宜。

四、定植

多采用垄作，宽窄行种植，垄宽 116cm，宽行 66cm，窄行 50cm，穴距 26cm，每亩 4 200 穴左右，每穴种植 2～3 株，每亩 10 000～13 000 株。定植后覆盖地膜。

五、田间管理

一般定植后要浇足定植水，开花前结合施肥浇第二次水，夏季高温期要早晚浇水，雨季要及时排水防涝，开花期不浇水，结果期加强浇水。

定植后到第一层花开放以前，每亩用过磷酸钙 25~50kg、有机肥 2 500kg，混匀后穴施或沟施。处暑后气温开始下降，适于开花挂果，重施 1 次肥，每亩冲施 1 次水溶性高磷复合肥 20~30kg，促进早开花、早坐果、早红熟。

任务5 采收与采后处理

一、采收标准

一般在开花授粉后 25~30d，椒果膨大速度变慢，果皮浓绿而富光泽时，即可采收青熟果。门椒、对椒及长势弱的植株上的果实适当早收，其他各层在果实充分膨大，果肉变硬、色变深且保持绿色未转红时采收最为适期。秋、冬季节当外界最低气温在 5℃ 以前，要将全部果实及时采收，以免受冻。

干辣椒要果实全变为深红，近萼片的一端也变红才采收。

二、采收技术

选择晴天早晨或傍晚采收，采摘要小心，最好戴上手套，紧紧抓住果实，左右摇动后轻轻向上拉收。或用无锈的剪刀从果柄处剪收，不要伤及果实，轻拿轻放，避免机械损伤。田间使用的容器应洁净，内表平滑。辣椒枝条较脆，采摘时应注意避免折断枝条，影响产量。

辣椒采收视频

干椒一般将株体连根拔起，或者用镰刀贴根割起来后根朝下立于通风干燥处，以便继续使果实从秸秆上吸收养分，增加椒皮厚度、红度和光泽度。待辣椒叶子干缩时抖去叶片，将红熟果实与未完全成熟的果实分开摘下，置于阴凉通风处晾干后分级出售。

三、采后处理

果实经过预处理后，分级包装上市。贮运时做到轻装轻卸。最好用冷藏车进行运输，冷藏温度控制在 7~9℃，空气相对湿度保持在 90%~95%。

▷ 资料阅读

辣椒的生物学特性

1. 形态特征 辣椒的根系不发达，主要根群深度不足 30cm，根展为 45cm。茎直立，腋芽萌发力弱，株丛较小。单叶、互生，卵圆形或长卵圆形。花多为单生，也有的簇生。雌雄同花，天然杂交率约 10%，属常异交植物。果实为浆果，汁液少，空腔大，具 2~4 个心室。种子短肾形，扁平稍皱，色

辣椒植株
形态图片

淡黄，千粒重5~6g，使用年限2~3年。

2. 分枝结果习性 辣椒分枝结果很有规律，按分枝结果习性可分为无限分枝类型和有限分枝类型，多数品种为无限分枝型，当植株生长到8~15片叶时，主茎顶端出现花蕾，蕾下抽生出2~3个枝条，枝条长出一叶，其顶端又出花蕾，蕾下再生二枝，若再往上生长，均为"一叶一蕾二枝"的规律，从而形成了不同级次的分枝和花（果）。处在同一级次上的花，几乎同日开放。

3. 生育周期 辣椒的生育周期分为发芽期、幼苗期、开花结果期和结果期4个时期。

（1）发芽期。由种子萌发到第一片真叶出现为发芽期，需6~9d。

（2）幼苗期。从第一片真叶出现到现蕾为幼苗期，一般温室育苗需60~70d，阳畦育苗需90~100d。展开4片真叶时，开始花芽分化。

（3）开花结果期。从现蕾到门椒坐住为开花结果期，约需20d。

（4）结果期。从门椒坐住到拉秧为结果期，陆续开花，连续结果，栽培形式不同，此期长短不一。

4. 对环境条件的要求 辣椒属喜温性蔬菜，不耐严寒。种子发芽适温为25~30℃，低于15℃或高于35℃，均不利于正常发芽。幼苗期的适宜温度为20~25℃，在15~30℃均可正常生长，开花结果期的适宜温度为20~30℃。辣味型品种的耐热能力强于甜椒型品种。

辣椒对光照度的要求中等，光饱和点30klx，光补偿点1.5klx，较耐弱光。但光照太弱，将导致徒长、落花落果；不耐干旱，也不耐涝。在中等空气湿度下生长较好。对土壤的适应能力比较强，以壤土生长发育最好。需肥量大，对氮、磷、钾的吸收比例为1:0.5:1。据报道，每生产5 000kg果实，约需吸收氮36.5kg、磷7kg、钾35kg。

▷练习与作业

1. 调查当地辣椒的主要栽培方式、栽培茬口以及各茬口的生产情况。

2. 在教师的指导下，学生分别进行辣椒育苗、露地（温室或大棚）辣椒定植以及田间管理等的技能训练，训练结束后，总结技术要点与注意事项。

3. 在教师的指导下，学生进行辣椒采收以及采后处理技能训练，训练结束后，总结技术要点与注意事项。

4. 根据所学知识，制订一份适合当地生产条件的露地（温室或大棚）辣椒生产方案。

项目七　菜豆生产技术

● **任务目标** 了解菜豆生产特性；掌握菜豆品种选择技术、整地施肥技术、播种育苗技术、田间管理技术、采收与采后处理技术。

● **教学材料** 菜豆品种、肥料、农膜以及相应生产用具、器械等。

● **教学方法** 在教师的指导下，学生以班级或分组参加菜豆生产实践，或模拟菜豆的生产过程。

菜豆又名芸豆、四季豆，为豆科菜豆属植物（图6-22）。原产墨西哥和中南美洲，16世纪末由欧洲传入我国，全国各地均有栽培。

图6-22 菜豆

任务1　建立生产基地

1. 选择无污染和生态条件良好的地域建立生产基地。生产基地应远离工矿区和公路、铁路干线，避开工业和城市污染的影响。
2. 产地空气环境质量、农田灌溉水质质量以及土壤环境质量均应符合无公害蔬菜生产的相关标准要求。
3. 土壤肥力应达到二级肥力以上标准。
4. 要选择土层深厚、排灌方便、肥沃疏松的沙壤土或壤土。
5. 种植地块的适宜土壤pH5.5～6.5。
6. 忌与同科作物连作。

任务2　露地菜豆栽培技术

一、茬口安排

菜豆一般进行直播栽培。北方菜豆露地栽培一般分为春茬和秋茬两个茬口，春茬一般于当地10cm地温稳定在10℃以上时播种，地膜覆盖或用小拱棚短期覆盖保护栽培，可提前10～15d播种；秋茬一般于当地早霜前100d左右播种。

二、选择品种和种子

（一）品种选择

春季蔓生菜豆宜选用生长势强，丰产优质的中、晚熟品种；露地秋菜豆应选用耐热、抗病、适应性强，对日照反应不敏感或短日型的中、早熟丰产品种。适宜北方地区种植的菜豆推荐品种见表6-5。

表6-5　适宜北方地区种植的菜豆推荐品种

品种类型	品种名称
春栽品种	蔓生菜豆宜选用丰收1号、青岛架豆、春丰4号、双丰1号、双季豆等；矮生菜豆可选择供给者、嫩荚等
秋栽品种	秋抗6号、秋抗19、冀芸2号、双季豆和白架豆等

（二）种子质量要求

选择2年内的种子。种子质量应符合以下标准：种子纯度≥97%，净度≥98%，发芽率≥95%，水分≤12%。[种子质量标准引自《无公害食品　菜豆生产技术规程》（NY/T 5081—2002）]。

> 相关知识

菜豆品种类型

菜豆根据茎蔓生长习性,可分为蔓生种和矮生种。生产上常用品种及特性见表6-6。

菜豆品种类型图片

表6-6 菜豆品种类型

品种类型	品种名称
蔓生种	双季豆、碧丰、双丰1号、春丰4号、特嫩4号、秋抗6号、秋抗19、芸丰623、九粒白、秋紫豆和油豆角等
矮生种	优胜者、供给者、新西兰3号、法国地芸豆、推广者(P40)等

三、整地作畦

春菜豆前茬为冬闲地或越冬绿叶菜;秋菜豆前茬为小麦、大蒜、春甘蓝、春黄瓜和西葫芦等,后茬为冬闲地或越冬菠菜。前茬拉秧后要及早清理田园,翻地晒土数日,以改善土壤结构和提高地温。

每亩施腐熟农家肥3 000~5 000kg、过磷酸钙15~20kg、草木灰100kg或硫酸钾15~20kg作基肥。

北方以低畦为主,畦宽一般为1.2~1.4m。早熟栽培或低洼盐碱地可用高垄,东北以垄作为主。

【注意事项】

菜豆的根部虽然有根瘤,但不如其他豆类作物发达,因此,仍要施足基肥。基肥中加入少量硝酸态氮肥,有利幼苗生长,促进提早开花结荚。基肥应结合播前翻地施入,肥料必须充分腐熟,免遭蛆害。

四、播种

(一)播种前种子处理

精选种子,晒种1~2d,并用种子质量0.3%的1%福尔马林液浸种20min,防炭疽病,然后用清水清洗后播种。

(二)播种

露地菜豆以直播为主。

1. 春菜豆 采用沟播或穴播。蔓生菜豆行穴距(60~70)cm×(20~25)cm,每穴播籽3~4粒;用种量一般为每亩3~4kg。矮生菜豆可比蔓生菜豆早播3~5d,行穴距为(33~45)cm×(18~25)cm,每穴播籽4~6粒。

2. 秋菜豆 北方大部分地区从6月下旬至7月中旬播种,保证霜前有一定的生长期,形成产量;同一地区矮生菜豆可晚播12~15d。秋菜豆生长后期,温度渐低,侧枝发育差,应适当密植,穴距可缩到20cm,每穴播4~6粒。

【注意事项】

菜豆种子种皮薄，组织不够致密，不需播前浸种，如浸种，时间也不宜过长，一般大部分种子吸胀，少数种子皱皮时播种。

五、田间管理技术

（一）查苗补苗

春季露地直播菜豆，在适宜的土壤条件下8~10d出苗。出现基生叶时查苗补苗，保证苗齐苗壮。出苗后间苗1~2次，一片复叶出现后定苗，蔓生菜豆每穴留2株，矮生菜豆留2~3株。

（二）中耕、浇水、施肥

1. 春菜豆 直播菜豆齐苗后或定植缓苗后浇1次水，开始中耕，每10d左右中耕1次，共2~3次。基部花序坐荚后，首批嫩荚3~4cm长，植株已进入旺盛生长期，浇水追肥，促豆荚迅速伸长和肥大，保品质鲜嫩。结荚期间1周左右浇1次水，矮生菜豆追肥1~2次，蔓生菜豆的采收期长，追肥2~3次，化肥和粪肥交替施用。

2. 秋菜豆 出苗后及时中耕、除草，遇高温干旱天气，应增加灌水次数，防高温危害，雨后及时排水。开花初期控制灌水，结荚后视天气和土壤墒情灌水，保持土壤湿润。

（三）插架、整枝

结合最后一次中耕进行培土，并插架。生长中后期摘心，减少无效分蘖。

任务3　温室菜豆栽培技术要点

一、茬口安排

温室菜豆栽培茬口主要有早春茬和秋冬茬。早春茬一般于1月中下旬至2月上中旬播种，或1月中旬育苗，2月上旬定植，4月中旬前后开始收获。秋冬茬一般于8月中旬前后播种，或8月上中旬育苗，9月中旬左右定植。

二、品种选择

温室菜豆以蔓生品种为主，可选丰收1号、哈菜豆1号、芸丰、碧丰等。矮生品种多在温室前沿低矮处种植。

三、播种与育苗技术

温室菜豆可直播或育苗。直播者每垄种植1行，每穴3~4粒，穴距25~30cm。育苗时，于营养钵中播种，可用8cm×8cm或10cm×10cm的营养钵播种育苗，每穴播3~4粒，覆土2cm。

春茬育苗时，播种后出苗前温度控制在28~30℃；出苗后，白天温度降至15~20℃，夜间降至10~15℃；第一片真叶展开后白天温度20~25℃，夜间15~18℃；定植前1周开始逐渐降温炼苗，白天温度15~20℃，夜间10℃。苗龄不宜过长，一般以20~25d为宜。

秋冬茬育苗时，应搭荫棚遮阳，雨天注意防淋，苗龄20~25d，以3片真叶时进行定植为宜。

四、整地定植

重施基肥,每亩施充分腐熟的有机肥 3 000~4 000kg、过磷酸钙 60kg、草木灰 100kg,肥料的 2/3 撒施,1/3 集中施入垄下。冬春茬撒施后深翻 30cm,耕细耙平,而后做高垄。大行距 60~70cm,小行距 50~60cm,垄高 10~15cm。秋冬茬可做成宽 1~1.2m 的平畦。定植前 2~3d,锻炼幼苗,带坨定植。

五、田间管理技术

(一) 温度管理

1. 温室春茬 定植后 3~5d 内密闭棚室,使白天温度维持在 25~28℃,夜间 15~20℃。缓苗后适当降低棚温蹲苗,抽蔓期昼温 20~25℃,夜温 12~15℃。开花结实期昼温保持 20~25℃,不超过 30℃,夜间 15~20℃。

2. 温室秋冬茬 定植初期白天温度保持 20~25℃,尽可能使棚温不超过 30℃,夜间 12~15℃,菜豆坐荚以后可逐渐提高棚温,白天 20~25℃,夜间 15~20℃。外界温度低于 15℃时,应注意扣严薄膜保温。

(二) 肥水管理

定植后 5~7d 浇缓苗水,之后中耕蹲苗。在肥水管理上应掌握"幼苗期少、抽蔓期控、结荚期促"的原则。根据菜豆品种及各生育期对养分需求规律而定。菜豆较耐干旱,湿度大时易徒长而减少开花结荚,应适当控水。结荚后应加强肥水管理,每 7~10d 浇 1 次水,每浇 2 次水追肥 1 次,每亩施复合肥 15~20kg。用钼酸铵 3 000~5 000 倍液叶面施肥,可提高产量。

(三) 植株调整

齐苗后,每穴选留 2~3 株健壮的苗,其余苗去掉。伸蔓时及时吊蔓,于植株上方南北置一道铁丝,每株上方吊一根细绳,上端系在铁丝上,下端捆在植株茎基部,随着植株生长,将茎蔓缠绕在吊绳上(图 6-23)。当蔓长 170cm 左右时,将蔓上端回缠一圈后,使茎蔓继续向上缠绕生长,能降低蔓的高度,抑制茎、叶生长,促进开花结荚。

生长后期,要及时摘除病叶、老叶和黄叶,蔓爬至薄膜处时要摘心。结荚后期,植株开始衰老,应进行剪蔓,以改善通风透光环境,促进侧枝再生和潜伏芽的开花结荚,延长采收期。

图 6-23 温室菜豆吊蔓

(四) 保花保果

花期使用浓度为 5~25mg/kg 的 α-萘乙酸喷花,每 15d 喷 1 次,连喷 3~4 次,均有防止落花落荚的效果。

任务4 采收与采后处理

一、采收

(一) 采收标准

一般在开花后 10~15d，当豆荚饱满，色呈淡绿，种子未显现，荚壁没有硬化时及时采收。采收过迟，纤维增加，荚壁逐渐粗硬，品质差，且不利于植株生长和结荚，造成落花落荚。矮生菜豆播后 50~60d 开始采收，蔓生菜豆播后 70~80d 开始采收。

(二) 采收方法

菜豆因开花坐荚期长，应分多次采收，一般每 3d 或 4d 采收 1 次，蔓生种可连续采收嫩荚 30~45d 或更长，矮生种可连续采收 25~30d。

一般结荚前期和后期每 2~4d 采收 1 次，结荚盛期每 1~2d 采收 1 次。

二、采后处理

菜豆采收后一般进行预冷、挑选分级、包装等商品化处理，然后进入销售或贮藏环节。

▷ **相关知识**

菜豆落花落荚及其预防

菜豆的花蕾数很多，但坐荚率仅占开花数的 30%~40%，最多达 50%，落花落荚较严重。造成落花落荚的原因甚多，而且各种因素间相互有影响。植株营养不良，不能满足茎、叶及荚果生长所需养分，或生长过旺，营养生长与生殖生长失调，使果荚得不到充足养分而脱落；病虫为害和采收不及时，使植株营养不良，花芽发育不完全而落花，幼荚无力伸长而脱落；生育环境不适，花芽分化及开花期温度过高过低，开花时土壤和空气过于干旱，遇大风或降水等均可造成落花落荚。

为防止落花落荚，宜将菜豆的生育期安排在温度适宜的月份内，或采取相应措施调控好生长环境，尽量避免或减轻高温或低温的影响；施完全肥料，提高植株营养水平，满足茎、叶生长和花荚发育所需的营养；合理密植，改善通风透光条件，防治病虫害和及时细致的采收等。此外，花期喷 5~25mg/L 的 α-萘乙酸或 2mg/L 的防落素也有防止落花落荚的功效。

▷ **资料阅读**

菜豆的生物学特性

1. 形态特征 菜豆根系发达，根深 90cm 以上，根展 120~160cm，主要根群分布在 15~40cm 耕层内。根系吸收肥水能力强，但再生能力弱，不耐移植。可与根瘤菌共生固氮。

茎的生长习性为矮生或蔓生。矮生种茎直立生长，每节均可抽生侧枝，不需搭架。蔓生种缠蔓生长，侧枝发生较少，需搭架。子叶肥厚，基生叶为单叶对生，以后真叶为 3 片小叶组成的复叶、互生。叶腋间或茎顶端抽生总状花序，花白、黄、淡红或淡紫红色，蝶形花冠，自花授粉。果实为荚果，断面扁平或近圆形，绿色、白绿、紫色，也有斑纹色，是主要的食用器官。种子肾形，种皮有红、白、黄、褐、黑或斑纹彩色。生产上多用 1～2 年的种子。

菜豆形态特征图片

2. 生育周期

(1) 发芽期。从种子萌发到第一对真叶展开为发芽期，约 10d。

(2) 幼苗期。从第一对真叶展开到抽蔓前为幼苗期，矮生种需 20～30d，蔓生种需 20～25d。

(3) 抽蔓期。从茎蔓节间开始伸长到现蕾开花为抽蔓期，需 10～15d。

(4) 开花结荚期。从开花结荚到拉秧为开花结荚期，矮生种约需 30d，蔓生种约需 60d。

3. 对环境条件的要求 菜豆喜温不耐热，对温度要求较严，种子发芽适温 20～25℃，幼苗期适温 16～20℃，开花结荚期适温 18～25℃，低于 15℃ 或超过 32℃，影响花粉发芽力，引起落花落荚。菜豆属喜光植物，连续阴天可造成落花。对日照长短要求不严。适宜的土壤湿度为 60%～70%，适宜的空气相对湿度为 60%～80%，对干旱有一定的忍耐能力。菜豆最适于腐殖质多，土层深厚，排水良好的壤土，适宜 pH6.2～7.0。生育期中吸收氮、钾肥较多，微量元素硼和钼对菜豆的发育和根瘤菌的活动有良好作用。

▷ **练习与作业**

1. 调查当地菜豆的主要栽培方式、栽培茬口以及各茬口的生产情况。

2. 在教师的指导下，学生分别进行露地（温室或大棚）菜豆播种以及田间管理等的技能训练，训练结束后，总结技术要点与注意事项。

3. 在教师的指导下，学生进行菜豆采收以及采后处理技能训练，训练结束后，总结技术要点与注意事项。

4. 根据所学知识，制订一份适合当地生产条件的露地（温室或大棚）菜豆生产方案。

项目八 豇豆生产技术

● **任务目标** 了解豇豆生产特性；掌握豇豆品种选择与基地建立技术、播种技术、田间管理技术、采收与采后处理技术。

● **教学材料** 豇豆品种、肥料、农膜以及相应生产用具、器械等。

● **教学方法** 在教师的指导下，学生以班级或分组参加豇豆生产实践，或模拟豇豆的生产过程。

豇豆又名长豆角、带豆，营养价值高，嫩荚可炒食、凉拌、腌渍，老熟豆角可蒸食（图 6-24）。豇豆耐热性强，是北方地区 8～9 月成熟供市的一种重要蔬菜。

图 6-24 豇 豆

任务1　建立生产基地

1. 选择无污染和生态条件良好的地域建立生产基地。生产基地应远离工矿区和公路、铁路干线，避开工业和城市污染的影响。
2. 产地空气环境质量、农田灌溉水质质量以及土壤环境质量均应符合无公害蔬菜生产的相关标准要求。
3. 土壤肥力应达到二级肥力以上标准。
4. 种植地块的适宜土壤pH5.5～6.5。
5. 忌与同科作物连作。

任务2　露地豇豆栽培技术

一、茬口安排

华北和东北多数地区一年栽培一茬，4月中下旬至6月中下旬播种，7～10月采收。豇豆忌连作，应实行2年以上轮作。

二、选择品种与种子

选择抗病、高产、抗逆性强的品种，如之豇28-2、豇豆王、绿冠、豇豆901等。

> ▷ 相关知识
>
> **豇豆的品种类型**
>
> 豇豆依其生长习性分为蔓生、半蔓生和矮生3种类型。
>
> **1. 蔓生种**　茎蔓长，花序腋生，需支架，生育期长，产量高。优良品种有之豇28-2、红嘴燕、白豇2号、白豇3号、湘豇1号、夏宝、张塘、秋豇512、郑豇2号等。
>
> **2. 半蔓生种**　生长习性与蔓生种相似，但茎蔓短，可不支架。
>
> **3. 矮生种**　茎矮小，直立，分枝多，花序顶生，植株呈簇状，不支架，生长期短，成熟早，产量较低。优良品种有五月鲜。

豇豆品种类型图片

三、播种

（一）整地播种

结合整地，每亩施入充分腐熟的有机肥4m³左右。然后做成宽1.3m的低畦或65～75cm的垄畦。

（二）播种

春季宜在地温10～12℃以上时播种。一般行距60～75cm，株距25～30cm，每穴播3～

4粒。播种深度约3cm。每亩用种3～4kg。

四、田间管理

(一) 搭架摘心

当植株生长有5～6片叶时搭"人"字形架引蔓上架。第一花序以下的侧枝彻底去除。生长中后期，对中上部侧枝留2～3片叶摘心。主蔓2m以后及时摘心打顶，以使结荚集中，促进下部侧花芽形成。

摘心、引蔓宜在晴天中午或下午进行，便于伤口愈合和避免折断。

(二) 肥水管理

直播齐苗后，浇1次水，结合浇水每亩施尿素5kg，之后中耕蹲苗。当苗高25～30cm时，结合浇水每亩施尿素15kg。第一花序开始结荚后，每亩施腐熟人粪尿1 000kg或复合肥15～20kg，结荚期再追施1～2次，并经常保持土壤湿润。

任务3　采收与采后处理

一、采收

春播豇豆在开花后10～12d即可采收嫩荚，夏播的开花后6～8d采收。当荚条粗细均匀，荚面豆粒未鼓起，达商品荚标准时，为采收适期。

采收时，要保护好花序上部的花，不能连花柄一起采下。一般盛荚期每1～2d采收1次，初期和后期每3～5d采收1次。

二、采后处理

豇豆采收后一般进行预冷、挑选分级、包装等商品化处理，然后进入销售或贮藏环节。

▷ 资料阅读

豇豆的生物学特性

1. 形态特征　豇豆根系发达，主根入土深80～100cm，侧根水平分布达60～100cm。吸收能力强，较耐旱。根系再生能力弱，具有根瘤，可以固定部分氮素。茎的长短与品种有关，有矮生、蔓生和半蔓生3种类型。豇豆基生叶为对生单叶，其他叶为三出复叶、互生，基部有小托叶。总状花序，花梗上着生2～5对花，自花授粉，常成对结荚。花色常为紫色至蓝紫色，也有浅黄至乳白色。果实为荚果，细长。果荚颜色为深绿、白绿、紫红或间有花斑等多种色泽。种子肾形。种皮颜色为红褐色、黑色、白色或花色等。

豇豆形态特征图片

2. 生育周期

(1) 发芽期。从种子萌芽到基生叶展开为发芽期，需6～8d。

(2) 幼苗期。从基生叶展开到抽蔓前（矮生品种到开花）为幼苗期，需15～20d。

(3) 抽蔓期。从茎蔓节间开始伸长到现蕾开花，需10～15d。

(4) 开花结荚期。从开花结荚到采收结束为开花结荚期。此期的长短因品种、栽培季节和栽培条件的不同而有很大差异,短的 45d,长的可达 70d。

3. 对环境条件的要求 豇豆耐热性强,不耐低温。种子发芽和植株生长适温为 25～30℃,35℃ 以上仍能正常生长和结荚,40℃ 时生长受抑制,15℃ 以下生长缓慢。豇豆喜光,尤其是蔓生品种较为喜光,矮生种和半蔓生种较耐阴,常和其他高秆作物间作。豇豆属短日照作物,较耐旱,对土壤适应性广,以中性沙壤土为宜,过于黏重和低湿的土壤不利根系和根瘤菌的发育。豇豆的根瘤菌不发达,整个生育期需肥较多,荚果生长期要吸收大量营养。

▷ 练习与作业

1. 调查当地豇豆的主要栽培方式、栽培茬口以及各茬口的生产情况。
2. 在教师的指导下,学生分别进行露地(大棚)豇豆播种以及田间管理等的技能训练,训练结束后,总结技术要点与注意事项。
3. 在教师的指导下,学生进行豇豆采收以及采后处理技能训练,训练结束后,总结技术要点与注意事项。
4. 根据所学知识,制订一份适合当地生产条件的露地(大棚)豇豆生产方案。

单元小结

果菜类主要包括瓜类、茄果类和豆类蔬菜,栽培方式主要有露地栽培和保护地栽培两种。露地栽培主要有春季早熟栽培和秋季延迟栽培两个茬口,丝瓜、冬瓜、豇豆以露地栽培为主,多为全年茬栽培,一年种植一茬。黄瓜、西瓜、甜瓜、番茄、茄子、辣椒、菜豆等的保护地栽培规模比较大,设施栽培主要有日光温室冬春栽培和秋冬栽培两个温室栽培茬口,以及塑料大棚早春栽培和秋延迟栽培几个茬口。田间管理的关键是坐果前控制肥水,盛果期加大肥水供应,及时整枝、打杈和保花保果。其中,黄瓜、西瓜、甜瓜、茄子、番茄等保护地栽培目前大多采取嫁接栽培形式,用于防病、增强耐寒性等。

生产实践

1. 在教师的指导下,学生进行果菜类蔬菜的种子处理与播种实践,并完成以下作业。
(1) 不同果菜的种子适宜浸种时间与催芽适温各是多少?
(2) 不同果菜的播种技术有哪些异同点?
2. 在教师的指导下,学生进行果菜的定植实践,并完成以下作业。
(1) 果菜作畦方式有哪些?各有什么特点?
(2) 果菜定植时应注意哪些问题?
3. 在教师的指导下,学生进行瓜菜和茄果菜的植株调整实践,并完成以下作业。
(1) 不同蔬菜植株调整技术有哪些异同点?
(2) 总结瓜菜吊蔓、落蔓技术以及茄果菜盘蔓、落蔓技术要点。
4. 在教师的指导下,学生进行瓜菜的人工授粉与茄果菜的激素保花技术,以及疏花疏果和留果实践,并完成以下作业。

(1) 总结瓜菜和茄果菜的保花技术要点。
(2) 总结瓜菜和茄果菜的疏花蔬果与留果技术要点。
5. 在教师的指导下，学生进行果菜的施肥和灌溉练习，并完成以下作业。
(1) 果菜在施肥和灌溉方面有什么共同特点？
(2) 果菜在结果期为什么要重视钾肥的施用？
6. 在教师的指导下，学生进行果菜的采收实践，并完成以下作业。
(1) 不同果菜在采收时间和采收方法方面各有什么特点？
(2) 不同果菜在采收时应注意哪些事项？
7. 在教师的指导下，对当地农民进行果菜生产知识的宣传与培训活动。

单元自测

一、填空题（40 分，每空 2 分）

1. 黄瓜一般以主蔓结果为主，主蔓坐瓜前，基部长出的侧枝应_____，坐瓜后长出的侧枝，在第一雌花前留_____叶摘心。
2. 春季西瓜一般当大棚内 10cm 地温稳定在_____℃以上时开始定植。
3. 西葫芦授粉在每天上午_____时进行。在雄花不足时可用_____mg/L 的防落素涂抹雌花柱头，代替授粉，提高坐瓜率。
4. 番茄按植株的生长习性分为_____和_____两种类型。
5. 茄子的花根据花柱的长短可分为_____、_____、_____，其中_____不能正常结实。
6. 辣椒根据果型不同，一般分为_____、_____和_____ 3 种主要类型。
7. 豇豆根据茎蔓生长习性，可分为_____、_____、和 _____ 3 种类型。露地栽培通常选用_____类型。
8. 春菜豆一般_____播，露地播种一般每穴____粒种子。

二、判断题（24 分，每题 4 分）

1. 冬春温室黄瓜应选择耐低温、耐弱光、抗病、瓜码密、单性结实能力强的品种。（ ）
2. 西瓜施肥适宜用氯化钾、硫酸钾。（ ）
3. 短蔓型西葫芦适宜于施栽培与露地早熟栽培。（ ）
4. 番茄通常采用单干整枝方式。（ ）
5. 茄子分苗宜早，一般于 2 片真叶时分苗。（ ）
6. 造成菜豆落花落荚主要有两方面的原因：一是营养因素，二是环境因素。（ ）

三、简答题（36 分，每题 6 分）

1. 简述温室黄瓜冬季环境管理技术要点。
2. 简述西瓜结瓜期的肥水管理技术要点。
3. 简述温室番茄植株调整技术要点。
4. 简述茄子肥水管理技术要点。
5. 简述辣椒落花落果原因以及预防措施。
6. 豆类蔬菜为何"浇荚不浇花"？

能力评价

在教师的指导下，学生以班级或小组为单位进行果菜的生产实践。生产结束后，学生个人和教师对学生的实践情况进行综合能力评价，结果分别填入表6-7、表6-8。

表6-7 学生自我评价

姓名			班级		小组	
生产任务			时间		地点	
序号	自评内容			分数	得分	备注
1	在工作过程中表现出的积极性、主动性和发挥的作用			5		
2	资料收集的全面性和实用性			10		
3	生产计划制订的合理性和科学性			10		
4	基地建立与品种选择的规范性和正确性			10		
5	育苗操作的规范性和育苗质量			10		
6	整地、施基肥和作畦操作的规范性和熟练程度			10		
7	定植操作的规范性和熟练程度			10		
8	田间管理操作的规范性和熟练程度			20		
9	采收及采后处理操作的规范性和熟练程度			10		
10	解决生产实际问题的能力			5		
合计得分				100		
认为完成好的地方						
认为需要改进的地方						
自我评价						

表6-8 指导教师评价

指导教师姓名：_____ 评价时间：_____年___月___日 课程名称：_____

生产任务：

学生姓名：   所在班级：

评价内容	评分标准	分数	得分	备注
目标认知程度	工作目标明确，工作计划具体结合实际，具有可操作性	5		
情感态度	工作态度端正，注意力集中，有工作热情	5		
团队协作	积极与他人合作，共同完成任务	5		
资料收集	所采集的材料和信息对任务的理解、工作计划的制订起重要作用	5		
生产方案的制订	提出方案合理、可操作性强、对最终的生产任务起决定作用	10		
方案的实施	农事操作规范、熟练	45		
解决生产实际问题	能够较好地解决生产实际问题	10		
操作安全、保护环境	安全操作，生产过程不污染环境	5		
技术文件的质量	完成的技术报告、生产方案质量高	10		
合　　计		100		

信息收集与整理

1. 查阅收集当地果菜的主栽品种，记录其特征特性，并进行比较分析。
2. 查阅收集当地果菜的主要栽培茬次，分析比较各茬次栽培效益，总结关键栽培技术措施。
3. 查阅收集当地果菜生产中存在的主要问题及解决措施。
4. 查阅收集果菜的发展趋势。

观察记载

1. 观察记载主要果菜各生育期的生长特点。
2. 观察记载主要果菜的分枝结果习性。
3. 观察记载主要果菜果实成熟时的植株形态及果实特征。

资料链接

1. 中国蔬菜网　http://www.vegnet.com.cn
2. 蔬菜商情网　http://www.shucai123.com
3. 中国种子网　http://www.seedinfo.cn

典型案例

案例1　寿光日光温室黄瓜一年两茬高效栽培技术

寿光市马寨村是寿光及周边地区远近闻名的黄瓜种植村，该村的一个长90m、宽9.5m的温室，一年种植两茬黄瓜的收入一般为9万～12万元。其栽培技术要点如下。

1. 选用良种　选用抗逆性好、瓜把短、瓜条长而直、瓜色亮、产量高的品种。

2. 嫁接育苗　以根旺达南瓜为砧木，采用插接法嫁接育苗。

3. 茬口安排　秋冬茬于9月上旬定植，翌年2月上旬收获完毕；冬春茬于2月中旬定植，当年7月上旬收获完毕。

4. 施足有机肥　7月上旬秋冬茬黄瓜收获结束后，先把植株残体清理出室外，然后结合翻地，每亩施用煮熟的大豆700kg、生物有机肥700kg、鸭舍稻壳10m³，把肥料均匀地混翻入40cm深的土层中。

5. 土壤消毒　前茬蔬菜有线虫为害时，每2年用氰胺化钙（石灰氮）或1,3-二氯丙烯，结合高温闷棚进行土壤消毒处理。

6. 起垄定植　垄宽30cm、高20cm，两垄之间的水沟宽20cm，每两垄之间的作业道宽30cm。采取大小行距定植，小行距60cm，大行距80cm，株距27cm，每亩定植3 520株左右。定植后浇1次清水，一周后再覆盖地膜。

7. 田间管理要点

（1）适温管理。缓苗期白天温度28~30℃，夜间不低于18℃。缓苗后采用四段变温管理，即8：00~14：00，25~30℃；14：00~17：00，20~25℃；17：00~24：00，15~20℃；0：00至日出，10~15℃。

（2）增加光照。采用透光性好的耐老化功能膜，并在压膜绳上系上比棚面略长的除尘布条，以保持膜面清洁。

（3）悬挂挡风膜。日光温室内上部通风口处内侧悬挂挡风膜，一般挡风膜宽2.5~3m，冬季防冷风直入，夏季防干热风、防雨。选用一面黑色一面银白色的挡风膜，既可起到挡风的作用，又可增加室内的光照。

（4）控制湿度。通过地面覆草、地膜，以及滴灌、通风排湿、温度调控等措施来调节温室内的湿度，防止空气湿度过高。

（5）膜下灌溉。定植后及时浇水，3~5d后浇缓苗水，根瓜坐住后开始浇水追肥。冬季每15~20d浇水1次，春季每10d左右浇水1次，每次每亩施用易溶于水的高含量复合肥15kg左右。在黄瓜生长后期，叶面喷施微量元素和氨基酸腐殖酸等肥料，延长叶片的功能期。

（6）植株调整。保留主蔓结瓜。当瓜蔓长至1m左右时顺垄拉细钢丝，每株用1根尼龙绳进行吊蔓。当植株上部和钢丝等高时进行落蔓，落蔓前将植株下部的叶片摘除，把无叶的主蔓盘在植株根系周围，使植株高度下落约1m左右。

结合植株调整，及时摘除病叶、老叶和畸形瓜。

（7）防治病虫害。黄瓜的主要病害有霜霉病、细菌性角斑病、白粉病、灰霉病、根结线虫病等，主要虫害有蚜虫、白粉虱、茶黄螨等。针对其发生的病虫害要进行综合防治。

案例2　寿光日光温室番茄高效栽培技术

寿光市日光温室种植番茄已经有20年的历史，种植面积约为1万 hm^2，产量高，效益好。其关键技术总结如下。

1. 选择良种　大红果品种一般选择齐达利，粉果品种选择博粉1号、改良博粉6号等，樱桃番茄品种选择改良千禧、春桃等。秋延迟番茄选择抗番茄黄化曲叶病毒的品种。

2. 茬口安排　主要种植茬口为秋冬茬和早春茬。秋冬茬番茄一般于6月中下旬至7月中下旬播种育苗，7月中下旬至8月中下旬定植，9~10月陆续进入果实膨大期和采摘期。早春茬番茄一般在元旦至2月定植，定植后2个月开始收获，6月拉秧。

嫁接栽培选用抗病番茄品种或用野生茄子作砧木，采取劈接或斜贴接法进行嫁接。

3. 土壤维护　在每年6月至7月初的休棚期，深翻土地。土壤板结、酸化严重的地块，每亩用生石灰50~75kg，或用土壤调理剂（硅-钙-钾为20-20-6）50~60kg调节土壤酸碱度。病虫严重地块，每亩用35%威百亩水剂40~60kg，或用氰氨化钙40~80kg进行土壤熏蒸消毒。

4. 平衡施肥　用鸡粪、鸭粪、猪粪、牛粪、羊粪、豆饼等有机肥作底肥，每亩施肥量为2 500~3 000kg，有机肥应腐熟后施肥。

化肥主要有硫酸钾型复合肥，施用量为50~70kg，或磷酸二铵30~40kg、硫酸钾20kg；微量元素主要有硫酸亚铁和硫酸锌，各施用2.5~3kg，硼砂、硫酸钼各1~1.5kg。

5. 合理密植　起垄栽培，每亩定植1 800~2 200株。单干整枝的株距35~40cm、双干整枝的为 40~45cm，行距 75~80cm。

定植前，对穴盘苗用 72.2% 霜霉威水剂 600~800 倍液，加入 46.1% 氢氧化铜水分散粒剂 1 500 倍液和 25% 噻虫嗪水分散粒剂 2 500~5 000 倍液等，浸泡穴盘（根系）5~10s。

定植后覆盖地膜。秋延迟栽培可覆盖黑色地膜，防除草害；早春栽培覆盖白色地膜或黑白相间地膜。

6. 防徒长 秋冬茬番茄定植后，叶面喷洒磷酸二氢钾 300~1 000 倍液，在植株生长过旺时，于晴天下午喷洒 250g/L 浓度的甲哌鎓水剂 1 000~1 500 倍液。

7. 保花保果 秋延迟栽培番茄，盛花期每亩放蜂 80~100 头进行授粉。

秋季栽培一般留 5~6 穗果，每穗留果 3~5 个，平均每穗留 4 个果实。春季栽培的大果番茄，通常要较秋季栽培的多留 1~2 穗果，樱桃番茄则要多留 3~5 穗果。

8. 肥水管理 浇水以膜下暗灌为主。秋季定植后浇缓苗水，隔 3~5d 后再浇 1 次水，同时每亩冲施大量元素水溶肥 1~1.5kg，若植株生长过快，可冲施高钾水溶肥 1~1.5kg。早春茬番茄定植后，可冲施水溶肥 2~3kg，每 15~20d 施用 1 次。

秋延后番茄每 7~10d 或 10~15d 浇 1 次水，以后逐渐延长为每 15~20d 浇 1 次水，每次浇水均可添加肥料，每亩冲施水溶肥 2~5kg，并随着植株逐渐长大，增加用肥量。

早春茬番茄坐果后，前期温度偏低时，每亩冲施高钾水溶肥料 5kg，每 20~25d 冲施 1 次，以后随温度升高而适当缩短浇水的间隔。后期温度升高后，用复合肥料 10~20kg。

9. 环境调控 白天温度控制在 22~29℃，夜间温度控制在 12~19℃。

加强通风管理。低温期，早上拉开草帘或保温被之后，以及下午盖上覆盖物之前，均先放风至少 10~15min，随着温度的升高，逐渐增加通风时间。高温强光期，在棚膜上铺设遮阳网或往棚膜上撒泥浆或喷降温涂料来遮阳降温，光照不足时，则在温室内后墙上，铺设反光幕或用补光灯来补充光照。

10. 加强病虫害防治 秋延迟番茄易发生灰叶斑病、细菌性髓部坏死病、溃疡病、软腐病等病害；早春栽培的番茄，则易出现灰霉病、叶霉病、晚疫病、灰叶斑病等病害。主要虫害有蚜虫、白粉虱、茶黄螨等。针对其发生的病虫害要进行综合防治。

案例 3 全国辣椒十强县——河南方城县

方城县种植小辣椒历史悠久，规模发展始于 20 世纪 80 年代，目前该县小辣椒种植面积约 2 万亩，产值 15 亿元左右，名列全国辣椒生产十强县之首。

为推动小辣椒产业的发展，方城县成立了小辣椒开发服务中心和小辣椒生产开发研究所，专门服务于小辣椒产业的发展。方城县与河南农业大学建立紧密的县校合作关系，组建了小辣椒生产技术服务团，开展技术承包，全程指导小辣椒生产。在 7 个小辣椒主产乡镇建立了高标准的农业示范园，实行统一供种、统一配方施肥、统一栽培模式、统一病虫害防治，大力推行标准化、无公害化生产。为方便管理，全县建立了连片基地 6 个，地膜覆盖率 70% 以上，配方施肥达 80% 以上，良种覆盖率 95% 以上，特别是当地选育的抗病毒、抗涝渍新品种"方娇 1 号"太空辣椒，目前推广种植 1 333 亩以上。

红火的产业带动了相关市场的发展，目前方城县已形成以杨集乡西桥和沿豫 01 线独树杨庄两个综合型小辣椒购销批发市场，年购销量在 3 018 万 kg 以上。市场周边还建设有辣椒储存冷库 7 座，库存容量达 8 300t 以上，拓宽了市场发展后劲，推动了产业化发展。

案例4 有机生态型番茄无土栽培技术

1. 生产准备

（1）制作栽培槽。在温室内北边留80cm作走道，南边余30cm，用砖垒成内径宽48cm的南北向栽培槽，槽边框高24cm（平放三层砖），槽距72cm；为防止渗漏并使基层与土壤隔离，槽基部铺一层塑料薄膜。膜上铺3cm厚的洁净河沙，沙上铺一层编织袋，袋上填栽培基质。

（2）准备灌水设施。在温室内可建一个蓄水池，外管道用金属管，棚内主管道及栽培槽内的滴灌带均可用塑料管。槽内铺滴灌带1~2根，并在滴灌带上覆一层窄塑料薄膜，以防止滴灌水外喷。

（3）配制栽培基质。选用煤矸石、锯末、玉米秸，按1∶2∶2混合，$1m^3$基质中再加入2kg有机无土栽培专用肥，10kg消毒鸡粪，混匀后即可填槽。每茬作物收获后要进行基质消毒，基质更新年限一般为3~5年。

2. 无土育苗 采用晋番茄3号、毛粉802进行有机无土栽培。

先按草炭∶蛭石＝3∶1配好基质，$1m^3$基质中再加入5kg消毒鸡粪和0.5kg蛭石复合肥，混匀后填入72孔塑料穴盘。每孔1粒种子，上覆蛭石1cm，盘下用塑料薄膜与土壤隔开。出苗前温度保持25~30℃；出苗后温度白天22~25℃，夜间10~15℃；苗盘保持湿润；约30d，苗3~4片真叶时可出盘定植。

3. 定植 番茄定植前先将基质翻匀整平，每个栽培槽内的基质进行大水漫灌，使基质充分吸水，水渗后按每槽2行调角扒坑定植，基质略高于苗坨；株距30cm，每亩定植3 000株。栽后轻浅浇，以利基质与根系密接。

4. 田间管理

（1）肥水管理。一般定植后每5d浇1次水，保持根际基质湿润，不可使植株过旺徒长，也不能控成"小老苗"。坐果后勤浇，一般晴天上午、下午各浇1次，时间均为15~20min，阴天可视具体情况少浇或不浇。

追肥一般在定植后20d开始，此后每10d追1次肥，每次每株追专用肥10~15g；果后每7d追1次肥，每次每株25g。肥料均匀撒在离根5cm处，即可随滴灌水渗入基质；也可将肥料掺入基质，不可接触根部，以免发生肥害损害植株。针对温室内二氧化碳气体亏缺的实际，可于棚内进行二氧化碳气体追肥，以增强番茄的抗逆性，提高产量。

（2）温度、光照管理。番茄定植后，温度应保持白天22~25℃，夜间10~15℃。坐果后提高温度，保持白天25~28℃，夜间12℃左右。深冬季节棚温可短时间内达到30℃，不可通大风降温，以防温度过低。严冬过后，恢复正常温度管理。番茄喜光性强，应早拉晚放草苫，尽量让植株多见光。

（3）吊蔓与整枝打杈。番茄6~7片叶时，用塑料绳吊蔓，保持植株直立生长。番茄栽培采用单干整枝，即只留轴生长结果，摘除全部叶腋内的侧枝。为保证植株生长健壮，打杈应在侧枝10~15cm长时进行。

（4）保花保果与疏果。番茄温室栽培中，湿度大，温度低，不易受精结果。可于早晨7~9时，用10~15mg/kg的2,4-滴或25~35mg/kg番茄灵蘸花，以提高坐果率。为确保品质优，均匀一致，每穗果应保留3~4个，其余畸形花果、小花果应及时疏除，以免消耗养分。

5. 采收 果实进入白熟期即可准备采收上市。

单元七
叶菜类生产技术

◁ 职业能力目标

◂了解大白菜、结球甘蓝、菠菜、芹菜、莴笋、韭菜的生物学特性、品种类型、栽培季节与茬口安排等。

◂掌握大白菜、结球甘蓝、芹菜、莴笋、韭菜的育苗技术要点与定植技术,掌握菠菜与茼蒿的直播全苗技术。

◂掌握大白菜、结球甘蓝、菠菜、芹菜、莴笋、韭菜的肥水管理技术、采收与采后处理技术。

◂掌握大白菜、菠菜的反季节栽培关键技术和芹菜、结球甘蓝的设施栽培关键技术。

◂了解韭黄栽培技术。

◂熟悉当地主要叶菜的生产安排、生产管理与采后处理等情况。

◂通过学习,具备对当地农民进行叶菜生产技术培训和现场指导的能力。

◁ 学习要求

◂以实践教学为主,通过项目和任务单形式,使学生掌握必需的实践技能。

◂与当地的生产实际相结合,有针对性地开展学习。

◂通过社会实践活动,培养学生的服务意识,掌握基本的对农民进行业务培训和技术指导的能力。

引 言

叶菜类主要包括白菜类的大白菜、结球甘蓝;绿叶菜类的芹菜、菠菜、莴笋、茼蒿;葱蒜类的韭菜等,是我国城乡居民日常所食蔬菜的主要来源。叶菜类以嫩叶和嫩茎为产品,栽培期短,技术要求不高,容易栽培,一直是露地的主要栽培蔬菜。近年来,随着蔬菜保护地生产的发展,叶菜类的保护地栽培规模也逐年扩大,鲜菜的供应期延长,并涌现出青岛平度、天津武清、山东胶州、河南通许、山东寿光、甘肃武山等知名的芹菜、大白菜、韭菜生产区县,以及马家沟青菜、胶州大白菜、寿光独根红韭菜等一些著名品牌。

叶菜类栽培的主要问题是春季的提早抽薹,降低品质,严重者失去食用价值。另外,露地栽培严重的病虫为害也是影响生产的主要问题之一。

项目一 大白菜生产技术

● **任务目标** 了解大白菜生产特性;掌握大白菜品种选择技术、育苗和直播技术、定植技术、田间管理技术、采收和采后贮藏技术。

● **教学材料** 大白菜品种、肥料、农药、农膜以及相应生产用具、器械等。

● **教学方法** 在教师的指导下,学生以班级或分组参加大白菜生产实践。

大白菜又称结球白菜,属十字花科芸薹属植物,农业生物学分类上属于白菜类蔬菜(图7-1)。大白菜原产我国,栽培历史悠久,品种资源丰富,南北均有栽培,其中华北地区是我国大白菜的主要产区。大白菜营养丰富,较耐贮藏,是我国北方重要的冬储蔬菜之一。目前,生产上除秋季栽培外,春季反季节栽培规模也不断扩大。

图7-1 结球白菜

任务1 建立生产基地

1. 选择无污染和生态条件良好的地域建立生产基地。生产基地应远离工矿区和公路、铁路干线,避开工业和城市污染的影响。

2. 产地空气环境质量、农田灌溉水质质量以及土壤环境质量均应符合无公害蔬菜生产的相关标准要求。

3. 土壤肥力应达到二级肥力以上标准。

4. 要选择无软腐病和霜霉病等病菌的土壤。不能选择种植过十字花科蔬菜的地块,更不宜与大白菜连作。

5. 种植地块的适宜土壤pH6.5~7.0,但华北栽培大白菜地区的土壤反应多呈微碱性pH7.5~8.0,生长情况也表现良好,这是因为经多年栽培,白菜已经适应了当地的条件。

任务2 北方秋季大白菜栽培技术

一、茬口安排

秋季大白菜主要进行露地栽培。华北地区秋季大白菜一般以立秋前后3~4d播种;东北、西北高寒地区7月中下旬播种,贮藏大白菜在严霜(-2℃)来临前收获。

二、选择品种和种子

(一) 品种选择

应根据当地的大白菜消费习惯、栽培季节长短、种植目的以及病虫害发生情况选择品种。早熟品种可选择北京小杂61、京秋新56、津绿60、津桔65、潍白6号等；中熟品种可选择津绿75、金冠2号、中白81、石绿85、秦白4号、吉红82等；晚熟品种可选择北京新4号、山东4号、青杂5号、福山包头、洛阳包头等。

(二) 种子质量要求

选用第1~2年的种子，种子质量应不低于《瓜菜作物种子 第二部分：白菜类》(GB 16715.2—2010) 中规定的最低质量标准。

> **▷ 相关知识**
>
> **大白菜品种类型**
>
> **1. 根据叶球形状和生态要求划分** 根据叶球形状和生态要求不同，一般把结球白菜分为卵圆型、平头型和直筒型3个生态型（图7-2）。
>
> 大白菜品种类型图片
>
>
>
> 卵圆型　　　　平头型　　　　直筒型
>
> 图7-2　结球白菜的3个基本生态型
>
> (1) 卵圆型。叶球卵圆形，球形指数1.5~2.0，为海洋性气候生态型。多数品种生长期为100~110d。喜温暖湿润的气候条件，不耐热，不抗旱。代表品种有福山包头、胶州白菜等。
>
> (2) 平头型。叶球上大下小，球顶较平，球形指数接近1。平头型为大陆性气候生态型，多数品种生长期为90~100d。喜气候温和、昼夜温差较大、阳光充足的环境。代表品种有河南洛阳包头、山东冠县包头、太原包头、菏泽包头等。
>
> (3) 直筒型。叶球细长呈圆筒状，球形指数大于4。直筒型为海洋性与大陆性气候交叉生态型，生长期为60~90d，适应性强。代表品种有天津青麻叶、河北玉田包头、辽宁河头白菜等。
>
> **2. 根据植株结球早晚及栽培期长短划分** 根据植株结球早晚以及栽培期长短不同，通常把结球白菜又分为早熟品种、中熟品种和晚熟品种3个栽培类型。
>
> (1) 早熟品种。从播种到收获需70d以下。此类品种耐热性强，但不耐寒，多作早秋或春季栽培，产量低，不耐贮存。

(2) 中熟品种。从播种到收获需70~90d。此类品种产量高，耐热耐寒，多作秋菜栽培。

(3) 晚熟品种。从播种到收获需90d以上。此类品种产量高，单株大，品质好，耐寒不耐热，主要作秋冬栽培。

三、施肥作畦

结合整地，每亩施优质机肥 4~5m³、氮磷钾复合肥 15kg。基肥的 2/3 在耕地前撒于地面，耕地时翻入较深土层中，1/3 在作畦后撒于畦内再拌入土中。基肥数量较少时，可采用沟施和穴施，使养分供给集中。

通常采用低畦或垄畦栽培。低畦一般宽 1.2~1.5m，每畦种植 2~3 行，适于栽培直立品种或小型品种。垄畦一般垄间距 60~70cm，垄高 15~20cm，适合种植体型较大的品种，每垄种植一行（图7-3）。

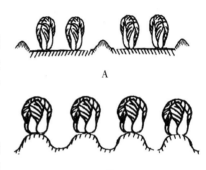

图7-3 大白菜栽培畦形式
A. 低畦　B. 垄畦

四、直播和育苗定植

（一）直播

直播大白菜不伤根，有利于植株生长发育，也能够减少病虫为害。直播适合于规模化生产以及栽培期较长的地区。华北地区一般于立秋前后 3~4d 播种；东北、西北高寒地区于7月中下旬播种。

直播多采用条播或穴播。条播是在垄中央或低畦中按预定的行距开 1.0~1.5cm 深的浅沟，将沟内浇足水，水渗后将种子均匀地捻入沟，随即覆土。

穴播是在垄中央按株距或低畦中按要求的行株距，各开一条长 10~15cm、深 1.0~1.5cm 的浅沟，沟内浇足水，水渗后捻种子入沟，随即覆土。

各类大白菜的参考种植密度为如下。

直筒型及小型的卵圆型和平头型品种：行距 55~60cm，株距 45~55cm。

大型的卵圆型和平头型品种：行距 65~80cm，株距 60~70cm。

每亩播种量：条播 125~200g，穴播 100~125g。

（二）育苗定植

1. 育苗　在前作物未能及时腾地时，需要提前育苗。苗床应设在利于排灌的地块，定植 1 亩菜田需要育苗床 30~35m²。将苗床做成 1~1.5m 宽的低畦，施入 250kg 充分腐熟的厩肥和 1.5kg 氮磷钾复合肥，翻地 15cm 深，使肥土混匀。耙平畦面，浇透底水，水渗后将种子与 5~6 倍细沙混匀后撒种，再用过筛细土覆盖 1cm 厚。用种量 100~125g。

由于育苗移栽需要一定的缓苗期，育苗时应比直播白菜提早 3~5d 播种。苗期间苗 2 次，适当浇水，当苗龄 15~20d、具有 3~4 片真叶时起小苗定植。

2. 定植　选阴天或晴天下午 4 时后定植。起苗前应先浇水洇地，切坨时尽量多带宿土。定植深度以土坨与垄面（畦面）相平为宜，定植后浇透水，浇水时勿淹没菜心。

五、田间管理

(一) 苗期管理

1. 浇水 播种后若墒情好,在发芽期间可不浇水,天旱时可采取播种穴上覆盖遮阳网(单层或双层)、草苫等措施降温保湿,出苗前一天傍晚揭去覆盖物。子叶展开后浇1次水,以后结合间苗进行浇水。

2. 查苗补苗 齐苗后及时检查苗情,若有漏播或缺苗,应立即从苗密处挖取小苗补栽,不宜补种,以免苗间长势差异过大。

3. 间苗、追肥 播后7~8d,幼苗拉十字时进行第一次间苗,条播地块苗距7~8cm,穴播地块每穴3~4株苗。间苗后结合浇水在距苗5~8cm远处开沟施肥提苗,每亩施尿素5~8kg。当幼苗长有4片真叶时进行第二次间苗,条播地块苗距15cm左右,穴播地块每穴2~3株苗,间苗后结合浇水对长势较弱的幼苗偏施氮肥提苗。5~6叶时条播地块按株距定苗,穴播地块每穴选留1株壮苗。

4. 中耕除草 第二次间苗后开始中耕,以划破土面,松细土表和锄去杂草为主。垄作地块要浅锄垄背,深锄垄沟,并将少量松土培到幼苗根部,防止根系被水冲刷外露。干旱年份要使表土细碎,雨涝年份中耕可适当粗放,中耕撒墒。定苗后,第二次中耕,锄深5~6cm,以促进根系向深处发展。封垄后不再中耕,以免伤根损叶。若有杂草,可随时拔出。

(二) 莲座期管理

1. 追肥 定苗后追肥。每亩施入充分腐熟的粪肥1.5~2m³、氮磷钾复合肥20kg,在垄的一侧开沟,施入肥料后覆土封沟。

2. 浇水 追肥后浇透水,过3~4d后再浇1次大水,加速肥料分解,之后勤浇水,保持地面半干半湿至湿润。结球前10d左右,控水蹲苗,促叶球生长。当叶片呈暗绿色,厚而发皱,中午轻度萎蔫,中心的幼叶由黄绿转为绿色时结束蹲苗。

(三) 结球期管理

1. 浇水 蹲苗结束时浇第一次水,此次浇水量不宜过多,防止叶柄开裂及伤根,2~3d后再补浇1次水。封垄后每5~6d浇1次水,保持地面湿润,收获前一周停水,以利于贮藏。

2. 追肥 蹲苗结束后,每亩用复合肥25~30kg,与充分腐熟的厩肥2~3m³混匀,在行间开浅沟施肥,施肥后覆土浇水。大型品种于结球中期,结合浇水冲施粪稀2 000kg或尿素10~15kg。

结球初期叶面喷施1~2次0.2%~0.3%硼酸,可提高产量和改善品质。

3. 束叶 收获前10~15d用草绳或塑料绳将外叶合拢捆在一起。束叶可防止后期冻害,促进外叶养分向球叶中运送,同时也便于收获和贮存。

任务3 春季大白菜栽培技术要点

一、茬口安排

华北地区一般于3月中下旬露地直播,东北地区于4月进行播种,播种后50~60d开始收获。为提早上市，目前多数地区进行育苗移栽，用温室或温床育苗，育苗期 30~40d。

二、选择适宜的品种

应选早熟、不易抽薹和耐热抗病的品种，如新乡小包 23、夏阳 50、亚蔬 1 号、春秋王、强势等。

三、育苗移栽

为提早收获上市，北方地区一般采取育苗移栽方式。一般于温室或阳畦内用育苗土育苗，有条件的地方，进行穴盘无土育苗或育苗钵基质育苗效果更好。育苗期间尽量避免低于 10℃以下的低温出现，防止幼苗过早地通过春化阶段，提前进行花芽分化。

四、定植

一般幼苗 5~6 叶时进行定植，适宜苗龄 30~35d。春白菜适宜于夜间温度稳定在 8~10℃ 时定植。华北地区一般以 3 月下旬至 4 月上旬定植为宜。栽植密度一般为 (35~45)cm×(33~40)cm。穴栽，栽苗后浇水。

五、田间管理

定植后 5~6d 浇缓苗水，并中耕保墒，提高地温，促进植株生长。莲座期不蹲苗，结球初期重施 1 次速效性氮肥，每亩冲施尿素 15~20kg。

栽培前期每 5~7d 浇水 1 次，后期浇水不宜过多，以免高温高湿诱发大白菜软腐病。

任务 4 采收与采后处理

一、采收

用于冬贮的中晚熟品种一般在严霜（-2℃）来临前收获。大白菜收获后要晾晒，晴天在田间将白菜根部向南晒 2~3d，再翻过来晒 2~3d。待外叶萎蔫，根部伤口愈合后，入窖贮藏。

早熟品种以鲜菜供应市场，在叶球长成时收获。但也可根据市场需求，在叶球长至 5~6 成熟时陆续采收上市。

二、采后处理

经晾晒的大白菜，摘除黄帮烂叶，进行分级挑选，上市的大白菜一般用保鲜纸或保鲜膜包裹（图 7-4），直接上市或装箱。贮藏的大白菜修整后入窖。

大白菜一般在窖内码成高约 2m，宽 1~2 棵菜长的条形垛，垛间留有一定距离以便通风管理。也可将大白菜摆放在分层的架子上，每层间都有空隙，可促进菜体周围的通风散热。

图 7-4 保鲜纸包裹的装箱大白菜

贮藏前期，加强通风降温，使温度尽快下降并维持在0℃左右。后期以防冻保温为主，立春后气温逐渐回升，加强通风，防止温度回升过高。贮藏期间要定期进行倒菜，剔除发病腐烂的白菜。

▷ **资料阅读**

大白菜的生物学特性

1. 形态特征

（1）根。主根纤细，侧根发达，多分布于30cm土层内，横向扩展的直径约60cm。易发生侧根、不定根，根系再生能力强。

（2）茎。茎在营养生长时期为短缩茎，进入生殖生长期抽生为花茎，高60~100cm。

（3）叶。叶分为子叶、基生叶、幼苗叶、莲座叶、球叶和茎生叶（图7-5）。

（4）花。复总状花序，完全花，异花授粉，蕾期自花授粉可结实。

（5）果实和种子。果实为长角果。种子球形稍扁，有纵凹纹，红褐或褐色，千粒重2~4g，生产上多用1~2年的种子。

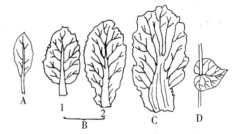

大白菜形态特征图片

图7-5 大白菜的叶片类型
A. 基生叶　B. 中生叶（1. 幼苗叶　2. 莲座叶）
C. 顶生叶　D. 茎生叶

2. 生长发育周期

（1）发芽期。发芽期从种子萌动到两片基生叶完全展开时结束为发芽期（俗称拉十字），需7~8d。

（2）幼苗期。幼苗期从拉十字到第一叶环的叶片全部展开为幼苗期（俗称团棵），早熟品种需12~13d，中晚熟品种需17~18d。

（3）莲座期。从团棵到第三叶环长成到心叶开始包心为莲座期，早熟品种需20~21d，中晚熟品种需27~28d。

（4）结球期。从心叶抱合到叶球长成为结球期，分为前、中、后3个时期。前期外层球叶生长迅速，形成叶球轮廓，称"抽筒"。中期内层球叶迅速生长充实叶球内部，称"灌心"。前期和中期是大白菜产量形成的关键时期，产量的80%~90%由此两个时期形成。后期叶球体积不再增大，只是继续充实叶球。结球期约占全栽培期一半的时间。

（5）休眠期。大白菜遇低温停止生长，进入强迫休眠。

（6）抽薹期。从开始抽薹到开始开花为抽薹期，需15d左右。

（7）开花期。从始花到基本谢花为开花期，需30d左右，其中盛花期为10~15d。

（8）结荚期。谢花后，果荚生长迅速，种子不断发育、充实，最后达到成熟为结荚期，需25d左右。

3. 对环境条件的要求

（1）温度。大白菜喜冷凉气候，生长适温10~22℃，结球期适温12~22℃。高于25℃或低于10℃均生长不良。5℃以下停止生长，遇短期-5~-2℃低温可恢复生长，-5℃时间较长时，易受冻害。大白菜是种子春化型蔬菜，一般萌动后的种子在2~10℃范围内10~15d可完成春化。在12h以上的日照和18~20℃的条件下，开始抽薹、开花、结荚。

(2) 光照。大白菜具有一定的耐弱光能力。光补偿点为 1.5~2.0klx，饱和点为 40klx，适宜光照度为 10~15klx。

(3) 水分。大白菜喜湿，适宜土壤湿度为田间最大持水量的 80%~90%，空气相对湿度为 65%~80%。

(4) 土壤与营养。大白菜产量高，需肥量大，以土层深厚、疏松肥沃、富含有机质的壤土和轻黏壤土为宜，适于中性偏酸土壤。每生产 1 000kg 鲜菜约吸收氮 1.86kg、磷 0.36kg、钾 2.83kg、钙 1.61kg、镁 0.21kg。缺钙易造成球叶枯黄的"干烧心"现象。

▷ 练习与作业

1. 调查当地大白菜的主要栽培方式、栽培茬口以及各茬口的生产情况。
2. 在教师的指导下，学生分别进行大白菜育苗、露地（大棚）大白菜直播以及田间管理等的技能训练，训练结束后，总结技术要点与注意事项。
3. 在教师的指导下，学生进行大白菜采收以及采后处理技能训练，训练结束后，总结技术要点与注意事项。
4. 根据所学知识，制订一份适合当地生产条件的露地（大棚）大白菜生产方案。

项目二　结球甘蓝生产技术

● **任务目标**　了解结球甘蓝生产特性；掌握结球甘蓝品种选择技术、育苗和直播技术、定植技术、田间管理技术、采收和采后处理技术。

● **教学材料**　结球甘蓝品种、肥料、农药、农膜以及相应生产用具、器械等。

● **教学方法**　在教师的指导下，学生以班级或分组参加结球甘蓝生产实践。

结球甘蓝简称甘蓝，别名洋白菜、卷心菜、包心菜等，属十字花科芸薹属，食用器官为叶球（图 7-6）。结球甘蓝适应性强，抗寒，抗病，产量高，易栽培，耐贮运，我国各地普遍栽培。

任务 1　建立生产基地

1. 选择无污染和生态条件良好的地域建立生产基地。生产基地应远离工矿区和公路、铁路干线，避开工业和城市污染的影响。

图 7-6　结球甘蓝

2. 产地空气环境质量、农田灌溉水质质量以及土壤环境质量均应符合无公害蔬菜生产的相关标准要求。
3. 土壤肥力应达到二级肥力以上标准。
4. 要选择无软腐病和霜霉病等病菌的土壤。不能选择种植过十字花科蔬菜的地块，更不宜与大白菜连作。

任务2 露地甘蓝栽培技术

一、茬口安排

结球甘蓝对温度的适应范围较宽。在北方除严冬外，春、夏、秋三季均可在露地栽培。其中，北方地区以春、秋两季栽培为主。

春季栽培一般选用早、中熟品种，于冬、春育苗，春栽夏收；秋季栽培一般选用中、晚熟品种，于夏季育苗，夏、秋季栽培，秋、冬收获；夏季栽培一般选用早、中熟品种，于早春育苗，晚春栽培，夏、秋季收获。

甘蓝的前作以瓜类、豆类为主，或与粮食作物套作，忌以十字花科蔬菜为前作。

结球甘蓝品种类型图片

二、选择品种与种子

可根据市场需要，采用早、中、晚熟品种搭配，分期播种，分批上市。早熟品种可选中甘8号、中甘16、黑丰等；中熟品种可选择京丰1号、西安6号、中甘9号、牛心、巨石红（紫甘蓝）、山东59、华甘2号等；晚熟品种可选择晚丰、吉秋、西园4号、东农608、秋抗、秋蓝等。

选用2年内的种子，种子质量应符合《瓜菜作物种子 第四部分：甘蓝类》（GB 16715.4—2010）中的最低质量标准。

三、育苗

（一）育苗期确定

华北大部分地区春甘蓝在1月底至2月初阳畦播种，或2月中上旬温室播种；夏甘蓝由3月到5月可排开播种；秋甘蓝于6~7月播种。东北地区春甘蓝在2月中下旬温室播种；夏甘蓝由3月到4月可排开播种，于温室或温床中育苗；秋甘蓝于5月中下旬于露地育苗。

（二）育苗床制作

一般苗床宽1.0~1.5m、长8~10m，营养土配制一般由田土、有机肥及速效肥料配制而成，以沙壤土为好。配制比例：田土60%~75%，有机肥25%~35%，每立方米营养土加入复合肥1~1.5kg充分拌匀待用。

（三）播种

将育苗床整平，浇透底水，待水渗下后撒一薄层过筛土，将种子均匀撒播于床面，覆土0.6~0.8cm。春季育苗播后覆膜。露地夏、秋季育苗，用小拱棚或平棚育苗，覆盖遮阳网或旧薄膜，遮阳防雨。一般每平方米苗床播5~8g。

（四）苗期管理

1. 温度管理 播种至齐苗，白天温度20~25℃，夜间温度15~16℃。齐苗至分苗阶段，白天温度18~23℃，夜间温度13~15℃。分苗至缓苗阶段，白天温度20~25℃，夜间温度14~16℃。缓苗至定植前，白天温度18~23℃，夜间温度12~15℃。定植前10d至定植白天温度 15～20℃，夜间温度 8～10℃。

2. 间苗与分苗 间苗苗距 2～3cm。3 叶期进行分苗。露地夏、秋季育苗，当幼苗 1～2 片真叶时进行分苗。

3. 壮苗标准 6～8 片真叶，下胚轴高度不超过 3cm，节间短，叶丛紧凑，叶片厚，色泽深，茎粗壮，根系发达。

【注意事项】

当幼苗茎粗达 0.5cm 以上时，应尽量保持温度在 15℃ 以上，以免通过春化阶段，出现未熟抽薹现象。

夏、秋季节育苗，要搭荫棚，降低光照度，避免阳光直射，降低温度，并可防止暴雨冲击。

四、定植

（一）整地作畦

地块应秋翻，春甘蓝于土壤解冻后，夏秋甘蓝于定植前每亩施腐熟有机肥 5 000kg，再浅耕一遍，肥土混匀整平耙细。畦做成宽 50～60cm 的垄或 1.5～2m 的低畦。

（二）定植技术

按行距开沟，沟深 10～12cm，每亩沟施尿素 30kg、磷酸二氢钾 20kg，与畦土混匀。开穴，春甘蓝穴浇定植水，水渗后摆苗，覆土。夏秋甘蓝可先栽苗，后浇水。春甘蓝定植后用地膜覆盖。

五、田间管理

（一）查苗、补苗

齐苗后及时检查苗情，发现缺株要及时取多余的苗补栽。结球甘蓝一般不补播，因补播延迟了幼苗生长期。

（二）浇水、追肥

定植后 5～7d 浇缓苗水。结合浇水，及时追施提苗肥，每亩追施尿素或硫酸铵 10kg，不覆盖地膜者，卷心前 10～15d 中耕蹲苗，蹲苗 7d 后浇粪稀水，而后继续蹲苗。心叶开始向里翻卷，小叶球拳头大时结束蹲苗，结合浇水追肥，每亩施尿素或硫酸铵 20kg 左右。以后每 4～5d 浇 1 次水，连浇 3～4 次水，收获前一周停止浇水。覆盖地膜的田块要随水施肥，一般比不覆盖地膜者少浇水 2～3 次。

任务 3　塑料大棚春季甘蓝早熟栽培技术

一、茬口安排

华北地区一般 12 月下旬用温室播种育苗，3 月底至 4 月初定植。东北地区一般 2 月中旬在温室中播种育苗，4 月上至中旬定植。

二、选择品种和种子

选用耐低温弱光和冬性较强的早中熟品种，如金早生、中甘 11、京甘 1 号、迎春、报春、早红（紫甘蓝）、鲁甘蓝 2 号、津甘 4 号等。

三、育苗

在温室内选择保温条件好、光照充足的温室中间地带，做长 6m、宽 1.34～1.67m 的育苗床。取大田土 50%、腐熟猪粪或厩粪 40%、草木灰 10% 拌匀，过筛后铺成 10cm 厚苗床，搂平后，踩实耙平。

刮平苗床，浇透底水，待水渗下后撒一薄层过筛土，将催芽后的种子均匀撒播在苗床上，然后覆盖 1cm 厚的营养土，播种后覆膜。定植每亩需育苗床 8～10m^2，需种子 50g。

出苗期间保持白天 20～25℃，夜间 15℃。苗出齐后立即放风降温，白天 18～23℃，夜间床温不低于 10℃。两片真叶期分苗 1 次，分苗床面积 35～45m^2。采用暗水稳苗，苗距 7～8cm。分苗后扣小棚保温，分苗缓苗后立即放风降温定植前 5～7d 适当降温进行炼苗。

冬、春季育苗温度偏低，床土不旱不浇水，浇水宜浇小水或喷水，定植前 7d 浇透水。

四、定植

（一）整地作畦

先将地整平，每亩撒施优质有机基肥 2～3m^3，随后进行深翻 30～40cm，与土充分搅拌均匀，将地面搂平，做成 1.6m 左右宽低畦或底宽 80cm、上宽 60cm 的高畦。

（二）定植

华北地区一般 3 月中旬定植。东北地区 4 月上旬至中旬定植。高畦在两个肩部开沟（深 8～10cm）定植，株距 25cm。定植后覆盖地膜。低畦栽培每畦栽 4 行，行距 40cm，株距 30cm。

五、田间管理

（一）浇水、施肥

缓苗后浇水，随水轻施追肥。水后低畦栽培中耕 1～2 次，莲座中期浇透水，再中耕。结球初期浇水追肥，每亩施尿素 10～20kg，结球中后期叶面追施 0.3% 磷酸二氢钾 2 次，结球期内半月左右浇 1 次水。

（二）温度管理

缓苗期棚温，白天保持 20～25℃，夜温 15℃左右，促进缓苗。以后白天 16～20℃，夜间 12℃左右。要经常保持棚膜光洁。前期温度低时，大棚四周围草帘。

任务 4 采收与采后处理

一、采收

春甘蓝应早收，在叶球大小定型，叶球基本包实，外层球叶发亮时采收，分 2～4 次收完。塑料大棚甘蓝叶球基本包紧后分次收获，收时保留适量外叶，以免叶球损伤或污染。

采收时扒开大部分外叶，将菜刀插入结球的根部，并把带有 2～3 片外叶的叶球朝反方向压实后割下，以免叶球损伤或污染。

二、采收后处理

甘蓝采收后除去其黄叶或有病虫斑的叶片,然后按照球的大小进行分级包装。

▷ 资料阅读

结球甘蓝的生物学特性

1. 形态特征

(1) 根。根系发达,主要根群分布在30cm的耕作层中,横向伸展半径可达80cm,易发生侧根、不定根,根系再生能力强。

结球甘蓝形态特征图片

(2) 茎。营养生长期为短缩茎,生殖生长期抽生为花茎。

(3) 叶。子叶肾形,对生;基生叶对生,与子叶垂直,幼苗叶卵圆形或椭圆形,基生叶有明显的叶柄。从莲座叶开始叶柄逐渐缩短、增宽,有明显的叶翅,叶面光滑、肉厚上覆白色蜡粉。叶色因品种而异,有蓝绿、深绿、黄绿和紫红色等几种。早熟品种有外叶10~16片,中、晚熟品种24~32片。

(4) 花。花为完全花,黄色,复总状花序,异花授粉。

(5) 果实和种子。果实为长角果,种子圆球形,红褐色或黑褐色,千粒重3.5~4.5g。

2. 生长发育周期 结球甘蓝的生长发育周期与大白菜相似。从种子发芽(夏、秋季6~10d,冬、春季15d左右)、幼苗生长(夏、秋季25~30d,冬、春季40~60d)、莲座叶形成(早熟品种20~25d,中、晚熟品种30~40d)到结球完成(早熟品种20~25d,中、晚熟品种30~50d)为营养生长阶段。生殖生长阶段抽薹期35~40d,开花结荚期40~45d。

3. 对环境条件的要求

(1) 温度。甘蓝喜凉爽较耐低温,在月均温7~25℃的条件下均可正常生长结球。种子发芽适温为18~20℃,最低为2℃。幼苗期能忍受-2~-1℃的低温,短期忍受-5~-3℃的低温,经过锻炼的幼苗可忍受-12~-8℃的低温。幼苗也能耐35℃的高温。叶球生长适温为17~20℃,25℃以上对结球不利。

甘蓝属于绿体春化型蔬菜作物,早熟品种长到3片叶,茎粗0.6cm以上,中、晚熟品种长到6叶,茎粗0.8cm以上,接受10℃以下低温,才能通过春化,在2~5℃范围内完成春化更快。通过春化所需时间早熟品种为30~40d,中熟品种为40~60d,晚熟品种为60~90d。

(2) 光照。甘蓝为长日照作物,对光照度要求不严,光饱和点30~50klx。要求较湿润的栽培环境,适宜土壤湿度为70%~80%,空气湿度为80%~90%。

(3) 土壤与营养。喜肥耐肥,适于微酸至中性土壤,有一定的耐盐碱能力。生长期吸收氮、磷、钾的比例为3:1:4,每生产1 000kg鲜菜需吸收氮4.1~4.8kg,磷1.2~1.3kg,钾4.9~5.4kg。对钙需求量较多,缺钙易发生干烧心病害。

项目三 菠菜生产技术

● **任务目标** 了解菠菜的生产特性;掌握菠菜的品种选择原则、越冬菠菜栽培技术、越夏菠菜栽培技术、采收与采后处理技术。

● **教学材料** 菠菜品种、肥料、菜地或温室、相应生产用具和器械等。

● **教学方法** 在教师的指导下,学生以班级或分组参加菠菜生产实践,或模拟菠菜的生产过程。

菠菜别名赤根菜、菠棱菜,藜科植物,原产于近东平原,7世纪初传入我国。菠菜适应性强,易于栽培,是我国北方冬、春和秋的主要露地栽培蔬菜(图7-7)。

任务1 建立生产基地

1. 选择无污染和生态条件良好的地域建立生产基地。生产基地应远离工矿区和公路、铁路干线,避开工业和城市污染的影响。

图7-7 菠 菜

2. 产地空气环境质量、农田灌溉水质质量以及土壤环境质量均应符合无公害蔬菜生产的相关标准要求。

3. 土壤肥力应达到二级肥力以上标准。

任务2 越冬菠菜栽培技术

一、茬口安排

北方地区越冬茬菠菜,一般选用尖叶菠菜,华北、西北平原一般在9月中下旬播种,东北地区9月初播种,翌年春季进行收获。

二、选择品种和种子

越冬菠菜宜选抗寒力强、冬性强、抽薹迟的尖叶品种,如北京尖叶菠菜、双城尖叶、菠杂10等。最好选用秋播采种(也就是成株采种)的种子。

种子质量符合《瓜菜作物种子 第五部分:绿叶菜类》(GB 16715.5—2010)中的最低质量要求。

> ▷ **相关知识**
>
> ### 菠菜品种类型
>
> 菠菜依叶片的形状和果实上刺的有无分为两类。
>
> **1. 尖叶菠菜**(有刺种) 尖叶菠菜叶片窄而薄,尖端箭形,基部戟形多缺刻,叶柄细长,果实有刺。耐寒力强,不耐热,对日照反应敏感,在长日照下很快抽薹。较优良品种有北京尖叶菠菜、双城尖叶、青岛菠菜、菠杂10、菠杂15、绿光等。
>
> **2. 圆叶菠菜**(无刺种) 圆叶菠菜叶片椭圆形,大而厚,多有皱褶,叶柄短,果实无刺。耐热力较强,耐寒力较弱,对日照长短反应较迟钝。较优良品种有日本春秋大圆叶、法国菠菜、成都大圆叶、广东圆叶菠菜等。

菠菜品种类型图片

三、整地作畦

选地势平坦、排水方便的地块,在 8 月下旬前茬收获后及时倒茬深翻,细致整地,一般每亩施腐熟有机肥 4 000kg、氮磷钾复合肥 25kg。整地时可做成 1.2～1.5m 宽的平畦,耧平畦面,以备播种。播前如土壤干旱,应先造足底墒。

四、播种

华北、西北平原一般在 9 月中下旬播种,东北地区可提前到 9 月初。保证菠菜在越冬前有 40～60d 生长期,以菠菜在冰冻来临前长出 4～6 片真叶为宜。

菠菜多采用干籽直播,若播晚了,可浸种催芽,以赶上正常播期。播前或浸种前先搓破种子(果皮),以利于吸水。一般采用撒播或条播,条播按 10～15cm 行距开深 3～4cm 的沟,播种后覆土,再轻踩镇压。每亩用种量为 4～6kg,严寒地区应适当增加播种量。

五、田间管理

(一)越冬前的管理

播种后幼苗出土期应保持地面湿润,若土壤干旱可浇 1 次小水,并及时松土,以保证出苗。幼苗长至 2～3 片叶时及时间苗,苗距 5cm 左右,然后浇水、中耕,促根下扎,若苗小叶黄可追施 1 次提苗肥,每亩追施尿素 10kg 或直接浇稀粪水。幼苗 4～5 叶时浅锄 1 次,适当控制水分,促根发育,以利越冬,并及时防治蚜虫。土壤封冻前浇透封冻水,施肥不足时,可结合浇水冲施稀粪水,必要时可设置风障,保护幼苗安全越冬。

(二)翌年春季管理

翌春土壤解冻后,菠菜开始返青生长时,选择晴天及时浇返青水,返青水宜小不宜大,可结合浇水追施氮肥 1 次,植株旺盛生长期,要保持土壤湿润,促进营养生长,延迟抽薹。越冬后植株恢复生长至开始采收,需 30～40d。

任务 3　越夏菠菜栽培技术要点

一、选择品种

应选择抗旱、耐热性强、生长迅速的圆叶品种,如荷兰必久公司生产的 K4、K5、K6、K7 以及华菠 1 号、广东圆叶、春秋大圆叶等。

二、整地作畦

5～7 月播种的菠菜都属于越夏菠菜,在种植越夏菠菜时均需采用遮阳避雨的方法。可利用日光温室和塑料大棚夏季的休置期,膜上覆盖遮阳网,最好利用遮阳率 60%～70% 的遮阳网。安装遮阳网时最好离开棚膜 20cm,降温效果显著,卷放也方便。

在日光温室内种越夏菠菜,因土质肥沃,一般不再施底肥;如在土质不肥沃的新温室或新大拱棚里种植,每亩可施充分腐熟的有机肥 3 000kg 左右作底肥。

棚室内的土壤水分不易下渗或蒸发,最好用起垄栽培的方式,一般垄宽 50～60cm,沟宽 30～40cm。

三、播种

夏季温度高,种子发芽率低,必须进行浸种催芽,即将种子在冷水中浸泡12~24h,捞出后放在15~20℃下催芽,3~4d后待种子胚根露出再播种。每垄播种2行,穴距5cm,每穴点2~3粒种子,一般每亩用种1~2kg。

四、田间管理

出苗后最好采用喷灌,以降低地温和气温,以后应适时浇水,浇后划锄。划锄既保湿又可防止杂草生长,这是防病的关键。特别是刚出苗后的划锄,至关重要。追肥结合浇水进行,可追施速效性肥料(尿素成水溶性高氮复合肥)1~2次。

任务4 采收与采后处理

一、采收

一般当苗高10cm以上即可开始间拔采收,若苗不密,当株高20cm时开始采收。根据生长情况和市场需求可分批分次采收,也可一次性采收。采收宜在晴天进行,采用刀割或连根拔出。

二、采后处理

菠菜采收后,摘去黄枯烂叶,留部分短根,在清水池中轻轻淋洗,去掉污泥,然后整理干净,扎成0.5~1kg的小捆(图7-8),然后整齐地装入菜筐,运至销售点,保持鲜嫩销售。

图7-8 捆束的菠菜

▷ 资料阅读

菠菜生物学特性

1. 形态特征 菠菜为直根系,直根圆锥形红色,味甜可食,侧根不发达,根群密集于25~30cm土层中,吸收能力强。叶片戟形或卵圆形,营养生长期叶片簇生于短缩茎上,较肥大,为主要食用部分。抽薹后茎生叶较小,茎直立上部中空,不分枝或分枝。花单性,一般为雌雄异株,少数雌雄同株,花黄绿色,无花瓣,风媒花。胞果有刺或无刺,千粒重8~10g。

菠菜形态特征图片

2. 分类 菠菜按植株上着生的花性别不同,分为以下4种性型。

(1)雌性株。植株高大,生长旺盛,基生叶和茎生叶均发育良好,抽薹晚,花薹上仅生雌花,着生于叶腋呈簇生状,为高产株型。

(2)绝对雄株。植株较矮,基生叶小而少,茎生叶发育不良或呈鳞片状,抽薹最早,花薹上仅生雄花,雄花位于花茎顶端,穗状花序,此株型在有刺种中较多,是低产株型,应及早拔出。

(3)营养雄株。植株高大,基生叶较多而大,茎生叶发达,抽薹较晚,花期较长,花薹上仅生雄花,位于花茎的叶腋处,此株型无刺种较多,为高产株型。

(4)雌雄同株。在同一植株上着生雄花和雌花或为两性花,基生叶和茎生叶均较发达,抽薹晚，花期与雌株相近，为高产株型。

3. 生长发育周期 菠菜从子叶展开到出现两片真叶阶段生长较缓慢，此后生长加速，经过一段时期后生长点停止分化叶原基，开始分化花芽，此后叶数不再增加，而只是叶面积和叶重的增加，此为营养生长期。从花芽分化到种子成熟为生殖生长期。

4. 对环境条件的要求 菠菜喜温和的气候条件，但适应性强，特别耐低温。其耐寒力与植株生长状况有关，成株在冬季最低气温为-10℃左右的地区可在露地安全越冬，具有4～6片真叶的植株耐寒力最强。种子在4℃时即可发芽，发芽适温为15～20℃。菠菜植株在10℃以上就能很好生长，营养生长最适宜的温度为15～20℃，高于25℃则生长不良。菠菜是长日照植物，其花芽分化适宜的日照及温度范围很广。

菠菜喜湿润，要求空气相对湿度80%～90%，土壤湿度70%～80%为适宜。干燥时生长缓慢，叶片老化，品质差。特别是在高温强光条件下，营养器官发育不良，但花薹发育占优势，从而加速了抽薹。菠菜较耐盐碱，对土壤的适应性较广，但以保水、保肥力强，富含腐殖质的壤土为好，施肥以氮肥为主，其次是磷肥和钾肥，对硼较敏感，缺硼时心叶卷曲，生长停滞。

项目四　芹菜生产技术

● **任务目标**　了解芹菜的生产特性；掌握芹菜的品种选择技术、露地芹菜栽培技术、大棚芹菜栽培技术、采收与采后处理技术。

● **教学材料**　芹菜品种、肥料、菜地或大棚、农药、相应生产用具和器械等。

● **教学方法**　在教师的指导下，学生以班级或分组参加芹菜生产实践，或模拟芹菜的生产过程。

芹菜属伞形科二年生蔬菜（图7-9），原产于地中海沿岸的沼泽地带。露地与保护地栽培相结合，从春到秋可排开播种，达到周年供应。

任务1　建立生产基地

1. 选择无污染和生态条件良好的地域建立生产基地。生产基地应远离工矿区和公路、铁路干线，避开工业和城市污染的影响。
2. 产地空气环境质量、农田灌溉水质质量以及土壤环境质量均应符合无公害蔬菜生产的相关标准要求。
3. 土壤肥力应达到二级肥力以上标准。

图7-9　芹　菜

任务2　露地芹菜栽培技术

一、茬口安排

芹菜最适春、秋两季栽培，而以秋栽为主。只要避过先期抽薹，并将生长盛期安排在冷凉季节，就能获得丰产优质。北方采用保护地与露地多茬口配合，达到周年供应（表 7-1）。

表 7-1　华北地区芹菜周年茬口安排

栽培方式	播期	定植	收获及供应
露地春茬	1月中旬至2月上旬	3月下旬至4月上旬	5月下旬至6月上旬
露地夏茬	4月下旬至5月中旬	6月下旬至7月中旬	8月中旬至9月中旬
露地秋茬	6月上旬至6月中旬	8月上旬至8月中旬	10月中旬至11月上旬

二、选择品种和种子

春季栽培应选用抗寒、抗病、生长势旺、不易抽薹或抽薹晚的优良实心品种，如天津黄苗芹菜、玻璃脆芹菜、津南实芹、意大利西芹、美国西芹等。秋季栽培多选择抗热耐涝品种，如夏芹、玻璃脆芹、美国百利西芹等。

种子质量符合《瓜菜作物种子　第五部分：绿叶菜类》（GB 16715.5—2010）中的最低质量要求。

> ▷ 相关知识
>
> ### 芹菜的品种类型
>
> 根据叶柄形态不同，通常将芹菜分为本芹和西芹两大类型（图 7-10）。
>
>
>
> 芹菜品种类型图片
>
> **1. 本芹**　本芹又称为中国芹菜，在我国栽培历史悠久。按叶柄的充实程度分为实秸（实心）芹菜和空秸（空心）芹菜两种。
>
> （1）实秸芹菜。叶柄充实，质脆嫩，不易倒伏，适应性和抗病性强；耐贮藏，不易抽薹，但生长较慢，多进行秋季和越冬栽培。优良品种有天津白庙芹菜、保定实心芹菜、淄博黄苗芹菜等。
>
> （2）空秸芹菜。叶柄中空，质地较粗，耐寒和耐贮性不如实秸芹菜，但生长快，多在春夏栽培，如菊花大叶、马家沟芹菜等。
>
> **2. 西芹**　西芹又称为洋芹，从欧美等国家引进。植株较大，叶柄宽厚，多为实心，适合稀植；叶柄纤维少，肉质脆，风味较淡。优良品种有意大利冬芹、意大利夏芹、荷兰西芹等。
>
>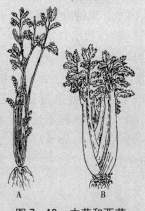
>
> 图 7-10　本芹和西芹
> A. 本芹　B. 西芹

三、育苗

春芹菜多用日光温室或塑料大棚育苗，秋芹菜多用遮阳棚进行防雨遮阳育苗。春芹菜应催芽后播种，播种覆土厚度约 0.5cm，浇足底水，播后盖层地膜，保持床温在 20～25℃。苗出齐后及时降温，保持冷凉湿润，温度 18～20℃，幼苗长出 2～3 片叶后，结合拔草及时间苗，使苗距扩大到 2～3cm。3～4 叶和苗高 10cm 时分别结合浇水追施尿素 4～6kg/亩，当苗高 15～20cm，有 6～7 片叶时开始定植，一般苗龄 50～60d。

秋芹菜播种期正值高温季节，种子发芽率低，出苗参差不齐。应用冷水浸泡种子 12～20h，然后在 15～20℃ 的条件下催芽 3～4d，待大部分种子发芽后播种。也可用 5mg/L 的赤霉素或 1 000mg/L 硫脲浸种 12h 后播种。播种后防苗床阳光直射和雨水冲击。出苗前保持畦面湿润，幼苗顶土时浅浇 1 次水，齐苗后每 2～3d 浇 1 次水，早晚浇水。其他管理基本同春季育苗。

四、定植

春季一般于 3 月下旬至 4 月定植，秋季一般立秋后定植。

定植前每亩施腐熟有机肥 5～7m³、氮磷钾复合肥 20～30kg，均匀撒施后深翻 25cm，整平耙细，做成 1.2～1.5m 低畦。

定植前一天苗床浇透水，以减少起苗时根系损伤。将大小苗分区定植，并随起苗、随栽植、随浇水。定植深度以不埋没菜心为度。

定植密度依品种类型而定，本芹行、株距为 10～12cm；西芹行距 40cm，株距 25cm 左右。

五、田间管理

春季栽培，定植初期适当浇水，以中耕保墒、提高地温为主；缓苗后浇缓苗水，株高 30cm 左右时，肥水齐攻，每亩施尿素 15kg 左右；追肥后灌水，以后不能干旱，每 3～5d 浇 1 次水，保持畦面湿润，根据生长情况，适当再追 1～2 次肥。

秋季栽培，定植后应小水勤浇，保持土壤湿润，促进缓苗。当植株心叶开始生长时，结合浇缓苗水追施少量的化肥或稀粪水，以促进根和叶的生长，之后控制浇水，防止徒长。当心叶开始直立生长时结束蹲苗。结合浇水追施氮肥，以后每 10d 左右追 1 次肥，共追 3～4 次，交替追施氮素化肥（尿素每次每亩 10～20kg）和腐熟的人粪尿（每次每亩施 700～1 000kg）。供钾不足的土壤每亩应追施氯化钾 10kg。这一时期地表布满须根，切不可缺水，一般每 3～4d 浇水 1 次。霜降后逐渐减少浇水量，保持地面见干见湿，避免地温偏低而影响叶柄肥大。

任务3　塑料大棚芹菜栽培技术

一、茬口安排

北方塑料大棚芹菜主要有秋茬和春茬两个茬口。秋茬芹菜一般于 6 月下旬至 7 月上旬露地育苗，9 月上旬定植于大棚，11 月中旬至春节期间进行收获；春茬芹菜一般于前一年 12 月上旬于温室内育苗，2 月中旬定植于大棚，4 月下旬至 5 月中旬为收获期。

受露地秋贮藏芹菜的影响,秋茬芹菜栽培规模较小,主要进行春茬栽培。

二、品种选择

应选择抗寒性强、不易抽薹、优质抗病的品种,如春风、菊花大叶、津南实芹 1 号、天津黄苗芹菜等。

三、播种育苗

根据不同季节和条件选用温室、大棚、阳畦、温床等育苗设施,夏、秋季节育苗应配有防虫、遮阳设施。

浸种催芽后播种。冬、春育苗,床面加盖地膜;夏、秋育苗,床面覆草保湿。苗期温度控制在 20~25℃。冬、春育苗随着气温的升高,逐渐加大通风。夏、秋育苗,采用遮阳网、塑料薄膜双层覆盖,降温防雨。

当幼苗长有 2 片真叶时进行间苗,苗距 1cm。以后再进行 1~2 次间苗,使苗距达到 2cm 左右,间苗后及时浇水。当苗高 15cm 左右,3~4 片叶时即可定植。

四、定植

前茬作物收获后及时清除大棚内的杂物,每亩施充分腐熟的农家肥 5 000kg、氮磷钾复合肥 50kg,铺施均匀,深翻 20cm,整细耙平,做成 1.5~2m 宽的畦。

定植前 2~3d 苗床浇水,以便带土取苗。定植的行距为 25~30cm,株距为 20~25cm,栽植的深度应适当,不应埋没生长点,栽后及时浇水。

五、田间管理

(一)温度管理

一般苗期白天温度为 20~22℃,夜间为 13~14℃。产品器官形成期白天温度为 20~24℃,夜间为 10~15℃,超过 25℃应进行通风降温。整个生育期充分见光,春末秋初光照过强时适当遮阳,要求冬季保持棚膜清洁,及时通风降湿。

(二)肥水管理

定植时浇定植水,3~5d 后浇 1 次缓苗水。缓苗后,小水勤浇,保持地面湿润。定植后 15d 左右,每亩追尿素 5kg。以后每 20~25d 追肥 1 次,每次每亩追尿素 10kg、硫酸钾 15kg。采收前 10d 停止追肥。

深秋和冬季应控制浇水,浇水宜在晴天上午 10:00~11:00 进行,浇水后加强通风降湿。

任务 4 收获与采后处理

一、收获

当株高达 50cm 以上时,即可陆续擗收叶柄或整株收获。采收时注意防止伤害植株,一般可采收 3~4 次,每次间隔 30d 左右,每次采收 2~3 个大叶。

一般已长成的芹菜收获不可过晚，否则养分易向根部输送，使产量和品质下降。准备贮藏的芹菜在不受冻害的前提下可适当延迟收获。收获过早，温度较高，贮藏时易腐烂；收获过晚，易受冻害。收获时连根铲起，削去侧根后扎捆。

二、采后处理

芹菜拔收时及时抖去根部泥土，去掉外部少量老黄叶，捆扎出售；采收的根据叶柄的长度分级绑成小把出售（图 7-11）。

图 7-11 扎束的芹菜

▷ 资料阅读

芹菜生物学特性

1. 形态特征　芹菜根系较浅，密集于 10～20cm 土层内，不耐旱和涝。叶直立着生于短缩茎基部，为奇数二回羽状复叶，叶柄长而肥大，为主要食用部分，中空或实，色深绿、黄绿或白色，其上有数条纵棱纹，有特殊香气。花为复伞形花序，花形小，淡黄色或白色，异花授粉。双悬果，果实圆球形，棕褐色，果实二室、成熟时裂成两半，有香气，果皮为革质，透水性差，果实内含有挥发油，种子发芽较慢，千粒重约 0.4g。

芹菜形态特征图片

2. 生长发育周期

（1）营养生长时期。从播后种子萌动到子叶展开，在 15～20℃ 的温度条件下需 10～15d。子叶展开到有 4～5 片真叶时定植，需 45～60d。定植后到长有 8～9 片叶，植株生长比较缓慢，需 30～40d。从 8～9 叶后生长速度加快，叶柄迅速肥大伸长，生长量占植株总生产量的 70%～80%。是形成产量的关键期。

（2）生殖生长时期。种株在低温下越冬通过春化后，春季在长日照和 15～20℃ 下抽薹，形成花蕾，开花结实。

3. 对环境条件的要求　芹菜性喜冷凉和湿润气候，较耐阴湿，种子发芽适温为 15～20℃，25℃ 以上对发芽不利，低于 4℃ 种子不发芽。生长适温为 15～20℃，耐寒，成株能忍受 -8℃ 低温，南方可露地越冬，但不耐热，在 22℃ 以上，生长不良，品质变劣，纤维多而空心。芹菜要以一定大小的幼苗，在低温（2～5℃）条件下通过春化阶段，在长日照下通过光照阶段而抽薹开花。光照弱，日照时间短，营养生长好，叶柄长，质地鲜嫩。

芹菜宜在富含有机质壤土或黏壤土中栽培，适宜中性或微酸性的土壤。全生长期以氮肥为主，但前期缺磷、后期缺钾对植株影响较大，缺硼时叶柄会产生褐色裂纹，缺钙时易发生干烧心。

▷ 练习与作业

1. 调查当地芹菜的主要栽培方式、栽培茬口以及各茬口的生产情况。

2. 在教师的指导下，学生分别进行芹菜育苗、露地（大棚）芹菜定植以及田间管理等的技能训练，训练结束后，总结技术要点与注意事项。

3. 在教师的指导下，学生进行芹菜采收以及采后处理技能训练，训练结束后，总结技术要点与注意事项。

4. 根据所学知识，制订一份适合当地生产条件的露地（大棚）芹菜生产方案。

项目五　莴笋生产技术

● **任务目标**　了解莴笋的生产特性；掌握莴笋品种选择技术、育苗技术、定植技术、田间管理技术、采收与采后处理技术。

● **教学材料**　莴笋品种、肥料、菜地或温室、农药、相应生产用具和器械等。

● **教学方法**　在教师的指导下，学生以班级或分组参加莴笋生产实践，或模拟莴笋的生产过程。

莴笋属于莴苣种，是以肉质嫩茎为产品的变种，也称为茎用莴苣（图7-12）。莴笋的适应性强，我国南北均有栽培，可春、秋两季或越冬栽培，以春季栽培为主，夏季收获。

图7-12　莴　笋

任务1　建立生产基地

1. 选择无污染和生态条件良好的地域建立生产基地。生产基地应远离工矿区和公路、铁路干线，避开工业和城市污染的影响。

2. 产地空气环境质量、农田灌溉水质质量以及土壤环境质量均应符合无公害蔬菜生产的相关标准要求。

3. 土壤肥力应达到二级肥力以上标准。

任务2　春莴笋栽培技术

一、选择品种与种子

春莴笋宜选用耐寒性强、早熟的品种，如济南圆叶莴笋、南京白皮、上海圆叶等。

选择收获后2年内的种子。种子质量符合《瓜菜作物种子　第五部分：绿叶菜类》（GB 16715.5—2010）中的最低质量要求。

> ▷ **相关知识**
>
> ### 莴笋品种类型
>
> 莴笋一般分为尖叶莴笋和圆叶莴笋。
>
> **1. 尖叶莴笋**　尖叶莴笋叶披针形，先端尖，叶丛小，较耐热，晚熟，多用于春、秋栽培，如济南柳叶尖笋、紫叶笋、青、上海尖叶、鲫瓜笋等。
>
> **2. 圆叶莴笋**　圆叶莴笋叶片卵圆形，叶丛大，茎粗，早熟，耐寒，用于越冬或早春栽培，如济南圆叶莴笋、青州莴笋、南京圆叶白皮、上海圆叶等。

莴笋品种类型图片

二、育苗

采用温室、阳畦等育苗,华北地区春季温室育苗,苗龄60d,断霜前1个月定植,经50~60d收获。

播前种子用20~25℃温水浸种6h,然后在18~20℃环境中催芽,3d后胚根露出即可播种。定植每亩需苗床30m², 播种量60g。苗床要求土壤细且平整,播前浇透底水,水渗后床面不粘手时播种。播种后覆土0.5cm厚,然后用地膜覆盖畦面。

播种后棚内保持白天25℃左右,夜间15~20℃,齐苗后揭去地膜,撒0.5cm厚的细潮土。棚内白天15~20℃,夜间不低于5℃,1~2片真叶时间苗,苗距2cm,间苗后覆0.5cm厚的细潮土。3~4片叶时进行第二次间苗,苗距5cm。定植前10d进行低温炼苗,定植前5d浇水、起苗、囤苗。

三、定植

春季土壤化冻后,日均气温达5~6℃时定植。

春耕前每亩施入充分腐熟的粪肥5~6m³、过磷酸钙30~40kg,深翻25cm左右,耙平后做成1.5m宽的低畦。定植前1~2d苗床浇水利于起苗,按行距30cm、株距25cm栽植,栽植深度以埋到第一片真叶叶柄基部为宜,栽完一畦后立即浇水。早春栽苗后可覆盖小拱棚。

四、田间管理

定植缓苗后浇缓苗水,水后中耕松土,促根下扎。当第二个叶环展开、茎粗达3~4cm时,结束蹲苗,浇水并施肥,每亩冲施尿素15kg或水溶性高氮复合肥10kg,以后经常保持地面湿润,同时结合浇水再施1~2次肥,直到肉质茎充分膨大,心叶与外叶齐平时停止浇水,防止裂茎。

任务3 秋莴笋栽培技术要点

一、品种选择

育苗应选择耐热、晚熟、对光照长短反映较迟钝的尖叶品种,如柳叶莴笋等。

二、适期播种与育苗

适宜的播种期为早霜前75~90d。播种前将种子浸泡24h后,用纱布包好,放在冰箱或冷藏柜中,在-3~5℃温度下冷冻一昼夜,再将种子摊在湿纱布上,上面盖一层湿纱布保湿,进行室内见光(散射光)催芽,约经一昼夜后即可播种;也可用吊井法,用凉水将种子浸泡1~2h,洗净用纱布包好,置于井内水面上30cm处,每天取出种子淋水1~2次,连续3~4d即可发芽;或将种子浸入500mg/L乙烯利或300mg/L赤霉素溶液中6~8h后捞出洗净,放在室内见光催芽,约两昼夜后即可播种。

播种后尽量创造温和湿润的条件,可搭建遮阳棚,保持苗床湿润。幼苗有1片真叶时间苗,苗距2cm。2叶1心时进行第二次间苗,苗间距5cm。

三、定植

秋莴笋苗龄不宜超过 30d，幼苗长有 4~5 片叶时定植，密度为行距 30cm、株距 25cm，宜在阴天或晴天下午 4 时后定植，随栽苗、随浇水。

四、田间管理

缓苗期间连续浇水，保持地面湿润。缓苗后施肥，并浅中耕松土，促根下扎。秋莴笋不宜蹲苗，团棵时随水追速效氮肥，封垄前每亩随水追尿素 15kg。

任务 4　采收与采后处理

一、采收

当莴苣的心叶与外叶的最高叶齐平，植株顶部平展时，进行采收。此时肉茎已长足，品质也最好，应及时采收。收获过晚，纤维增多，肉质变硬，也容易出现空心。

采收时，用刀贴地面割下地上部，顶端留下 4~5 片小叶，其余叶片全部去掉，根部削净。

二、采后处理

一般莴笋采收后，在基部用刀削平，断面光洁，并将植株下部的老叶、黄叶割去，保留嫩茎中上嫩梢嫩叶，按粗细长短分等级，扎成小捆，装入菜筐，用清洁水稍冲洗后销售（图 7-13）。也可以将经过挑选的莴苣扎成小捆，放入薄膜保鲜袋中，经过预冷后，架藏在 0℃冷库中。

图 7-13　成捆的莴笋

▷ 资料阅读

莴笋的生物学特性

1. 形态特征　莴笋为直根系，移植后发生多数侧根，浅而密集，主要分布在 20~30cm 土层内。茎短缩，叶互生，披针形或长卵圆形，色淡绿、绿、深绿或紫红，叶面平展或有皱褶，全缘或有缺刻。短缩茎随植株生长逐渐伸长或加粗，茎端分化花芽后，在花茎伸长的同时茎加粗生长形成棒状肉质嫩茎，为主要食用部分，肉色淡绿、翠绿或黄绿色。圆锥形头状花序，花浅黄色，每一花序有花 20 朵左右，自花授粉，有时也会发生异花授粉。瘦果，黑褐或银白色，附有冠毛，种子千粒重 0.8~1.2g。

莴笋形态特征图片

2. 生长发育周期　莴笋的整个生育过程包括种子发芽期、幼苗期、莲座期、肉质茎形成期和开花结实期。

播种至真叶显露为发芽期，需 8~10d；真叶显露至第一叶序 5 或 8 枚叶片全部展开，为幼苗期，直播需 17~27d，育苗需 30d 左右；团棵至第三叶序全部展开，心叶与外叶齐平为莲座期，需20～30d；莲座期后进入肉质茎形成期，茎迅速膨大，叶面积快速扩大，需30d左右，此期苗顶端分化花芽，花茎开始伸长和加粗，成为肉质茎的一部分；抽薹至瘦果成熟为开花结实期，开花后15d左右瘦果成熟。

3. 对环境条件的要求 莴笋喜冷凉，忌高温，稍耐霜冻。种子4℃开始发芽，发芽适温为15～20℃，30℃以上几乎不能发芽。幼苗能耐-6℃的低温，茎、叶生长最适温度是11～18℃，超过22℃不利于茎部膨大，易先期抽薹。较大植株低于0℃会受冻。开花结实期要求较高温度，在22～28℃范围内，温度越高种子成熟越快。低于15℃开花结实不良。

莴笋是长日照作物，但较耐弱光，高温、长日照下早抽薹。根系吸收能力弱，对土壤水分反应敏感，栽培中应保持土壤湿润，缺水时易裂茎。对土壤适应性很强，以富含有机质、疏松透气的壤土或黏质壤土为宜，需较多的氮肥和一定量的钾肥。

▷ 练习与作业

1. 调查当地莴笋的主要栽培方式、栽培茬口以及各茬口的生产情况。
2. 在教师的指导下，学生分别进行莴笋育苗、露地莴笋定植以及田间管理等的技能训练，训练结束后，总结技术要点与注意事项。
3. 在教师的指导下，学生进行莴笋采收以及采后处理技能训练，训练结束后，总结技术要点与注意事项。
4. 根据所学知识，制订一份适合当地生产条件的露地莴笋生产方案。

项目六　韭菜生产技术

● **任务目标** 了解韭菜的生产特性；掌握韭菜的品种选择技术、播种育苗技术、田间管理技术、采收与采后处理技术。

● **教学材料** 韭菜品种、肥料、菜地、农药、相应生产用具和器械等。

● **教学方法** 在教师的指导下，学生以班级或分组参加韭菜生产实践，或模拟韭菜的生产过程。

韭菜属百合科宿根蔬菜，原产于我国，适应性强，全国各地广泛栽培，其露地栽培与多种保护设施栽培形式相结合，可以做到均衡上市，周年供应（图7-14）。

图7-14　韭　菜

任务1　建立生产基地

1. 选择无污染和生态条件良好的地域建立生产基地。生产基地应远离工矿区和公路、铁路干线，避开工业和城市污染的影响。

2. 产地空气环境质量、农田灌溉水质质量以及土壤环境质量均应符合无公害蔬菜生产的相关标准要求。

3. 土壤肥力应达到二级肥力以上标准。

任务2　露地韭菜栽培技术

一、选择品种与种子

露地丰产栽培，宜选叶片肥大宽厚的品种；冬季保护地栽培宜选耐寒的品种，夏季覆盖栽培宜选耐高温、高湿及抗病的品种；软化栽培宜选植株粗壮、恢复生长快的品种。

选择当年产的新种子。种子质量应符合以下标准：种子纯度≥92%，净度≥97%，发芽率≥85%，水分≤10%。

> ▷ **相关知识**
>
> **韭菜的品种类型和优良品种**
>
> 按食用器官类型可分为根韭、花韭、叶韭和叶花兼用韭4类。目前广泛栽培的为叶花兼用类型，根据植株叶片的宽窄不同，该类品种又分为宽叶韭和窄叶韭两类。
>
> **1. 宽叶韭**　宽叶韭叶片宽0.8～1.0cm，株高40～50cm，假茎粗0.5～1.0cm，色绿或浅绿；长势强，分蘖力强，抗寒耐热；产量纤维少，品质好，产量高，但香味稍淡，适于保护地栽培。较优良的品种有汉中冬韭、河南791、天津大黄苗、北京大白根、寿光马蔺韭等。
>
> **2. 窄叶韭**　窄叶韭亦称线韭。叶片细长，叶色深绿；纤维稍多，香味较浓；分蘖多；直立性强，不易倒伏，适于保护地和露地栽培。较优良的品种有北京铁丝苗、保定红根、太原黑韭、诸城大金钩等。

韭菜品种类型图片

二、播种育苗

北方以春播为宜。各地播期确定的原则：尽量将发芽期和幼苗期安排在月均温为15～18℃的月份里，并有60～80d的适宜生长时间。

苗床宜选在排灌方便的高燥地块。整地前每亩施入充分腐熟农家肥3～4m²、磷酸二铵50kg，深翻细耙后作畦。北方多做成低畦，宽1.3～1.5m。

春季采用干籽播种，其他季节催芽后播种。浸种催芽的方法：用30～40℃的温水浸泡20～24h，除去秕籽和杂质，淘洗干净后用湿布包好，放在16～20℃的条件下催芽，每天用清水冲洗1～2次，待60%左右种子露白时播种。

一般每亩苗床播种5～7.5kg，可供0.5～0.7hm² 大田栽植。秋季多采用干播，春季则宜湿播。播种采取撒播或条播，条播行距10～12cm，先开1.5～2cm的浅沟，播后再整平畦面，覆盖种子，稍加镇压即可。

苗期轻浇、勤浇水，以促进发根和幼苗生长，后期适当控制浇水，防止幼苗过细引起倒伏烂秧。结合浇水，追肥2～3次，每次每亩追施腐熟人粪尿1 000kg或尿素8～10kg。韭菜苗期易滋生杂草，应及时进行人工除草或化学除草。

三、定植

春播育苗一般于立秋前后定植，秋播育苗则于翌春谷雨前定植。

定植前结合深翻，每亩施入充分腐熟有机肥5～10m^2、复合肥50kg，并施入适量硫酸亚铁、硫酸锌、硫酸锰等微肥。沟栽便于培土软化和田间管理，适宜在肥沃土壤上栽培宽叶韭，一般沟深10～15cm，行距30～40cm，穴距17～20cm，每穴20～30株，相邻的两行要错开穴栽。畦栽适宜青韭生产，北方多采用低畦定植，畦宽1.3～1.5m，长8～10m，畦埂高12～15cm，行距15～20cm，穴距10～15cm，每穴6～8株。以个体充分发育来获取产量和质量的品种，也可采取单株栽，一般行距30cm左右，株距1.5～2cm。栽植深度以叶鞘露出地面2～3cm为宜，过深则减少分蘖，过浅易散撮。

四、田间管理

（一）肥水管理

定植后连浇2～3次水，促缓苗。缓苗后中耕松土，雨季排水防涝。入秋后气候凉爽，每5～7d浇1次水，保持地面湿润，每10d左右追1次肥，每次每亩冲施尿素10～15kg或高氮水溶性复合肥10kg，寒露以后控制浇水，防止贪青。土壤封冻前浇足封冻水。

翌年春季返青后结合浇水追1次粪稀水或尿素，每亩冲施尿素15kg，之后加强中耕，提高地温。进入收割期后，每次收割后，待伤口愈合，新叶长出2～3cm时，结合浇水，每亩冲施腐熟人粪尿1 500～2 000kg或尿素10～15kg。入秋后一般每7～10d浇1次水，追肥2～3次。10月下旬以后停止浇水、施肥，冬前浇足封冻水。

（二）中耕培土

每年春季返青前清除地面枯叶杂草，并进行中耕培土。每年培土1～2次，培土厚度为2～3cm。

（三）化学除草

韭菜封垄能力差，地里杂草比较多，除了人工除草外，还可进行化学除草。新根韭菜于芽前除草，可用33%二甲戊灵乳油，每亩100～150mL兑水喷雾，有效期45～50d，喷雾后浅中耕使药剂与土壤混合，有效期30d左右。当萌芽后韭菜地发生草荒时，可用50%利谷隆可湿性粉剂每亩750～1 000mL喷雾。

老根韭菜抗药性强，韭菜每次割后伤口愈合，可每亩用48%氟乐灵乳油每100～150mL、50%扑草净可湿性粉剂100～150g、33%二甲戊灵乳油100～200mL等，进行土壤喷雾。

（四）防止倒伏

入夏后，由于韭菜不再收割，植株过高，容易发生倒伏，染病烂秧，因此，对于一些容易倒伏的品种，应及早在田间插短竹竿或枝条，用铁丝或尼龙绳等拉成花格，固定住植株。

（五）其他管理

花薹抽生后应及时采摘，减少养分消耗。

任务3 韭黄栽培技术

韭黄也称韭芽、黄韭芽、黄韭，俗称韭菜白，为韭菜经软化栽培变黄的产品。韭黄因不见阳光而呈黄白色，质地细嫩，较受欢迎，多作为反季节高档蔬菜栽培。

一、品种选择

韭黄生产多在冬春，应选择耐寒、长势强、单株体大、风味浓的品种，如寿光独根红、汉中冬韭等。

二、根株培育

根株培育同一般韭菜生产，选用二年生的健壮根株，春季露地收割1~2刀后，加强肥水管理，培肥根株。10月下旬地上部开始枯萎时，割去地上部分，并清除畦内枯叶杂草，中耕松土。

三、栽培设施选择

可采用风障阳畦、日光温室、塑料大棚等。风障阳畦一般在根韭培养地就地建造。日光温室和塑料大棚栽培则多是用一年生根株，初冬地上部枯萎后，刨取韭根，密集移栽到温室和大棚内进行生产。

四、生产管理

（一）温湿度管理

初期为促进根株萌动温度应保持在25℃左右，中期20℃左右，临近收割时16~18℃。空气湿度为60%~70%。

（二）肥水管理

软化栽培前浇足水后，栽培期间一般不浇水。每次收割后2~3d韭菜伤口愈合，新叶快出时再浇水追肥，每亩施腐熟粪肥400kg、尿素10kg，低浓度水溶性复合肥10kg。

（三）培土软化

韭芽高1~5cm时，选晴暖天气，将拍细的柔软细土撒于畦内行间，使其成为下宽上窄的土垄。土垄高5~8cm，下部宽29cm左右，让韭芽在两土垄间的沟底微微露出。过4~5d，当韭菜长到10cm左右高时，进行第二次培土。培土前先用划钩来回推土垄，将土分到两侧，使土埋住韭菜叶尖以下部分，到土垄变成土沟，韭叶在土中微露时为止。然后，将备好的细土撒于行间土沟中，到土沟变为土垄为止。经过3~5d，用划钩推拉土垄，不要让土压住韭叶。再过5~6d，将两侧的覆土向韭株的上部收拢，尽量将土垄培得高一点，一般头刀韭黄土拢高度以15~18cm为宜。以后放叶7~8d，不再培土。

任务4　采收与采后处理

一、采收

韭菜采收标准是株高达 35cm，平均单株叶片 5～6 个，生长期在 25d 以上。早春第一刀为了抢早上市，株高 20～25cm，3～4 片叶时即可收割。施药后 15d 之内不要收割，以免造成药害，影响品质。

采收宜在晴天清晨进行，阴雨天前及雨后均不宜收割。镰刀要锋利，收割要快，割茬要平面整齐，收割深度第一刀以离根颈 3～4cm 为宜，此处割茬一般为黄色，以后各刀都要比上一刀的茬口高出 1cm 左右，以保证以后各刀都能正常生长。

二、整理

将采收后的韭菜下部泥土杂物和干枯损坏的鳞茎叶片去除，使韭菜看上去干净整齐，鳞茎白而长。用草绳、尼龙绳或专用绳将韭菜按一定质量捆成把，每把 50～500g，精品包装一般每 50～100g 一把，用保鲜膜包裹。

▷ **资料阅读**

韭菜的生物学特性

1. 形态特征

（1）根。根为弦线状须根，着生于短缩茎盘的周围，在表土以下 20cm 的土层内分布最多，吸收能力弱。除具有吸收功能外，还具有贮藏功能。根的寿命为 1～2 年，多年生植株每年都进行新老根系的更替。

（2）茎。茎 1～2 年生韭菜的营养茎为短缩的茎盘，随着株龄的增长，营养茎不断向上生长，由逐次发生的分蘖和茎盘连接成叉状分枝，称为根状茎。叶鞘基部的假茎膨大呈葫芦状的鳞茎，是贮藏养分的器官。植株通过春化阶段后，鳞茎的顶芽分化为花芽，抽生花茎，嫩茎可食。

（3）叶。叶由叶鞘和叶片组成，叶片扁平狭长，表面有蜡粉，能减少体内水分的蒸腾，较耐旱，其色泽、宽度及厚薄因品种而异。叶鞘层层抱合成圆筒状，称为假茎。

（4）花。两年生以上韭菜，每年均可抽生花茎，花茎顶端着生伞形花序，每花序有 30～60 朵白色小花，异花授粉，虫媒花。

（5）果实和种子。蒴果，内含 3～5 粒种子，种子盾形，千粒重 4～6g，种子寿命短，生产上宜选用当年新籽。

2. 生长发育周期

（1）发芽期。从种子萌动到第一片真叶出现为发芽期，需 10～20d。

（2）幼苗期。从第一片真叶出现到苗高 20cm 左右，具有 5～6 片真叶可以定植为幼苗期，需 80～100d。此期地上部生长较缓慢，而须根陆续长出，生长较快。

（3）营养生长盛期。从定植到花芽分化为营养生长盛期。此期又相继发生一些新根、新叶，并形成分蘖，生长较为迅速，生长量加大。

（4）越冬休眠期。从冬季月平均气温降至2℃以下，叶片开始枯萎，至翌春植株开始返青生长为越冬休眠期。此期营养物质逐渐回流而贮存到叶鞘基部的短缩茎和根系中，植株生长停止。休眠期的长短和休眠方式因品种而异。

（5）生殖生长时期。从花芽分化到抽薹、开花、种子成熟为生殖生长时期。

3. 对环境条件的要求

（1）温度。属耐寒而适应性广的蔬菜。适温为15～18℃，抽薹开花期适温为20～26℃。大多数品种叶片能耐-5～-4℃的低温，根、茎在土壤的保护下能耐-40℃左右的低温。

（2）光照。对光照度要求中等，并具有耐阴性，光补偿点为1.22klx，光饱和点为40klx。光照过强，植株生长受到抑制，叶片和叶鞘质地变硬，纤维增多，品质下降；光照过弱，影响光合作用，植株养分不足，叶片细小，分蘖减少，产量降低。

（3）湿度。韭菜地上部耐旱而地下部喜湿，因此要求较低的空气湿度和较高的土壤湿度。适宜的空气湿度为60%～70%，土壤相对湿度为80%～85%。

（4）土壤与营养。韭菜对土壤的适应性较强，以壤土和沙壤土为宜。韭菜喜肥、耐肥，生产上应施足有机肥，营养生长盛期要加强追肥，整个生育期对肥料的需求以氮肥为主，适量配合磷、钾肥。

> **相关知识**
>
> **韭菜的分蘖和跳根**
>
> **1. 分蘖** 先在靠近生长点的上位叶腋处分生蘖芽，初期与原有的植株包被在同一叶鞘中，以后随着蘖芽生长增粗，叶鞘胀破，蘖芽发育成独立的新植株。韭菜分蘖能力的强弱与品种、株龄及营养状况有关。一般春播韭菜，当植株长有5～6片真叶时即可发生分蘖，以后每年分蘖1～3次，以春、秋两季为主，每次分蘖1～3个。
>
> **2. 跳根** 新分蘖产生后，便会从其茎盘周围长出新的须根，随着分蘖次数的增加，新植株生长的位置不断上移，生根的位置也随之上升，该现象称为跳根。每年跳根的高度取决于分蘖次数和收割次数，一般为1.5～2.0cm，生产上可以此作为每年培土的依据。
>
> 韭菜的分蘖与跳根见图7-15。

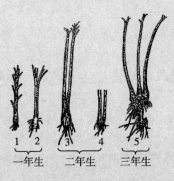

图7-15 韭菜的分蘖与跳根

1. 分蘖已形成，但被包在封闭的叶鞘中，还未形成独立的植株　2. 分蘖的生长状况　3. 鳞茎下部包以体解后呈纤维状的鳞片　4. 剥去纤维鳞片，鳞茎盘上有明显的着生痕迹和刚生出来的幼根　5. 分枝的根茎

单元小结

叶菜类蔬菜是指以鲜嫩的绿叶、叶柄或嫩茎为产品的速生性蔬菜，种类繁多，形态、风味各异。叶菜类的适应性强，栽培技术简单，是北方地区重要的露地栽培蔬菜。叶菜类的根系较浅，叶面积大，蒸腾量很大，要求肥沃而且保肥力强的土壤，栽培时要保持较高的土壤湿度；施肥上以氮肥为主，一些结球类叶菜，结球期还要求较多的钾肥。大多数叶菜类的生长期比较短，采收标准不严格，采收较为灵活。

生产实践

1. 在教师的指导下，学生进行大白菜、菠菜、芹菜等主要叶菜的种子处理与播种练习，并完成以下作业。
   (1) 大白菜、菠菜、芹菜3种蔬菜的种子处理技术有哪些异同点？
   (2) 3种蔬菜的播种技术有哪些异同点？
2. 在教师的指导下，学生进行大白菜、韭菜和芹菜的定植练习，并完成以下作业。
   (1) 3种蔬菜在定植密度、深度方面各有什么特点？
   (2) 总结3种蔬菜的定植技术要领。
3. 在教师的指导下，学生进行大白菜、菠菜和韭菜的施肥和灌溉练习，并完成以下作业。
   (1) 3种蔬菜在施肥时间、施肥量和施肥方法方面各有什么特点？
   (2) 3种蔬菜在灌溉时间和灌溉方法方面各有什么特点？
4. 在教师的指导下，学生进行大白菜、芹菜和韭菜的采收练习，总结3种蔬菜的采收技术要领。
5. 在教师的指导下，对当地的农民进行主要叶菜的生产知识与技术培训。

单元自测

一、填空题（40分，每空2分）

1. 根据叶球形状和生态要求不同，一般把结球白菜分为_____型、_____型和_____型3个生态型。
2. 秋白菜育苗栽培应比直播栽培提早____d播种。一般苗龄____d，当具有____片真叶时起小苗定植。
3. 华北地区的结球甘蓝一般于_____播种。东北地区一般于_____在温室中播种育苗。
4. 华北、西北平原一般在_____播种，东北地区可提前到9月初。保证菠菜在越冬前有_____d生长期，以菠菜在冰冻来临前长出_____片真叶为宜。
5. 北方地区芹菜栽培，春季一般于_____至4月定植，秋季一般_____后定植。
6. 秋莴笋苗龄不宜超过_____d，幼苗长有_____片叶时定植。
7. 韭菜条播一般行距_____cm，开_____cm的浅沟播种。
8. 收割深度第一刀以离根颈_____cm左右为宜，此处割茬一般为_____色，以后各刀都要比上一刀的茬口高出_____cm左右，以保证以后各刀都能正常生长。

二、判断题（24分，每题4分）

1. 用于冬贮的秋季大白菜中晚熟品种一般在严霜（-2℃）来临前收获。（ ）
2. 春甘蓝应早收，在叶球大小定型，叶球基本包实，外层球叶发亮时采收。（ ）
3. 当年定植的韭菜就可以收割。（ ）
4. 北方地区越冬菠菜宜选抗寒力强，冬性强、抽薹迟的圆叶品种。（ ）
5. 秋芹菜用冷水浸泡种子有利于提高发芽率。（ ）
6. 韭菜定植后，每年春季返青前都需要进行中耕培土，一般每年培土1~2次。（ ）

三、简答题（36分，每题6分）

1. 简述秋季大白菜肥水管理技术要点。
2. 如何防止春茬大白菜和结球甘蓝未熟抽薹？
3. 简述越夏菠菜浸种催芽技术要点。
4. 简述秋芹菜肥水管理技术要点。
5. 简述莴笋采收技术要点。
6. 简述韭菜定植方法及技术要点。

能力评价

在教师的指导下，学生以班级或小组为单位进行大白菜、结球甘蓝、菠菜、莴笋、芹菜以及韭菜的生产实践。生产结束后，学生个人和教师对学生的实践情况进行综合能力评价，结果分别填入表7-2和表7-3。

表7-2 学生自我评价

姓名		班级		小组	
生产任务		时间		地点	
序号	自评内容		分数	得分	备注
1	在工作过程中表现出的积极性、主动性和发挥的作用		5		
2	资料收集的全面性和实用性		10		
3	生产计划制订的合理性和科学性		10		
4	基地建立与品种选择的准确性和科学性		10		
5	育苗操作的规范性和熟练程度		10		
6	整地、施基肥和作畦操作的规范性和熟练程度		10		
7	定植操作的规范性和熟练程度		5		
8	田间管理操作的规范性和熟练程度		20		
9	病虫害诊断与防治的规范性与效果		10		
10	采收及采后处理操作的规范性		5		
11	解决生产实际问题的能力		5		
合计			100		
认为完成好的地方					
认为需要改进的地方					
自我评价					

表7-3 指导教师评价

指导教师姓名：_____ 评价时间：___年___月___日 课程名称：_____

生产任务：

学生姓名：　　　　　　　　　　　　　　　所在班级：

评价内容	评分标准	分数	得分	备注
目标认知程度	工作目标明确，工作计划具体结合实际，具有可操作性	5		
情感态度	工作态度端正，注意力集中，有工作热情	5		
团队协作	积极与他人合作，共同完成任务	5		
资料收集	所采集的材料和信息对任务的理解、工作计划的制订起重要作用	5		
生产方案的制订	提出方案合理、可操作性强、对最终的生产任务起决定作用	10		
方案的实施	农事操作规范、熟练	45		
解决生产实际问题	能够较好地解决生产实际问题	10		
操作安全、保护环境	安全操作，生产过程不污染环境	5		
技术文件的质量	完成的技术报告、生产方案质量高	10		
合　　计		100		

信息收集与整理

1. 调查当地大白菜、结球甘蓝、菠菜、芹菜、莴笋以及韭菜的主要品种类型以及生产应用情况。
2. 调查当地大白菜、结球甘蓝、菠菜、芹菜、莴笋以及韭菜的主要栽培季节与茬口安排情况。
3. 调查当地大白菜、结球甘蓝、菠菜、芹菜、莴笋以及韭菜生产中存在的主要问题。

观察记载

1. 大白菜、结球甘蓝、菠菜、芹菜、莴笋、韭菜的植株形态结构。
2. 大白菜、结球甘蓝、菠菜、芹菜、莴笋、韭菜的生长发育周期。

资料链接

1. 中国西蓝花网　http://www.chinabroccoli.com
2. 中国蔬菜网　http://www.vegnet.com.cn
3. 蔬菜商情网　http://www.shucai123.com

典型案例

案例1 胶州大白菜优质高产关键技术

胶州大白菜种植历史悠久,是中国名牌农产品、国家绿色食品A级产品、国家有机转换产品、山东地理标志品牌产品等(图7-16)。胶州大白菜以汁白、味鲜甜、纤维少、富含多种维生素和氨基酸、营养丰富以及耐储存等特点,在国内外享有盛名,并远销日本、韩国、新加坡等国家。其生产关键技术总结如下。

图7-16 胶州大白菜

1. 严格基地条件 基地远离工矿区,空气、灌溉水、土壤没有污染,地势平坦、排灌方便、土壤耕层深厚、理化性状良好,土质沙壤、壤土或轻黏土,土壤肥力高。

2. 选择专用品种 选用胶州大白菜基地专用品种87-114、胶蔬秋季王。

3. 规范施肥 实行平衡施肥,主要方案有两种。

(1) 优质腐熟有机肥5 000~6 000kg、云峰牌硫酸钾三元复合肥30kg、酵素菌扩培剂1kg。

(2) 地恩地生物有机肥100kg、酵素菌扩培剂1kg、云丰牌硫酸钾三元复合肥30kg为基肥。

起垄前将酵素菌扩培剂1kg与25~50kg有机肥或饼肥、豆渣、生物有机肥等混合均匀后撒在垄沟中间,也可与复合肥混合使用,然后起垄。垄距75~80cm,垄高15~20cm,垄下设排水沟。

4. 适期播种 立秋后8~10d播种。播前2~3d造墒,实行穴播。下午播种,播后盖细土0.5~1cm,搂平压实,然后覆土培成小土堆,两昼夜后的下午4时后扒去土堆。密度以每亩1 800~2 000株为宜。

5. 田间管理

(1) 及时间苗、定苗。幼苗出土后,每6~7d进行1次。第一次留苗5~6株,第二次留苗3~4株,第三次留苗2株,第四次间苗留1株。如缺苗应及时补栽。

(2) 适时中耕除草。第一次在直播后15d进行,第二次在定苗后5~6d进行,第三次在定苗后15~20d进行。中耕时应对垄面浅锄去草。

(3) 合理浇水。播种后从幼苗出土到幼叶拉十字期间遇高温干旱,应及时浇1次水,浇水量至半垄沟。从幼叶拉十字到8片叶形成期,每次间苗后浇1次水,浇水量至半垄沟;追施莲座肥后浇1次水,浇水量要满垄沟,以后浇水以地面见干浇水;追施第一次结球肥时,浇1次水,以后每5~6d浇1次水,浇水量要满垄沟。收获前7~10d停止浇水。

(4) 适时施肥。定苗后当幼苗长到8~10片叶时开始追肥,每亩于植株间施入腐熟有机肥1 500kg,或氮磷钾复合肥10kg;在植株中心幼小球叶出现卷心时,每亩于行间沟施复合肥8kg,15~20d后进行第二次追肥,每亩顺水施入氮磷钾复合肥10kg。

6. 综合防治病虫害 坚持"预防为主、综合防治"的原则,优先采用农业防治、物理防治、生物防治，配合科学合理的化学防治。严格控制用药次数及用量，坚决杜绝高毒、高残留农药，并建立生产档案备查。

案例 2　马家沟芹菜无公害栽培关键技术

马家沟芹菜产于青岛地区平度市，色泽黄绿，茎梗空心，清甜嫩脆，品质上乘，为青岛市名牌农产品，产品先后获国家无公害食品和绿色食品称号（图 7-17）。其生产关键技术总结如下。

1. 严格栽培环境　对拟建基地的土壤、灌溉水源、大气等进行检测，检测结果应符合国家无公害食品生产标准要求。

2. 选择指定品种　主要品种有玻璃脆芹、马家沟大叶黄芹等。

3. 工厂化育苗　采用工厂化无土育苗，实现育苗标准化，规格化。

图 7-17　青岛马家沟芹菜

壮苗标准：叶色深绿，枝叶完整无损，无病虫害，长有 4～6 片真叶，最大叶长 10～14cm，茎粗，节间短，根系发达，苗龄 50～60d。

4. 科学施底肥　前茬收获后及时深耕晒垡，结合深翻耕地，每亩施充分腐熟优质有机肥 5 000kg、草木灰 300kg、碳酸氢铵 50kg、复合肥 30kg。混翻匀后耙平，作南北向、宽 1.2m 的低畦。软化栽培可采用沟栽，沟距 60～66cm。为防止培土后引起的芹菜腐烂，行间不宜施有机肥。

5. 合理密植　早秋茬芹菜于 7 月中下旬定植，秋茬芹菜于 8 月中旬至 9 月上旬定植。定植时，用植物营养液（庆田宝）200 倍液蘸根，以促进发根和缩短缓苗时间。选阴天或午后定植，大小苗分别定植。取苗时，在主根 4cm 左右长处将根铲断，促发生侧根和须根。定植深度以埋住根颈为度。低畦栽培一般行株距 13～15cm，每穴 2～3 株；单株栽植，行株距 10cm 左右；沟栽软化栽培的穴距 10～13cm，每穴 3～4 株或株距 10cm 单株栽植。

6. 科学管理

（1）缓苗期管理。浇定植水 1～2d 后浇 1 次缓苗水，保持土壤湿润。当心叶开始生长时，松土保墒，促进根系发育，防止外叶徒长。

（2）蹲苗期管理。秋茬芹菜缓苗后，应控制浇水，结合浅中耕（不超过 3cm 深）进行 10～15d 的蹲苗。当植株团棵，心叶开始直立向上生长（立心），地下长出大量根系时，结束蹲苗。

（3）心叶肥大期管理。蹲苗结束后，每亩追施尿素 15～20kg，第一次追肥后 15～20d 再追施第二次肥，在收获前 30d 内停止追施尿素。该期还可进行叶面追肥，如喷施 0.5%尿素液或 0.2%的硝酸钾液。秋季可用 0.2%～0.5%的硼砂液叶面追肥，防止叶柄粗糙和龟裂。土壤缺钾时，应追施钾肥。

一般每 3～4d 浇 1 次水，霜降以后灌水量减少，准备贮存的芹菜，收获前 7～10d 停止浇水。软化的芹菜，当株高 25cm 左右时，开始培土。培土前，要充分浇水，选晴天下午，植株无露水时培土，培土以不埋住心叶为度。土要细碎，共培土 4～5 次，培土总厚度

17~20cm。

7. 综合病虫害 无公害芹菜生产，病虫害的防治要以农业防治、物理防治和生物防治为主，尽量减少用药的使用。使用农药，要符合农药使用规定。

8. 收获及贮藏 可根据市场需求，陆续采收上市。喷药的芹菜，应间隔7~10d后采收。追施化肥的芹菜，应在施肥30d后采收。采收后，剔除残次品，并不定期分批抽检，按无公害蔬菜标准要求上市。芹菜贮藏一般采用半地下窖的形式，温度控制在-2~0℃，空气相对湿度保持在97%~99%。

案例3 中国韭菜之乡——甘肃武山

甘肃省武山县的韭菜种植历史悠久，目前该县韭菜种植面积约5 333hm^2，其中塑料大棚韭菜约4 000hm^2，露地种植面积约1 333hm^2，种植区域已由原来渭河流域6乡镇发展到全县五河流域12乡镇203个村，年总产量达1.47亿kg，总产值达1.2亿元。该县采取"统一规划、集中开发、连片建设、规模经营"等系列措施，坚持走"基地+合作社"的发展模式，积极引进和推广韭菜新品种、新技术；引导农民强化品牌意识，将武山韭菜注册商标为"周庄盘龙"；建成了以洛门和山丹为中心的两个万亩无公害韭菜基地，以强化技术示范和引领作用；建成了韭菜、韭薹冷冻库8个，贮藏能力3 000多t，提升了韭菜的产后处理能力和处理水平。2003年武山韭菜被中国绿色食品发展中心首家认证为绿色A级食品。2005年被授予"中国韭菜之乡——甘肃武山"称号。

单元八
根茎菜类生产技术

职业能力目标

◀了解萝卜、胡萝卜、大葱、大蒜、洋葱、马铃薯、生姜以及山药的生物学特性、品种类型、栽培季节与茬口安排等。

◀掌握根茎菜的生产基地标准、主要茬口安排、品种质量要求等。

◀掌握大葱、洋葱的育苗技术要点与定植技术,掌握萝卜、胡萝卜、大蒜、马铃薯、生姜以及山药的直播全苗技术。

◀掌握萝卜、胡萝卜、大葱、大蒜、洋葱、马铃薯、生姜以及山药的肥水管理技术、采收与采后处理技术。

◀掌握萝卜、马铃薯、生姜的设施栽培关键技术。

◀了解蒜黄栽培技术。

◀熟悉当地主要根茎菜的生产安排、生产管理与采后处理等情况。

◀通过学习,具备对当地农民进行根茎菜生产技术培训和现场指导的能力。

学习要求

◀以实践教学为主,通过项目和任务单形式,使学生掌握必需的实践技能。

◀与当地的生产实际相结合,有针对性地开展学习。

◀通过社会实践活动,培养学生的服务意识,掌握基本的对农民进行业务培训和技术指导的能力。

引　言

根茎菜类主要包括根菜类的萝卜、胡萝卜、根用芥菜;葱蒜类的大葱、洋葱、大蒜;薯芋类的马铃薯、生姜、山药。根茎菜类以肉质根、鳞茎、块茎、根状茎等为产品,对栽培技术要求不高,容易栽培,是露地的主要栽培蔬菜。近年来,随着蔬菜保护地生产的发展,根茎菜类的保护地栽培规模也逐年扩大，生产效益得到提高。根茎类蔬菜大多较耐贮藏，属于全年上市供应的蔬菜，特别在蔬菜供应淡季根茎类蔬菜是保证市场供应的主要蔬菜。另外，根茎菜类具有较强的保健功能，属于保健类蔬菜，近年来，不仅国内的需求量大，国外的需求量也逐年提高，是我国重要的出口创汇蔬菜。

根茎菜类栽培的主要问题是长期连作引起的土壤病虫害加重，产量和品质下降明显。另外，该类蔬菜设施栽培受市场供应以及高生产成本的限制较大，发展缓慢。

项目一 萝卜生产技术

● **任务目标** 了解萝卜的生产特性；掌握萝卜的品种选择技术、整地作畦技术、播种技术、田间管理技术、采收与采后处理技术。

● **教学材料** 萝卜品种、肥料、菜地、相应生产用具和器械等。

● **教学方法** 在教师的指导下，学生以班级或分组参加萝卜生产实践，或模拟萝卜的生产过程。

我国萝卜栽培广泛，品种多样，是重要的秋、冬蔬菜。萝卜营养丰富，并具有较高的保健功能，在我国也有"土人参"之称，深受人们的喜爱（图8-1）。萝卜除供应国内市场外，在国外市场也享盛誉，是出口鲜菜类商品中的佼佼者。

图8-1 萝 卜

任务1 建立生产基地

1. 选择无污染和生态条件良好的地域建立生产基地。生产基地应远离工矿区和公路、铁路干线，避开工业和城市污染的影响。

2. 产地空气环境质量、农田灌溉水质量以及土壤环境质量均应符合无公害蔬菜生产的相关标准要求。

3. 土壤肥力应达到二级肥力以上标准。

任务2 秋萝卜栽培技术

一、茬口安排

我国北方各地秋萝卜的茬口安排见表8-1。

表8-1 我国北方各地秋萝卜的播种收获期

地 区	播种期	收获供应期
东北	7月中下旬	10月中下旬

(续)

地 区	播种期	收获供应期
西北	7月下旬至8月上旬	10月中旬至11月上旬
山东	8月上中旬	10月下旬至11月上旬
河南	8月上旬	10月中旬至11月中旬

二、选择品种和种子

根据消费习惯、产品用途、气候条件选用秋萝卜品种。提早上市可选用美浓早生等耐热品种；冬春生食宜选用卫青、潍县萝卜等水果型品种；冬春熟食宜选用大红袍、红丰1号、红丰2号等。

选用第1~2年的种子，种子发芽率≥96%，种子纯度≥90%，种子净度≥97%。

> 相关知识

萝卜品种类型

我国萝卜品种资源丰富，分类方法不一。依栽培季节把萝卜分为秋冬萝卜、冬春萝卜、春夏萝卜、夏秋萝卜和四季萝卜5种类型。

1. 秋冬萝卜 秋冬萝卜于夏末秋初播种，秋末冬初收获，生长期60~100d。秋萝卜多为大中型品种，是我国普遍栽培的类型，栽培面积大、品质好、产量高、耐贮藏。依肉质皮色又可分为青皮萝卜、红皮萝卜和白皮萝卜3种类型。常用的品种有大红袍、沈阳红丰1号、沈阳红丰2号、卫青、潍县萝卜等。

萝卜品种类型图片

2. 冬春萝卜 冬春萝卜主要在长江以南及四川等冬季不太寒冷的地区栽种。晚秋至初冬播种，露地越冬，翌年2~3月收获。特点是耐寒性强、抽薹迟、不易空心。优良品种有武汉春不老、杭州迟花萝卜、昆明三月萝卜、南畔州春萝卜等。

3. 春夏萝卜 春夏萝卜在北方地区春播春收或春播初夏收获，生长期短，一般为40~60d。肉质根品质脆嫩，适于生食，也可熟食。耐寒性强，不易抽薹和糠心。红皮白肉品种主要有锥子把、旅大小五缨、四缨子春萝卜、寿光春萝卜等。白皮白肉品种有春萝1号以及从国外引进的白玉春、顶上、盛夏等。

4. 夏秋萝卜 夏秋萝卜具有耐热、耐旱、抗病虫的特性。北方多夏播秋收，生长期40~70d，正值高温季节，必须加强管理。生产中主要品种有象牙白、美浓早生、杭州小钩白萝卜、南京中秋红萝卜等。

5. 四季萝卜 四季萝卜肉质根很小，生长期短（30~40d），耐热耐寒，适应性强，不易抽薹，四季皆可种植。主要品种有小寒萝卜、烟台红丁、扬花萝卜等。

三、整地施肥

前作收获后净园。翻耕前每亩施充分腐熟的厩肥3~5m³，深翻30cm左右。

大型萝卜一般采用垄作，垄高 20～25cm，垄背宽 20cm 左右，垄距因品种而定，一般 50～60cm。小型萝卜品种一般采用低畦撒播，畦宽 1.5m 左右。

四、播种

秋萝卜多采用点播或条播。条播即在垄背中央开深约 3cm 的浅沟，将种子均匀地捻入沟中，随即覆土镇压。点播是按株距开穴点播，穴深 3cm，每穴播 3～4 粒，播后覆 2cm 厚并稍镇压。

一般大型萝卜株行距（25～33）cm×（50～55）cm，中型萝卜品种株行距（20～25）cm×（40～50）cm。

五、田间管理

（一）间苗和定苗

萝卜出苗后，在第一片真叶展开时进行第一次间苗，苗距 3～4cm，第 2～3 片真叶展开时进行第二次间苗，苗距 10～12cm，每穴留苗 2～3 株。第 4～5 片真叶展开后进行定苗，选具有原品种特征的健壮苗，每穴留 1 株。

（二）肥水管理

1. 浇水　播种后立即浇水，幼苗大部分出土时再浇 1 次小水，保持土面湿润。幼苗期"小水勤浇"，防止土壤干旱，诱发萝卜病毒病。"破肚"前适当蹲苗，以促根系深扎。叶生长盛期适量浇水，后期要适当控水，避免徒长。肉质根生长盛期需均匀供水，防止裂根。收获前 5～7d 停止浇水，以提高肉质根的品质和耐贮藏性能。

2. 施肥　在施足基肥的基础上，全生长期追肥 2～3 次。第一次在蹲苗结束后，结合浇水每亩施尿素 10～20kg。肉质根生长盛期，每亩施尿素 15～20kg、硫酸钾 15kg，或冲施水溶性高钾复合肥 10～12kg。生长期长的大型萝卜可增加 1 次施肥。

（三）中耕培土

大、中型萝卜于幼苗期到封垄前中耕 2～3 次，使土壤保持疏松状态。大型萝卜后期中耕时，要对萝卜根际进行培土。

任务3　春萝卜栽培技术要点

一、茬口安排

北方春季露地 5cm 处地温稳定在 10℃以上后开始播种。华北地区大棚栽培可于 1 月下旬至 2 月中旬播种，4 月上旬开始采收；露地地膜覆盖栽培的可在 3 月中旬至 4 月上旬播种，5 月中旬至 6 月初采收；在小拱棚内覆盖地膜栽培的，播种期可提前到 3 月上中旬。

二、选择品种

选用耐寒性强、不易抽薹、不易糠心、丰产优质的品种，主要品种有红皮白肉类的锥子把、旅大小五缨；白皮白肉类的白玉春、顶上、盛夏、春萝 1 号、特新白玉春等。

三、整地作畦

宜选择土层深厚、疏松的土壤,深施基肥,一般每亩施腐熟有机肥 3 000kg,氮磷钾复合肥 30kg,整地前一次性施入,然后翻耕整地。春萝卜大多属于小型萝卜,适合低畦栽培,一般畦宽 1.2～1.5m。

四、播种

播种时应采用穴播,每穴播 1～2 粒种子,每亩播量为 100～200g。播后覆盖 0.5cm 厚的细土,然后覆盖地膜。

五、田间管理

(一)间苗、定苗

子叶期第一次间苗,2～3 片真叶第二次间苗,4～5 片真叶定苗。

(二)肥水管理

4～5 片真叶之前一般不浇水,以松土保墒为主,并可提高地温。定苗后结合追肥开始浇水,促进肉质根迅速肥大。一般每亩冲施尿素或水溶性高氮复合肥 10～15kg。以后保持土壤湿润,每 5～7d 浇 1 次水。

任务 4 采收与采后处理

一、采收

萝卜在肉质根已充分膨大、基部变圆、叶色变黄时适宜采收。水果萝卜可根据市场需要适时分批收获,贮藏用萝卜应稍迟收获,但须防糠心、受冻,要在霜冻前收完。采收时注意保持肉质根的完整,并尽量减少表皮的损伤。

二、采后处理

萝卜采收后,白萝卜一般洗净后,用泡沫网袋套住后装箱(图 8-2)。若作水果萝卜供应,则摘除老叶,留 7～8 片嫩叶,然后装入保鲜袋,每袋 10～20 个萝卜,装袋后直接上市或装盒上市供应;若作鲜菜用,可将根与叶分开处理。

水萝卜一般收获并分级后,直接带叶捆把上市。冬贮萝卜应切去根头,以免在贮藏过程中发芽,降低品质。

萝卜贮藏方法很多,有沟藏、窖藏、通风库贮藏、塑料袋贮藏和薄膜帐贮藏等,不论哪种贮藏方法,都要求能保持低温高湿环境。贮藏温度宜在 0～5℃,相对湿度在 95% 左右。

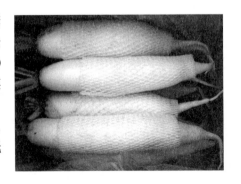

图 8-2 套袋白萝卜

▷ 资料阅读

萝卜的生物学特性

1. 形态特征

（1）根。萝卜是深根性直根系作物，根系分为吸收根和肉质根。吸收根的入土深度可达60～150cm，主要根系分布在20～40cm土层中。肉质根的外形有圆柱、圆锥、圆球、扁球等形状。肉质根的外皮有白、绿、红、紫等颜色，肉色多呈白、淡绿、红或带有不同程度的红、紫辐射条纹。肉质根的质量一般为几百克，而大的可达几千克，小的仅几克。

萝卜形态特征图片

（2）茎。茎在营养生长期呈短缩状，其上着生叶片，到生殖生长期抽生花茎。

（3）叶。萝卜具有两片子叶，肾形。头两片真叶对生，称为基生叶。随后在营养生长期间丛生在短缩茎上的叶均称为莲座叶。莲座叶的形状、大小、颜色等因品种而异。

（4）花、果实和种子。花为总状花序，虫媒花，为异花授粉植物。花色有白、粉红、淡紫等。果实为不开裂的长角果，每荚有种子3～8粒，种子为不规则球形，种皮为浅黄色至暗褐色，一般白萝卜和青萝卜的种皮色较深，红萝卜的种皮色较浅。种子千粒重为7～15g，种子发芽力可保持5年，生产上宜用1～2年的种子。

2. 生长发育周期

（1）发芽期。从种子萌动到第一片真叶显露为发芽期，需5～7d。

（2）幼苗期。从子叶展开到团棵（5～7片真叶）为幼苗期，需18～23d。由于直根不断加粗生长，而外部初生皮层不能相应的生长和膨大，引起初生皮层破裂，称为"破肚"。

（3）叶片生长盛期。叶片生长盛期又称莲座期，萝卜从破肚到露肩，需20～25d。初期地上部生长大于地下部，到后期肉质增长加快，根头（着生叶片部分）膨大，直根稳扎。这种现象称为"露肩"或"定橛"。露肩标志着叶片生长盛期的结束。

（4）肉质根生长盛期。从露肩到收获，为肉质根生长盛期，需40～60d。

（5）生殖生长阶段。萝卜经冬贮后，翌年春季在长日照下抽薹、开花、结实为生殖生长阶段。萝卜从现蕾到开花需20～30d，开花到种子成熟需30d左右。

3. 对环境条件的要求

（1）温度。萝卜为半耐寒性蔬菜，生长温度范围5～25℃。大多数品种在2～4℃低温下，经10～20d通过春化。

（2）光照。萝卜要求中等光强。光饱和点为18～25klx，光补偿点为0.6～0.8klx。萝卜为长日照植物，通过春化的植株，在12～14h的长日照及较高温条件下，迅速抽薹开花。

（3）水分。萝卜喜湿怕涝不耐旱。在土壤最大持水量65%～80%，空气湿度80%～90%条件下，易获得高产、优质。土壤水分不足，产量低，肉质根容易糠心；土壤忽干忽湿，易导致肉质根开裂。

（4）土壤与营养。萝卜在土层深厚、富含有机质、保水和排水良好、疏松肥沃的沙质壤土中生长良好。萝卜吸肥力较强，施肥应以迟效性有机肥为主，并注意氮、磷、钾的配合。特别在肉质根生长盛期，增施钾肥能显著提高品质。

▷ 相关知识

萝卜肉质根异常与预防

1. 裂根 裂根主要是肉质根生长中后期土壤水分供应不均匀,肉质根木质部薄壁细胞迅速膨大而韧皮部和周皮不能相应膨大造成。防止措施是生长中后期肉质根迅速膨大时要均匀浇水。

2. 叉根 肉质根分叉是肉质根的侧根膨大的结果。主要原因:陈种子播种;黏重土壤,耕层太浅,土壤板结,土中有石块杂物;施用未腐熟的肥料、地下害虫为害。防治措施:用新种子播种;选用土质疏松的沙壤土或壤土地块栽培并深耕细作,施腐熟的有机肥;防治地下害虫。

3. 糠心 糠心多发生在肉质根形成中后期和贮藏期间。主要原因:大型品种易糠心;播种过早、营养面积过大、先期抽薹、收获过迟、贮藏场所高温干燥;肉质根生长中后期出现高夜温,光照、肥水供应不足(图8-3)。防治措施:选择适宜的品种;适期播种,适时采收,防治先期抽薹,合理追肥浇水;贮藏期间避免高温干燥。

图8-3 萝卜糠心

4. 辣味、苦味 肉质根辣味是由于高温、干旱、肥水不足,使肉质根内产生过量的芥子油造成的。苦味是由于天气炎热,偏施氮肥,而磷肥、钾肥不足,使肉质根内产生一种含氮的碱性化合物即苦瓜素造成。应加强管理,提倡科学配方施肥。

5. 先期抽薹 引起先期抽薹的主要原因:种子萌动后遇低温通过春化阶段,使用陈种子、播种过早,又遇高温干旱,以及品种选用不当、管理粗放等。防治措施:严格掌握品种特性,使用新种子,适期播种,加强肥水管理等。

▷ 练习与作业

1. 调查当地萝卜的主要栽培方式、栽培茬口以及各茬口的生产情况。

2. 在教师的指导下,学生分别进行露地(大棚)萝卜播种以及田间管理等的技能训练,训练结束后,总结技术要点与注意事项。

3. 在教师的指导下,学生进行萝卜采收以及采后处理技能训练,训练结束后,总结技术要点与注意事项。

4. 根据所学知识,制订一份适合当地生产条件的露地(大棚)萝卜生产方案。

项目二 胡萝卜生产技术

● **任务目标** 了解胡萝卜的生产特性;掌握胡萝卜的品种选择技术、整地作畦技术、播种技术、田间管理技术、采收和采后处理技术。

● **教学材料** 胡萝卜品种、肥料、菜地、相应生产用具和器械等。

● **教学方法** 在教师的指导下,学生以班级或分组参加胡萝卜生产实践,或模拟胡萝卜的生产过程。

胡萝卜为伞形科胡萝卜属中的二年生草本植物,我国南北各地均有栽培(图8-4)。胡萝卜含有丰富的维生素、糖、淀粉、无机盐等,属于保健蔬菜,食用胡萝卜可以防治人体多种疾病,还具有防癌作用。目前,我国胡萝卜栽培面积 50 万 hm^2 左右,约占全世界栽培面积的 42%,已成为世界胡萝卜第一生产国和主要出口国。

图8-4 胡萝卜

任务1 建立生产基地

1. 选择无污染和生态条件良好的地域建立生产基地。生产基地应远离工矿区和公路、铁路干线,避开工业和城市污染的影响。

2. 产地空气环境质量、农田灌溉水质质量以及土壤环境质量均应符合无公害蔬菜生产的相关标准要求。

3. 土壤肥力应达到二级肥力以上标准。

任务2 胡萝卜秋季栽培技术

一、茬口安排

西北、华北一般于7~8月播种,东北及高寒地区提早于6月播种,11月收获。

二、选择品种和种子

选高产、优质的品种,如新黑田五寸和新胡萝卜1号等。

选用第1~2年的种子。种子质量要求:种子发芽率≥80%,种子纯度≥85%,种子净度≥92%,种子含水量≤10%。

▷ **相关知识**

胡萝卜品种类型

依肉质根长度和形状分为长圆锥形、短圆锥形、长圆柱形和短圆柱形等类型。

1. 长圆锥形 肉质根圆锥形,根长在20~40cm为长圆锥形,此类胡萝卜耐贮藏,多为中、晚熟品种,代表品种有北京鞭杆红、济南蜡烛台、日本新黑田五寸、小顶金红胡萝卜等。

2. 短圆锥形 肉质根圆锥形,根长在15~20cm为短圆锥形,此类胡萝卜早熟、耐热,产量低,春栽抽薹迟,代表品种有烟台五寸胡萝卜、山西的二金红

胡萝卜品种
类型图片

胡萝卜、华北及东北的鲜红五寸等。

3. 长圆柱形 肉质根长圆柱形，根长在20～40cm为长圆柱形，此类胡萝卜肩部粗大，根先端钝圆，晚熟，代表品种有常州胡萝卜、济南胡萝卜、南京长红胡萝卜等。

4. 短圆柱形 根长在19cm以下，形状为短圆柱形，此类胡萝卜中、早熟，代表品种有西安红胡萝卜、小顶黄胡萝卜、华北、东北的三寸胡萝卜等。

三、整地作畦

胡萝卜栽培宜选择耕层较深、土质疏松、排水良好的壤土或沙壤土。每亩施入充分腐熟的有机肥3 000kg，草木灰150kg或生物钾肥12kg。北方地区多用低畦，畦宽1.5～2.0m。

四、播种

胡萝卜种子是果实，发芽慢，发芽率低，可选用质量高的新种子，晾晒1～2d，搓去刺毛，播前4d进行浸种催芽。用冷水浸种3～4h，而后淋去水分，置于20～25℃处催芽，待大部分种子露白时即可播种。

以条播为主。播种时按15～20cm行距开深、宽均为2cm的沟，将种子拌细沙均匀地撒播在沟内，每亩用种量为1.5kg左右。播后覆土1～1.5cm厚，然后镇压、浇水。播种后覆盖遮阳网、秸秆等，防止阳光暴晒和保湿，出苗后撤去覆盖物。

五、田间管理

（一）间苗与中耕除草

幼苗期间进行2～3次间苗，第一次在1～2片真叶时，保持株距3cm，在行间浅锄，结合除草松土保墒，促使幼苗生长。第二次在4～5次真叶时间苗或定苗，保持株距5～7cm，并进行第二次中耕除草。封垄前进行最后一次中耕。

在肉质根膨大前期，结合中耕将沟间土壤培向根际，使根部没入土中，防止见光转绿，出现"青头"。

（二）肥水管理

1. 浇水 胡萝卜的发芽期比较长，播种后要保持地面湿润，防止落干。通常播种后进行地面覆盖保湿时，一般出苗期不需要浇水，如果发生干旱，需要连续浇水，防止土壤板结。

苗期保持畦面见干见湿，雨后注意排涝。进入叶生长盛期，应适当控水。进入肉质根肥大盛期，勤浇水，保持畦面湿润。

2. 追肥 胡萝卜一般追2次肥，第一次在定苗后，每亩追施水溶性氮磷钾复合肥15kg，第二次在肉质根膨大盛期，结合浇水冲施高钾复合肥20kg。

为提高胡萝卜的品质，可分别在幼苗期、叶生长盛期、肉质根生长盛期喷洒0.1%～0.25%硼砂1次。

任务3 采收与采后处理

一、采收

适时采收对胡萝卜的贮藏很重要。收获过早,因土温、气温尚高,不利于贮藏;另外,胡萝卜糖分积累欠佳,皮层未长结实也不利于贮藏。收获过晚,则直根生育期过长,贮藏中容易糠心。另外,采收过晚还可能使其在田间受冻,贮藏受冻的胡萝卜常会造成大量腐烂。

收获前几天要浇1次水,待土壤不黏时,即可收获。收获时,如果土壤干湿度适宜,一般可直接把胡萝卜从地里拔出;如果土壤偏干,则需要先松动土壤,再拔出胡萝卜。胡萝卜可连叶一起拔出,也可以先用镰刀等去掉叶片,再拔出胡萝卜。

二、采后处理

(一) 整理清洗

胡萝卜田间采收后,应随即剪除叶片和去除肉质根表面的须根,再用水清洗,去除表面的泥土或污物,然后将胡萝卜在通风的架子上晾干。

(二) 分级包装

根据胡萝卜的大小、根形、色泽等商品特性对产品分级包装和销售,可以提高产品档次。

▷ **资料阅读**

胡萝卜的生物学特性

1. 形态特征

(1) 根。胡萝卜为直根系作物,主要根系分布在20~90cm土层内。肉质根由根头、根颈、真根3部分组成。胡萝卜肉质根次生韧皮部特别发达,组织柔嫩,为主要的食用部分。

胡萝卜形态
特征图片

(2) 茎。营养生长期为短缩茎,生殖生长期由顶芽抽出花茎。

(3) 叶。胡萝卜的叶为三出羽状复叶,丛生于短缩茎上,叶片狭长,披针形,叶面密生茸毛,抗旱性强。一般早熟品种叶少,叶柄短;中晚熟品种叶多,叶柄长。

(4) 花、果实、种子。胡萝卜为复伞形花序,花白色或淡黄色,子房下位。异花授粉,虫媒花。果实为双悬果,果皮含有挥发油。果实扁平呈长椭圆形,细小,表面密生刺毛,影响播种的均匀性,播种后出苗缓慢。以果实作为播种材料。种子千粒重为1.1~1.5g。一般种子发芽能力可保持2~3年。

2. 生长发育周期

(1) 发芽期。由播种到子叶展开,真叶露心为发芽期,需10~15d。

(2) 幼苗期。从真叶露心到长出5~6片真叶为幼苗期,约需25d。

(3) 叶丛生长盛期。又称莲座期或肉质根生长前期,约需30d左右。

(4) 肉质根生长盛期。即肉质根迅速膨大期,需50~60d。

(5) 生殖生长时期。胡萝卜经过冬贮,翌年春定植田间,抽薹、开花、结实。

3. 对环境条件的要求

(1) 温度。胡萝卜为半耐寒性蔬菜。种子发芽适温为20~25℃，叶片生长适温为23~25℃，肉质根膨大期适温为13~20℃，低于3℃停止生长。胡萝卜为绿体春化型蔬菜，一定大小的幼苗在2~6℃的条件下，经40~100d通过春化阶段。

(2) 光照。胡萝卜为长日照植物，在长日照下通过光照阶段。生育期中要求充足的光照。

(3) 水分。胡萝卜耐旱力较强。整个生育期一般要求土壤含水量保持在60%~80%。在肉质根膨大期，水分供应要均匀。

(4) 土壤与营养。胡萝卜适于在土层深厚、富含有机质、排水良好的沙质壤土中栽培。适宜pH为5~8。胡萝卜对氮、磷、钾三要素的吸收量以钾最多，氮次之，磷最少。

▷ **相关知识**

胡萝卜出口收购标准

肉质根肥大，外皮、肉质、中心柱皆为橙红色，且中心柱较细，形状整齐，质地脆嫩，表面光滑。长度达15cm，横径3cm以上，单个重150g以上。尖削度小，无青头、开裂、分杈、霉变、损伤等。

▷ **练习与作业**

1. 调查当地胡萝卜的主要栽培方式、栽培茬口以及各茬口的生产情况。
2. 在教师的指导下，学生分别进行露地胡萝卜播种以及田间管理等的技能训练，训练结束后，总结技术要点与注意事项。
3. 在教师的指导下，学生进行胡萝卜采收以及采后处理技能训练，训练结束后，总结技术要点与注意事项。
4. 根据所学知识，制订一份适合当地生产条件的露地胡萝卜生产方案。

项目三　大葱生产技术

● **任务目标**　了解大葱的生产特性；掌握大葱的品种选择技术、播种育苗技术、田间管理技术、采收与采后处理技术。

● **教学材料**　大葱品种、肥料、菜地、农药、相应生产用具和器械等。

● **教学方法**　在教师的指导下，学生以班级或分组参加大葱生产实践，或模拟大葱的生产过程。

大葱属百合科二年生蔬菜，在我国栽培广泛（图8-5）。大葱含有相当多的维生素C及钙，还具有刺激性气味的挥发油和辣素，具有较强的杀菌作用，不仅可作调味之品，而且能防治疫病，是重要的保健蔬菜，深受国内外消费者喜爱。目前我国已经形成具有特色的大葱产业，产品出口量居世界第一。

图8-5　大　葱

任务 1　建立生产基地

1. 选择无污染和生态条件良好的地域建立生产基地。生产基地应远离工矿区和公路、铁路干线，避开工业和城市污染的影响。

2. 产地的空气环境质量、农田灌溉水质质量以及土壤环境质量均应符合无公害蔬菜生产的相关标准要求。

3. 土壤肥力应达到二级肥力以上标准。

任务 2　露地大葱栽培技术

一、茬口安排

大葱在我国以露地栽培为主。北方大葱的主要栽培茬口为秋茬，北方地区一般上年秋季或当年春季育苗，6月下旬至7月上旬定植。

二、选择品种和种子

应根据栽培目的选择大葱品种。一般选择对当地自然条件适应性强、分蘖能力弱的大葱品种，北方地区的优良品种主要有章丘长白条大葱、中华巨葱优系、河北高脚白大葱、章丘二九系大葱等。

种植出口大葱应选择符合出口要求的品种，如出口日本大葱，应选择植株完整、紧凑、无病虫害，叶肥厚、叶色深绿、蜡粉层厚，成品叶身和假茎长度比为（1.2～1.5）：1，假茎长40cm，直径2cm左右，洁白、致密的品种，可选择吉原一本太、春胜、元藏等。

种子质量要求：选用当年的新种子，种子发芽率≥75%，种子纯度≥96%，种子净度≥99%，种子含水量≤9.5%。

> ▷ **相关知识**
>
> **大 葱 品 种 类 型**
>
> 大葱分为普通大葱和分蘖大葱，以普通大葱栽培最为普遍。普通大葱按假茎高度又可分为长葱白大葱和短葱白大葱。
>
> **1. 长葱白大葱**　植株高大，葱白较长且基部和顶部粗细相近，辣味较淡，产量高。优良品种有章丘梧桐葱、气煞风、北京高脚白、华县谷葱、拉萨大葱、辽宁盖平大葱等。
>
> **2. 短葱白大葱**　植株稍矮，假茎粗短，且基部膨大，辣味较强。优良品种有章丘鸡腿葱、河北对叶葱等。

大葱品种类型图片

三、育苗

(一) 播种期

大葱可秋播,也可春播。春播多在春分至清明,苗期生长时间短,产量较低。秋播对播期要求严格,播种过早,幼苗过大,容易冬前通过春化,翌年春天先期抽薹,影响产量和质量;播种过晚,幼苗过小,不利于安全越冬。适宜的秋播时间为越冬前有2~3片真叶,株高10cm左右,茎粗0.4cm以下。山东地区一般秋分前后4~10d为适播,东北地区一般白露至秋分为适播期。

(二) 苗床准备

选择有机质丰富、排灌方便的沙壤土作育苗田。每亩施入优质腐熟农家肥3~5m³、复合肥30~40kg,浅耕、耙平后作畦,畦长8~10m,宽1.2~1.5m。

(三) 播种

将苗床浇足底水,水渗下后均匀撒播种子,播后覆细土1cm左右。每亩播种量为2~4kg,可供0.3~0.6hm²大田栽植。

(四) 苗期管理

播种后用薄膜或遮阳网覆盖畦面防晒保湿,秋播后一般6~8d出齐苗,春播由于温度低,需要时间比较长。

出苗后,当苗高5cm后适当浇水2~3次,土壤封冻前浇冻水。春季浇返青水同时追肥,数日后再浇水,后中耕、间苗、除草;蹲苗后应顺水追肥,幼苗高50cm,有5~6片叶时,进行控水炼苗。

春播育苗不控水,以促为主。

四、定植

一般从6月下旬到7月上旬期间进行定植。结合整地每亩施入腐熟圈肥5~10m³,深翻耙平。按80cm左右行距南北向开沟,沟深、宽均为20~30cm。沟内再集中施入饼肥150~200kg、过磷酸钙30kg,刨松沟底,以备定植。

大葱定植图片

适宜的定植苗标准为:株高50cm左右,具有5~6片真叶,茎粗以1~1.5cm为宜。定植前选苗分级,淘汰病、弱苗,按大小苗分别栽植。

大葱定植方法分湿栽法和干栽法。湿栽法是先在栽植沟内浇水,然后用食指或葱杈按株距5cm将葱秧根插入泥土内。干栽法是先将秧苗靠在沟壁一侧,按要求株距摆好,然后覆土盖根,踩实,浇水。

栽植深度以心叶处高出沟面7cm左右为宜。每亩定植1.8万~2万株。

五、田间管理

(一) 肥水管理

高温期定植后连浇2~3次水,保持地面湿润,促缓苗。缓苗后结合浇水每亩追粪稀1 000kg或水溶性复合肥10kg,以后进行中耕松土,适当蹲苗15d左右促根发育。

进入炎夏后植株处于半休眠状态,应控水控肥,天不过旱不浇水,以中耕锄草保墒为主，促进根系发育。雨后及时排除田间积水，以免引起烂根、黄叶和死苗。

处暑前后开沟施肥，每亩施入充分腐熟的饼肥250～300kg、尿素15kg，或高钾复合肥20kg，将肥撒到沟两边的土上，与上层土一起培入沟内，然后浇水。白露和秋分时结合浇水再各追1次肥。白露前后，叶面喷施0.2%磷酸二氢钾和0.1%硫酸亚铁，每7d喷施1次，连喷2～3次。浇水宜掌握勤浇、重浇，经常保持土壤湿润。

霜降后（非高寒地区）气温下降明显，应减少浇水量和次数，收获前7～10d停水，提高耐贮性。

（二）培土软化

培土是软化叶鞘、增加葱白长度的有效措施。培土应在葱白形成期进行，高温高湿季节不宜培土，否则易引起假茎和根茎腐烂。

结合追肥，分别在立秋、处暑、白露、秋分时进行培土。培土应在露水干后、土壤凉爽时进行。每次培土以不埋没叶身与叶鞘的交界处为度。培土后拍实土背，防止浇水后塌陷。大葱培土过程见图8-6。

大葱培土图片

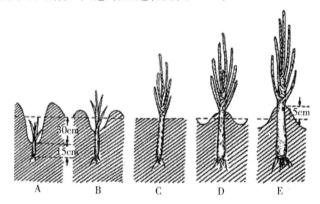

图8-6 大葱培土过程
A. 培土前情况　B. 第一次培土　C. 第二次培土　D. 第三次培土　E. 第四次培土

任务3　采收与采后处理

一、采收

（一）采收标准

1. 鲜葱　鲜葱可以根据市场需要，随时收获上市。

2. 冬贮大葱　冬贮大葱当气温降至8～12℃，外叶基本停止生长，叶色变黄绿，产量已达峰值时及时收获。

3. 出口大葱　出口大葱可根据市场需要，只要长度、粗度适合，即可随时收获。出口大葱要求直径1.8～2.5cm、葱白长30～45cm、叶长15～25cm，无病虫害，无机械损伤、无病变、无霉烂、无分蘖、不弯曲。

（二）技术要点

大葱收获时应避开早晨霜冻。收获大葱时可用长条镐，在大葱的一侧深刨至须根处，把土劈向外侧，露出大葱基部，然后取出大葱，使产品不受损伤，并平摊在地面上。收获时，切忌猛拉猛拔，损伤假茎，拉断茎盘或断根会降低商品葱的质量和耐贮藏性。

收获后的大葱应抖净泥土，摊放在地里，每2沟葱并成1排，在地里晾晒2～3d。

二、采后处理

采收后，将大葱外层的干叶、老叶、病叶、残叶扒去。剔除受病虫为害、有机械损伤等明显不合格的大葱。用刀将根须切掉，装箱的还要将上部多余葱叶切掉，切口要平整。

按单株重或葱茎粗度进行分级，分为大、中、小3种规格。

成捆销售的用稻草或塑料编织带捆成5～10kg重；装箱的要用皮筋扎成小把，每把2～3棵葱，每箱葱净含量为3～5kg，纸箱外标明品名、产地、生产者名称、规格、株数、毛重、净重、采收日期等（图8-7）。

图8-7 大葱捆把与装箱

▷ 资料阅读

大葱的生物学特性

1. 形态特征

（1）根。大葱根为白色弦线状须根，发根能力强，随着茎盘的增大而陆续发生新根，生长盛期根的数量多达百条以上。主要根群密集于27～30cm的土层内，根毛少，吸收能力差。

大葱形态特征图片

（2）茎。营养生长时期茎短缩成圆锥形，上着生管状叶鞘，下部密生须根。花芽分化后，茎盘顶芽伸长为花茎，中空，内层叶鞘基部可萌发1～2个侧芽，发育成新的植株。

（3）叶。由管状叶身和筒状叶鞘组成，新叶黄绿色、实心，成熟叶深绿色，长圆锥形、叶身中空，表面有蜡粉，耐旱。每株有叶5～8枚，按1/2叶序着生于短缩茎盘上。大葱的叶鞘既是营养贮藏器官，又是主要的产品器官，层层套合的叶鞘形成假茎（葱白），叶身生长越壮，叶鞘越肥厚，假茎越粗大。假茎的长度除与品种有关外，还与培土密切有关，通过分次培土，为假茎提供黑暗、湿润的环境，可使叶鞘不断伸长、加粗，提高产品的质量和产量。

（4）花、果实和种子。花薹粗壮，顶端着生头状伞形花序，每序有小花400～600朵，花白色或紫红色，异花授粉。蒴果，种子盾形，千粒重3.5g左右。

2. 生长发育周期

（1）发芽期。从种子萌动到子叶出土直钩为发芽期，约需14d。

（2）幼苗期。从直钩到定植为幼苗期。春播80～90d，秋播则长达8～9个月。一般将秋播大葱的幼苗期划分为生长前期、休眠期和生长盛期。从第一片真叶出现到越冬为生长前期，需40～50d。当日均气温达7℃以上时，葱苗开始返青，日均气温达13℃以上时进入生长盛期。

（3）葱白伸长期。定植后经过短期缓苗进入葱白伸长期。初期生长较缓慢，秋凉后假茎迅速伸长和加粗。霜冻后，停止旺盛生长，生长点开始分化花芽。叶身和外层叶鞘的养分向内转移，充实假茎。

（4）生殖生长期。生殖生长期包括抽薹期、开花期和结果期3个时期。

3. 对环境条件的要求

(1) 温度。营养生长的适宜温度为13~25℃，低于10℃植株生长缓慢，高于25℃叶身发黄，长势弱，易感染病害。幼苗长有3~4片真叶、茎粗在0.4cm以上、株高达10cm以上时感受2~5℃的低温，经过60~70d通过春化。

(2) 光照。大葱生长要求中等光照。对日照长短的要求为中性，只要植株在低温条件下完成春化，无论长、短日照都能正常抽薹开花。

(3) 湿度。大葱耐旱不耐涝。夏季地表积水1~2d便会成片死苗。

(4) 土壤与营养。大葱适于土层深厚、保水力强的肥沃土壤，以中性土壤最为适宜。每生产1t大葱约吸收钾4kg、氮3kg、磷1.22kg，整个生长期需钾最多。生长前期以氮肥为主，葱白形成期宜增施磷、钾肥，缺磷植株长势弱，质劣低产。

▷ **练习与作业**

1. 调查当地大葱的主要栽培方式、栽培茬口以及各茬口的生产情况。
2. 在教师的指导下，学生分别进行大葱育苗、露地大葱定植以及田间管理等的技能训练，训练结束后，总结技术要点与注意事项。
3. 在教师的指导下，学生进行大葱采收以及采后处理的技能训练，训练结束后，总结技术要点与注意事项。
4. 根据所学知识，制订一份适合当地生产条件的露地大葱生产方案。

项目四　大蒜生产技术

● **任务目标**　了解大蒜的生产特性；掌握大蒜的品种选择技术、播种技术、田间管理技术、采收与采后处理技术。

● **教学材料**　大蒜品种、肥料、菜地、农药、相应生产用具和器械等。

● **教学方法**　在教师的指导下，学生以班级或分组参加大蒜生产实践，或模拟大蒜的生产过程。

大蒜为百合科葱属植物，原产西亚和中亚（图8-8）。大蒜中含有大蒜素，具杀菌功能，享有"天然抗生素""地里长出的青霉素"之称，为国际公认的保健蔬菜。我国是全球最大的大蒜生产国，常年种植面积为20万~30万hm²，产量为400万t，居世界首位，约占世界总产量的1/4。另外，我国也是全球最大的大蒜出口国，出口量约占世界大蒜贸易总量的90%。

图8-8　大　蒜

任务1　建立生产基地

1. 选择无污染和生态条件良好的地域建立生产基地。生产基地应远离工矿区和公路、铁路干线，避免工业和城市污染的影响。
2. 产地空气环境质量、农田灌溉水质质量以及土壤环境质量均应符合无公害蔬菜生产的相关标准要求。

3. 土壤肥力应达到二级肥力以上标准。

任务2　露地大蒜栽培技术

一、茬口安排

北方大蒜分为秋播和春播两个播种期。北纬38°以北地区，冬季严寒，以春播为主，其他地区以秋播为主，翌年雨季来临前收获。

二、选择品种和种子

生产蒜头和蒜薹兼用或以蒜头为主时，应当选择大瓣品种。出口栽培应当选择符合进口国要求的大蒜品种。

大蒜种子质量要求：秋播选用当年生产的种子，春播选择上年生产的种子；种子纯度≥94%，健瓣率≥90%，整齐度≥92%，完整度≥93%，含水量≥50%。

▷ **相关知识**

大蒜品种类型

大蒜按蒜瓣大小分为大瓣蒜和小瓣蒜两类；按皮色分为紫皮蒜和白皮蒜两类。

1. 大瓣蒜型　每个鳞茎中瓣数较少，一般为5~8瓣，蒜瓣个体大，蒜瓣均匀，外皮易剥落，香辛味浓，品质优良，产量较高，适于露地栽培生产蒜头和蒜薹，优良品种有嘉定大蒜、苍山大蒜、永年大蒜、徐州白蒜、舒城大蒜、宋城白蒜、阿城大蒜、蔡家坡大蒜等。

大蒜品种类型图片

2. 小瓣蒜型　蒜瓣较多，多者达20余瓣，但蒜瓣个体小，蒜瓣狭长，蒜皮薄，不易剥落，香辛味淡，适于腌渍或做蒜黄、青蒜栽培，优良品种有吉林白马牙、青海白蒜等。

三、整地作畦

前茬作物采收后，应抢墒耕翻，耕深约20cm，耕后纵横耙细、耙平，做到地平土细，上松下实，无明暗坷垃。施足底肥，每亩施优质土杂肥5 000kg、饼肥100kg、磷钾肥复合肥50kg。有机肥要完全腐熟，以防引发蒜蛆。土杂肥、复合肥等撒施后耕翻入土层内，饼肥做种肥。

整平地面后作畦，一般做低畦栽培。根据浇水条件，畦宽1.5~2m，畦长以能均匀灌水为宜。

四、播种

（一）播种期

秋播大蒜生长期长，蒜头和蒜薹产量均高，适宜播期以越冬前幼苗长出4~5片真叶为宜，播种过晚，会减弱植株越冬能力，降低蒜头和蒜薹产量。春播大蒜的生长发育期较短，产量低，应尽量早播，只要土壤表层解冻、日均温达3～7℃时即可播种。

（二）精选种子

根据品种特征特性，选头人、瓣大、瓣齐的蒜头作种。播种前掰瓣分级并剔除霉烂、虫蛀、破碎的蒜瓣，一般按大、中、小分为一级种子（百瓣重500g左右）、二级种子（百瓣重400g左右）和三级种子（百瓣重300g左右）。一级和二级种子适合播种生产，三级种子不能用于播种。

（三）播种

大蒜播种方法有两种：一种是插种，即将种瓣插入土中，播后覆土，踏实；二是开沟播种，即用锄头开一浅沟，将种瓣点播土中。开好一条沟后，同时将开出的土覆在前一行的种瓣上。播后覆土厚度2cm左右，用脚轻度踏实，浇透水。排种时应使种瓣的背腹连线与沟向平行，以便蒜苗展开的叶片与行向垂直。

大蒜适宜播深为3～4cm。栽种过深出苗晚，并且蒜头形成受到土壤挤压难以膨大；栽植过浅，出苗时易发生"跳瓣"现象，根系发育差，越冬时易受冻死亡。

早熟品种行距14～17cm，株距7～8cm，每亩用种150～200kg。中、晚熟品种行距16～18cm，株距10cm左右，每亩用种150kg左右。

播种后覆盖地膜保温保湿。

五、田间管理

（一）地膜管理

覆盖地膜的地块，多数大蒜芽鞘可以自己顶破地膜露出膜面，少数蒜苗需人工辅助打孔放苗。出苗期间，应每天检查1遍，发现未露出膜面的蒜苗，用扫帚轻轻拍打，促蒜苗出膜。

（二）肥水管理

1. 追肥 一般出苗后15d左右进行首次追肥，每亩开沟撒施高氮复合肥5～8kg，施肥后覆土。春季气温回升，大蒜的心叶和根系开始生长时进行第二次施肥，每亩追施高氮复合肥8～10kg。蒜薹露缨时进行第三次追肥，每亩重施高钾复合肥25～30kg，25～30d后进行第四次施肥，以氮肥为主，每亩施用高氮复合肥15～20kg。

2. 浇水 齐苗后，结合施肥进行浇水，之后加强中耕松土。越冬前浇1次越冬水。北方地区浇越冬水数天后，没有覆盖地膜的地块，应在畦面覆盖草或玉米秸秆，防寒防旱，保证蒜苗安全越冬。

春季气温渐渐回升，幼苗进入旺盛生长后，应及时除去保温覆盖物，并浇缓苗水。抽薹期浇抽薹水。蒜薹"现尾"后要连续浇水，保证地面湿润。收薹前2～3d停止浇水，以利于蒜薹贮运。

蒜薹采收后浇水，促蒜头膨大和增重。采收蒜头前5～7d停止浇水，促使叶部营养向蒜头转运。

（三）中耕除草

大蒜植株直立，封垄能力差，蒜田容易发生杂草。要及时进行中耕除草，对株间难以中耕的杂草，要用手拔除。

任务3 蒜黄栽培技术要点

一、选择品种及种子处理

囤蒜宜选用蒜瓣多的品种。囤蒜前挑选蒜头，剔除受伤、遭虫害和发软的蒜头，再将蒜头在清水中浸泡一昼夜，然后剔除茎盘。

二、囤蒜

囤蒜的场所可选择日光温室或改良阳畦，将地翻耕耙平后做成1~1.5cm宽的低畦，浇透底水，把蒜头挨紧排入，空隙处用散瓣填满，每平方米可囤栽蒜头15kg。

三、田间管理

种子萌芽前，白天温度28~30℃，夜间16~18℃。出苗后覆2cm厚的细沙，并扣小拱棚，用黑色薄膜覆盖。发现表土风干时用喷壶喷淋，保持土表湿润。

种子出苗后，白天温度保持18~22℃，夜间15℃左右。生长后期将小棚两头扒缝放风并控水，以促蒜苗健壮。

栽后30d左右可收割第一刀，留茬高度1cm。收后2~3d再浇水，25d后可收割第二刀，20d后再割第三刀。每千克干蒜可收鲜蒜黄1.3~1.8kg。

任务4 蒜头和蒜薹采收与采后处理

一、采收

（一）采收标准

1. 蒜薹采收标准 一般从总苞顶端露出顶生叶的出叶口到采收约需20d。从蒜薹开始打钩到总苞色泽变淡发白时为采收适期。早收降低产量，晚收质地粗硬。采薹宜在晴天中午进行。抽薹时勿用力过猛，以免损伤蒜头和根系，影响蒜薹质量。

2. 蒜头采收标准 采薹后20~30d，当大蒜基部的叶片大多枯黄、上部的叶片褪色，由叶尖向叶耳逐渐呈现干枯，且假茎松软时，为蒜头的采收适期。收获过早，叶中的养分尚未充分转移到鳞茎，产量低，不耐贮藏；采收过晚，叶鞘干枯不易编辫，遇雨蒜皮发黑，蒜头易开裂散瓣。

（二）采收技术

1. 收蒜薹 采薹宜在晴天中午进行。抽薹时勿用力过猛，以免损伤蒜头和根系，影响蒜薹质量（图8-9）。

2. 收蒜头 用蒜叉挖松蒜头周围的土壤，将蒜头提起抖净泥土后就地晾晒，用后一排的蒜叶遮住前一排的蒜头，忌阳光直射蒜头。当假茎变软后编成蒜瓣在通风、避雨的凉棚中挂藏。

二、采后处理

大蒜收获后,排放在干燥的地面上,在阳光下晾晒 2~4d,使叶鞘、鳞片、鳞茎充分干燥,脱水 70% 左右后,假茎变软即可编辫,也可削去根须和假茎散头包装(图 8-10)。

图 8-9 收获整理后的蒜薹

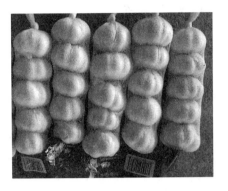

图 8-10 蒜头包装

▷ **资料阅读**

大蒜的生物学特性

1. 形态特征

(1) 根。弦线状须根系,根毛极少,根系分布浅,主要根群分布于 25cm 以内的耕层内,横展直径 30cm 左右,吸收能力弱。

(2) 茎。营养生长期茎短缩成盘状,其上着生叶鞘和鳞芽。顶芽分化花芽后抽生花茎即蒜薹,其顶部有总苞,总苞内混生着发育不完全的花和气生鳞茎,不能形成种子,气生鳞茎可作为播种材料。

大蒜形态特征图片

(3) 叶。叶包括叶片和叶鞘。叶片扁平,披针形,表面有蜡质,较耐旱。叶鞘环绕茎盘而生,多层叶鞘抱合形成假茎,叶数越多假茎越粗壮。

(4) 鳞茎。鳞茎呈圆球形或扁圆球形,是由多个鳞芽发育肥大而成,外层由干缩成膜状的叶鞘包被。鳞芽即茎盘上的侧芽,膨大发育后形成蒜瓣,是大蒜的营养贮藏器官,也是无性繁殖器官。

2. 生长发育周期

(1) 萌芽期。从播种到初生叶展开为萌芽期,需 10~15d。

(2) 幼苗期。从初生叶展开到花芽和鳞芽开始分化为幼苗期,春播大蒜约需 25d,秋播需 5~6 个月。此期根系生长迅速,新叶不断分化,植株的生长也由依靠种蒜营养逐渐过渡到独立生长,种蒜因营养消耗渐渐干瘪成膜状,生产上称为"退母"或"烂母"。

(3) 鳞芽及花芽分化期。从花芽和鳞芽开始分化到结束为鳞芽及花芽分化期,约需 10d。此期仍以叶部为生长中心,生长点形成花原基,内层叶腋处分化出鳞芽。

(4) 蒜薹伸长期。从花芽分化结束到采收蒜薹为蒜薹伸长期,约需 30d。此期蒜薹和叶旺盛生长,植株生长量最大,同时鳞芽缓慢膨大。

(5) 鳞茎膨大期。从鳞芽分化结束到收获蒜头为鳞茎膨大期,需 50~60d,其中前 30d

与蒜薹生长期重叠。蒜薹采收前鳞芽生长缓慢，采薹后顶端优势被解除，鳞芽迅速膨大。生长后期叶片和叶鞘中的养分向鳞芽转移，地上部逐渐枯萎，鳞茎成熟。

(6) 休眠期。鳞茎成熟后即进入生理休眠期，需20～75d，时间长短因品种而异。生理休眠结束后，人为控制发芽条件则转为被迫休眠。

3. 对环境条件的要求

(1) 温度。大蒜喜凉爽的气候条件，20℃为萌芽最适温度，幼苗生长最适温度为12～16℃，鳞茎膨大期适温为15～20℃，低于10℃生长缓慢，超过26℃，鳞茎进入休眠状态。

耐寒性较强，能忍受短期-10℃低温，但不同品种和不同生长发育期的耐低温能力不同，以4～5叶期的幼苗耐寒性最强。大蒜属绿体春化类型，一般幼苗遇0～4℃低温，经30～40d即通过春化阶段。

(2) 光照。大蒜属长日照植物，植株完成春化阶段后，在13h以上的长日照下才能抽薹。长日照也是鳞茎膨大的必要条件，不耐强光，要求光照中等。

(3) 水分。大蒜喜湿而叶片耐旱，适宜的空气湿度为45%～55%，对土壤湿度要求较高。

(4) 土壤与营养。大蒜对土壤的适应性较广，以土层深厚、排水良好、有机质丰富、pH5.5～6.0的沙壤土为最适宜。对三要素的吸收量以氮最多，钾次之，磷最少。

▷ 相关知识

大蒜品种的退化及复壮

大蒜品种退化表现为生长势减弱，植株矮小，叶色变淡，鳞茎变小，小瓣蒜和独头蒜增多，产量逐年下降。长期进行无性繁殖是导致品种退化的内因，不良的气候条件和栽培技术是外因，选种不严格、植株营养不良以及高温干旱和强光诱发病毒病等均可导致品种退化。

采取异地换种、利用气生鳞茎繁殖、严格选种、应用脱毒蒜种、改善栽培条件、适当稀植、加强肥水管理等综合技术措施，均有复壮品种的效果。

▷ 练习与作业

1. 调查当地大蒜的主要栽培方式、栽培茬口以及各茬口的生产情况。
2. 在教师的指导下，学生分别进行露地大蒜播种以及田间管理等的技能训练，训练结束后，总结技术要点与注意事项。
3. 在教师的指导下，学生进行大蒜与蒜薹采收以及采后处理技能训练，训练结束后，总结技术要点与注意事项。
4. 根据所学知识，制订一份适合当地生产条件的露地大蒜生产方案。

项目五　洋葱生产技术

● **任务目标**　了解洋葱的生产特性；掌握洋葱的品种选择技术、播种育苗技术、田间管理技术、采收与采后处理技术。

● **教学材料** 洋葱品种、肥料、菜地、农药、相应生产用具和器械等。

● **教学方法** 在教师的指导下，学生以班级或分组参加洋葱生产实践，或模拟洋葱的生产过程。

洋葱为百合科葱属植物，在我国分布很广，南北各地均有栽培（图8-11）。我国洋葱的种植区域主要是山东、甘肃和内蒙古。洋葱营养保健价值较高，在国外被誉为"菜中皇后"，需求量较大，已经成为我国重要的出口蔬菜之一，主要出口日本、韩国、俄罗斯以及东南亚。

图 8-11 洋 葱

任务1 建立生产基地

1. 选择无污染和生态条件良好的地域建立生产基地。生产基地应远离工矿区和公路、铁路干线，避开工业和城市污染的影响。

2. 产地空气环境质量、农田灌溉水质质量以及土壤环境质量均应符合无公害蔬菜生产的相关标准要求。

3. 土壤肥力应达到二级肥力以上标准。

任务2 露地洋葱栽培技术

一、茬口安排

洋葱以露地栽培为主。我国黄河流域多秋季育苗、初冬定植。华北北部、西北、东北地区冬季严寒，多利用保护地秋播育苗，翌年早春定植或早春保护地育苗定植，晚夏采收。夏季冷凉的地区也可春种秋收。

我国北方洋葱生产茬口安排见表8-2。

表8-2 我国北方地区洋葱生产茬口安排

地 区	播种期	定植期	收获期
沈阳	1月下旬至2月上旬	4月中旬	7月中旬
长春	2月上旬	4月上中旬	7月中旬
北京	9月上旬	10月中旬或3月中下旬	6月下旬
石家庄	9月上旬	10月下旬至11月上旬或3月中下旬	6月下旬至7月上旬
济南	9月上旬	11月上旬	6月中下旬
南京	9月中旬	11月下旬	5月上中旬
西安	9月中旬	10月下旬至11月上旬	6月中下旬
郑州	9月中旬	11月上旬	6月下旬

二、选择品种和种子

北方春季栽培洋葱,必须选用对长日照要求严格的北方生态型品种。北方夏季冷凉地区进行春种秋收时,则应选择短日型品种或中间型品种。先贮藏后销售的洋葱应选择较耐贮藏的黄皮扁圆形品种,采收后短贮或马上上市的,应选用产量较高的红皮品种。出口栽培时,应选择产品商品性状符合出口要求的品种。

选择当年产的新种子。种子质量应符合以下标准:种子纯度≥95%,净度≥98%,发芽率≥94%,水分≤10%。

> ▷ 相关知识

洋葱品种类型

普通洋葱按葱头外皮颜色,可分为红皮、黄皮和白皮洋葱。

1. 红皮洋葱 鳞茎外皮紫红色,肉质微红,扁球形或圆球形,直径8~10cm。含水量稍高,辛辣味较强,产量高,耐贮性稍差,表现为中熟至晚熟。优良品种有上海红皮、西安红皮、北京紫皮等。

2. 黄皮洋葱 鳞茎外皮黄铜色或淡黄色,肉质微黄,扁圆形、圆球形或椭圆形,直径6~8cm。鳞片柔软,组织细密,辣味较浓,品质佳,产量稍低,较耐贮运,表现为早熟至中熟。优良品种有天津荸荠扁、东北黄玉葱、熊岳圆葱、南京黄皮等。

3. 白皮洋葱 鳞茎外皮白绿至浅绿,扁圆球形,较小,直径5~6cm。肉质柔嫩,品质佳,宜作脱水蔬菜。产量较低,抗病性弱,秋播过早,容易先期抽薹,多表现早熟。优良品种有哈密白皮。

洋葱品种类型图片

三、育苗

结合浅耕细耙,每亩施腐熟优质厩肥 $2m^3$ 左右、复合肥 25kg。做成低畦,宽 1.2~1.5m、长 8~10m。播前浇足底水,撒播,每亩用种量 4~5kg,可供 8~10 倍大田栽植。

播种后用地膜、遮阳网、秸秆等对畦面进行覆盖防晒保湿,保持土壤湿润,防止板结。出苗后及时揭除覆盖物,并适当浇水,若基肥充足苗期可不追肥。幼苗生长势弱时,可结合浇水,每亩苗床冲施尿素 5kg。生长后期要适当控制灌水,以免秧苗过大导致先期抽薹。露地越冬幼苗冬前可采取加设风障、浇封冻水、覆盖马粪或圈肥等措施,以保证安全越冬。洋葱苗期容易滋生杂草,应及时除草。

四、定植

北方高寒地区以春栽为主,其他地区以秋栽为主。定植前施足基肥,每亩施优质腐熟圈肥 $5m^3$ 左右、过磷酸钙 25~35kg,精耕细耙后作畦。北方多用低畦,畦宽 1.5~1.8m、长 8~10m。

选用苗龄 50~55d、茎粗 0.6~0.8cm、株高 25cm 左右、具有 3~4 片真叶的苗定植,淘汰弱苗、徒长苗、分蘖苗、受病虫为害苗以及茎粗大于 1.0cm 或小于 0.5cm 的幼苗。将大、小苗分级,分畦栽植,使田间植株生长整齐,便于管理。

要合理密植，一般行距 15～20cm，株距 10～15cm，每亩栽植 2.5 万～3 万株。定植深度以假茎基部入土 2～3cm 为宜。

五、田间管理

（一）浇水

定植后及时浇水，促进缓苗。缓苗后以中耕保墒为主，中耕宜浅，一般不超过 3cm，以免伤根。土壤封冻前浇封冻水，畦面覆盖马粪、圈肥等护根防寒。

翌春返青后，及时浇返青水，水后加强中耕除草，增温保墒，促进根系发育。进入叶生长盛期，适当增加浇水量。鳞茎膨大前 10d 左右控水蹲苗。鳞茎膨大期要加大浇水量，保持土壤湿润。收获前 7d 左右停止浇水，减少鳞茎水分含量，提高耐贮性。

（二）追肥

返青时结合浇水追 1 次肥，每亩冲施尿素 10kg 或冲施水溶性高氮复合肥 10kg。叶生长盛期，每亩冲施水溶性高氮复合肥 10～15kg。鳞茎开始膨大时重施催头肥，每亩冲施水溶性高钾复合肥尿素 20kg，膨大盛期再根据植株长势适量追肥。

任务 3　采收与采后处理

一、采收

当洋葱基部第一、第二片叶枯黄，第三、第四片叶尚带绿色，多数植株假茎松软，地上部自然开始倒伏，鳞茎充分膨大，外层鳞片呈革质状时为采收适期。早收减产且不耐贮藏，迟收遇雨易腐烂。

收获宜在晴天进行，采收时将全株连根拔起，尽量减少叶片和鳞茎损伤。

二、采后处理

洋葱采收后，去掉茎干和须根后，一般用箱、袋包装直接上市，出口洋葱大多采用真空包装（图 8-12）。贮藏洋葱一般在田间晒 3～4d。晒时用叶遮住葱头，只晒叶不晒头，促进鳞茎后熟，外皮干燥，以利于贮藏。茎叶脱水 70%～80% 时，编辫贮藏或将葱头颈部留 6～10cm 叶梢，其他剪掉，装筐贮藏或堆放，避免雨淋。为避免贮藏期新芽萌发，可于采收前 2 周叶面喷施 0.25% 青鲜素。

图 8-12　洋葱真空包装与装箱

▷ 资料阅读

洋葱的生物学特性

1. 形态特征

（1）根。弦线状须根系，着生于短缩茎盘的基部，无根毛，主要根群分布在 20cm 左右的耕作层内，吸收能力弱，不耐旱。

（2）茎。营养生长时期茎短缩形成扁圆锥体的茎盘，茎盘下部为盘踵。

洋葱形态特征图片

茎盘上部环生圆筒形的叶鞘和芽，下面着生须根。鳞茎成熟后茎踵硬化。生殖生长时期抽生花茎即花薹。

（3）叶。由叶身和叶鞘组成。叶身管状、中空，腹部凹陷，叶身稍弯曲，表面覆有蜡粉，属耐旱叶型。叶鞘圆筒状，相互抱合成假茎。生育初期叶鞘基部不膨大，上下粗度基本一致，生长后期叶鞘基部积累营养膨大成鳞茎。

（4）鳞茎。由多层鳞片、鳞芽及短缩的茎盘组成（图8-13）。叶鞘肥厚的部分称开放式肉质鳞片，鳞芽上幼叶肥大的部分称闭合式肉质鳞片。成熟的鳞茎外面1~3层叶鞘基部干缩成膜状，保护内层鳞片，减少蒸腾，使洋葱得以长期贮存。

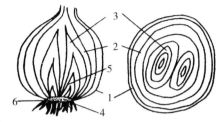

图8-13 洋葱鳞茎的构造
1. 膜质鳞片 2. 开放性肉质鳞片
3. 闭合性肉质鳞片 4. 不定根
5. 叶原基 6. 茎盘

（5）花。植株经低温和长日照条件，生长锥开始花芽分化，抽生花薹。花薹管状中空，中部膨大，有蜡粉，顶生伞形花序，每花序有花200~300朵，两性花，异花授粉，虫媒花。顶生洋葱由于花器退化，在总苞中形成气生鳞茎。

（6）果实和种子。蒴果，种子盾形，黑色，千粒重3~4g，使用寿命1~2年，生产上宜采用当年新籽。

2. 生长发育周期

（1）发芽期。从种子萌动到第一片真叶显露为发芽期，约需15d。

（2）幼苗期。从真叶显露到长出4~5片真叶定植为幼苗期，秋播冬前定植需180~210d，其中冬前40~60d，越冬期110~120d，春季返青期30d左右；春播春栽约需60d。

（3）叶生长盛期。从4~5片真叶到长出8~9片真叶为叶生长盛期，叶鞘基部开始增厚，需40~60d。

（4）鳞茎膨大期。从叶鞘基部开始增厚到鳞茎成熟为鳞茎膨大期，需30~40d。

（5）休眠期。洋葱收获后进入生理休眠期，需70~90d，之后转入被迫休眠。

（6）生殖生长时期。从开始花芽分化到种子成熟为生殖生长期，包括花芽分化期、抽薹开花期和种子形成期，需240~300d。

3. 对环境条件的要求

（1）温度。洋葱耐寒且适应性广。种子在3~5℃时开始缓慢发芽，12℃以上发芽迅速。幼苗生长适温为12~20℃，耐寒力较强，外叶能忍受-7~-6℃的低温，植株在土壤保护下能忍耐严寒。鳞茎形成适温为20~26℃，超过26℃时，鳞茎停止生长而进入生理休眠。抽薹开花期要求高温。

多数品种幼苗具有3~4片真叶、假茎粗0.7cm以上，在2~5℃的低温下，经60~70d即完成春化过程。

（2）光照。洋葱生长要求中等强度光照，适宜的光照度为20~40klx。长日照诱导花芽分化和鳞茎形成，并能促使鳞茎迅速膨大。

（3）水分。洋葱叶部耐旱，要求较低的空气湿度，一般为60%~70%。根系浅，吸收力弱，整个生育期对土壤湿度要求较高。

(4) 土壤与营养。洋葱适于土质疏松肥沃、保水保肥能力强、pH6.0～6.5 的壤土或沙壤土，酸性土、盐碱地均不适合洋葱生长。洋葱对土壤营养要求较高，每生产 1 000kg 鳞茎，吸收氮 2.0～2.4kg，磷 0.7～0.9kg，钾 3.7～4.1kg。

▷ 练习与作业

1. 调查当地洋葱的主要栽培方式、栽培茬口以及各茬口的生产情况。
2. 在教师的指导下，学生分别进行洋葱育苗、露地洋葱定植以及田间管理等的技能训练，训练结束后，总结技术要点与注意事项。
3. 在教师的指导下，学生进行洋葱采收以及采后处理技能训练，训练结束后，总结技术要点与注意事项。
4. 根据所学知识，制订一份适合当地生产条件的露地洋葱生产方案。

项目六　马铃薯生产技术

● **任务目标**　了解马铃薯的生产特性；掌握马铃薯的品种选择技术、整地作畦技术、种子处理与播种技术、田间管理技术、采收与采后处理技术。

● **教学材料**　马铃薯品种、肥料、菜地、农药、相应生产用具和器械等。

● **教学方法**　在教师的指导下，学生以班级或分组参加马铃薯生产实践，或模拟马铃薯的生产过程。

马铃薯属于茄科茄属一年生草本，产品为块茎，是重要的粮食、蔬菜兼用作物（图 8-14）。马铃薯在我国种植广泛，其中内蒙古、甘肃、云南和贵州 4 个省（自治区）是我国马铃薯的主要产区，产量约占全国总产量的 45%。

图 8-14　马铃薯

任务1　建立生产基地

1. 选择无污染和生态条件良好的地域建立生产基地。生产基地应远离工矿区和公路、铁路干线，避免工业和城市污染的影响。
2. 产地空气环境质量、农田灌溉水质质量以及土壤环境质量均应符合无公害蔬菜生产的相关标准要求。
3. 土壤肥力应达到二级肥力以上标准。

任务2　马铃薯春季栽培技术

一、栽培形式

我国北方马铃薯以春季栽培为主，栽培形式主要有地膜覆盖栽培、小拱棚覆盖栽培等。

二、选择品种和种子

北方一作区,应选择中早熟、丰产、抗病性强的品种,如克新系列、高原系列、东农303等。中原二作区,应选择对日照长短要求不严的早熟、对病毒病抗性强且块茎的休眠期短或易于解除休眠的品种,如东农303和克新4号等。

种子质量要求:纯度≥96%,薯块整齐度≥80%,不完整薯块≤5%。

建议采用相应品种的脱毒种薯进行生产。马铃薯种薯质量应符合《马铃薯种薯》(GB 18133—2012)的规定。

> **▷ 相关知识**
>
> ### 马铃薯品种类型
>
> 在栽培上依块茎成熟期早晚可分为早熟、中熟和晚熟3种类型。
>
> **1. 早熟品种** 从出苗到块茎成熟需50~70d,植株矮小,产量低,淀粉含量中等,不耐贮存,芽眼较浅。优良品种有丰收白、克新4号、郑薯2号等。
>
>
>
> 马铃薯品种类型图片
>
> **2. 中熟品种** 从出苗到块茎成熟需80~90d,植株较高,产量中等,淀粉含量偏高。优良品种有克新1号、中薯2号、协作33等。
>
> **3. 晚熟品种** 从出苗到块茎成熟需100d以上,植株高大,产量高,淀粉含量高,较耐贮存,芽眼较深。优良品种有高原7号、沙杂15、乌盟621等。
>
> 脱毒种薯指常规马铃薯种薯经过一系列物理、化学、生物或其他技术措施清除薯块体内的病毒后,获得经检测无病毒或极少病毒侵染的种薯。脱毒马铃薯的块茎大、形状好、产量高,一般比未经脱毒种薯增产30%~50%。

三、整地作畦

选择地势高燥、土层深厚、微酸性的沙壤土。前茬作物收获后及时犁耕灭茬,翻土晒垡,结合整地每亩施腐熟有机肥5 000kg左右、过磷酸钙25kg、硫酸钾15kg。

马铃薯适宜垄作,一般起垄后直接在垄上播种,或者先在平地开沟播种,出苗后结合中耕从行间取土培垄。

四、播种

(一)确定播种期

一般在晚霜前20~25d,10cm土层温度达到7~8℃时,为播种适期。小拱棚覆盖栽培可提前半月左右播种。

(二)种薯处理

1. 催芽 播种前15~20d,把种薯置于温度15~18℃,空气相对湿度60%~70%的暗室中催芽,一般7~10d后开始萌发。萌芽后维持12~15℃的温度和70%~80%的空气湿度,同时给予充足光照,使芽变绿、粗壮,经15~20d,当芽长到0.5~1.5cm长时准备播种。

2. 切块 应在催芽后，播种前2~3d切块。通常，质量50g以下的种薯不切块，用整薯播种；重51~100g的种薯，纵向一切2瓣；重100~150g的种薯，采用纵斜切法，把种薯切成4瓣；重150g以上的种薯，从尾部根据芽眼多少，依芽眼沿纵斜方向将种薯斜切成立体三角形的若干小块，每个薯块要有2个以上健全的芽眼（图8-15）。

种薯切块后，每50kg薯块用2kg草木灰和100g甲霜灵加水2kg进行拌种，拌种后不积堆、不装袋，置于闲房地面上24~48h即可播种。也可以用2kg 70%的甲基硫菌灵加1kg 72%的硫酸链霉素，均匀拌入50kg滑石粉混合成粉剂，每50kg薯块用2kg混合粉剂拌匀。要求切块后30min内进行拌种处理。

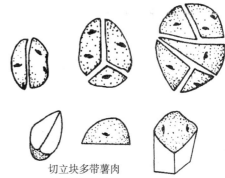

图8-15 种薯切块

【注意事项】

1. 切块时应充分利用顶端优势，使薯块尽量带顶芽。
2. 切块时应在靠近芽眼的地方下刀，以利发根。
3. 切块时应注意使伤口尽量小，而不要将种薯切成片状和楔状。
4. 每千克种薯切25块左右，一般单块重35~40g。每个薯块要带2个以上健全的芽眼。
5. 切块使用的刀具应用75%酒精或0.5%高锰酸钾溶液消毒。每切完一个种薯换一把刀，以防止切块过程中传播病害。发现病烂薯时及时淘汰，切到病烂薯时要把刀具擦拭干净后用酒精或高锰酸钾消毒。

（三）播种

在当地晚霜前20~30d，气温稳定在5~7℃时即可播种。

北方多采用垄作。整平地面后，先开沟，沟深10~12cm，把种薯等距摆在沟内，将粪肥均匀施入沟中并盖在薯块上，待出苗后再培土起垄。地膜覆盖栽培的通常先起垄，播种后覆盖地膜。

播种密度因品种而异，一般每亩播种4 500~6 000块，保持茎数8 000条左右。

五、田间管理

（一）肥水管理

春播马铃薯播种后25~30d出苗，出苗后结合浇水施提苗肥，每亩施尿素15~20kg，浇水后及时中耕。发棵期控制浇水，土壤不旱不浇，只进行中耕保墒。结薯期土壤应保持湿润，尤其是开花前后，要防止土壤干旱。

追肥要看苗进行，结薯前期每亩冲施高钾水溶性复合肥15~20kg，同时辅以根外追肥。收获前5~7d停止浇水，促薯皮老化，以利贮藏。

（二）中耕松土

平地播种的地块在植株开始封垄前进行大培土，将垄培土到要求的高度和宽度。地膜覆盖栽培的地块，要定期检查膜下有无薯块露出地面，如有露出，要用土从地膜外压住，防止薯块见光后变绿。

任务3 秋马铃薯栽培技术要点

一、品种选择

应选用早熟、高产、抗病、抗退化、休眠期短、品质佳、适宜二季作种植的品种，如津引8号、东农303、中薯3号、克新4号、郑农6号等。

二、整地作畦

秋季马铃薯要在春、夏作物收获后，结合整地进行施肥，每亩施优质腐熟有机肥2 500～3 000kg、尿素10～15kg、过磷酸钙25～30kg、硫酸钾12～15kg。可垄栽或平畦播种，出苗后分次培土成垄。

三、播种

（一）播种期
秋马铃薯播种期应以当地的枯霜期为准向前推70d左右为宜。

（二）种薯处理
用整薯作种时，种薯收获后即用赤霉素处理，用浓度10～30mg/L赤霉素浸泡10min；切块播种的，先切块，然后用10～20mg/L赤霉素浸泡10min。将处理过的种薯或薯块置于黑暗处催芽，芽长1～2cm时，见散射光炼芽。

（三）播种
播种时芽朝下，播种深度5cm左右。一般行距60cm，株距25cm。

四、田间管理

（一）浇水
播种后要立即浇水，浇水后进行中耕，松土保墒。出苗后要小水勤浇，保持土壤湿润。块茎膨大盛期，可减少浇水次数，只在霜前浇1次大水以防霜冻，以后不再浇水，直到收获。

（二）追肥
齐苗后追施速效性化肥，每亩冲施尿素5kg，苗高20cm左右时进行第二次追肥，每亩冲施高钾水溶性复合肥15kg。

（三）中耕培土
出苗后连续中耕2次，主要进行松土和灭杂草。苗高20cm左右时进行第三次中耕，同时进行第一次培土，开花期进行第二次培土。培土时不要埋住下部茎、叶。

任务4 采收与采后处理

一、采收

马铃薯的生长期越长，产量越高，北方一季作区可延迟到茎、叶枯黄时收获。为提早供应市场，也可在规定的收获期前15d陆续收获。种用薯也要提前收获，以免后期的高温和蚜虫带来病害和降低种性。

收获马铃薯要避免淋雨日晒，应在雨季前收获完毕。大面积收获应提前1~2d先割去地上部茎、叶，然后用犁冲垄，将块茎翻出地面，人工采拾。面积小的可以人工刨收（图8-16）。

二、采后处理

收获后在阴凉处堆晾6~7d，剔除病薯、烂薯、破伤薯和冻薯，然后分级包装贮藏。保鲜薯一般要求贮藏在冷凉、避光、高湿度的条件下，有条件的宜进行高湿度气调贮藏。鲜食马铃薯的适宜贮藏温度3~5℃，但用作煎薯片或油炸薯条的马铃薯应贮藏于10~13℃的温度条件下，贮藏的适宜相对湿度为85%~90%。

图8-16 马铃薯机械收获

▷ 资料阅读

马铃薯的生物学特性

1. 形态特征

（1）根。根包括最初长出的初生根和匍匐根，初生根由芽基部萌发出来，开始在水平方向生长，一般长到30cm左右再逐渐向下垂直生长。匍匐根是在地下茎叶节处的匍匐茎周围发出的根，大多分布在土壤表层。

马铃薯形态特征图片

（2）茎。茎可分为主茎、匍匐茎和块茎。直立生长在地上部分的为地上茎，地下部分为地下茎，地下茎的侧枝横向生长成为匍匐茎，匍匐茎生长到一定时期后先端膨大生长，形成仍然具有茎结构的变态器官即块茎（图8-17）。

（3）叶。幼苗期基本上都是单叶，全缘，颜色较深。到后期均为奇数羽状复叶。叶柄基部着生托叶，形似镰刀。叶上有茸毛和腺毛。

（4）花。花序为伞形花序或分枝型聚伞形花序，着生在茎的顶端，早熟品种第一花序、中晚熟品种第二花序开放时地下块茎开始膨大，花序的开放是马铃薯植株由发棵期生长转入结薯期生长的形态标志。

（5）果实和种子。果实为浆果，球形或椭圆形，青绿色。种子细小，用于繁殖时能摒除绝大多数病毒。但因后代性状分离大，以及育苗技术繁杂，生产上很少采用。二季作地区，大多数马铃薯品种花而不实，只有少数品种结果，果实生长与块茎争夺养分，对产量形成不利，摘除花蕾有利于增产。

2. 生长发育周期 马铃薯既可利用块茎繁殖，也可用种子繁殖。一般生产上多用块茎繁殖，称为无性繁殖。马铃薯无性繁殖过程可分为以下几个时期。

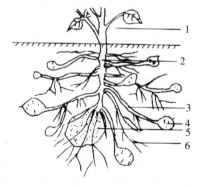

图8-17 马铃薯植株
1.地上茎 2.地下茎 3.匍匐茎
4.块茎 5.种薯 6.根

（1）发芽期。从萌芽到出苗为发芽期，约需25d。

（2）幼苗期。从出苗到团棵（6~8片叶展平）为幼苗期，需15~20d。幼苗期根系继续扩展，匍匐茎先端开始膨大，块茎雏形初具。

（3）发棵期。从团棵到开花为发棵期。此期主茎叶已全部形成功能叶，块茎逐渐膨大至

2~3cm 大小。

(4) 结薯期。从开花到结薯为结薯期,生长以块茎膨大增重为主。结薯期适宜的土壤相对含水量为 75%~85%。土壤板结积水,则导致块茎表面粗糙,甚至烂薯。

(5) 休眠期。马铃薯块茎的休眠属生理性自然休眠,休眠期的长短因品种而异。在温度为 0~4℃ 的条件下,块茎可以长期保持休眠状态。

3. 对环境条件的要求

(1) 温度。马铃薯块茎在 7~8℃ 时,幼芽即可生长,10~12℃ 时幼芽可茁壮成长并很快出土。植株生长最适宜的温度为 21℃ 左右,块茎生长最适温度为 17~19℃,温度低于 2℃ 和高于 29℃ 时,块茎停止生长。

(2) 光照。马铃薯是喜强光作物,但块茎的形成需要较短的日照。光照可抑制块茎幼芽的生长,利用这一特点可控制幼芽的过快生长,促进叶原基分化。

(3) 水分。马铃薯生长过程中,应保持土壤水分在 60%~80%。水分过多过少都会影响植株生长和发育。

(4) 土壤与营养。马铃薯栽培适于土层深厚,结构疏松,排水透气良好,富含有机质的土壤。马铃薯是喜酸性土壤的作物,适宜的土壤 pH4.8~7.0。马铃薯需肥较多,尤对钾肥需要量最大,其次是氮肥,需要磷肥较少。此外,还需要钙、镁、硫、锌、铜、钼、铁、锰等微量元素。

▷ **相关知识**

马铃薯种性退化与防止

马铃薯用块茎繁殖,植株长势逐年削弱、矮化,叶片卷起皱缩,分枝变小,结薯小,产量逐渐下降,这种现象称为马铃薯种薯种性退化现象。

马铃薯种性退化是综合因素造成的,主要由传染性病毒所引起的,高温是加重退化的外界因素。防止退化的主要措施:选育推广抗退化的品种;利用茎尖组织培养生产无病毒种苗;创造提高马铃薯种性,削弱病毒侵染与致病力的栽培条件;改变播种期,使结薯期安排在适于块茎生长的凉爽季节;在冷凉季节或冷凉高山栽培保种;用种子繁殖等。

▷ **练习与作业**

1. 调查当地马铃薯的主要栽培方式、栽培茬口以及各茬口的生产情况。

2. 在教师的指导下,学生分别进行马铃薯种薯处理、露地(大棚)播种以及田间管理等的技能训练,训练结束后,总结技术要点与注意事项。

3. 在教师的指导下,学生进行马铃薯采收以及采后处理技能训练,训练结束后,总结技术要点与注意事项。

4. 根据所学知识,制订一份适合当地生产条件的露地马铃薯生产方案。

项目七 生姜生产技术

● **任务目标** 了解生姜的生产特性;掌握生姜的品种选择技术、整地作畦技术、播种技术、田间管理技术、采收与采后处理技术等。

●**教学材料**　生姜品种、肥料、菜地、农药、相应生产用具和器械等。

●**教学方法**　在教师的指导下，学生以班级或分组参加生姜生产实践，或模拟生姜的生产过程。

生姜为姜科姜属，能形成地下肉质茎的栽培种（图 8-18），多年生草本植物，原产于东南亚热带地区，生产中多作一年生栽培。生姜在我国种植广泛，其中山东、河北等省是我国生姜的主要产地。生姜也是我国大宗出口商品，主要出口日本、韩国、美国及巴西等国家。

任务1　建立生产基地

图 8-18　生　姜

1. 选择无污染和生态条件良好的地域建立生产基地。生产基地应远离工矿区和公路、铁路干线，避免工业和城市污染的影响。

2. 产地空气环境质量、农田灌溉水质质量以及土壤环境质量均应符合无公害蔬菜生产的相关标准要求。

3. 土壤肥力应达到二级肥力以上标准。

任务2　露地生姜栽培技术

一、选择品种和种子

根据栽培目的和市场需求，选择优质、丰产、抗逆性强、耐贮运、商品性好的品种。种用生姜应在上年从生长健壮、无病，具有本品种特征的高产地块选留。

选用老姜作种姜，种姜质量要求：姜块肥大丰满、皮色光亮、肉质新鲜、质地硬、具有 1~2 个壮芽、重 50~75g、无病害。

> ▷**相关知识**
>
> **生姜品种类型**
>
> 根据植株形态和生长习性可分为两种类型。
>
> **1. 疏苗型**　植株高大，茎秆粗壮，分枝少，叶深绿色，根茎节少而稀，姜块肥大，大多单层排列，如山东莱芜大姜、广东疏轮大肉姜等。
>
> **2. 密苗型**　长势中等，分枝多，叶色绿，根茎节多而密，姜块数多，双层或多层排列，如山东莱芜片姜、浙江红爪姜、黄爪姜等。

生姜品种
类型图片

二、整地作畦

应选含有机质较多,灌溉排水方便的沙壤土、壤土或黏壤土田块栽培,其中以沙壤土最好。要求土壤微酸到中性。

土壤深耕20~30cm,并反复耕耙,充分晒垡,然后耙细作畦。作畦形式因地区而异。华北地区夏季少雨,一般采用平畦种植。开春后每亩施腐熟有机肥5 000kg,同时翻耕耙平。于播种前半月按行距50cm开垄沟,沟深15cm、宽15cm,每亩沟施优质腐熟圈肥1 000kg、氮磷钾复合肥50kg、锌肥3kg、硼砂2kg。将肥与土混合均匀耙平备用。

三、种姜处理

播种前1个月左右,取出姜种,用清水洗净泥土,将姜种平铺在室外地上晾晒1~2d,夜晚收进室内防霜冻。之后再把姜块置于室内堆放2~3d,姜堆盖上草帘,进行困姜,促进种姜内养分分解。经过2~3次反复晒姜困姜后便可催芽。催芽可在室内或室外筑的催芽池内进行,温度保持22~25℃。当芽长0.5~2.0cm、粗0.5~1.0cm时即可播种。播种前,先将种姜掰成50~75g大小的姜块,每块种姜上保留一个壮芽。

四、播种

一般在露地断霜后,地温稳定在15℃以上时播种,小拱棚覆盖栽培时,可提早10~15d播种。生姜播种时,先浇透底水,水渗下后,把选好的种姜按20~22cm株距水平放在沟内,使幼芽方向保持一致。若东西向沟,芽向南或东南;南北向沟,则使芽朝西。种姜播下后立即覆土,以防烈日晒伤幼芽,覆土厚度以4~5cm为宜。

地膜覆盖栽培,一般沟距50cm、沟深25cm,浇底水后按20cm左右的株距播种。用120cm宽的地膜绷紧盖于沟两侧的垄上,膜下留有15cm的空间,一幅地膜可盖2行。

一般土质疏松、土壤肥沃、水肥供应良好的高肥力姜田,每亩适宜栽植6 500~7 000株,行距50cm,株距20cm左右;中等肥力姜田,栽植密度应在8 000株左右,行距50cm,株距16~17cm;低肥力姜田,栽植密度为9 000株左右,行距为48~50cm,株距15cm左右。

五、田间管理

(一)地膜管理

地膜覆盖栽培的地块,在种姜出苗后,待幼苗在膜下长至1~2cm时,及时在其上方划一小口放苗出膜。

(二)遮阳

入夏以后,在生姜田畦面上用水泥柱、竹竿、铁丝等搭1.5~2m高的平棚,棚架上覆盖灰色遮阳网(图8-19和彩图25);或在生姜行的南侧(东西行)或西侧(南北行),距植株12~15cm处开小沟,插入细竹竿、枝条等,编成1m左右高的篱笆架,直立或稍向北(东)倾斜,在架的表面张挂遮阳网遮阳。小拱棚覆盖栽培的,一般在小拱棚顶面覆盖遮阳网,或在棚膜上斑点状喷洒白色涂料遮阳。入秋以后,气温降到25℃以下后,拆除遮阳物，以增强光合作用和同化养分的积累。

图 8-19　生姜遮阳网平棚遮阳

（三）追肥

苗期追肥在苗高 30cm 左右，并具 1~2 个小分枝时进行，每亩施尿素 8~10kg，以促进壮苗。

立秋前后生姜生长进入旺期，应结合除草、中耕、培土，重施 1 次追肥，这次追肥要求有机、无机肥结合，每亩施饼肥 75~80kg，另加 45％复合肥 20kg。可在距植株 10~12cm 处开穴，将肥料点施盖土。也可结合浇水冲施水溶性复合肥 15~20kg。

生姜具有 6~8 个分枝时，根茎进入迅速膨大期，结合培土进行第三次追肥，每亩施高钾复合肥 20~25kg。将肥均匀撒施在种植行上，施肥后撒行间垄土，对植株进行培土。

（四）灌溉排水

播种后保持土壤适度干燥，以利土温的回升。土壤干旱，影响出苗，要适量浇水。出苗后，保持畦面半干半湿，不宜多浇。雨季来临，要及时清沟排水，防止受涝腐烂。拆去荫棚或遮阳物以后，正是姜株分枝和姜块膨大时期，要勤浇水，促进分枝和膨大。采收前一个月左右，应根据天气情况减少浇水，促使姜块老熟。收获前 3~4d 浇最后 1 次水，以便收获时姜块上可带潮湿泥土，有利于贮藏。

（五）中耕培土

生姜生长期间要多次中耕培土。前期每 10~15d 进行 1 次浅锄，特别是雨后应中耕防止板结。株高 40~50cm 时，开始培土，将行间的土培向种植沟。待初秋天气转凉，拆去荫棚或遮阳物时，结合追肥，再进行一次培土，使原来的种植沟培成垄，垄高 10~12cm、宽 20cm 左右，培土可防止新形成的姜块外露，促进块大、皮薄、肉嫩。微型机械培土近年来应用较为广泛，不仅培土速度快，而且培土均匀，土背大小整齐一致、培土紧实，不易倒塌，质量也较好。

任务 3　采收与采后处理

一、采收

生姜的收获分收种姜、收嫩姜、收鲜姜 3 种。种姜可与鲜姜一并在生长结束时收获，也可以提前于幼苗后期收获，但应注意不能损伤幼苗。

收嫩姜是在根茎旺盛生长期，趁姜块鲜嫩时提早收获，适于加工成多种食品。收鲜姜一般待初霜到来之前，生姜停止生长后进行。在收获前3~4d浇1次水，趁土壤湿润时收获。

收获时可用手将生姜整株拔出，或将整株刨出，轻轻抖落根茎上的泥土，然后自地上茎基部将茎秆削去，保留2cm左右的地上残茎，摘去须根，随即趁湿入窖，无需晾晒。

二、采后处理

采收后剔除病、虫、伤姜，清水洗净泥沙，达到感观洁净，根据大小、形状、色泽进行分级包装、装箱销售或贮藏（图8-20）。

贮藏窖底部和四周用木板搭好，铺上干净湿河沙，将姜根茎倒置在里面，隔4~6层撒一层干净湿河沙，姜块带泥多，就少撒湿沙；反之多撒。姜囤封顶后，覆盖15~20cm的沙子，上面用木板或保湿板盖好，沙子湿度以手感湿润，不挂水为宜。窖内温度保持在5~10℃，贮藏时间可达1年以上。出售时姜块取出，冲洗晾干即可上市。

图8-20 生姜装箱

▷ 资料阅读

生姜的生物学特性

1. 形态特征

（1）根。浅根系，不发达。根系可分为纤维根和肉质根两种。纤维根是在种姜播种后，从幼芽基部发生，为初生的吸收根。肉质根着生在姜母及子姜的茎节上，兼有吸收和支持功能。

生姜形态
特征图片

（2）茎。生姜的茎包括地下茎和地上茎两部分。地上茎直立、绿色，为叶鞘所包被，高60~100cm不等；地下茎为根状茎，由姜母及其两侧腋芽不断分枝形成的子姜、孙姜、曾孙姜等组成，为食用器官，其上着生肉质根、纤维根、芽和地上茎（图8-21）。

（3）叶。叶包括叶片和叶鞘两部分。叶片披针形，平行脉，互生，有蜡质，在茎上排成两列。

（4）花。穗状花序，橙黄色或紫红色。单个花下部有绿色苞片迭生，层层包被。苞片卵形，先端具硬尖。姜在高于北纬25℃的地方不能开花。

图8-21 生姜根状茎的形态与组成
1. 母姜 2. 子姜 3. 孙姜

2. 生长发育周期 生姜为无性繁殖的蔬菜作物，其整个生长过程可划分为发芽期、幼苗期、旺盛生长期、休眠期等。

（1）发芽期。种姜通过休眠，幼芽萌动至第一片姜叶展开为发芽期。包括催芽和出苗的整个过程，需50d左右。此期主要靠种姜贮藏的养分分解供幼芽生长。

（2）幼苗期。由展叶至具有两个较大的一级分枝，即"三股杈"时为幼苗期，需70d左右。这一时期地上茎长到3~4片叶。

（3）旺盛生长期。从"三股杈"直至收获为旺盛生长期，需70~80d。此期大量发生分枝，姜球数量增多，根茎迅速膨大，生长量占总生长量的90%以上。

（4）根茎休眠期。收获后入窖贮存，保持休眠状态的时期。

3. 对环境条件的要求

（1）温度。生姜喜温而不耐寒。幼芽萌发的适宜温度为22～25℃，在15℃以上，幼芽可萌动，若超过28℃，发芽速度变快，但往往造成幼芽细弱。生姜茎、叶生长时期以20～28℃为宜，温度过高过低均影响光合作用，减少养分制造量。根茎旺盛生长期，要求有一定的昼夜温差，白天25℃左右，夜间17～18℃。

（2）光照。生姜为耐阴作物，发芽时要求黑暗，幼苗期要求中等光照，不耐强光，需要遮阳。旺盛生长期也不耐强光，但此时植株自身可互相遮阳，不需人为设置遮阳物。

（3）水分。生姜不耐干旱，要求土壤湿润，土壤湿度70%～80%有利于生长。土壤干旱，茎叶枯黄，根茎不能正常膨大；土壤过湿，茎、叶徒长，根茎易腐烂。

（4）土壤与营养。生姜适宜土层深厚，疏松透气，有机质丰富，排灌良好的壤土或沙壤土。生姜为喜肥耐肥作物，发芽期有种姜供应营养，幼苗期生长缓慢，需肥较少，三股杈以后需大量水肥，生姜生育期中对肥料的吸收，以钾为最多，氮次之，磷较少。生姜喜微酸性土壤，pH5～7。

▷ **练习与作业**

1. 调查当地生姜的主要栽培方式、栽培茬口以及各茬口的生产情况。
2. 在教师的指导下，学生分别进行生姜种块处理、露地（大棚）生姜播种以及田间管理等的技能训练，训练结束后，总结技术要点与注意事项。
3. 在教师的指导下，学生进行生姜采收以及采后处理技能训练，训练结束后，总结技术要点与注意事项。
4. 根据所学知识，制订一份适合当地生产条件的露地（大棚）生姜的生产方案。

单元小结

根茎菜类是指以肉质直根、鳞茎、块茎、根状茎等为产品的蔬菜，种类繁多，形态、风味各异。根茎菜类主要包括根菜类中的萝卜、胡萝卜、根用芥菜，葱蒜类中的大葱、大蒜和洋葱，薯芋类中马铃薯、生姜、山药、芋头等。根菜类蔬菜对土壤要求较高，喜欢土层深厚，土质疏松、肥沃，供水供肥能力强，石块、坷垃等硬物含量少的土壤，种植前要求深耕；对钾肥要求较多，生产中应重施钾肥；栽培中后期，大多需要培土，防止产品器官外露，降低品质；对肥水要求较多，喜欢大肥大水；产品多较耐贮藏，是北方重要的贮藏蔬菜和淡季供应蔬菜。另外，根茎菜类也是我国重要的出口蔬菜，栽培质量要求高，目前主要产地已经实现了标准化和规模化生产。

生产实践

1. 在教师的指导下，学生进行萝卜、胡萝卜、大葱、大蒜、马铃薯、生姜等主要蔬菜的种子处理与播种实践，并完成以下作业。

(1) 萝卜、胡萝卜、大蒜、马铃薯的种子有哪些不同？处理方法上有哪些异同点？
(2) 4种蔬菜的播种技术有哪些异同点？
(3) 总结上述蔬菜的种子处理与播种技术要点。
2. 在教师的指导下，学生进行大葱、洋葱的定植实践，并完成以下作业。
(1) 两种蔬菜在定植深度、幼苗状态等方面有哪些不同？
(2) 怎样确保大葱定植时，葱苗茎部与地面保持垂直？
(3) 总结大葱、洋葱定植的关键技术。
3. 在教师的指导下，学生进行根茎菜的肥水管理与中耕培土实践，并完成以下作业。
(1) 总结根茎菜类的施肥和灌溉的关键时期和注意事项。
(2) 总结根茎菜类的中耕培土技术要领与注意事项。
4. 在教师的指导下，学生进行根茎菜的采收与采后处理实践，并总结技术要领与注意事项。
5. 在教师的指导下，对当地的农民进行主要根茎菜的生产知识与技术培训。

单元自测

一、填空题（40分，每空2分）

1. 萝卜多采用点播或_____播。播种深度____cm左右。
2. 播种前，一般先将胡萝卜种子晾晒，搓去_____，播前_____d进行浸种催芽。
3. 大葱选用____年的种子播种，山东地区大葱一般____前后4～10d为适宜的播种期，东北地区一般_____为适播期。
4. 大葱培土应在_____干后进行。每次培土以不埋没_____与_____的交界处为度。
5. 大蒜适宜播深为____cm。栽种过深，_____晚，栽种过浅，出苗时易发生____现象。
6. 北方高寒地区的洋葱以_____栽为主，其他地区以_____栽为主。
7. 马铃薯种薯切块，每种块应带有_____个芽眼，种块质量_____g。
8. 生姜的收获分为采收_____、_____、_____3种。

二、判断题（24分，每题4分）

1. 根茎菜类属于对钾肥需求量较大的蔬菜。   （ ）
2. 秋萝卜一般"破肚"前要进行适当蹲苗。   （ ）
3. 大葱培土应在葱白形成期进行。   （ ）
4. 洋葱应选苗茎粗大于1.0cm的幼苗进行定植。   （ ）
5. 马铃薯播种时芽朝上，播种深度5cm左右。   （ ）
6. 生姜不耐强光，适合进行遮阳栽培，遮阳时间越长越好。 （ ）

三、简答题（36分，每题6分）

1. 简述秋萝卜间苗与定苗技术要点。
2. 胡萝卜种子有哪些特点？播种前应作哪些处理？
3. 大葱中耕培土有什么作用？有哪些技术要求？
4. 简述大蒜播种与收获技术要点。
5. 马铃薯播种前通常对种子要做哪些处理？播种时应注意哪些事项？
6. 简述生姜的肥水管理技术要点。

能力评价

在教师的指导下,学生以班级或小组为单位进行萝卜、胡萝卜、大葱、大蒜、洋葱、马铃薯以及生姜等根茎菜的生产实践。生产结束后,学生个人和教师对学生的实践情况进行综合能力评价,结果分别填入表8-3、表8-4。

表8-3 学生自我评价

姓名			班级		小组	
生产任务			时间		地点	
序号	自评内容			分数	得分	备注
1	在工作过程中表现出的积极性、主动性和发挥的作用			5		
2	资料收集的全面性和实用性			10		
3	生产计划制订的合理性和科学性			10		
4	基地建立与品种选择的准确性和科学性			10		
5	播种育苗操作的规范性和熟练程度			10		
6	整地、施基肥和作畦操作的规范性和熟练程度			10		
7	定植操作的规范性和熟练程度			5		
8	田间管理操作的规范性和熟练程度			25		
9	采收及采后处理操作的规范性			10		
10	解决生产实际问题的能力			5		
	合 计			100		
认为完成好的地方						
认为需要改进的地方						
自我评价						

表8-4 指导教师评价

指导教师姓名:_____ 评价时间:___年___月___日 课程名称:_____

生产任务:

学生姓名: 所在班级:

评价内容	评分标准	分数	得分	备注
目标认知程度	工作目标明确,工作计划具体结合实际,具有可操作性	5		
情感态度	工作态度端正,注意力集中,有工作热情	5		
团队协作	积极与他人合作,共同完成任务	5		
资料收集	所采集的材料和信息对任务的理解、工作计划的制订起重要作用	5		
生产方案的制订	提出方案合理、可操作性强,对最终的生产任务起决定作用	10		
方案的实施	农事操作规范、熟练	45		
解决生产实际问题	能够较好地解决生产实际问题	10		
操作安全、保护环境	安全操作,生产过程不污染环境	5		
技术文件的质量	完成的技术报告、生产方案质量高	10		
合 计		100		

信息收集与整理

1. 调查当地主要根茎菜的品种类型以及生产应用情况。
2. 调查当地主要根茎菜的栽培季节与茬口安排情况。
3. 调查整理当地主要根茎菜的高产栽培经验。
4. 调查当地根茎菜生产中存在的主要问题。

观察记载

1. 萝卜、胡萝卜、大葱、大蒜、洋葱、马铃薯、生姜等主要根茎菜的植株形态结构。
2. 萝卜、胡萝卜、大葱、大蒜、洋葱、马铃薯、生姜等主要根茎菜的生长发育周期。

资料链接

1. 中国大蒜网 http://www.dasuan.cn
2. 中国蔬菜网 http://www.vegnet.com.cn
3. 蔬菜商情网 http://www.shucai123.com

典型案例

案例1 安丘大葱高产优质栽培关键技术

安丘市石堆镇韩树成师傅有着18年大葱种植经验,他种的大葱产量高,品质好,远近闻名(图8-22)。其关键技术概括如下。

1. 培育壮苗

(1) 预防苗期病虫害。主要做法是:在大葱育苗前用70%吡虫啉10mL和海藻素15mL与一桶葱种(90g)进行拌种,然后放在阴凉处阴干。播种时用中生菌素30g、恶霉灵15g与拌好的葱种混合,与土混匀后,进行播种。

(2) 合理播种,保苗齐苗壮。主要做法:播种前用筛小米的筛子将细土筛到播种行上,土层厚度1cm左右。撒细土不仅能将地表的裂缝填平,而且在播种时还能确保种子播种深浅一致,有利于葱苗扎根,提高成活率。播种后再均匀盖上一层过筛细土,既可保持土壤湿度,又可让种子生长势相近,保证出苗整齐。

图8-22 安丘大葱

另外,播种时的土壤墒情要适宜,一般浇水过后,用手指按压地面,当土壤不干不湿,即手指刚刚按不动时播种为宜。湿度过大,种子容易陷入湿泥中,不利于发芽。

2. 科学定植

(1) 促根防病。为了减轻大葱根部病害和虫害,在定植时要进行蘸根处理。可以用海绿素 100mL、70%吡虫啉 30mL、爱多收 6mL 兑水 5kg 蘸根。该处理不仅能减轻地下害虫的为害，而且能促进大葱生根，定植后尽快缓苗。

（2）垂直插秧。插秧时一定要将葱秧子垂直插入沟内，而不能倾斜插入。

（3）定植深度要适宜。定植深度以不埋没葱心为宜，过深不宜发苗，过浅影响葱白长度。

（4）插提结合，保持葱苗挺直。定植工具可选择直径 1.5cm 左右的圆木棍，定植时先打浅洞，与地面垂直，再把苗插入，然后微微往上提起，使根须下展，保持葱苗挺直，若弯曲，直至以后采收时葱白也弯曲，就成了次品。

3. 适时培土　大葱的生育期一般需培土 3 次，每次培土都要保持葱的假茎挺直，且不能让泥土没过葱心处，否则易造成葱白弯曲，降低大葱的商品性。第一次培土称为小培期，当大葱长至 30cm 左右时进行第一次培土，切不可培土过早，培土的厚度以 5cm 左右为宜，同时撒施 75kg 有机肥和 10kg 复合肥，满足大葱生长后期对养分的需求；当大葱长至 40cm 时进行第二次培土，即进入大培期，培土厚度控制在 10cm 左右，同时撒施 100kg 有机肥和 40kg 高氮或含氯的复合肥促进大葱生长；收获前 20d 进行第三次培土，培土厚度控制在 10cm 左右，同时可撒施 25kg 硝酸钙，切不可施用尿素，否则葱白易变软，影响大葱品质。

4. 预防病虫害　主要病虫害有大葱生理性干尖、灰霉病、紫斑病和黑斑病、种蝇、蓟马和斑潜蝇。应对症用药，及时防治。

案例 2　中国马铃薯之乡——山东省滕州市

滕州市属于县级市，地处鲁中南山区的西南麓延伸地带，属黄淮冲积平原的一部分。这里土层深厚，土壤肥沃，种植马铃薯产量高、品质好，远近闻名。

该市积极推广"两薯一粮"种植模式，也即"春马铃薯—夏玉米—秋马铃薯"茬口模式，一年三作，不仅提高了单产，也提高了经济效益，极大地提高了农民种植马铃薯的积极性。在马铃薯产业化发展方面，该市采取"统一购进良种，统一技术标准"，实施配方施肥、节水灌溉、机械化、双膜及三膜拱棚、薯秧还田等先进栽培技术，建成了马铃薯组培中心和种薯扩繁基地，马铃薯脱毒良种普及率达到了 100%，一般亩产 2 500kg 以上，高产达 3 500kg 以上，单产水平连续多年居全国首位。

在马铃薯营销方面，滕州市着力推进组织化、品牌化营销，采取了举办马铃薯节会、开通网上交易平台、培育新型营销主体等一系列措施。产品销往全国各地的大型超市，并成为上海世博会特供产品、东方航空配餐食品。此外，产品还远销海外 16 个国家和地区，年出口量 20 万 t 以上，占全国出口量的 1/3。在扩大营销的同时，该市还积极发展马铃薯加工企业，对马铃薯进行深加工增值，提高生产效益。

目前，滕州春、秋两季马铃薯的种植面积达 4.3 万 hm²，总产量达到 200 多万 t，为全国最大的马铃薯二季作主产区。形成马铃薯产业镇 4 个、专业村 285 个、产销合作组织 256 家、中介运销组织从业人员 1 万多人、专业种植户 10 余万户，已认证马铃薯绿色和无公害产品 14 个。

依靠优良的品质和规模化、产业化种植的优势，2000 年 4 月，滕州市也被命名为"中国马铃薯之乡"，2009 年，"滕州马铃薯"获国家地理标志认证和地理标志证明商标，并先后被评为首届中国农产品公用品牌价值百强、脱毒马铃薯推广先进县（市）等。

案例 3 山东大棚生姜高产优质栽培关键技术

在山东安丘、昌邑、莱芜等生姜产区，姜农为增加生姜产量而利用大拱棚对生姜进行早播延收栽培，使生姜产量大幅度提高。一般每亩产姜 5 000kg 以上，较露地增产 30% 以上（图 8-23）。技术要点介绍如下。

图 8-23 安丘大棚生姜栽培

1. 播种期确定 采用大拱棚加地膜覆盖栽培形式，3 月中旬进行播种。

2. 种子催芽 播种前 25～30d 开始催芽，催芽温度要保持在 25～30℃，待姜芽萌动时保持温度 22～25℃，姜芽达 1cm 左右时即可播种。

3. 施肥防虫 一般冬前每亩施充分腐熟鸡粪 3～4m³，随深翻地施入。种植前开沟起垄，在沟底集中施用优质有机肥 200kg、复合肥 50kg、豆饼 150kg，加复合肥 75kg、锌肥 2kg、硼肥 1kg 做种肥。肥料与土拌匀浇足底水即可栽植。为防地下害虫可施入 2～3kg 辛硫磷颗粒剂颗粒 1kg。

4. 合理密集 一般棚宽 10m，长度按地长而定。依地形可采用南北或东西向，开沟起垄种植生姜。栽植前 7～10d 盖好棚膜升温。按行距 60～65cm，株距 18～20cm，每亩栽植 5 000～5 500 株。播种后地面喷洒甲草胺等，喷后随即覆盖地膜并扣盖小拱棚。

5. 适宜的温度和光照 出苗前保持棚内白天 30℃ 左右，出苗后，待苗与地膜接触时要打孔引苗出膜，同时温度白天保持在 22～28℃，夜间不低于 13。5 月下旬气温升高后，撤膜换上遮光率 50% 的遮阳网，8 月上旬撤除遮阳网，10 月上旬外界温度降低后，重新覆膜进行延后栽培。盖棚膜后，白天温度控制在 25～30℃，夜间 13～18℃。

6. 严控肥水管理 苗高 30～40cm 时，顺水分两次冲施少量氮肥，每亩冲施尿素 15kg 或生姜专用冲施肥 15～20kg；至三杈期进行大追肥，每亩追肥生物有机肥料 120～150kg，加高氮高钾复合肥料 50～75kg，结合开沟培土，混入姜种植行；至 7～8 杈时，再冲施高氮高钾复合肥 40～50kg。姜膨大期要勤浇水保持土壤湿润，10 月扣棚后，控制浇水，不再进行追肥。

7. 培土 立秋后，结合追肥进行平沟和小培土，封垄前进行大培土。

8. 叶面施肥 分别于苗高 30～40cm、三杈期、7～8 杈前、收获前 15～20d 叶面喷施生姜专用叶面肥。

9. 综合防治病虫害 大棚生姜病虫害主要有斑点病、炭疽病及姜螟、蓟马等，应以农业防治、物理防治和生物防治为主，减少农药使用量。

10. 适时收获 当棚内夜间温度降到 13℃ 以下或有强寒流带来之前要及时刨收。

单元九
其他蔬菜生产技术

职业能力目标

◀ 了解花椰菜、香椿、观赏葫芦、苣荬菜、萝卜芽苗菜、香菇的生物学特性、品种类型、栽培季节与茬口安排等。

◀ 掌握花椰菜、香椿、观赏葫芦、苣荬菜、香菇主要茬口安排、品种选择以及种子质量要求等。

◀ 掌握花椰菜、香椿、观赏葫芦的育苗技术要点与定植技术,掌握萝卜芽苗菜、苣荬菜的种子处理与一播全苗技术。

◀ 掌握花椰菜、香椿、观赏葫芦、苣荬菜的肥水管理技术、采收与采后处理技术。

◀ 掌握萝卜芽苗菜的生长控制技术以及采收技术。

◀ 掌握香菇的装袋、接种术、发菌、生产管理以及采收技术。

◀ 熟悉当地花椰菜、香椿、观赏葫芦、苣荬菜、萝卜芽苗菜、香菇以及相关蔬菜的生产安排、生产管理以及采后处理等情况。

◀ 通过学习,具备对当地农民进行上述蔬菜的生产技术培训和现场指导的能力。

学习要求

◀ 以实践教学为主,通过项目和任务单形式,使学生掌握必需的实践技能。

◀ 与当地的生产实际相结合,有针对性地开展学习。

◀ 通过社会实践活动,培养学生的服务意识,掌握基本的对农民进行业务培训和技术指导的能力。

项目一 花椰菜生产技术

●**任务目标** 了解花椰菜生产特性;掌握花椰菜品种选择与基地建立技术、育苗技术、定植技术、田间管理技术、采收与采后处理技术。

- **教学材料**　花椰菜品种、肥料、农药、农膜以及相应生产用具、器械等。
- **教学方法**　在教师的指导下，学生以班级或分组参加花椰菜生产实践，或模拟花椰菜的生产过程。

花椰菜又名花菜、菜花，为十字花科植物。其产品器官为洁白、短缩、肥嫩的花蕾、花枝、花轴等聚合而成的花球（图9-1），是一种粗纤维含量少营养丰富、风味鲜美、人们喜食的蔬菜。我国北方地区花椰菜种植较为广泛，以露地和塑料拱棚栽培为主。

图9-1　花椰菜

任务1　建立生产基地

1. 选择无污染和生态条件良好的地域建立生产基地。生产基地应远离工矿区和公路、铁路干线，避开工业和城市污染的影响。
2. 产地空气环境质量、农田灌溉水质质量以及土壤环境质量均应符合无公害蔬菜生产的相关标准要求。
3. 土壤肥力应达到二级肥力以上标准。
4. 要选择无软腐病和霜霉病等病菌的土壤。不能选择种植过十字花科蔬菜的地块，更不宜与花椰菜连作。

任务2　秋花椰菜栽培技术

一、茬口安排

北方秋花椰菜，一般于6月中下旬至7月上旬育苗，7月中下旬至8月上旬定植，早熟品种可略微提早，晚熟品种可适当晚播。早熟品种一般国庆节前后收获，中晚熟品种一般于10月中下旬至11月中下旬收获。

二、选择品种和种子

选用抗逆性强、适应性广、商品性好的品种。秋花椰菜栽培宜选用雪山、白峰、荷兰雪球等早中熟品种。

选择2年内的种子。种子质量应不低于《瓜菜作物种子　第二部分：白菜类》（GB 16715.2—2010）中规定的最低质量标准。

▷ **相关知识**

花椰菜品种类型

根据花椰菜从定植到花球收获的天数将其分为早熟、中熟和晚熟3种类型。从定植到收获在45～55d的为极早熟品种，70d以内的为早熟品种，80～90d的为中熟品种；100d以上的为晚熟品种。

花椰菜品种类型图片

三、育苗技术

采用苗床育苗土育苗或穴盘无土育苗。秋花椰菜适宜在覆盖有塑料薄膜、遮阳网、防虫网的温室或拱棚内育苗。

育苗土一般按田土60%~70%、农家肥30%~40%的比例配制，每方土中另加入氮磷钾复合肥1~1.5kg，充分拌匀。

穴盘无土育苗一般用72孔穴盘，按草炭：蛭石：珍珠岩＝3：1：1的比例配制基质，每立方基质中加入氮磷钾复合肥（15-15-15）2.5kg、硼砂50g。将育苗床整平，浇透底水，水渗下后撒一薄层过筛土，苗床育苗种子撒播，穴盘育苗种子点播。播种深度6~8mm。播种后，用遮阳网或黑色地膜覆盖苗床保湿。出苗后揭去覆盖物，并视土壤墒情浇水，温度高时宜在早晨和傍晚进行浇水。

床土育苗分苗前间苗1~2次，苗距2~3cm，去掉病苗、弱苗及杂苗，间苗后覆土1次。在幼苗3叶1心时分苗，将幼苗分栽入口径8~10cm的育苗钵中。早熟品种苗5~6片真叶，中晚熟品种苗6~7片叶时及早定植。

四、定植

结合翻耕每亩施腐熟有机肥5 000kg、过磷酸钙40kg、氮磷钾复合肥40kg、硼砂15~30g、钼酸铵15g。整平地面后，做成宽70~75cm、沟宽25~30cm的高畦，每畦栽2行，行距50~60cm，株距40cm。

五、田间管理技术

（一）肥水管理

一般定植缓苗后，进行第一次追肥，结合浇水每亩冲施尿素10~15kg。进入莲座期后，进行第二次追肥，每亩冲施水溶性高钾复合肥15~20kg，并浇水1~2次。之后，早熟品种一般不再追肥；中晚熟品种叶丛封垄前，结合中耕适当蹲苗，在花球直径达2~3cm时，结束蹲苗，并进行第三次追肥，每亩冲施水溶性高钾复合肥15~20kg。花球膨大期每4~5d浇水1次，采收前7~10d要少浇水或不浇水，以免降低花椰菜的贮藏性能。

如发现缺硼或缺钼症状，应及时进行根外追肥。叶面喷施0.2%硼酸溶液、0.01%~0.07%的钼酸钠或钼酸铵溶液，每3~4d喷1次，连续3次。

（二）中耕、除草、束叶

一般在生长期中耕3~4次，结合中耕清除田间杂草。后期中耕可适当进行培土，以防止植株后期倒伏。

一般于花球形成初期，将植株中心的几片叶子上端束扎起来，或把老叶内折，盖住花球，避免阳光直射，引起花球颜色变黄、浅绿或发紫，保持花球洁白。

任务3 采收与采后处理

一、采收

当花球充分长大、洁白鲜嫩、球面圆整、边缘尚未散开时分期采收。收获过早影响产量;收获过晚,花球松散,品质降低。

采收时,每个花球外面留3~5片小叶以保护花球,并用小刀斜切花球基部,带嫩花茎,7cm左右长。

二、采后处理

采收后,要及时将从田间采收时带来的残枝败叶、泥土等清除掉,然后进行分级。将分级后的花球进行清洗、包装上市,或去掉游离水后,进行贮藏。

▷ 资料阅读

花椰菜的生物学特性

1. 形态特征 花椰菜的根系较强大,须根发达。茎较结球甘蓝长而粗,叶狭长,有蜡粉,在将出现花球时,心叶自然向中心卷曲或扭转,可保护花球免受日光直射而变色或遭霜害。花球系由花薹、花枝和许多花序原基聚合而成(图9-2)。花球为营养贮藏器官,当温度等条件适宜时,花器进一步发育,花球逐渐松散,花薹、花枝迅速伸长,继而开花结实。种子千粒重2.5~4g。

花椰菜形态特征图片

2. 生长发育周期

(1)发芽期。从种子萌动到子叶展开、真叶显露为发芽期,需5~7d。

(2)幼苗期。从真叶显露到第5~8片叶即第一叶序展开为幼苗期,早春约需60d,夏、秋约需30d,冬季约需80d。

(3)莲座期。从第一叶序完全展开到莲座叶全部展开为莲座期,需20~80d,时间长短因季节而异。

(4)花球形成期。从始现花球到花球长成采收,需20~25d,长短因品种、栽培季节而异。

(5)抽薹开花结荚期。从花茎伸长经开花到角果成熟为抽薹开花结荚期,长短因品种而异。

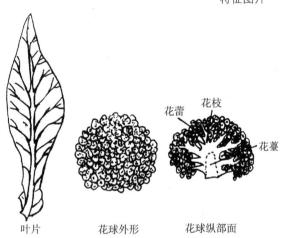

图9-2 花椰菜的叶片和花球

3. 对环境条件的要求

(1)温度。花椰菜喜冷凉,耐热耐寒能力都不及结球甘蓝。种子发芽适温为25℃左右,营养生长适温8~24℃,以15~20℃最好。花球形成适温15~18℃,超过24℃时花球松散,抽生花薹，但一些早熟耐热品种25℃时仍可正常形成花球。低于8℃时，花球生长缓慢，遇0℃以下低温花球易受冻害。花椰菜在5～25℃范围内均能通过春化阶段，在10～17℃时通过最快。

（2）光照。花椰菜属于长日照植物，但对日照长短要求不如结球甘蓝严格，通过春化后，不分日照长短均能形成花球。

（3）湿度。花椰菜喜湿润环境，不耐干旱，也不耐涝。

（4）土壤与营养。花椰菜适于土质疏松、耕作层深厚的肥沃土壤，最适土壤pH6.0～7.0；喜肥耐肥；对硼、镁等元素有特殊要求，缺硼常引起花茎中空或开裂，缺镁时下部叶变黄。

▷练习与作业

1. 调查当地花椰菜的主要栽培方式、栽培茬口以及各茬口的生产情况。

2. 在教师的指导下，学生分别进行花椰菜育苗、露地定植以及田间管理等的技能训练，训练结束后，总结技术要点与注意事项。

3. 在教师的指导下，学生进行花椰菜采收以及采后处理技能训练，训练结束后，总结技术要点与注意事项。

4. 根据所学知识，制订一份适合当地生产条件的露地花椰菜生产方案。

项目二　香椿生产技术

●**任务目标**　学习了解香椿的生产特性，掌握香椿品种选择与基地建立技术、育苗技术、定植技术、温室及露天香椿管理技术、采收与采后处理技术。

●**教学材料**　香椿品种、肥料、农药以及相应温室、生产用具、器械等。

●**教学方法**　在教师的指导下，学生以班级或分组参加香椿生产实践，或模拟香椿的生产过程。

香椿俗称香椿头、椿芽，是我国特有的传统美味佳蔬，原产于我国，为楝科落叶乔木，北方地区主要分布于山东、安徽、河南、河北等地（图9-3）。香椿的食用部分是嫩芽、嫩叶，自古就是我国人民喜爱的应时调味佳蔬，近年来开发的香椿罐头、香椿保鲜速冻产品出口创汇，为香椿的生产发展带来很高的经济效益和发展良机。

图9-3　香　椿

任务1　建立生产基地

1. 选择无污染和生态条件良好的地域建立生产基地。生产基地应远离工矿区和公路、铁路干线，避开工业和城市污染的影响。

2. 选择地势高燥，排灌方便，地下水位较低，土层深厚、疏松、肥沃的地块，土壤肥力应达到二级肥力以上标准。

3. 产地空气环境质量、农田灌溉水质量以及土壤环境质量均应符合无公害蔬菜生产的相关标准要求。

任务2 香椿温室假植栽培技术

一、茬口安排

北方地区主要进行露地春播,露地培育幼树。播种时间为清明至谷雨,利用日光温室育苗可将播种期提前到2月上旬至3月初。落叶后定植于温室内,元旦前后进入采收期。翌年春季生产结束后,将幼树移栽到露天进行培养,落叶后再次移栽到温室内进行生产。一般培育一次幼树,可连续生产多年。

二、选择品种和种子

温室冬春栽培应当选择适合密植,椿芽紫色或鲜红色,色泽鲜艳,有光泽,质地细嫩,多汁,香味浓郁,生长旺盛,抗病性、抗寒性好的品种,主要品种有红油香椿、红芽香椿、红叶香椿、黑油香椿等。

选择上年秋季生产的种子。种子质量要求:种子纯度≥95.0%,种子净度≥98.0%,种子发芽率≥85%,种子含水量≤12%。

香椿品种类型图片

【注意事项】

1. 香椿种子的寿命比较短,一般从种子收获到发芽率保持50%以上的时间不足半年,因此应选择头年秋季收获的种子或低温(4~5℃)干燥条件下贮藏的上年种子。

2. 新采的种子为鲜红黄色,种皮无光泽,种仁黄白色,有香味,而存放久了的种子,其种皮为黑红色,有光泽,有油感,无香味。

3. 选种时应尽量选北方生产的种子,南方生产的种子在北方多表现出生长速度快、树干容易偏高、树体不壮等问题。

4. 要选用饱满度好的种子。香椿种子的千粒重11g左右,如果低于8g,即为不饱满种子,不宜使用。

三、育苗

(一)苗圃准备

苗圃地每亩施优质农家肥5 000kg以上、磷肥200kg,深翻30cm左右,耙细耧平后,按1~1.5m宽作畦。

(二)种子处理

晒种2~3d,并结合晒种将翅翼揉搓除去。于播种前5~7d,将种子放在35℃的50%多菌灵可湿性粉剂2 000倍溶液中浸泡一昼夜,药液质量是干种子质量的2倍,捞出种子后直接进行催芽处理。催芽温度20~25℃。在催芽过程中,每天要将种子翻动1~2遍,用25℃左右的温水冲洗1~2遍。当有20%~30%的种子萌动冒芽时,把种子与2~3倍的细湿沙搅拌均匀后播种。

(三)播种

黄淮地区春季露地播种一般在3月中旬至下旬,最迟谷雨前必须下种。播种前先将苗畦浇足底水,水渗后按每亩用25%多菌灵可湿性粉剂3kg、硫酸亚铁10kg与细土混匀后均匀撒到畦面,用锄松土混入表土内,进行土壤消毒。在畦内按30cm行距开沟,沟宽5～6cm,沟深2～3cm,趁墒把混沙的种子顺沟均匀撒播,种子间距3cm左右。播后覆土1cm,覆土要求均匀细碎,但不能镇压,顺沟用扫帚扫平即可。播后在畦面覆盖地膜,保湿提温。

日光温室或塑料棚育苗,一般先进行撒播培育小苗,待外界温度条件适宜后,再移植到露地继续培养。

香椿种子粒小,每亩条播用种量2.5kg,撒播用种量4kg。

(四) 苗期管理

1. 温度管理 保护地育苗,发芽期间白天温度25～30℃,夜间温度10℃以上。约半数种子出芽时,降温通风,白天温度20～25℃,夜间温度12～15℃,移栽前1周揭去棚膜,进行露天培育。

2. 肥水管理 播种时浇足底水后,出苗期不再浇水。当大部分种子出苗后,揭掉地膜。播种后15d左右,当苗床基本齐苗后,再将床面均匀撒上一层育苗土,防止幼苗倒伏,并促发不定根。之后畦面不干燥不浇水,苗高5～7cm时,结合间苗和补苗浇1次水。6月中旬,香椿苗进入速生期后结合追肥进行浇水,之后勤浇水,经常保持畦面湿润。香椿苗比较怕涝,雨季要注意雨后排水。

6月中旬,结合浇水,每100m²育苗畦追施复合肥6～8kg或优质有机肥0.3m³左右。立秋以后,结合浇水每100m²育苗畦开沟施复合肥2.5kg即可。之后,进行2～3次叶面喷肥,喷洒0.2%～0.3%磷酸二氢钾肥液,促枝条硬化。9月中旬后幼树进入茎干硬实期,要停止浇水,促茎干木质化,防止幼树生长过快(也即秋梢要短)。

3. 间苗和定苗 苗高5～7cm时开始间苗和补苗。撒播种苗床按5～6cm苗距留苗,将出苗晚、畸形苗、病苗拔掉,对播种不均匀而苗过于密集的地方,应疏散掉一部分。间苗的同时,对缺苗处应及时补栽整齐。间出的多余苗,不要扔掉,应另开一畦栽好,以备将来补苗用。

当苗长有4～5片真叶、茎高10cm左右时,进行定苗,株距20cm,每亩留苗1万～1.2万株。

4. 分苗 保护地育苗当幼树长到4～6叶时,开始分苗。在整好的育苗畦内按30～35cm行距开短沟,沟向与畦的长向垂直,沟深15cm左右。按20～25cm的株距栽苗。栽苗后,先盖半沟土固定住苗,然后将沟浇满水,水渗后平沟。

5. 中耕、松土 每次浇水后以及雨后都要及时中耕。结合中耕,将育苗畦内的杂草去掉。树苗长大,苗行封垄后,停止中耕,此后地里长出的杂草用手拔掉即可。

6. 矮化处理 7月中下旬,当幼树长到50cm左右高时,叶面喷洒15%的多效唑可湿性粉剂200～300倍液,每15d喷1次,连续喷洒2～3次,控制幼树高度,促进茎干加粗以及侧枝的生长。

7. 促落叶休眠 10月下旬幼树出苗圃前1周,叶面喷洒40%乙烯500倍液,促幼树落叶,提早进入休眠期。

8. 解除休眠 香椿幼树落叶后,将幼树从苗床内连根带土刨出,要求尽量多带根,主根长度要保持在20cm以上。把刨出的幼树按高矮分类打捆,每捆20株左右。在温度比较低的温室后墙外的背光处开沟假植香椿苗,沟深30cm左右。将香椿苗捆根部朝下,密集排放入沟内,用土将根部盖严实,然后将沟土用水泼湿。夜间温度偏低时,要用草苫、塑料薄膜等盖住苗,避免发生冻害。一般经15d左右后即可进行定植。

> ▷**相关知识**
>
> **香椿壮苗标准**
>
> 幼树茎干粗壮,上下粗细匀称,木质化充分,皮孔明显,叶痕比较大(叶柄粗壮的标志),节间长短均匀,树皮灰褐色;春梢比较长,秋梢比较短;顶芽肥大、饱满,树高80~120cm,近地面茎干粗1~1.5cm;无病虫为害。

四、定植

温室香椿的生长量比较少,施肥不宜过多,一般结合翻地每100m² 施入充分腐熟的有机肥0.3m³ 左右、复合肥10kg左右即可。整平地面后作畦。用低畦栽培,以便于浇水管理。畦面宽1.2~1.5m。

在畦内东西方向开短沟,沟宽20cm,深比树苗上的原土印多3~5cm。将树苗按株距密集排放到沟内,每沟密集栽2行,树苗间根可交错也可叠压,但要求舒展。用下一沟开出的土培沟,并踩紧,防止浇水后树苗发生倒伏。栽满畦后浇透水,使土沉落。

大苗栽到温室的北半部,小苗栽到温室的南半部。如果树苗过高,南部无法栽苗时,应将树苗向北倾斜栽苗。苗畦两边的树苗也要向畦内倾斜,以免进出管理时,碰伤苗芽。

当年幼树每平方米栽苗130株左右,行距10~15cm,株距5~7cm。2~3年生的树苗根系比较大,密植困难,可按每平方米100株左右定植(图9-4)。

图9-4 温室香椿密集栽植

五、田间管理

(一)定植当年管理

1. 温度管理 定植后顶芽萌动前,白天25℃左右、夜间15℃左右,白天温度高于25℃时要放下草苫遮阳,不能通风。顶芽开始萌动后,白天25~30℃,最高32℃,夜间10~15℃,最高18℃,温度过高时,芽色浅、芽瘦,品质下降。

2. 光照管理 顶芽萌发期,保持弱光照,晴暖天中午前后放下部分草苫,将温室遮成花荫。顶芽萌动后,保持强光照,光照不足时,椿芽色浅、味淡,品质差。

3. 湿度和通风管理 顶芽萌动前,空气相对湿度保持在85%左右。顶芽萌动后,降低到70%左右,湿度过大,椿芽着色差,香味也淡。

4. 肥水管理 浇足定植水后,到顶芽萌动前一般不再浇水。顶芽萌动后,勤喷水,始终保持畦面湿润。

在整个生产过程中,结合浇水浇灌2~3次尿素肥液或复合肥液,一般每采摘一次椿芽施一次肥为宜。椿芽萌动期叶面喷洒1 000倍的磷酸二氢钾肥液或100倍的复合肥液，有利于提高椿芽的着色质量、增加风味，另外叶面喷洒红糖、葡萄糖等也有比较好的效果。

（二）翌年及以后几年的管理

1. 平茬　翌年清明节前后，当室外的温度稳定在10℃以上后，于香椿幼树从温室内移出前，用剪刀从地面上5~10cm高处将树干剪短，剪后用豆油或油漆涂抹剪口保湿，防止剪口附近干缩。

2. 移栽　平茬一周后，选晴暖天将苗从地里挖出，移栽到事先整好的育苗畦里。移栽密度为行距40cm、株距20~25cm。为促使短茬上早发新枝，移栽后应用地膜覆盖保护。

3. 田间管理要点　移栽的香椿树茬上发出新枝后，选留最上边的一个粗壮枝作为新干，其余的侧枝全部抹掉。要早施肥和浇水，以6月上旬开始施肥浇水为宜。要控制氮肥用量，防止茎干徒长，喷洒生长抑制剂和控制肥水的开始时间应较第一年提早半个月左右。

任务3　采收与采后处理

一、采收

（一）采收时期

温室内的温度条件适宜时，一般幼树定植后16d左右后开始发芽，经25d左右后便可长到20~25cm长，此时便可采收第一茬香椿芽。育苗当年的幼树可采收2~3茬嫩芽，两年以上的幼树可采收3~4茬，以后再长出的椿芽不采收，让其自由生长，养根恢复树势。

（二）采收方法

温室香椿的采收方法比较多，常用的是留芽掰头法和芽位下移采收法。

1. 留芽掰头法　芽丛长到20~25cm时，留下2片叶将芽丛掰下，留下的2片叶单独采收。采收后，用豆油涂抹伤口保湿。该法采收后，在原芽薹上留下2个质量好的芽，二茬芽萌发早，很快进入采收期。但该法采收的芽丛不完整，芽丛小，产量低。

2. 芽位下移采收法　采取掰头法采收椿芽，采收时不留叶和芽，将整个芽丛连薹全部采收下来；每采收完一茬后，用豆油涂抹采收时留下的伤口，减少伤流液量，维持树势，并保护采收茬口附近的侧芽。下部侧芽萌发后，把上部已收完芽的枝干剪掉，使发芽位置逐步下移，直到无芽萌发为止。该采收法的芽丛完整，易于包装和加工，同时芽薹大，产量高，特别是头茬椿芽的产量比较高，栽培效益较好。但该采收法二茬芽萌发晚，采收也晚。

（三）采收时间

椿芽采收应于上午温室内温度低、空气湿度大时进行，此时采收的椿芽含水量高，体态鲜艳、丰满，易于保鲜和贮存。中午椿芽中的含水量低，质量差，不宜采收。

二、采后处理

采收后的椿芽要进行整理,去除病叶、枯叶以及杂物,就地上市的一般每200~500g一把(图9-5)。精包装的,按大小、颜色进行分类,然后按100~200g一束打捆,用保鲜膜包裹或装入保鲜盒内上市销售。

图9-5 打捆的香椿芽

▷ **资料阅读**

香椿的生物学特性

1. 形态特征

(1) 根。香椿根系发达,生根能力强,根上易萌发根蘖苗。

(2) 树干和芽。树干挺直,生长速度快。菜用香椿常进行强制性的矮化整形与修剪,使树体成灌木状或扫帚形,侧枝多直立生长,株型小,适合密植。

香椿植株上的芽,按着生位置及萌芽能力,可分为顶芽、侧芽、叶芽和隐芽4种。

(3) 叶。叶互生,成株期为偶数羽状复叶,小叶8~14对,披针形,有特殊香味。

(4) 花、果实和种子。4~5年生以上树龄的一年生枝条顶端可抽生圆锥花序,顶芽采摘后继发的侧芽不会开花结果,6~7月开花,10月木质蒴果成熟。

种子扁平近椭圆形,红褐色,千粒重8~9g,种子使用年限只有半年,生产中注意选用新种子播种。

香椿的植株形态见图9-6。

图9-6 香椿植株形态
1. 茎秆 2. 叶片 3. 花穗 4. 果实 5. 种子

2. 生长发育周期 香椿为多年生木本植株,第一年树高生长较慢,而第二年即可进入树高生长的速生期,3~12年连年生长量平均为120cm,13~18年连年的生长量为15~35cm。胸径生长最快的年龄出现在10龄之内,连年生长量为2cm。

3. 对环境条件的要求

(1) 温度。香椿的适应性较强,在年平均气温8~23℃的地区均可栽培,成龄树能耐-25℃低温。茎、叶生长适宜温度为25~30℃,椿芽生长适温为16~28℃,温度过高椿芽生长快,但质地粗糙、色浅、味淡。温度过低椿芽生长慢,采收晚,品质不良。10℃以上的昼夜温差对椿芽的着色有利。

(2) 光照。香椿喜光,光照充足时,椿芽色泽艳、香气浓、味甜;光照不足时,椿芽绿色、含水多、味淡。

(3) 湿度。香椿喜湿润忌涝,抗旱能力较强。栽培地的地下水位不宜超过2m,以免烂根。

(4) 土壤与营养。香椿对土壤的适应性很强,但在含钙丰富、有机质含量高、肥沃的沙质壤土中生长最好,在pH5.5~8.0的酸性至微碱性土壤中均能生长。

▷ 练习与作业

1. 调查当地香椿的主要栽培方式、栽培茬口以及各茬口的生产情况。

2. 在教师的指导下,学生分别进行香椿育苗、温室香椿定植以及田间管理、第二年以后的香椿苗培养等的技能训练,训练结束后,总结技术要点与注意事项。

3. 在教师的指导下,学生进行香椿采收以及采后处理技能训练,训练结束后,总结技术要点与注意事项。

4. 根据所学知识,制订一份适合当地生产条件的温室香椿生产方案。

项目三 观赏葫芦生产技术

● **任务目标** 了解观赏葫芦的栽培特性;掌握观赏葫芦的品种选择技术、栽培茬口安排、整地作畦技术、播种育苗技术、田间管理技术、采收与采后处理技术。

● **教学材料** 观赏葫芦品种、肥料、农药、相应生产用具和器械等。

● **教学方法** 在教师的指导下,学生以班级或分组参加观赏葫芦生产实践,或模拟观赏葫芦的生产过程。

观赏葫芦属葫芦科瓠瓜属,只作观赏,不能食用,果实形状、颜色多种多样,极具观赏性(图9-7)。老熟果外皮坚硬,可用来制作容器和工艺品,是发展观光旅游农业的主栽品种之一。

图9-7 观赏葫芦

任务1 建立生产基地

1. 选择无污染和生态条件良好的地域建立生产基地。生产基地应远离工矿区和公路、铁路干线,避开工业和城市污染的影响。

2. 产地空气环境质量、农田灌溉水质质量以及土壤环境质量均应符合无公害蔬菜生产的相关标准要求。

3. 土壤肥力应达到二级肥力以上标准。

4. 种植地块的适宜土壤pH5.7~7.2,以pH6.0左右为最适。

5. 忌与同科作物连作。

任务2 观赏葫芦设施栽培技术

一、茬口安排

观赏葫芦多为引进品种,为维持良好的植株形态,延长观赏期,北方地区的观赏葫芦主要种植于植物生态园或旅游观光园区内的温室或大棚内。因此,对栽培时间要求不严格,一年当中,从 2~8 月均可播种,生产上主要根据观赏时间来确定播种期。

二、选择品种与种子

要选择果实形状、颜色等适合当地观赏习惯以及保护地环境条件等的品种。此外,由于设施连年栽培容易引发病虫害,因此,要求所选品种还应具有较强的抗病能力。

要选用 2 年内的种子。种子质量要求:品种纯度≥96.0%,净度(净种子)≥97.0%,发芽率≥85%,含水量≤9.0%。

> ▷ **相关知识**
>
> ### 观赏葫芦的主要品种类型
>
> **1. 小葫芦** 分为大兵丹、干兵丹、小兵丹 3 个品种。根系不发达;蔓性草本,以子蔓和孙蔓结果为主;果实葫芦形,中部缢细,下部大于上部。嫩果有茸毛,成熟果光滑无毛,外皮坚硬。其中,大兵丹为大的 8 形果实,上、下两端为圆球形,连接部分较细;干兵丹为较小的 8 形果实;小兵丹为小的 8 形果实。
>
> **2. 长柄葫芦** 根系发达,为肉质根,茎节着地容易产生不定根,生长势极旺盛。以子蔓和孙蔓结果为主。果实有一条细长的柄,长 40~50cm,下部似一个圆球体,横径 14~20cm,单果重 1~2kg。皮色以青绿为主,间有白色斑,老熟果外皮坚硬。中熟,生长期 100~120d,观赏期可长达 1~2 年。
>
> **3. 鹤首葫芦** 果实外形似鹤首,上方具细长柄,下方高球形,表面有明显的棱线突起,表皮墨绿色。果实长 40~50cm,横径 15~20cm,单果重 1.5~2.5kg。中熟,生长期 100~120d,观赏期可长达 1~2 年。
>
> **4. 天鹅葫芦** 原产地为非洲南部,果实颈部上方略为膨胀似天鹅头部,高为 35~45cm,下方近圆球形,直径为 15~20cm,表面光滑有淡绿色斑纹,果实充分干燥后可长期摆饰或雕刻。
>
> **5. 特长葫芦** 引自美国,需高架栽培,幼嫩瓜可食用,味道鲜美。开花时要人工授粉,以利坐果,每株只留 2~3 个葫芦。老熟瓜长达 1.5m 以上,观赏性好。
>
> **6. 梨形葫芦** 由中国台湾引进,早熟、耐热、耐寒,抗病力强,春、夏、秋均可栽培。从定植到结果约 55d,果实形状颇似梨。

三、育苗

(一) 配制育苗土(基质)

观赏葫芦多采用育苗钵育苗,也可进行穴盘无土育苗。

育苗土一般按田土和充分腐熟的厩肥或堆肥 3∶2 或 2∶1 比例配制,每方营养土加氮磷钾复合肥(15-15-15)1.5kg、50%的多菌灵可湿性粉剂 100g。混匀过筛后装入塑料钵内,塑料钵口径 8~10cm。

无土育苗基质一般按草炭∶蛭石∶珍珠岩=3∶1∶1 的比例配制,每立方基质中加入氮磷钾复合肥(15-15-15)2.5kg,或生物有机肥 8~10kg。

(二) 播种

观赏葫芦种子的种皮较厚,吸水性差,播种前应先用30℃温水浸泡,小葫芦种子浸泡3~4h,长柄葫芦、鹤首葫芦和天鹅葫芦的种子浸泡7~8h,使种子充分吸水,然后催芽,大部分种子出芽后进行播种。种子点播,平放。播种深度1~1.5cm。

(三) 苗期管理

播种后低温期覆盖塑料薄膜保温、保湿,高温期需盖遮阳网,降温育苗。一般播种3~4d后,种子开始发芽出土,及时揭去塑料薄膜。育苗过程尽量控制浇水,防止苗徒长。当幼苗生长出4~5片真叶时进行定植。

四、定植

选择土层深厚、土壤肥沃、排水良好的壤土。栽植前深翻30cm,翻耕碎土,耙平地面。结合耕翻,每亩施腐熟厩肥2 000kg、过磷酸钙50kg、草木灰150kg作底肥。

用高畦栽培,畦面宽1.5~2m、高0.3m,畦沟宽0.4~0.5m。在畦面挖穴,每穴1株,株距0.5~1.5m。栽完后浇定植水。

五、田间管理

(一) 温度管理

缓苗阶段不通风,春季栽培,白天棚温保持25~30℃,夜间18~20℃。缓苗后,白天温度控制在22~25℃,夜间12~15℃。

(二) 水肥管理

缓苗后要及时施肥,以氮肥或高氮复合肥为主。在抽蔓上架前,第二次施肥,在植株根部周围挖穴施入腐熟的饼肥或脱臭干鸡粪等高效有机肥,每亩施肥量20~30kg。当瓜长到直径3~4cm时,每亩再施肥40~50kg,促进瓜果膨大。以后根据结果期长短,进行适当追肥。同时结合叶面喷施,用0.4%~0.5%磷酸二氢钾,每15d喷1次。小葫芦要薄肥勤施,长柄葫芦和鹤首葫芦生长旺盛,前期要严格控制营养生长,防止徒长,影响坐果率。

观赏葫芦多采取滴灌浇水。定植后浇一次缓苗水,缓苗后到坐瓜前要控制浇水。开花期一般不浇水,坐果后开始浇水,结瓜盛期要浇足水,以保证果实充分生长发育。

(三) 搭架

葫芦种植与搭架要方便游人行走。植株抽蔓前应及时搭架,可用毛竹搭成平棚架,也可根据周围环境需要,搭成各种新颖别致的棚架,棚高2~2.5m。一般每株小葫芦需棚架面积约1m^2,长柄葫芦、鹤首葫芦、天鹅葫芦每株约需棚架面积3m^2。架的顶部用铁丝固定好,防止落架。

(四) 植株调整

当主蔓长至30~40cm时,要及时吊蔓、绑蔓。同时要随时摘除主蔓上形成的侧芽。

观赏葫芦以子蔓和孙蔓结果为主,当主蔓长到1.5~1.8m时,进行第一次摘心,促使子蔓生长、结瓜。一般每株留2条子蔓,子蔓结果后,再进行摘心,留2~3条孙蔓,孙蔓则任其生长,同时进行引蔓、绑蔓,使其能均匀地分布在棚架上(图9-8)。

（五）人工授粉与果实管理

设施栽培，昆虫活动较少，为了提高坐果率，花期可采用人工辅助授粉。具体方法：在晴天上午8时以前，摘取当天开放的雄花，剥去花瓣，将花粉轻轻涂在雌花的柱头上。坐瓜后进行疏果，一般每个孙蔓留1个果实，保证果实的营养需要。

要将果实顺于架内，防止强光照射，也利于果实的正常生长发育和游人观赏，避免果实搁放在铁丝上或被藤缠住。在葫芦生长中后期，大果型葫芦应用网袋或托盘托住果实，防止果实坠断果柄落地。及时摘去植株上的老叶、枯叶和细弱的侧蔓，以改善植株内部通风透光条件。

图9-8 棚架栽培观赏葫芦

任务3 采收与采后处理

一、采收

葫芦长成近似白色、变硬，表皮上无毛，木质化后进行采收。可以用指甲轻轻掐一下果皮，如果果皮较硬，掐不动则表示已经成熟。

二、采后处理

（一）晾干

干透了的葫芦用力摇晃，能听到葫芦里的种子沙沙响声，干透了的葫芦不会腐烂。

（二）加工

将葫芦用水浸泡30min，再用刀子刮掉表皮。用细砂纸打磨葫芦表面，将表面磨光滑，然后用铅笔在葫芦上按构思图案打草稿、烙画等。

▷ 资料阅读

观赏葫芦的生物学特性

1. 形态特征 根系入土浅，主要分布在0.2~0.3m深的土层中，侧根发达，水平分布较广，根的再生能力较差，大苗移植不易成活。

茎蔓生，长达数米，分枝力强，主蔓结果迟，以子蔓、孙蔓结果为主。叶近圆形或心脏形，茎、叶上具有密生的白色茸毛。

花冠白色、单生，雌雄异花同株，夜开昼合，故有"夜开花"之称。果实形态因品种而异，有亚腰形、棒形、长柄形和圆形等。

2. 生长发育周期 分为发芽期、幼苗期、开花坐果期和结果期4个时期。

3. 对环境条件的要求 葫芦是喜温植物，种子15℃开始发芽，20~30℃为发芽的适宜温度，生育适温20~30℃，15℃以下生长不良，10℃以下停止生长，5℃以下开始受害。

葫芦属短日照植物，要求有较强的光照，在光照充足的条件下病害少。葫芦生长需要充足的水分,而开花、结果期如果土壤、空气湿度过高则花和幼果易腐烂。葫芦南北均可种植,适应性很强,对土壤的要求不十分严格,各类农田、农业观光园、房前屋后、田间地头、荒坡野岭、花盆、阳台都可以种植,但疏松、肥沃、持水性好的土壤可提高产量。

▷ 练习与作业

1. 调查当地观赏葫芦(或其他观赏蔬菜)的主要栽培方式、栽培茬口以及各茬口的生产情况。

2. 在教师的指导下,学生分别进行观赏葫芦(或其他观赏蔬菜)育苗、温室(大棚)定植以及田间管理等的技能训练,训练结束后,总结技术要点与注意事项。

3. 在教师的指导下,学生进行观赏葫芦(或其他观赏蔬菜)采收以及采后处理技能训练,训练结束后,总结技术要点与注意事项。

4. 根据所学知识,制订一份适合当地生产条件的温室(大棚)观赏葫芦(或其他观赏蔬菜)生产方案。

项目四　苣荬菜生产技术

● **任务目标**　了解苣荬菜的栽培特性;掌握苣荬菜的品种选择技术、栽培茬口安排、整地作畦技术、播种育苗技术、田间管理技术、采收和采后处理技术。

● **教学材料**　当地或引进的苣荬菜种子或根茎、肥料、农药、农膜以及相应生产用具、器械等。

● **教学方法**　在教师的指导下,学生以班级或分组参加苣荬菜生产实践,或模拟苣荬菜的生产过程。

苣荬菜俗名苣苣菜、苦荬菜等,菊科苦苣菜属多年生草本植物,以嫩茎叶供食用,广泛分布于我国北方地区,呈野生状态,适应性强(图9-9)。近年来,由于苣荬菜的保健功能日益受到人们的重视,各地已开始进行人工种植,其越冬栽培可于春节及早春淡季上市,商品价值较高。

任务1　建立生产基地

图9-9　苣荬菜

1. 选择无污染和生态条件良好的地域建立生产基地。生产基地应远离工矿区和公路、铁路干线,避开工业和城市污染的影响。

2. 产地空气环境质量、农田灌溉水质质量以及土壤环境质量均应符合无公害蔬菜生产的相关标准要求。

3. 土壤肥力应达到二级肥力以上标准。

任务2 露地苣荬菜栽培技术

一、茬口安排

苣荬菜较耐寒，主要栽培季节为春、秋两季，以露春季栽培为主，华北地区一般于春季土壤解冻后开始播种。设施栽培可以根据市场需要全年排开播种。

二、品种类型和选择

选择适合当地消费习惯的苣荬菜类型。一般选叶质较厚，萌芽性强，产量高，品质好的大叶红芽、大绿芽及成齿大叶等。

▷ **相关知识**

苣荬菜的品种类型

苣荬菜目前多为野生种。按外部形态的差异有大叶红芽、大绿芽及成齿、深齿大叶、小叶型等6~8个类型。其中大叶红芽、大绿芽、成齿大叶等类型的叶质较厚，萌芽性强，产量高，品质好。

三、整地作畦

选地势高燥、阳光充足的地块，每亩施腐熟有机肥2 000kg，深翻耙平，做成1.2~1.5m宽的低畦。

四、播种

苣荬菜种植方法有播种繁殖和埋根繁殖两种，规模生产采用播种繁殖，埋根繁殖多用于零星栽培。

（一）种子直播

在头年的8月下旬至9月上旬适时采集成熟种子，晾干，揉搓，除净杂质，装入布袋置阴凉干燥处，于翌年春播。

播前畦内浇水，水渗下后撒种，也可按行距8~10cm、开2cm深沟条播，因种子细小，播种时将种子拌3倍细沙或草木灰，均匀撒入沟内。播后覆土厚0.5cm。每亩用种0.3~0.4kg。

（二）埋根栽培

于3月至4月初到野外挖野生苣荬菜的根茎。挖出的母根摘掉老叶，主根留5~8cm，保留顶芽，按行距15cm、株距12cm，开6~8cm深沟栽根。栽后立即浇水，水渗下后覆土，以不露母根为度。

五、田间管理

播种或移母株栽植后，应及时浇水，保持畦面湿润。有条件时，畦面可覆盖地膜保湿增温，出苗后及时揭去。约十来天种子出苗，再经一周长出第一片真叶，2~3片真叶时进行间苗，保持株距3~5cm。

幼苗期杂草较多，及时中耕除草，一般中耕3~4次。第一次中耕宜深，以后渐浅，以免伤根。雨后及时中耕防板结。春季露地栽培天气较干旱，要经常浇水保持土壤湿润，一般每5~6d浇1次水，防干旱品种变劣。幼苗2~3片真叶可追施少量氮肥，每亩追尿素15~20kg。入夏如有大雨，要及时排除积水，防止烂根。采收后一周内不宜浇水，以防烂根染病。每茬采收后可结合浇水追复合肥或尿素，每亩追肥量为15~20kg。

任务3　设施苣荬菜栽培技术

一、整地作畦

华北地区可利用保温性能稍差的日光温室进行，也可利用其他设施内周边的空间进行栽培。翻土深15~20cm，做成宽1~1.2m的低畦，留出0.1~0.2m的畦埂，在畦内施入腐熟的农家肥后拌匀耙平。土壤湿度以手捏土不散开且不沾为宜。

二、播种

播种时间为9月中下旬至11月上旬。如果播种日期较早，种子尚未通过休眠，可用50mg/kg的赤霉素水溶液浸种12h后播种。播种前1周，将种子晒干。播种时，捏起少量种子，撒在手心，用嘴轻轻一吹，使其自然飘落，均匀着于畦面，也可将种子与少量的细土混拌均匀后播种。播种后，撒细土盖住种子，并用地膜覆盖畦面保温保湿。

三、田间管理

苣荬菜种子从播种至2片子叶展开，需12~15d。此期应提高棚内温度，白天保持20~27℃，夜间15~20℃。从子叶展开到吐出真叶需7~10d，此期温度应适当降低，白天20~25℃，夜间10~15℃。

当有2~3片真叶时，对畦中生长不均匀的植株进行间苗，株距6~8cm，不宜过密。此时棚室内温度保持在10~25℃，并适当降低土壤湿度，以防幼苗徒长。还要注意及时拔除田间杂草。

生长期室内蒸发量较小，不宜多浇水，以免降低地温。一般以保持土壤见湿见干为度。10月可每7~10d浇1次水，11月每15d浇1次水，12月至翌年1月只要土壤不十分干旱可不浇水，2月以后逐渐增加浇水次数。

从播种到第一次采收需60~70d。头茬菜采后要增大温室内昼夜温差，保持白天25~26℃，夜间5~10℃，大温差可提高产品品质。为争取较高的经济效益，应争取在元旦前和春节前大量上市。可通过控温使菜苗蹲长或徒长，以达到适时上市增加收入的目的。早春应及时通风，温度控制在10~28℃，确保商品菜的产量和品质。

当发现植株根系健壮而生长缓慢时，可适当使用浓度为100~150mg/kg的植物生长调节剂喷施。此外，施用磷酸二氢钾及微量元素复合肥等进行叶面追肥，也可明显提高商品菜的产量和品质。

任务4　采收与采后处理

一、采收

当苗高8~10cm，8~9片叶时开始采收。方法是用小刀沿地表1cm下刀，保留母株，割取嫩茎、叶。还可掰叶采收。先采大株，留中、小株继续生长。正常管理下，母株可连续发生茎、叶，每20~30d采1次，采收5~6茬。

苣荬菜萌芽力极强，连续采收，既可采收嫩苗，又可采摘嫩梢。其中以第二、第三茬产量较高，占总产量的70%~80%，每亩产量可达2 500~3 000kg。

二、采后处理

采收后要进行整理，除去枯叶、黄叶、病叶以及杂物，然后每束50~100g，进行精包装，用保鲜盒或保鲜膜包裹，也可用塑料绳扎束。

▷ 资料阅读

苣荬菜的生物学特性

1. 形态特征　根为直根，以根在土中越冬。株高20~70cm，具长匍匐茎，地下横走，白色。茎直立，单叶互生，叶羽状深裂，无毛，边缘有不整齐刺状尖齿，干旱时叶片边缘紫，茎生叶无柄，基部耳状抱茎，折断茎、叶渗出白色浆汁。头状花序单一或2~8个于茎顶排成伞房状。花两性，皆为黄色舌状。瘦果长圆形，冠毛白色，可随风传播。开花期在6~9月，结果期在7~10月。

2. 对环境条件的要求　苣荬菜适应性广，抗逆性强，耐旱、耐寒、耐热、耐贫瘠、耐盐碱。种子3~5℃即可萌发，根芽在地温10~15℃即可出土，生长适温为10~25℃。干旱时，叶片纤维多，品质差；水分过多易烂根致死；在疏松、肥沃、湿润的土壤中生长良好，品质脆嫩。

▷ 相关知识

苣荬菜的营养价值与用途

苣荬菜含有丰富的营养成分，据测定每1kg干样品中含有蛋白质217.2g、脂肪66.5g、糖类206.6g、灰分191.8g、氨基酸183.6g。无机盐和微量元素的含量是：钾5.33%、钙2.21%、镁1.39%、铁414mg/kg、锌49.3mg/kg、硒0.1mg/kg。每100g鲜样含维生素C 58.10mg、维生素E 2.40mg、胡萝卜素3.36mg。

苣荬菜以嫩茎、叶供食用，东北多以苣荬菜蘸酱食用；西北多作为包子、饺子馅、拌面或加工酸菜食用；华北多凉拌食用。其口味略苦，稍涩，余味清香爽口，风味独特，促进食欲。

苣荬菜性寒味苦，具有消热解毒、凉血、利湿、消肿排脓、祛瘀止痛、补虚止咳的功效。近代医学证明，苣荬菜富含丰富的维生素C及微量元素，具有抗衰老、增强抵抗力、防癌抗癌、补钙、促进儿童生长发育的作用。生食可更有效地发挥其保健功能。

▷ 练习与作业

1. 调查当地苣荬菜（或其他山野菜）的主要栽培方式、栽培茬口与各茬口的生产情况。

2. 在教师的指导下，学生分别进行苣荬菜（或其他山野菜）的播种（育苗）、露地（大棚）定植以及田间管理等的技能训练，训练结束后，总结技术要点与注意事项。

3. 在教师的指导下，学生进行苣荬菜（或其他山野菜）的采收与采后处理技能训练，训练结束后，总结技术要点与注意事项。

项目五 萝卜芽苗菜生产技术

● **任务目标** 通过学习与训练，了解萝卜芽苗菜的生产流程，掌握种子选择技术、浸种（催芽）技术、播种技术、生产管理技术、采收与采后处理技术。

● **教学材料** 萝卜种子，种子清洗、浸泡容器，塑料育苗盘，报纸、棉布等栽培基质，生产设施、喷雾器等。

● **教学方法** 在教师的指导下，学生以班级或分组进行萝卜芽苗菜生产实践，或模拟生产过程训练。

萝卜芽苗菜俗称萝卜芽，是由萝卜种子直接生长而成（图9-10）。萝卜芽苗风味独特、营养丰富，生食、熟食均可，凉拌、涮、炒皆宜，是美味的保健食品。

图 9-10 萝卜芽苗菜

任务 1 生产准备

一、场地与设备

北方地区一般用温室栽培，冬季要有加温设备，夏季需用遮阳网降温。立体栽培萝卜苗需架设铁制苗盘架，铁架规格一般长150cm、宽60cm、高200cm，上下分4~5层，层距20~40cm。

生产萝卜芽苗使用平底多孔塑料育苗盘，苗盘长60cm、宽24cm、高4~5cm，为平底有孔塑料盘。

二、种子选择与处理

各类萝卜品种都可用来生产芽苗菜，要选用种皮新鲜、富有光泽、籽粒大并带有萝卜清香味的当年生的种子。

将种子用水选去瘪籽，并去掉杂物，然后用25~30℃的温水浸种3~4h，种子充分吸水膨胀后，捞出稍晾一会儿，待种子能散开时即可装盘。

任务2 播种与芽苗管理

一、播种

在消毒洗净的育苗盘内铺一层已灭菌的白纸,防止芽苗根系扎入盘子的孔中,难以清洗。

用温水将纸喷湿,然后撒播一层处理过的萝卜籽,每盘播种量为50~75g。每10盘叠成一摞,最上面盖一层湿布,进行遮光保湿催芽。催芽期间,温度保持22℃左右,每6~8h倒1次盘,同时喷淋清水,喷水要仔细、周全,不可冲动种子。一般1d后种子露白,2~3d后幼芽长至4cm左右。

二、芽苗管理

环境温度保持15~20℃,最多不能超出5~25℃的范围。冬季通过加温保暖设备提高温度,夏季通过通风、遮光降低温度。

萝卜苗在湿度大的情况下易霉烂,因此生长环境的湿度需控制在70%以下。主要是通过加强通风来降低湿度。播后每天浇2遍水,遇阴雨天可酌情浇1遍水。子叶刚展开,立即揭去覆盖在上层的湿布。株高3cm后开始浇营养液。营养液的简易配方是:一桶水(15L)加5g尿素和7g磷酸二氢钾。

当盘内萝卜芽将要高出育苗盘时,摆盘上架,当芽长10cm以上,子叶展平,真叶出现时放入光照处培养,第一天可见散射光,第二天可见直射自然光。为使芽体粗细均匀,快速生长,每次喷淋须用温度与室温相同的水,但喷水不可太多,以防烂芽。

任务3 采收与采后处理

一、采收

当芽苗的子叶充分展开,真叶刚出现时为适宜的采收期。采收过早,芽苗产量低,并且芽苗低矮,外形也不美观;采收过晚,质地变硬,降低口感,同时由于芽苗的密度较大,也容易发生霉烂。

萝卜芽苗菜可以从育苗盘中直接贴根部切割,也可以将整盘芽苗出售。

二、采后处理

切割下来的芽苗菜经过整理,去掉杂物后,每束50~100g,用保鲜膜包裹,或装入食品盒内,用保鲜膜覆盖保鲜后供应超市。

> 相关知识

芽苗菜的种类

根据芽苗菜产品形成所利用营养的来源不同,可将芽苗菜分为种芽苗菜和体芽苗菜两种。

1. 种芽苗菜 种芽苗菜又称籽芽菜,指利用种子中贮藏的养分直接培育出的幼芽菜或幼苗菜,如黄豆芽、绿豆芽、蚕豆芽、黑豆芽等。

2. 体芽苗菜 体芽苗菜指利用二年生或多年生作物的宿根、肉质直根、根茎或枝条中累积的养分,培育出的芽球、嫩芽、幼茎或幼梢,如由肉质直根在黑暗条件下培育的菊苣芽球,由宿根培育出的苦菜芽、蒲公英芽、菊花脑芽,由根茎培育出的姜芽、芦笋等。

> 练习与作业

1. 调查当地萝卜芽苗菜(或其他芽苗菜)的生产情况。

2. 在教师的指导下,学生分别进行萝卜芽苗菜(或其他芽苗菜)的种子处理、播种、芽苗管理等的技能训练,训练结束后,总结技术要点与注意事项。

3. 在教师的指导下,学生进行萝卜芽苗菜(或其他芽苗菜)的采收以及采后处理技能训练,训练结束后,总结技术要点与注意事项。

项目六 香菇生产技术

● **任务目标** 学习了解香菇的生产特性,掌握香菇品种选择与茬口安排、培养料配制、菌种制作、接种、发菌、出菇管理以及采收与采后处理技术等。

● **教学材料** 香菇菌种、培养料、消毒用具以及相应温室、生产用具、器械等。

● **教学方法** 在教师的指导下,学生以班级或分组参加香菇生产实践,或模拟香菇的生产过程。

香菇又称香蕈、冬菇,是一种生长在木材上的真菌类(图 9-11)。由于其味道较香,香气宜人,营养丰富,不但位列草菇、平菇、白蘑菇之上,而且素有"真菌皇后"之誉,是世界第二大食用菌,也是我国特产之一,在民间素有"山珍"之称。

图 9-11 香 菇

任务 1 生产准备

一、菇棚建造

可利用蔬菜大棚或日光温室棚。若新建大棚,可选向阳背风、地势干燥、平坦不积水、环境清洁卫生、水源充足、进出料方便的场所,如庭院内、房屋前后、村屯附近、果园、树林间空地均可。在大棚薄膜上覆盖草苫、多层遮阳网等进行遮阳。

二、栽培方式与栽培季节

1. 栽培方式 香菇的栽培方法有段木栽培和袋料栽培两种。在袋料栽培中主要有纯菌种压块法、袋栽法和简易栽培法3种。现国内多用袋栽法,段木栽培多在木材资源丰富的地方进行栽培。

2. 栽培季节 袋料栽培多在秋季,立秋后旬均温在26℃以下播种,旬均温为12℃左右时出菇。条件好的大棚温室,春节后还可再种一批香菇。段木栽培除炎热的酷暑和寒冷冬季外都可播种,多在2～5月完成接种。

三、菌种选择与质量要求

段木栽培可选择7404、8001、Cr-20、7402、7403、7401等品种,袋料栽培可选广香47、7405、Cr-02、856、82-2、9101等品种。另外,春季栽培要选择晚熟品种,秋季栽培要选择早熟品种。

菌种质量应符合以下规定:容器完整无损;培养基上表面距离袋(瓶)口4.5～5.5cm;菌丝长满容器;菌丝洁白浓密,无高温抑制线;培养基与菌丝体紧贴袋(瓶)壁,无干缩现象;培养物表面无分泌物或有少量深黄色至棕褐色水珠;无杂菌菌落;无拮抗现象以及子实体原基;有香菇菌种特有的香味,无酸、臭、霉等异味。

> ▷ **相关知识**
>
> ### 香菇的品种类型
>
> 1. 按菌丝发育时间可分为早熟种、中熟种和晚熟种3类。早熟种的菌丝一般发育60～80d成熟;中熟种的菌丝一般发育120d成熟;晚熟种的菌丝一般发育150～180d成熟。
> 2. 按出菇温度高低可分为低温种、中温种、高温种、广温种4类。
> (1) 低温种。出菇的适宜温度为5～18℃。
> (2) 中温种。出菇的适宜温度为7～20℃。
> (3) 高温种。出菇的适宜温度为12～25℃。
> (4) 广温种。出菇温度范围较广,在5～28℃,但以10～20℃出菇率最高,品质最好。

四、准备培养料

(一) 配制培养料

常用培养料的配方如下。

配方1:木屑76%,麸皮20%,糖1%,石膏1%,过磷酸钙2%,pH5.5～6.5。

配方2:木屑60%,棉籽壳20%,麸皮16%,糖1%,石膏1%,过磷酸钙1%,尿素0.3%,pH5.5～6.5。

配方3：棉籽壳82%，麸皮16%，石膏1.5%，石灰0.5%，pH5.5～6.5。

配方4：碎玉米芯50%，木屑26%，麸皮20%，石膏1%，糖1.3%，过磷酸钙1%，尿素0.2%，硫酸镁0.5%，pH5.5～6.5。

先把木屑、麸皮、石膏按比例称好混匀，将糖、过磷酸钙和尿素称好溶于水中，然后再拌入料内，充分拌匀，为防杂菌污染，可在料内加入0.1%多菌灵或三乙膦酸铝。除去木片和其他杂质，调至pH 6.5，含水量50%～55%，即手握培养料时，指缝间略有水纹。

> ▷ **相关知识**
>
> **配制培养料对原材料的要求**
>
> 袋栽香菇的培养料为木屑、玉米芯、麸皮、糖、石膏、过磷酸钙和尿素。木屑和麸皮要新鲜无霉，木屑最好是枝杈晒干粉碎，也可用木器厂的锯末和其他下脚料，但因其营养较差，最好搭配40%～60%枝杈木屑。玉米芯要粉碎到玉米粒大小，秸秆切成1～2cm小段，棉籽壳多的地区，可加入20%～50%棉籽壳与木屑混合。

（二）装袋与灭菌

采用低压聚乙烯膜袋，大袋规格25cm×55cm，中袋规格(17～20)cm×55cm。大袋可装干料2.0kg，中袋可装干料1.5kg左右。装料前将塑料袋一端封死，以不漏气为标准。把搅拌均匀的培养料装入袋内，松紧适当。用手把着装好的料袋中央，没有松软感，两端没有下垂为度。

常压灭菌，灭菌温度98～100℃，保持8～10h。高压灭菌，压力1.5kg/cm^2，时间1～2h。

五、接种与发菌

将灭菌后的料袋移入接种室，待料温降至28℃以下时，把菌种表面菌膜去掉，并把上层菌丝挖去2～3cm，然后用消过毒的塑料薄膜把瓶口封好待用。接种时，用75%酒精棉球擦净料袋，然后用直径为1.5～2cm铁制空心钻头在袋上以等距离打接种孔，每袋打4～5个孔，一面打3个，相对一面打2个，孔深2cm。用无菌接种器或镊子夹出菌种块，迅速放入接种孔内，随即用胶布或食用菌专用胶片封好接种孔。

接过种的菌袋，置22～25℃培养室发菌。菌袋以"井"字形排列，堆叠6～8层，每层4袋，尽量不使接种孔重叠。接种后5d以内不要搬动菌袋，以减少杂菌污染。发菌5～7d可翻堆1次，把上、下、内、外的菌袋调换位置后再堆起来，结合翻堆检查菌丝生长情况，及时捡出污染的菌袋，以后每7～10d翻堆1次。

发菌过程中，室内温度超过28℃时，应通风散热。当接种穴菌丝向四周蔓延8～10cm左右时，可把胶布轮流撕开1个小洞拱起以增加氧气，促使菌丝生长。同时要增加培养室的通气量，并把温度降至22℃左右。当菌丝长满袋后再继续培养10～15d，待菌丝体表面有星散原基出现时，可进行脱袋排场。

任务2　生产管理

一、脱袋

菌丝长满袋后，待接种穴周围有不规则小泡隆起，接种穴和部分袋壁出现红色斑点（星散原基）时，可把塑料袋脱掉。脱袋方法：先左右轻拍菌袋，使菌丝受到刺激甚至断裂，然后用锋利的小刀把薄膜划破，小心撕下薄膜。脱出的菌筒可在室内或室外排场出菇，室外出菇，需搭1个简易荫棚，上覆遮阳网，其内做好床畦，将菌筒放在荫棚的畦上，菌筒与畦面成70°~80°夹角排放于架上，每排放8~9筒菌，筒与筒的间距为4~7cm。排满1个床畦后，用弧形竹片作支撑，立即用塑料薄膜严密覆盖。也可在加草帘的半地下菇棚排场。

二、转色期管理

菌丝体脱袋后，保持室内温度20~30℃，若温度和湿度正常，5~6d后菌筒表面可长满一层浓白色菌丝。此时，每天掀动覆盖的薄膜1~2次，每次10~20min，增加菌体与空气、光线接触的机会，迫使茸毛状菌丝逐渐倒伏，并分泌色素，吐出黄水；同时每天掀膜往菌筒上喷水1~2次，连喷2d，喷水后覆膜。一般脱袋后12d左右，菌筒表面可形成一薄层棕红色有光泽的菌膜（人造树皮），即转色成功。

三、出菇期管理

（一）秋菇管理

10~12月出的菇称为秋菇。在此期间，气温逐渐降低，有利于菌丝健壮生长。管理的重点是保持菌块内水分和增加空气相对湿度。每天向菇房地面和墙壁喷水，保持空气相对湿度85%~90%。当第一批菇采收后，应停止喷水，提高菇房温度，同时掀开薄膜加强通风换气，以促使菌丝恢复生长，称为养菌。养菌约1个星期，当收菇时留在料面上的坑内菌丝又变白时，表明菌丝已恢复正常，可采取出菇期的管理措施，使第二批菇迅速形成。

（二）冬菇管理

1~2月，气温低，菌丝生长慢，提高菇房温度是管理的重点，保持温度10~20℃。

（三）春菇管理

3~6月，气温逐渐由低升高，菌棒失水较多，不能满足菌丝要求，管理重点是每天向菌棒喷水。当菌棒含水量降至30%时，可把菌棒放在冷水内浸泡6~12h，然后拿出仍放回床架上让其继续出菇。在喷水和浸水同时，床架两边薄膜打开，加强菇房通风。

任务3　采收与采后处理

一、采收

采收适宜期以菌盖6~8分开为佳，即菌膜将破或刚破，菌盖尚未充分展开，边缘内卷，形成"铜锣边"，此时菌褶已全部伸长，为香菇最适采收期。这时采收的香菇，色泽鲜、香味浓、菌盖厚、肉质嫩，商品价值高。采收晚了，菌盖完全展开，肉薄、柄长、质量减轻、品质下降。

鲜销香菇采收时间可适当提前，以5~6分开伞度为宜，此时菇肉质地结实、分量较重、色泽鲜嫩、外形美观，也便于运输。

采菇时左手按住菌袋，右手大拇指和食指捏紧香菇柄的基部，先左右旋转后，再轻轻向上拔起。采下的香菇，可放在小箩筐内，并要轻拿轻放，保持菇体完整，防止相互挤压撞碰，不能用麻袋等袋子盛放。鲜菇盛放时，最好按大小、完整度、开伞程度等分级存放，便于出售或加工。

二、采后处理

采收下来的香菇，需要进行整理，除去杂菌、杂物、发病菌等，并按大小和色泽等进行分级。内销鲜香菇，市场上要求不高，只要干净、新鲜、不萎蔫均可。出口鲜香菇，要求较高，要不开伞或刚破膜，菇盖圆整，柄短小，盖褐色。

一般分小包装和大包装两种：大包装内层是塑料袋，外层是纸箱；小包装为每托盘100g（4~8个不等），外包保鲜膜。

▷ **资料阅读**

香菇的生物学特性

1. 形态特征 子实体群生或单生。菌盖4~15cm，初期呈半圆形，后渐平展，有时中央稍下凹，表面有茶褐色鳞片，有时有菊花状或龟甲状的裂纹，菌肉肥厚，白色。菌柄中生或偏生，白色，菌柄上端幼时有菌环，后消失。菌褶呈刀片状或裂成锯齿状，孢子白色，椭圆形。

2. 对环境条件的要求

（1）营养。香菇是木腐菌，所需的碳源以葡萄糖为最好，其次是蔗糖，氮源以有机氮最好，而不能利用硝酸盐类；无机盐以碳酸钙和磷酸二氢钾为主。

（2）温度。菌丝生长的温度为5~32℃，最适温度为24~26℃。子实体生长温度为5~25℃，以8~16℃最适宜。品种不同，其温度适应范围也不一样。

（3）湿度。菌丝生长阶段，空气相对湿度要求为65%~70%，子实体生长，要求空气相对湿度为85%~90%。

（4）空气。香菇是好气性菌，要求良好的通风条件。

（5）光照。菌丝生长不需光照，子实体生长必须有散射光。

（6）酸碱度。菌丝可在pH2.5~7.5生长，但以pH4~5.5最适宜。

▷ **练习与作业**

1. 调查当地香菇的主要栽培方式、栽培季节以及相应的生产情况。

2. 在教师的指导下，学生分别进行香菇培养料配制、接菌种、发菌、出菇期的生产管理等的技能训练，训练结束后，总结技术要点与注意事项。

3. 在教师的指导下，学生进行香菇采收以及采后处理技能训练，训练结束后，总结技术要点与注意事项。

4. 根据所学知识，制订一份适合当地生产条件的温室（大棚）香菇生产方案。

单元小结

本单元主要学习花椰菜、香椿、观赏葫芦、苣荬菜、萝卜芽苗菜以及香菇等蔬菜的生产技术。花椰菜以露地秋季栽培为主，培育壮苗、防止徒长是丰产的关键，栽培后期还要加强对花球的保护；香椿主要进行温室密集栽培，露地培育健壮的幼树以及冬季的温湿度管理是关键，要适时适量采收，兼顾树体的采收与养护；观赏葫芦主要进行大型设施栽培，培育壮苗、合理密集与植株调整是关键，应兼顾葫芦的生产与观赏；苣荬菜属于山野菜，技术简单，易于栽培，种子打破休眠处理以及肥水管理是关键；萝卜芽苗菜属于速生菜，对种子的质量、温湿度和光照管理要求比较高；香菇的栽培关键是培养料的消毒、发菌以及出菇期的温湿度管理。

生产实践

1. 在教师的指导下，学生进行本单元有关蔬菜的种子处理与播种练习，并完成以下作业。
(1) 总结整理花椰菜、香椿、观赏葫芦、苣荬菜以及萝卜芽苗菜的种子处理技术与播种技术。
(2) 花椰菜、香椿、观赏葫芦、苣荬菜以及萝卜芽苗菜的种子处理技术与播种技术中应注意哪些事项？
2. 在教师的指导下，学生进行花椰菜、香椿、观赏葫芦定植的练习，并完成以下作业。
(1) 总结3种蔬菜定植的关键技术？
(2) 3种蔬菜定植时应注意哪些问题？
3. 在教师的指导下，学生进行花椰菜、香椿、观赏葫芦、苣荬菜的施肥和灌溉练习，并完成以下作业。
(1) 总结上述蔬菜的肥水管理技术要点。
(2) 比较上述蔬菜在肥水管理上的差异。
(3) 上述蔬菜在肥水管理时应注意哪些问题？
4. 在教师的指导下，学生进萝卜芽苗菜的栽培练习，并完成以下作业。
(1) 总结萝卜芽苗菜的栽培技术要点。
(2) 比较萝卜种子出苗前后的管理差异。
(3) 萝卜芽苗菜在温湿度和光照管理上应注意哪些问题？
5. 在教师的指导下，学生进行香菇的栽培训练，并完成以下作业。
(1) 总结香菇培养料的配制与消毒技术要点与注意事项。
(2) 总结香菇接种与发菌技术要点与注意事项。
(3) 总结香菇出菇期的环境控制技术要点与注意事项。
6. 在教师的指导下，学生进行上述蔬菜的采收练习，并完成以下作业。
(1) 简述各蔬菜适宜采收时期的植株形态标准。
(2) 简述各蔬菜的适宜采收方法与注意事项。
7. 在教师的指导下，对当地的农民进行有关蔬菜的生产知识与技术培训。

单元九　其他蔬菜生产技术

单元自测

一、填空题（40分，每空2分）

1. 北方秋花椰菜，一般于_____育苗，_____定植，早熟品种可略微_____。
2. 花椰菜采收时，每个花球外面留_____片小叶，以保护花球，并用小刀斜切花球基部带嫩花茎____cm左右长。
3. 香椿种子的寿命比较短，一般从种子____到发芽率保持____%以上的时间不足半年。
4. 温室香椿的采收方法比较多，常用的是_____法和_____法。
5. 观赏葫芦以_____蔓和_____蔓结果为主，一般每株留2条_____蔓，一般每个_____蔓留1个果实。
6. 苣荬菜以露春季栽培为主，华北地区一般于春季_____后开始播种。
7. 萝卜种子催芽期间，温度保持____℃左右，每_____h倒一次盘，同时喷淋清水，当芽长____cm以上，真叶出现时放入_____处培养。
8. 香菇转色期间，每天掀动覆盖的薄膜_____次，每次_____min，增加菌体与空气、光线接触的机会。

二、判断题（24分，每题4分）

1. 花椰菜缺硼常引起下部叶片变黄。　　　　　　　　　　　　　（　　）
2. 露地香椿育苗，一般进入9月中旬后要停止浇水，促茎干木质化。（　　）
3. 观赏葫芦一般主蔓长到1.5～1.8m时，进行摘心。　　　　　　（　　）
4. 苣荬菜采收后应随即浇水，促新芽萌发。　　　　　　　　　　（　　）
5. 生产萝卜芽苗菜，要选用当年生产的新种子。　　　　　　　　（　　）
6. 优良香菇菌种要有香菇菌种特有的香味，无酸、臭、霉等异味。（　　）

三、简答题（36分，每题6分）

1. 简述秋花椰菜肥水管理要点。
2. 简述韭菜夏季管理技术要点。
3. 简述韭黄软化技术要点。
4. 简述大蒜播种技术要点。
5. 简述大蒜采收技术要点。
6. 简述洋葱品种选择对栽培效果的影响。

能力评价

在教师的指导下，学生以班级或小组为单位进行花椰菜、香椿、观赏葫芦、苣荬菜、萝卜芽苗以及香菇的生产实践。实践结束后，学生个人和教师对学生的实践情况进行综合能力评价，结果分别填入表9-1、表9-2。

表 9-1 学生自我评价

姓名			班级		小组	
生产任务			时间		地点	
序号	自评内容			分数	得分	备注
1	在工作过程中表现出的积极性、主动性和发挥的作用			5		
2	资料收集的全面性和实用性			10		
3	生产计划制订的合理性和科学性			10		
4	基地建立与品种选择的正确性			10		
5	播种或育苗操作的规范性与熟练程度			10		
6	整地、施肥和作畦操作的规范性与熟练程度			10		
7	定植操作的规范性与熟练程度			10		
8	田间管理操作的规范性与熟练程度			20		
9	采收及采后处理操作的规范性与熟练程度			10		
10	解决生产实际问题的能力			5		
	合　　计			100		

认为完成好的地方	
认为需要改进的地方	
自我评价	

表 9-2 指导教师评价

指导教师姓名：_____ 评价时间：___年___月___日 课程名称：_____

生产任务：

学生姓名： 所在班级：

评价内容	评分标准	分数	得分	备注
目标认知程度	工作目标明确，工作计划具体结合实际，具有可操作性	5		
情感态度	工作态度端正，注意力集中，有工作热情	5		
团队协作	积极与他人合作，共同完成任务	5		
资料收集	所采集的材料和信息对任务的理解、工作计划的制订起重要作用	5		
生产方案的制订	提出方案合理、可操作性强、对最终的生产任务起决定作用	10		
方案的实施	农事操作规范、熟练	45		
解决生产实际问题	能够较好地解决生产实际问题	10		
操作安全、保护环境	安全操作，生产过程不污染环境	5		
技术文件的质量	完成的技术报告、生产方案质量高	10		
合　　计		100		

信息收集与整理

1. 调查当地花椰菜、香椿、观赏葫芦、苣荬菜、萝卜芽苗菜以及香菇等的生产现状，分析存在的问题及原因。

2. 调查收集当地花椰菜、香椿、观赏葫芦、苣荬菜、萝卜芽苗菜以及香菇的主要品种，并记录其品种特性。

观察记载

1. 观察和记录花椰菜、香椿、观赏葫芦、苣荬菜的生长发育和管理措施，分析产量与管理措施的关系。

2. 观察记载萝卜芽苗以及香菇的生长发育过程以及生产过程中容易发生的问题，并对发生的问题进行原因分析。

资料链接

1. 中国芽菜网　http：//yamiaocai.com
2. 中国蔬菜网　http：//www.vegnet.com.cn
3. 中国香椿网　http：//www.zgxcxsw.wap.cn

附录

附录1　实验实训考核项目与标准

序号	实验实训名称	考核内容和方法	考核项目	评分标准	满分
1	主要蔬菜种子识别	在2min内正确识别出给定的20份蔬菜种子	正确程度	正确识别出一份种子记5分	100分
			熟练程度	每超时1min扣10分	
2	苗床制作与播种技术	在0.5h内制作一长5m、宽1.2m的低畦,或宽60cm、高15cm的高畦或垄畦。撒播或条播菠菜、茼蒿、小白菜等蔬菜的种子。任选一种畦和播种方法	正确程度	畦面平整、符合规格要求记50分;播种均匀、技术规范、覆土厚度适中记50分	100分
			熟练程度	每超时5min扣10分	
3	瓜类蔬菜嫁接技术	在10min内黄瓜(或西瓜)靠接或插接5株苗;番茄或茄子劈接5株苗。任选一种蔬菜和相应的嫁接方法	正确程度	操作规范、各项指标符合要求,每株记20分	100分
			熟练程度	每超时1min扣5分	
4	蔬菜定植技术	在20min内,采用暗水法或明水法定植瓜类或茄果类蔬菜50株。任选一种蔬菜和方法	正确程度	操作规范;定植深度和密度符合要求;浇水及时,水量适中;覆土合;不损伤苗。每株记2分	100分
			熟练程度	每超时5min扣10分	
5	果菜类整枝技术	在20min内对10株茄果类或瓜类蔬菜进行正确整枝。任选一种蔬菜和方法	正确程度	能根据栽培目的选择正确的整枝方式;操作规范;不损伤植株。每株记10分	100分
			熟练程度	每超时5min扣10分	

附录2 瓜菜作物种子质量标准

[引自《瓜菜作物种子》(GB 16715.1~16715.5—2010)]

作物种类	种类类别		品种纯度不低于(%)	净度(净重籽)不低于(%)	发芽率不低于(%)	水分不高于(%)
结球白菜	常规种	原种	99.0	98.0	85	7.0
		大田用种	96.0			
	亲本	原种	99.9	98.0	85	7.0
		大田用种	99.0			
	杂交种	大田用种	96.0	98.0	85	7.0
不结球白菜	常规种	原种	99.0	98.0	85	7.0
		大田用种	96.0			
茄子	常规种	原种	99.0	98.0	75	8.0
		大田用种	96.0			
	亲本	原种	99.9	98.0	75	8.0
		大田用种	99.0			
	杂交种	大田用种	96.0	98.0	85	8.0
辣椒	常规种	原种	99.0	98.0	80	7.0
		大田用种	95.0			
	亲本	原种	99.9	98.0	75	7.0
		大田用种	99.0			
	杂交种	大田用种	95.0	98.0	85	7.0
番茄	常规种	原种	99.0	98.0	85	7.0
		大田用种	95.0			
	亲本	原种	99.9	98.0	85	7.0
		大田用种	99.0			
	杂交种	大田用种	96.0	98.0	85	7.0
结球甘蓝	常规种	原种	99.0	99.0	85	7.0
		大田用种	96.0			
	亲本	原种	99.9	99.0	80	7.0
		大田用种	99.0			
	杂交种	大田用种	96.0	99.0	80	7.0
球茎白菜	原种		98.0	99.0	85	7.0
	大田用种		95.0			
花椰菜	原种		99.0	98.0	85	7.0
	大田用种		96.0			

（续）

作物种类	种类类别		品种纯度 不低于（%）	净度（净重籽） 不低于（%）	发芽率 不低于（%）	水分 不高于（%）
芹菜	原种		99.0	95.0	70	8.0
	大田用种		93.0			
菠菜	原种		99.0	97.0	70	10.0
	大田用种		95.0			
莴苣	原种		99.0	98.0	80	7.0
	大田用种		95.0			
西瓜	亲本	原种	99.7	99.0	90	8.0
		大田用种	96.0			
	二倍体杂交种	大田用种	95.0	99.0	90	8.0
	三倍体杂交种	大田用种	95.0	99.0	75	8.0
甜瓜	常规种	原种	98.0	99.0	90	8.0
		大田用种	95.0		85	
	亲本	原种	99.7	99.0	90	8.0
		大田用种	99.0		90	
	杂交种	大田用种	95.0	99.0	85	8.0
哈密瓜	常规种	原种	98.0	99.0	90	7.0
		大田用种	90.0	99.0	85	7.0
	亲本	大田用种	99.0	99.0	90	7.0
	杂交种	大田用种	95.0	99.0	85	7.0
冬瓜	原种		98.0	99.0	70	9.0
	大田用种		96.0		60	
黄瓜	常规种	原种	98.0	99.0	90	8.0
		大田用种	95.0			
	亲本	原种	99.9	99.0	90	8.0
		大田用种	99.0		85	
	杂交种	大田用种	95.0	99.0	90	8.0

附录3 土壤肥力分级标准

(据全国第二次土壤普查及有关标准)

项目 级别	含量	有机质(%)	全氮(%)	速效氮(N)(mg/kg)	速效磷(P_2O_5)(mg/kg)	速效钾(K_2O)(mg/kg)
1		>4	>0.2	>150	>40	>200
2		3~4	0.15~0.2	120~150	20~40	150~200
3		2~3	0.1~0.15	90~120	10~20	100~150
4		1~2	0.07~0.1	60~90	5~10	50~100
5		0.6~1	0.05~0.75	30~60	3~5	30~50
6		<0.6	<0.05	<30	<3	<30

主要参考文献

葛晓光, 2004. 新编蔬菜育苗大全 [M]. 北京：中国农业出版社.

弓建国, 2011. 食用菌栽培技术 [M]. 北京：化学工业出版社.

郭晓雷, 王鑫, 李颖, 2015. 棚室蔬菜栽培技术大全 [M]. 北京：化学工业出版社.

韩世栋, 王广印, 周桂芳, 等, 2009. 蔬菜嫁接百问百答 [M]. 北京：中国农业出版社.

韩世栋, 2009. 51种优势蔬菜生产技术指南 [M]. 北京：中国农业出版社.

韩世栋, 2014. 现代设施园艺 [M]. 北京：中国农业出版社.

韩世栋, 2015. 蔬菜生产技术（北方本）[M]. 2版. 北京：中国农业出版社.

韩世栋, 2014. 绿色蔬菜产销百问百答 [M]. 北京：中国农业大学出版社.

韩世栋, 2008. 现代蔬菜育苗技术 [M]. 北京：中国农业大学出版社.

胡永军, 等, 2013. 寿光菜农日光温室菜豆高效栽培 [M]. 北京：金盾出版社.

马利允, 王开云, 2014. 设施蔬菜栽培技术 [M]. 北京：中国农业出版社.

马双武, 2008. 西甜瓜生产关键技术百问百答 [M]. 北京：中国农业出版社.

寿光市蔬菜协会, 2011. 寿光蔬菜种植管理宝典：大棚番茄 [M]. 济南：山东科学技术出版社.

寿光市蔬菜协会, 2011. 寿光蔬菜种植管理宝典：大棚黄瓜 [M]. 济南：山东科学技术出版社.

陶正平, 张浩, 2005. 绿色食品蔬菜产业化生产技术 [M]. 北京：中国农业出版社.

王淑芬, 何启伟, 刘贤娴, 等, 2005. 萝卜、胡萝卜、山药、牛蒡 [M]. 北京：中国农业大学出版社.

王兴汉, 张爱民, 2005. 葱蒜类蔬菜生产关键技术百问百答 [M]. 北京：中国农业出版社.

谢永刚, 2010. 山野菜高产优质栽培 [M]. 沈阳：辽宁科学技术出版社.

徐坤, 范国强, 徐怀信, 2002. 绿色食品蔬菜生产技术全编 [M]. 北京：中国农业出版社.

赵冰, 郭仰东, 2008. 黄瓜生产百问百答 [M]. 北京：中国农业出版社.

赵冰, 2006. 山药、马铃薯栽培技术问答 [M]. 北京：中国农业大学出版社.

中国农产品市场协会组, 2008. 农产品质量安全检测 [M]. 北京：中国农业出版社.

周克强, 2007. 蔬菜栽培 [M]. 北京：中国农业大学出版社.

参考答案

单　元　一

一、填空题

1. 蔬菜食用器官分类法，蔬菜植物学分类法，蔬菜生态分类法；蔬菜农业生物学分类
2. 根菜类，茎菜类，叶菜类，花菜类，果菜类
3. 葫芦科，茄科，果菜类，喜温，瓜类蔬菜，茄果类蔬菜
4. 病虫害防治，杂交育种，种子繁殖
5. 间作套作，合理密植

二、判断题

1. √；2. √；3. ×；4. √；5. ×；6. ×

单　元　二

一、填空题

1. 塑料小拱棚，塑料大棚
2. 遮光，降温
3. 20～25，30～50
4. 床面宽/（布线道数－1）
5. 拱架，拉杆
6. 保温
7. 夹心墙、蛭石、珍珠岩、炉渣等（两种以上即可）
8. 反光，反光膜，白色
9. 地膜，倒烟
10. 黄色，蓝色

二、判断题

1. √；2. ×；3. √；4. ×；5. √；6. ×

单 元 三

一、填空题

1. 栽培季节，一年或连续几年内
2. 春茬，夏茬
3. 喜光与耐阴，栽培期长短不同
4. 前后茬有防病作用，吸收土壤养分不同
5. 隔畦隔行或隔株，共同生长时间
6. 前期或后期，畦间
7. 连年，相同
8. 病虫害，病虫害
9. 5～6，2～3
10. 高矮，透光

二、判断题

1.√；2.√；3.×；4.√；5.√；6.×

单 元 四

一、填空题

1. 产地环境，产品质量，认证证书
2. 产地空气环境，产地水环境
3. 6，10，15
4. 药剂浸种，药剂拌种
5. 农业，生物，物理
6. 农产品，合格，安全
7. 轻装轻卸，机械
8. 品种，规格

二、判断题

1.×；2.√；3.×；4.√；5.√；6.√

单 元 五

一、填空题

1. 发芽率，含水量
2. 靠接法，插接法
3. 温汤浸种，热水烫种
4. 温汤浸种，药剂浸种
5. 5.0～6.5，1.0mS/cm
6. 蒸汽消毒，化学药剂消毒
7. 2～3，0.5～1.5
8. 黑，银灰

9. 高，70

10. 23～25℃；15～18℃

二、判断题

1. √；2. ×；3. √；4. √；5. √ 6. ×

单 元 六

一、填空题

1. 及早抹掉，1

2. 13

3. 7：00～10：00，防落素

4. 有限生长类型，无限生长类型

5. 长柱花，中柱花，短柱花，短柱花

6. 灯笼椒，长辣椒，簇生椒

7. 蔓生，半蔓生，矮生，蔓生

8. 种子直播，3～4粒

二、判断题

1. √；2. ×；3. √；4. √；5. √；6. √

单 元 七

一、填空题

1. 卵圆、平头和直筒

2. 3～5，15～20，3～4

3. 12月下旬，2月中旬

4. 9月中下旬，40～60，4～6

5. 3月下旬，立秋

6. 30，4～5

7. 10～12，1.5～2

8. 3～4，黄色，1

二、判断题

1. √；2. √；3. ×；4. ×；5. √；6. √

单 元 八

一、填空题

1. 条，3

2. 刺毛，4

3. 当，秋分，白露至秋分

4. 露水，叶身，叶鞘

5. 3～4，出苗，跳瓣

6. 春，秋

7. 1～2，20～25

8. 种姜，嫩姜，鲜姜

二、判断题

1.√；2.√；3.√；4.×；5.×；6.×

单 元 九

一、填空题

1. 6月中下旬至7月上旬，7月中下旬至8月上旬，提早

2. 3～5，7

3. 收获，50%

4. 留芽掰头法，芽位下移采收法

5. 子，孙，子，孙

6. 土壤解冻后

7. 22，6～8，10，光照

8. 1～2，10～20

二、判断题

1.×；2.√；3.√；4.×；5.√；6.√

图书在版编目（CIP）数据

蔬菜生产技术：北方本／韩世栋主编．—3 版．—北京：中国农业出版社，2019.9（2023.12 重印）

中等职业教育农业农村部"十三五"规划教材

ISBN 978-7-109-24338-5

Ⅰ.①蔬⋯　Ⅱ.①韩⋯　Ⅲ.①蔬菜园艺－中等专业学校－教材　Ⅳ.①S63

中国版本图书馆 CIP 数据核字（2018）第 153837 号

中国农业出版社出版

地址：北京市朝阳区麦子店街 18 号楼
邮编：100125
责任编辑：吴　凯
版式设计：杜　然　　责任校对：刘丽香
印刷：中农印务有限公司
版次：2001 年 12 月第 1 版　　2019 年 9 月第 3 版
印次：2023 年 12 月第 3 版北京第 3 次印刷
发行：新华书店北京发行所
开本：787mm×1092mm　1/16
印张：21.25　　插页：2
字数：500 千字
定价：52.00 元

版权所有·侵权必究

凡购买本社图书，如有印装质量问题，我社负责调换。
服务电话：010-59195115　　010-59194918

彩图1　温室火灾

彩图2　钢竹混合结构大棚

彩图3　寿光式钢架结构日光温室

彩图4　光伏温室

彩图5　文洛式PC板温室

彩图6　温室机械化施工

彩图7　温室上膜

彩图8　温室撑杆式卷帘机

彩图9　温室轨道式卷帘机

彩图10　后墙固定式卷帘系统

彩图11　机械粘膜（PO膜粘膜）

彩图12　温室补光灯

彩图13　蔬菜袋培

彩图14　蔬菜雾培

彩图15　柱式无土栽培

彩图16　壁挂式无土栽培

彩图17　温室智能控制中心

彩图18　温室增温散热器

彩图19　文丘里施肥器

彩图20　昆虫粘板

彩图21　茄子劈接苗

彩图22　蔬菜穴盘育苗

彩图23　番茄盘蔓

彩图24　营养土方播种

彩图25　生姜遮阳网平棚遮阳

彩图26　番茄精包装

彩图27　甜瓜包装

彩图28　蔬菜包装车间

彩图29　蔬菜间套作

彩图30　蔬菜生态观光园区